中国区域环境保护丛书
北京环境保护丛书

北京大气污染防治

《北京环境保护丛书》编委会 编著

中国环境出版集团·北京

图书在版编目（CIP）数据

北京大气污染防治/《北京环境保护丛书》编委会编著.
—北京：中国环境出版集团，2021.6
（北京环境保护丛书）
ISBN 978-7-5111-4652-6

Ⅰ. ①北… Ⅱ. ①北… Ⅲ. ①空气污染—污染防治—概况—北京 Ⅳ. ①X51

中国版本图书馆 CIP 数据核字（2021）第 024789 号

出 版 人　武德凯
责任编辑　周　煜
责任校对　任　丽
封面设计　彭　杉

出版发行　中国环境出版集团
（100062　北京市东城区广渠门内大街 16 号）
网　　址：http://www.cesp.com.cn
电子邮箱：bjgl@cesp.com.cn
联系电话：010-67112765（编辑管理部）
010-67175507（第六分社）
发行热线：010-67125803，010-67113405（传真）
印　　刷　北京中科印刷有限公司
经　　销　各地新华书店
版　　次　2021 年 6 月第 1 版
印　　次　2021 年 6 月第 1 次印刷
开　　本　787×960　1/16
印　　张　28.5
字　　数　402 千字
定　　价　98.00 元

《北京环境保护丛书》

《北京大气污染防治》

主　　编　庄志东　周扬胜

特邀副主编　顾家橙

副 主 编　（按姓氏笔画排序）

王　斌　冯玉桥　兰　平　刘子建　刘保献

李　翔　李立新　李昆生　杨红宇　郑再洪

黄玉虎　阎育梅

执行编辑　梁　静　宋英伟

特邀专家　王大卫

序言

《北京环境保护丛书》（以下简称《丛书》）是按照原环境保护部部署、经主管市领导同意由原北京市环境保护局（2018 年 11 月 8 日成立北京市生态环境局）组织编纂的。《丛书》分为《北京环境管理》《北京环境规划》《北京环境监测与科技》《北京大气污染防治》《北京环境污染防治》《北京生态环境保护》《北京奥运环境保护》共七个分册。

《丛书》回顾、整理和记录了北京市环境保护事业 40 多年的发展历程，比较全面地展现出北京市环境规划和管理、环境污染防治、生态环境保护、环境监测和科技的发展历程、重大举措和所取得的成就，以及环境质量变化、奥运环境保护工作等。《丛书》是除首轮环境保护专业志《北京志·市政卷·环境保护志》（1973—1990 年）以外，北京市环境保护领域最为综合的史料性书籍。《丛书》同时具有一定知识性、学术性价值。期望《丛书》能帮助读者更加系统地认知北京市环境保护进程、经验、规律，并为今后工作提供参考。《丛书》也为编纂第二轮《北京志·环境保护志》（1991—2010 年）打下了良好的基础。

借《丛书》陆续编成付梓之际，希望北京市广大环境保护工作者学史用史、以史资政、继承创新、改革创新，自觉贯彻践行五大发展理念，努力工作，补齐生态环境突出短板，为北京市生态文明建设、率先全面建成小康社会做出应有的贡献。

参编《丛书》的处室、单位人员和编委会成员克服困难，广泛查阅资料，虚心请教退休老同志，反复核实校正。很多同志利用业余时间，挑灯夜战、不辞辛苦。《丛书》各分册编写人员认真负责，较好地完成了文稿撰写、修改、审校和统稿、定稿工作。在此，向付出辛勤劳动的各位参编人员一并表示感谢。

我们力求完整系统地收集资料，准确记述北京市环境保护领域的重大政策、事件及进展，但是由于历史跨度大，《丛书》中难免有遗漏和不足之处，敬请读者不吝指正。

北京市生态环境局党组书记、局长　陈添

2018 年 12 月

目录

第一章　大气污染防治背景和阶段　1

第一节　地理环境和气象条件　2
第二节　经济社会发展和污染物排放　4
第三节　颗粒物来源解析　21
第四节　防治大气污染的三个阶段　25

第二章　空气质量变化四十年　45

第一节　空气质量监测和评价标准　46
第二节　颗粒物　53
第三节　二氧化硫　62
第四节　氮氧化物　65
第五节　一氧化碳　71
第六节　臭氧　74
第七节　空气质量创优良　76
第八节　沙尘对空气质量的不利影响　94
第九节　空气质量报告　99

第三章　法规标准体系逐渐建成　109

第一节　法规制度逐步健全　110
第二节　地方标准最为严格　154

第四章　燃煤污染防治历经半个世纪　169

第一节　燃煤炉窑改造治理并举　171
第二节　提高煤炭质量少产污　177
第三节　从燃煤集中供热到清洁供热　183
第四节　推广清洁能源压减燃煤　193
第五节　十六个阶段煤改气、煤改电　205
第六节　清洁空气计划加快燃煤压减　218
第七节　燃煤控制区严准入防反弹　223

第五章　工业污染防治调迁关停治　228

第一节　结构布局调整转型治污　228
第二节　行业治理抓重点　242
第三节　首钢最终搬迁　263
第四节　清洁空气计划环保技改　275

第六章　机动车污染防治车油并举　280

第一节　健全机构加强领导　281
第二节　机动车排放占比逐步升高　286
第三节　新车标准与国际逐步接轨　290
第四节　在用车排放检测和治理　300
第五节　淘汰黄标车老旧车优化结构　312
第六节　油品质量先行提升　315
第七节　发展公交抑制小汽车　322

第七章　扬尘控制清洁城市　331

第一节　建筑施工扬尘治理重在管　333
第二节　道路扬尘治理防撒保洁　339
第三节　裸地整治“黄土不露天”　343
第四节　城乡绿化生态防尘　346
第五节　持续开展扬尘控制科研　349

第八章　控制挥发性有机物污染新课题　353

第一节　污染源普查　355
第二节　工业 VOCs 治理　362
第三节　成品油“储运销”收和治　369
第四节　生活服务业防控面源　374

第九章　空气重污染应急　382

第一节　指挥体系全市统一　383
第二节　预案修订不断严格　389
第三节　空气重污染应急响应　395

第十章　区域大气污染联防联控　402

第一节　奥运会空气质量天天达标　403
第二节　京津冀及周边地区清洁空气率先突破　408
第三节　煤炭集港“公转铁”引发运输结构调整　426

后　记　442

第一章　大气污染防治背景和阶段

城市环境质量是在一定地理环境和气象条件下，由于城市经济社会发展、生产生活各类活动排放污染物引起的环境状况变化的结果。1972 年，北京市成立“三废”治理机构，开始组织开展大气污染防治工作。1978—2017 年改革开放 40 年来，北京市经济社会快速发展，城市经济总量、人口、建成区面积、能源消费总量等不断增长，城乡生产、建设、运行等各类经济活动和居民生活排放的大气污染物对大气环境质量产生了直接影响。北京市快速发展的 40 年，是持续治理大气污染、努力改善空气质量的 40 年。

回顾北京市 1972—2017 年的大气污染防治历程，大体可以划分为 3 个阶段：①1972—1998 年为消烟除尘阶段，该阶段着力改善城市环境面貌，大气污染防治落后于经济社会的快速发展，大气污染呈现加重趋势；②1998 年 12 月—2012 年为实施控制大气污染阶段性措施阶段，该阶段以提高空气质量优良天数为目标，综合治理大气污染，空气质量得到显著改善；③2013—2017 年为实施清洁空气行动计划阶段，该阶段以治理细颗粒物污染为重点，深化大气污染治理，实施区域联合防控，空气质量得到持续改善。

第一节　地理环境和气象条件

地理环境和气象条件是影响大气环境质量的主要外部因素。

北京市总面积为 16 410 km^2，位于华北平原北部，与天津市相邻，并与天津市一起被河北省环绕。北京市山区面积为 10 200 km^2，约占总面积的 62%；平原区面积为 6 200 km^2，约占总面积的 38%。北京市的地形为西北高、东南低，西部为西山属太行山脉，北部和东北部为军都山属燕山山脉。两山在昌平南口关沟相交，形成一个向东南展开的半圆形大山弯，人们称之为“北京弯”，它所围绕的小平原即为北京小平原。北京平原的海拔高度为 20～60 m，山地一般海拔高度为 1 000～1 500 m。

一、污染物扩散条件

北京春季以西北风为主，易带来沙尘。沙尘污染大多数情况下发生在 3 月和 4 月，沙尘造成总悬浮颗粒物（TSP）和可吸入颗粒物（PM_{10}）浓度大幅度升高。夏秋季以南风为主，加剧华北地区颗粒物和臭氧（O_3）输送，使污染物在山前积累。此外，北京地形风盛行，风向早晨南转北、下午北转南，易造成污染物来回迁移，不容易扩散。

从垂直扩散条件看，北京逆温日变化明显，特别在春夏、秋冬转换季节，静稳逆温现象时有发生，混合层高度由上千米压缩至二三百米，造成混合层污染物浓度升高，形成空气重污染天气。

二、污染物沉降条件

北京的气候为典型的北温带半湿润大陆性季风气候，夏季高温多雨，冬季寒冷干燥，春季和秋季短促。1991—2017 年北京市年均降水量约为 536 mm（图 1-1），降水量少且季节分配很不均匀，全年降水的 80%

集中在 6—8 月。北京总体干燥的气候特点不利于污染物沉降清除，造成颗粒物本底浓度较高。从卫星遥感监测结果看，世界同纬度地区细颗粒物（$PM_{2.5}$）浓度多处于较高水平。1990—2010 年，北京市空气质量背景点密云水库的 PM_{10} 平均浓度为 80 μg/m³。

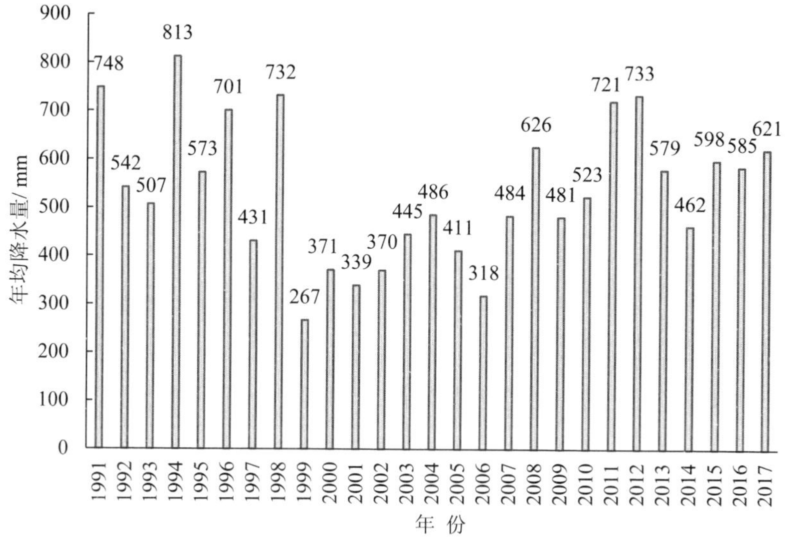

图 1-1 北京市 1991—2017 年年均降水量

三、污染物传输特点

在地理环境和气象条件的综合作用下，北京与周边地区形成特殊的空气“输送风带”，污染物易通过“输送风带”进入北京地区。

偏东风型——燕山山前输送风带，发生频率为 20%左右。这条风带的污染源主要位于廊坊北部的三河、大厂、香河，以及天津北部、唐山、秦皇岛等地，常常伴随从海洋输送的大量水汽，形成北京偏东风外来污染物输送带。

西南风型——太行山山前输送风带，发生频率为 45%左右。这条风带路径上的污染物沿西南风或南西风输送，排放源包括邢台、邯郸、石家庄、保定等地区。输送层多位于距地面 300 m 的高空，其对山前排放的污染物在弱风、静风及各类尺度环流控制下的垂直扩散有显著的阻挡作用，是造成北京空气重污染的主要原因。

东南风型——华北平原输送带，发生频率为 35%左右。主要排放源位于山东中北部、河北沧州、天津南部及廊坊南部等地区，其特征是时间尺度和空间尺度均较大，控制全部华北平原，大范围暖湿空气平流输入，增强平原逆温层结，对区域性污染的形成起到极其重要的作用。

在一定条件下，多条输送风带可以形成特殊的“输送汇”，造成周边地区污染物排放汇聚北京，加重北京的空气污染。

受太行山、燕山的影响，华北平原地区边界层流场在四季弱气压控制下，有一支干冷的山风下沉，与山前平原畅行无阻的持续风带在山前会合，形成山前平原切变线性质的辐合风场。华北平原主要城市群排放的污染物随着上升气流进入高空逆温层，在高空伴随气团传输到达北京地区上空，并产生急剧压缩效果，加剧北京地区的污染程度。

第二节　经济社会发展和污染物排放

一、北京城市发展四十年

1978—2017 年，北京市经济社会发展成绩斐然，人民生活实现了从温饱向全面小康的历史性转变。

经济持续较快增长。2017 年，全市地区生产总值达到 2.8 万亿元，按可比价格计算，是 1978 年的 41.2 倍，年均增长 10%。1978—1994 年，地区生产总值从百亿元增长到千亿元，一共用了 16 年的时间；1994—2007 年，地区生产总值从千亿元增长到万亿元，一共用了 13 年的时间；2007—2013 年，地区生产总值从 1 万亿元增长到 2 万亿元，一共用了 6

年的时间。

人均地区生产总值不断提高。1978年，全市人均地区生产总值仅1 257元，1994年超过1万元，2014年突破10万元，2017年全市人均地区生产总值达到128 994元（合19 105美元）。与1978年相比，扣除价格因素，人均地区生产总值年均增长7.4%。

地方财力明显增强。经济的快速增长带来了财政收入的增加。1978年，全市财政收入为50.5亿元，20世纪90年代中期全市财政收入超过百亿元，与经济总量同步迈上新台阶。2017年，全市一般公共预算收入突破5 000亿元，达到5 430.8亿元。财力的增加为推动首都经济发展、保障和改善民生、加强城市建设和环境治理提供了有力的资金保障。

城乡居民收入大幅增加。改革开放初期，城乡居民人均收入仅有300元左右，2000年和2008年城镇及农村居民人均收入分别突破万元大关。2017年城镇和农村居民人均可支配收入分别达到62 406元和24 240元，扣除价格因素，分别是1978年的170.8倍和107.8倍，年均分别增长8.1%和6.8%。

城市规模不断扩大。建成区面积从1978年的326 km^2逐年增长到2017年的1 446 km^2；房屋总量从1978年的9 000万m^2逐年增长到2017年的16.8亿m^2；城市常住人口从1978年的871.5万人增加到2017年的2 170.7万人。

城市建设投资力度不断加大。全市基础设施投资由1978年的5.4亿元扩大到2017年的2 984.2亿元，年均增长18.4%。全市40年累计完成投资2.5万亿元，占全社会固定资产投资的比重达到26.7%。其中能源、公共服务业、交通运输、邮政电信领域分别累计完成投资3 789.9亿元、6 407.2亿元、10 223.3亿元和2 289.2亿元，年均分别增长16.4%、21.2%、19.3%和19.2%。

能源消费总量持续增长。2017年，北京市全社会能源消费总量为7 132.8万t标准煤，是1980年的3.7倍，年均增长3.2%。能源消费品种不断清洁化。改革开放初期，北京市能源品种较单一，主要以煤品和油品燃料为主，两种能源消费比重占 1981 年一次能源消费总量的 99.4%，而这一比重到 2017 年则降为 39.5%。2017 年，全社会用电量达到 1 066.9 亿 kW·h，是 1978 年的 14.5 倍。2017 年城市集中供热面积为 6.5 亿 m^2，是 1990 年的 17.7 倍，城六区供暖全部实现燃气化。

交通服务能力大幅提升。北京市机动车保有量从 1990 年的 49.3 万辆持续增长到 2017 年的 590.9 万辆。社会货物运输周转量由 1978 年的 345.103 7 亿 t·km 增长到 2017 年的 700.053 亿 t·km；旅客运输周转量由 1978 年的 75.581 5 亿人·km 增长到 2017 年的 2 055.845 亿人·km。

表 1-1　1978—2017 年北京市经济社会发展部分统计数据

年份	地区生产总值/亿元	常住人口/万人	能源消费总量/万 t 标准煤	机动车保有量/万辆
1978	108.8	871.5	—	—
1979	120.1	897.1	—	—
1980	139.1	904.3	1 907.7	—
1981	139.2	919.2	1 902.6	—
1982	154.9	935.0	1 920.4	—
1983	183.1	950.0	1 984.7	—
1984	216.6	965.0	2 144.1	—
1985	257.1	981.0	2 211.4	—
1986	284.9	1 028.0	2 400.0	—
1987	326.8	1 047.0	2 475.8	—
1988	410.2	1 061.0	2 612.6	—
1989	456.0	1 075.0	2 653.2	—
1990	500.8	1 086.0	2 709.7	49.3
1991	598.9	1 094.0	2 872.0	54
1992	709.1	1 102.0	2 987.5	60
1993	886.2	1 112.0	3 264.6	71.6
1994	1 145.3	1 125.0	3 385.9	84
1995	1 507.7	1 251.1	3 533.3	98
1996	1 805.0	1 259.4	3 734.5	112
1997	2 096.8	1 240.0	3 719.2	127

年份	地区生产总值/亿元	常住人口/万人	能源消费总量/万 t 标准煤	机动车保有量/万辆
1998	2 406.2	1 245.6	3 808.1	135.8
1999	2 713.5	1 257.2	3 906.6	144.3
2000	3 212.8	1 363.6	4 144.0	157.8
2001	3 769.9	1 385.1	4 229.2	169.9
2002	4 396.0	1 423.2	4 436.1	189.9
2003	5 104.1	1 456.4	4 648.2	212.4
2004	6 164.9	1 492.7	5 139.6	229.6
2005	7 141.4	1 538.0	5 049.8	258.3
2006	8 312.6	1 601.0	5 399.3	287.6
2007	10 071.9	1 676.0	5 747.7	312.8
2008	11 392.0	1 771.0	5 786.2	350.4
2009	12 419.0	1 860.0	6 008.6	401.9
2010	14 441.6	1 961.9	6 359.5	480.9
2011	16 627.9	2 018.6	6 397.3	498.3
2012	18 350.1	2 069.3	6 564.1	520.0
2013	20 330.1	2 114.8	6 723.9	543.7
2014	21 944.1	2 151.6	6 831.2	559.1
2015	23 685.7	2 170.5	6 852.6	561.9
2016	25 669.1	2 172.9	6 961.7	571.7
2017	28 014.9	2 170.7	7 132.8	590.9

数据来源：地区生产总值、常住人口、能源消费总量数据来自《北京统计年鉴 2019》；机动车保有量数据来自《北京志・环境保护志（1991—2010）》和《北京统计年鉴 2019》。
注："—"为未统计或数据缺失。

二、大气污染源及排放量

（一）大气污染源

改革开放以来，由于北京市经济、人口、城市规模、能源消费、机动车快速发展，20 世纪八九十年代，北京出现了发达国家大城市历经 50 年甚至上百年才出现的污染问题，北京的大气污染也由较为单一的煤烟型污染迅速发展成为复合型污染。虽然北京市不同发展阶段的大气污染源有所不同，但主要是燃煤、机动车、工业和扬尘污染等。

1．燃煤

20 世纪八九十年代，北京市的燃料以煤炭为主，煤炭燃烧排放的大量烟尘、二氧化硫（SO_2）、氮氧化物（NO_x）是造成北京大气严重污染的主要原因。20 世纪 70 年代，北京市采取改造锅炉、消烟除尘等措施治理大气污染；20 世纪 80 年代，又采取发展集中联片供热、居民炊事气化、改造炉窑、建设烟尘控制区等综合防治措施，在控制煤烟型污染方面取得了一定成效。但是，随着城市的发展，北京市用煤量持续增长，由 1990 年的 2 393 万 t 增加到 1998 年的 2 678 万 t。为了控制煤烟型污染，北京市于 20 世纪 90 年代末期引进陕京一线天然气，积极发展清洁能源，加大外调天然气和电力的力度，避免了用煤量随能源消费总量同步增长。2005 年，陕京二线投运。2006 年，北京市的燃煤量达到峰值 3 056 万 t，2007 年开始减少，2017 年降到 490.5 万 t，占比为 5.65%，有效地减少了大气污染物的排放。

2．机动车及非道路移动机械

机动车和非道路移动机械直接排放的污染物主要是 NO_x、一氧化碳（CO）和碳氢化合物（HC）[属于挥发性有机物（VOCs）]，柴油车和非道路移动机械还排放大量提升烟度的微小颗粒物（外在表现为黑烟）。20 世纪 90 年代以后，人民生活水平提高，机动车数量迅猛增长，1996 年北京市的机动车保有量达到 112 万辆；城市建设发展需要使用大量推土机、挖土机、装载机等非道路移动机械，其动力装置——柴油机导致了大量污染物排放。由于我国当时的汽车均缺乏尾气污染控制装置，单车尾气排放量是同期美国、日本、欧洲的 3～7 倍；非道路移动机械柴油机排放没有采取控制技术、安装处理装置，作业时冒黑烟，污染环境。相对于固定源，移动污染源是在人体呼吸带排放，对人体健康的危害更为严重。1997—1999 年，清华大学等单位承担完成的“北京市机动车排气污染控制管理规划及实施方案”科研课题研究结果显示，1995 年北京市规划市区机动车排放的分担率以四环外最大，其次是二环和三环；该课题用国际上先进的排放因子模型和空气质量模型，系统地获取了北京市机动车污染物排放的时空分布和分担率，研究了机动车排放造成的环境质量变化趋势，得出结论：规划市区全年机动车 NO_x 浓度分担率占 2/3，采暖季占一半以上，非采暖季占 4/5，交通环境机动车污染的分担率明显高于市区，机动车排放对交通干线附近区域的 NO_x 浓度有着决定性的影响。

2012 年，按照汽车排放标准水平划分，北京市国Ⅰ及以前、国Ⅱ、国Ⅲ、国Ⅳ、国Ⅴ标准级别机动车 NO_x 的排放量占比分别为 34.8%、17.8%、8.9%、37.7%、0.9%（由于四舍五入，相加不为 100%）。按照燃油种类划分，北京市重型柴油车共 24.5 万辆（其中专项作业车 4.2 万辆），NO_x 和颗粒物排放量分别为 6.3 万 t 和 0.56 万 t，分别占机动车 NO_x 排放总量及颗粒物排放总量的 66%和 92%。因此，重型柴油车及非道路移动机械都是 NO_x 和颗粒物治理的重点。

2017 年，北京市机动车保有量达到 590.9 万辆，NO_x 排放总量为 12.03 万 t。移动源中，本地机动车 NO_x 排放量为 6.006 万 t、外地机动车 NO_x 排放量为 2.01 万 t、非道路移动机械 NO_x 排放量为 1.74 万 t，移动源 NO_x 排放比例已从 20 世纪 90 年代的 40% 左右上升到 2017 年的 81%。2017 年，以小汽车为代表的 VOCs 排放量为 3.477 6 万 t，约占人为源排放总量（14.677 万 t）的 24%。

3．工业企业

20 世纪七八十年代，工业是污染物排放的主要来源。北京市排放的主要污染物是动力锅炉和工业炉窑产生的烟尘、SO_2、NO_x，以及工艺过程中产生的粉尘、VOCs 和有毒气体。20 世纪 90 年代，北京市通过调整产业结构，实施了“污染扰民限期治理计划”，采取了关、停、并、转、迁以及末端治理等措施，工业污染物排放量逐年减少。首钢、北京焦化厂等污染严重的企业搬迁停产，使第二产业比重不断下降，第三产业比重逐年提高，2015 年第三产业占比已接近 80%。但是，石油化工、建材等污染行业仍占一定的比重，是北京市大气污染的重要来源。据统计，2015 年北京市炼油石化和建材行业排放的 SO_2、NO_x、PM_{10} 和 VOCs 分别占工业总排放量的 41.8%、43.7%、45.2%和 56.6%，其中建材行业是 NO_x 和 TSP 的主要来源，石化行业是 VOCs 的主要来源。

4. 扬尘

城市各类建设施工过程产生大量扬尘，也是北京市 TSP 浓度长期居高不下的重要原因。

（二）大气污染物排放量

大气污染物排放总量及分布特征是影响大气环境质量的根本内因。北京市环境统计形成的数据可以反映出大气主要污染物排放量的变化。2012 年开始，北京市借鉴国际经验编制大气污染源排放清单，以此表征大气主要污染物排放总量及不同污染源类所占比例、空间分布。

20 世纪 80 年代初，北京市开始建立环境统计制度，对燃料燃烧、工业企业排放的污染物数据进行统计。由于当时的统计项目、口径和范围不同，环境统计数据还不能如实反映北京市大气污染物的排放量。随着技术手段的不断更新，环境统计制度进一步健全和完善，统计对象扩大到各区县及各行业，覆盖了全市。“八五”至“十二五”（1991—2015 年）时期，环境统计的大气污染物排放量基本代表了北京市的实际排放量。

1991—1995 年，北京市 SO_2 排放总量在 35.2 万 t 和 38.3 万 t 之间波动，烟尘排放总量在 26.1 万 t 和 39.0 万 t 之间波动（表 1-2）。1996—2000 年，SO_2 排放总量由 35.3 万 t 下降到 22.4 万 t，烟尘排放总量由 24.5 万 t 下降到 10 万 t（表 1-3）。2001—2005 年，SO_2 排放总量在 18.3 万 t 和 20.1 万 t 之间波动，烟尘排放总量由 9.0 万 t 下降到 5.8 万 t（表 1-4）。2006—2010 年，SO_2 排放总量由 17.6 万 t 下降到 11.5 万 t，NO_x 排放总量在 17.6 万 t 和 24.9 万 t 之间波动，烟尘排放总量在 4.4 万 t 和 5.0 万 t 之间波动（表 1-5）。2011—2015 年，SO_2 排放总量由 9.8 万 t 下降到 7.1 万 t，NO_x 排放总量由 18.8 万 t 下降到 13.8 万 t，烟（粉）尘

排放总量由 6.6 万 t 下降到 4.9 万 t（表 1-6）。

表 1-2　北京市“八五”期间环境统计大气污染物排放量　　单位：万 t

指标名称	1991 年	1992 年	1993 年	1994 年	1995 年
SO_2 排放总量	37.0	36.9	36.6	35.2	38.3
其中：工业 SO_2 排放量	21.0	20.0	20.3	17.6	21.5
烟尘排放总量	39.0	26.5	26.1	26.3	27.9
其中：工业烟尘排放量	10.0	10.5	10.9	12.6	12.4
工业粉尘排放量	7.0	7.7	6.4	5.9	6.3

表 1-3　北京市“九五”期间环境统计大气污染物排放量　　单位：万 t

指标名称	1996 年	1997 年	1998 年	1999 年	2000 年
SO_2 排放总量	35.3	33.4	30.5	23.3	22.4
其中：工业 SO_2 排放量	21.2	21.1	19.3	16.2	14.6
烟尘排放总量	24.5	19.4	12.1	7.9	10.0
其中：工业烟尘排放量	11.1	9.5	8.3	5.6	5.2
工业粉尘排放量	5.8	6.9	9.5	10.0	9.4

表 1-4　北京市“十五”期间环境统计大气污染物排放量　　单位：万 t

指标名称	2001 年	2002 年	2003 年	2004 年	2005 年
SO_2 排放总量	20.1	19.2	18.3	19.1	19.1
其中：工业 SO_2 排放量	12.6	12.1	11.4	12.5	10.5
烟尘排放总量	9.0	8.1	7.1	7.0	5.8
其中：工业烟尘排放量	4.4	3.3	2.9	2.9	1.8
工业粉尘排放量	6.3	4.6	3.2	3.6	3.3

表 1-5　北京市“十一五”期间环境统计大气污染物排放量　　单位：万 t

指标名称	2006 年	2007 年	2008 年	2009 年	2010 年
SO_2 排放总量	17.6	15.2	12.3	11.9	11.5
其中：工业 SO_2 排放量	9.4	8.3	5.8	6.0	5.7
NO_x 排放总量	21.8	24.9	17.6	18.2	22.3
其中：工业 NO_x 排放量	7.9	7.1	5.2	5.4	10.9
烟尘排放总量	5.0	4.8	4.8	4.4	4.9
其中：工业烟尘排放量	1.5	2.1	2.0	1.9	2.1
工业粉尘排放量	3.0	1.9	1.5	1.7	1.7

表 1-6　北京市"十二五"期间环境统计大气污染物排放量　　单位：万 t

指标名称	2011 年	2012 年	2013 年	2014 年	2015 年
SO_2 排放总量	9.8	9.4	8.7	7.9	7.1
其中：工业 SO_2 排放量	6.1	5.9	5.2	4.0	2.2
NO_x 排放总量	18.8	17.8	16.6	15.1	13.8
其中：工业 NO_x 排放量	9.0	8.5	7.6	6.4	2.7
烟（粉）尘排放总量	6.6	6.7	5.9	5.7	4.9
其中：工业烟（粉）尘排放量	2.9	3.1	2.7	2.3	1.3

2017 年，北京市环境统计年报显示，SO_2 排放总量为 20 085 t，其中工业排放 3 799 t、城镇生活源排放 16 286 t；NO_x 排放总量为 144 514 t，其中工业排放 15 405 t、城镇生活源排放 7 510 t、机动车排放 121 564 t、集中式治理设施（不含污水厂）排放 35 t；烟（粉）尘排放总量为 20 424 t，其中工业烟（粉）尘排放 4 282 t、城镇生活源排放 6 506 t、机动车排放 9 635 t、集中式治理设施（不含污水厂）排放 1 t。

环境统计数据表明，1991—1998 年北京市的 SO_2 排放总量高达 30 万～38 万 t，1999 年下降到 23 万 t 左右，此后总体呈下降趋势，2017 年下降到 2 万 t 左右，1999—2017 年 SO_2 减排 90%以上。1991—1996 年北京市的烟尘排放总量均在 20 万 t 以上，1997—2002 年波动下降到 8 万 t 左右，2003—2010 年波动下降到 5 万 t 左右，2017 年下降到 2 万 t 左右，1991—2017 年烟尘减排 90%以上。NO_x 排放总量从 2007 年的 25 万 t 左右波动下降到 2017 年的 14 万 t 左右，10 年间 NO_x 减排 40%以上。

（三）大气污染源排放清单及空间分布

1. 大气污染源排放清单

2003 年，北京市根据"北京市空气质量达标战略研究"课题，建立了 2002 年北京市大气污染源排放清单。2012 年，北京市环保局根据排污申报登记和环境统计数据，研究建立了 2011 年污染源排放清单。2013—2014 年，北京市根据污染源治理情况，逐年更新大气污染源排放清单。2015 年，根据环保部工作部署，北京市环保局组织市环科院，按照全面性、科学性和可操作性的原则，以 2014 年为基准年，确定行政区域内的污染源和污染物，编制了 2014 年污染源排放清单。2016 年北京市环保局进行了动态更新，编制了 2015 年污染源排放清单。2018 年，北京市环保局更新了 2017 年大气污染源排放清单（表 1-7、表 1-8）。

表 1-7 2017 年北京市主要大气污染源排放清单 单位：t

污染源分类		SO_2	NO_x	PM_{10}	$PM_{2.5}$	VOCs	NH_3
工业源	炼油石化	442	1 824	190	142	4 096	0
	电力	324	2 763	361	296	31	124
	锅炉	6 241	11 169	2 070	1 169	99	141
	建材	407	2 455	584	294	173	0
	包装印刷	0	0	0	0	2 088	0
	汽车制造	0	0	0	0	3 085	0
	其他工业	0	18	1	1	8 800	0
	小计	7 414	18 229	3 206	1 902	18 372	265
生活源	居民燃烧	5 354	4 586	2 757	1 311	7 115	0
	餐饮	0	0	5 335	4 268	11 851	0
	汽修	0	0	0	0	1 173	0
	道路设施防腐	0	0	0	0	5 296	0
	建筑涂装	0	0	0	0	11 618	0
	垃圾处理	0	0	0	0	3 559	5 463
	污水处理	0	0	0	0	1 702	5 309
	其他三产	0	0	0	0	4 325	0
	居民生活溶剂	0	0	0	0	34 616	0
	小计	5 354	4 586	8 092	5 579	81 255	10 772
扬尘源	施工扬尘	0	0	85 662	17 522	0	0
	道路扬尘	0	0	44 553	10 779	0	0
	土壤扬尘	0	0	1 976	198	0	0
	小计	0	0	132 191	28 499	0	0
农业源	畜禽养殖	0	0	0	0	0	15 206
	其他农业	0	0	0	0	259	3 609
	小计	0	0	0	0	259	18 815

污染源分类		SO_2	NO_x	PM_{10}	$PM_{2.5}$	VOCs	NH_3
移动源	本地机动车	125	59 957	1 735	1 587	34 776	2 108
	非道路机械	8	17 428	874	836	2 687	0
	外埠车	41	20 110	642	583	3 024	638
	油品储运销	0	0	0	0	4 305	0
	小计	174	97 495	3 251	3 006	44 792	2 746
天然源	植物源	0	0	0	0	97 729	0
合计		12 942	120 310	146 740	38 986	242 407	32 598

表 1-8　2017 年北京市各类污染源的污染物排放量占比　　单位：%

污染源分类		SO_2	NO_x	PM_{10}	$PM_{2.5}$	VOCs	NH_3
工业源	炼油石化	3.42	1.52	0.13	0.36	2.83	0.00
	电力	2.50	2.30	0.25	0.76	0.02	0.38
	锅炉	48.22	9.28	1.41	3.00	0.07	0.43
	建材	3.14	2.04	0.40	0.75	0.12	0.00
	包装印刷	0.00	0.00	0.00	0.00	1.44	0.00
	汽车制造	0.00	0.00	0.00	0.00	2.13	0.00
	其他工业	0.00	0.01	0.00	0.00	6.08	0.00
	小计	57.28	15.15	2.19	4.87	12.69	0.81
生活源	居民燃烧	41.37	3.81	1.88	3.36	4.92	0.00
	餐饮	0.00	0.00	3.64	10.95	8.19	0.00
	汽修	0.00	0.00	0.00	0.00	0.81	0.00
	道路设施防腐	0.00	0.00	0.00	0.00	3.66	0.00
	建筑涂装	0.00	0.00	0.00	0.00	8.03	0.00
	垃圾处理	0.00	0.00	0.00	0.00	2.46	16.76
	污水处理	0.00	0.00	0.00	0.00	1.18	16.29
	其他三产	0.00	0.00	0.00	0.00	2.99	0.00
	居民生活溶剂	0.00	0.00	0.00	0.00	23.93	0.00
	小计	41.37	3.81	5.52	14.31	56.17	33.05
扬尘源	施工扬尘	0.00	0.00	58.38	44.94	0.00	0.00
	道路扬尘	0.00	0.00	30.36	27.65	0.00	0.00
	土壤扬尘	0.00	0.00	1.35	0.51	0.00	0.00
	小计	0.00	0.00	90.09	73.10	0.00	0.00

污染源分类		SO_2	NO_x	PM_{10}	$PM_{2.5}$	VOCs	NH_3
农业源	畜禽养殖	0.00	0.00	0.00	0.00	0.00	46.65
	其他农业	0.00	0.00	0.00	0.00	0.18	11.07
	小计	0.00	0.00	0.00	0.00	0.18	57.72
移动源	本地机动车	0.97	49.84	1.18	4.07	24.04	6.47
	非道路机械	0.06	14.49	0.60	2.14	1.86	0.00
	外埠车	0.32	16.72	0.44	1.50	2.09	1.96
	油品储运销	0.00	0.00	0.00	0.00	2.98	0.00
	小计	1.35	81.05	2.22	7.71	30.97	8.43

注：①该表 VOCs 不含天然源。

②由于四舍五入，总计不为 100%。

2．各区大气污染物排放量占比分析

北京市大气污染物的排放主要在常住人口相对集中、经济活动水平较高的平原地区。2017 年，北京市各地区 SO_2、NO_x、一次 PM_{10}、一次 $PM_{2.5}$、VOCs、NH_3 的排放量占比见表 1-9。

表 1-9 2017 年北京市各地区主要大气污染物排放量占比 单位：%

行政区	SO_2	NO_x	PM_{10}	$PM_{2.5}$	VOCs	NH_3
东城区	0.21	6.93	0.89	1.58	2.73	0.81
西城区	2.43	3.05	1.01	1.55	2.87	0.68
朝阳区	2.77	12.76	9.57	10.08	9.17	11.00
丰台区	1.97	8.62	5.71	6.01	5.39	3.78
石景山区	1.12	3.70	1.81	1.95	1.46	0.33
海淀区	2.09	7.15	5.57	5.86	7.34	4.63
门头沟区	1.82	1.46	2.24	2.08	5.24	1.31
房山区	17.59	9.42	8.48	8.69	10.62	8.46
通州区	5.11	6.60	14.02	12.49	5.02	7.83
顺义区	7.54	10.54	8.74	8.80	5.88	10.40
昌平区	27.09	8.84	8.33	9.09	8.33	9.44
大兴区	5.01	10.18	20.13	17.34	6.26	12.91
怀柔区	2.92	2.73	2.85	3.04	8.65	3.11

行政区	SO_2	NO_x	PM_{10}	$PM_{2.5}$	VOCs	NH_3
平谷区	6.25	2.98	2.51	2.85	4.50	10.44
开发区	0.32	0.45	0.07	0.21	1.01	0.00
密云区	7.84	2.67	4.14	4.52	8.51	7.86
延庆区	7.92	1.93	3.94	3.85	7.02	7.01

注：由于四舍五入，总计不为100%。

①二氧化硫（SO_2）

2017 年，北京市 SO_2 排放量位列前两位的是昌平、房山，分别占总排放量的 27.09%和 17.59%；其次是延庆、密云和顺义，占比分别为7.92%、7.84%、7.54%；其余各区排放量占比均在 7%以下。

②氮氧化物（NO_x）

2017 年，北京市 NO_x 排放量位列前三位的是朝阳、顺义、大兴，均占总排放量的 10%以上；其次为房山、昌平、丰台、海淀、东城、通州，占比为 6.60%～9.42%；其余各区排放量占比均在 5%以下。

③一次可吸入颗粒物（PM_{10}）

2017 年，北京市一次 PM_{10} 排放量位列前三位的是大兴、通州和朝阳，分别占总排放量的 20.13%、14.02%和 9.57%，由于建筑施工面积大，施工扬尘成为 PM_{10} 的主要来源；其次是顺义、房山、昌平、丰台和海淀，占比均在 5%以上；其余各区排放量占比均在 5%以下。

④一次细颗粒物（$PM_{2.5}$）

2017 年，北京市一次 $PM_{2.5}$ 排放量位列前三位的依次是大兴、通州和朝阳，分别占总排放量的 17.34%、12.49%和 10.08%；其次是昌平、顺义、房山，占比为 8.69%～9.09%，海淀和丰台约占 6%；其余各区排放量占比均在 5%以下。

⑤挥发性有机物（VOCs）

2017 年，北京市 VOCs 排放量比较大的是房山、朝阳、怀柔、密云和昌平，占全市总排放量的 8%～11%；其次是海淀、延庆、大兴和顺义，排放量占总排放量的 5%～8%；其余各区排放量均占全市总排放量的 5.5%以下。

⑥氨（NH_3）

2017 年，北京市 NH_3 排放量相对大的依次为大兴、朝阳、平谷和顺义，均占总排放量的 10%以上；其次是昌平、房山、密云、通州、延庆，排放量占总排放量的 7%～10%；其余各区的排放量均占总排放量的 5%以下。

3．2013—2017 年大气污染物排放量不断下降

分析北京市 2012—2017 年的大气污染源排放清单可以看出，实施《北京市 2013—2017 年清洁空气行动计划》以来，北京市各项大气污染物排放总量呈逐年下降趋势（2014 年 VOCs 排放量略上升）（表 1-10）。

表 1-10 北京市 2012—2017 年各项大气污染物排放总量 单位：t

年份	SO_2	NO_x	PM_{10}	$PM_{2.5}$	VOCs	NH_3
2012	104 336	189 114	297 818	82 344	376 066	未统计
2013	94 008	177 496	265 430	73 389	367 871	未统计
2014	74 630	172 286	235 831	67 939	372 767	57 980
2015	49 422	145 961	207 041	57 370	330 785	47 844
2016	23 391	140 804	158 894	44 879	278 559	35 411
2017	12 942	120 310	146 740	38 986	242 407	32 598
2017 年相对 2012 年变化率	−88%	−36%	−51%	−53%	−36%	−44%

注：①2016 年、2017 年含外埠车排放量；②NH_3 变化率是指 2017 年相对 2014 年的变化率。

①二氧化硫（SO_2）

北京市 SO_2 排放量从 2012 年的 10.4 万 t 降至 2017 年的 1.3 万 t，减排了 88%（图 1-2）。从 2017 年各类污染源的污染物排放量占比来看（表 1-8），工业锅炉是 SO_2 的最主要来源，占 48%；其次为居民燃烧（主要为燃煤），占 41%；炼油石化和电厂分别占 3.4%和 2.5%。

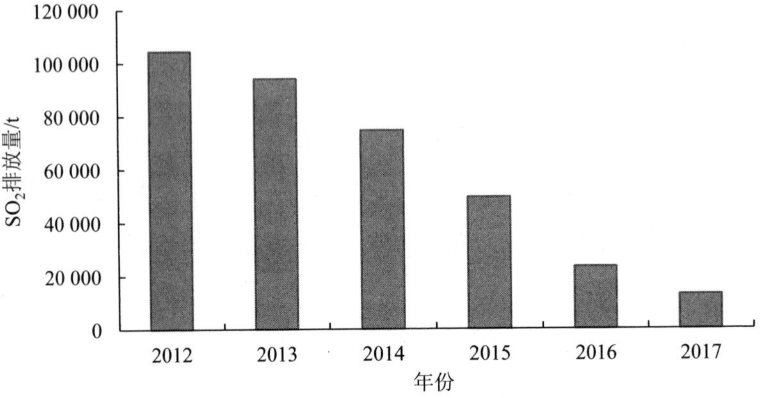

图 1-2　2012—2017 年北京市 SO_2 排放量变化情况

②氮氧化物（NO_x）

北京市 NO_x 排放量从 2012 年的 18.9 万 t 降至 2017 年的 12.0 万 t，减排了 36%（图 1-3）。从 2017 年各类污染源的污染物排放量占比来看（表 1-8），移动源是 NO_x 的最主要排放源，其中机动车（包括本地机动车和外埠车）是最大的单一来源，占 67%。

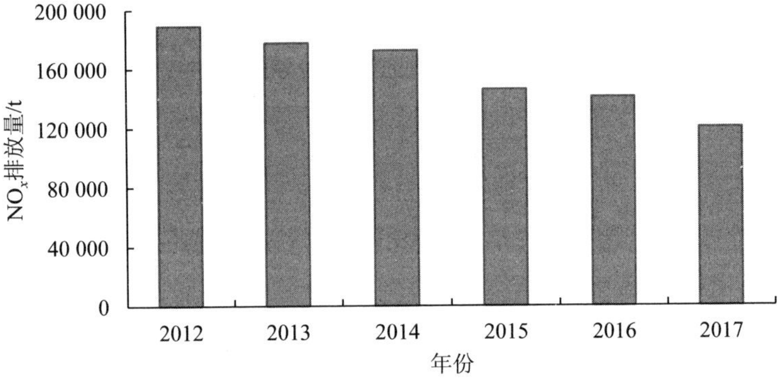

图 1-3　2012—2017 年北京市 NO_x 排放量变化情况

③可吸入颗粒物（PM_{10}）和细颗粒物（$PM_{2.5}$）

北京市一次 PM_{10} 排放量从 2012 年的 29.8 万 t 降至 2017 年的 14.7 万 t，减排了 51%（图 1-4）。从 2017 年各类污染源的污染物排放量占比来看（表 1-8），扬尘源是 PM_{10} 最主要的来源，占比高达 90%，其中施工扬尘排放占比为 58%、道路扬尘排放占比为 30%。

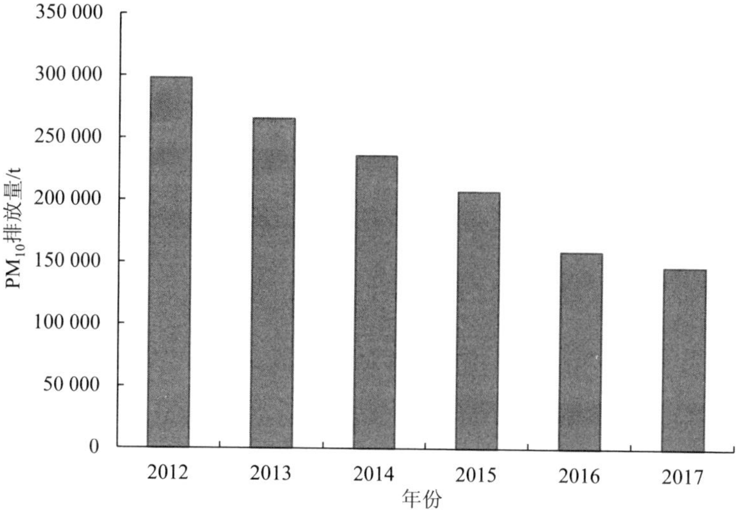

图 1-4 2012—2017 年北京市 PM_{10} 排放量变化情况

北京市一次 $PM_{2.5}$ 排放量从 2012 年的 8.2 万 t 降至 2017 年的 3.9 万 t，减排了 53%（图 1-5）。从 2017 年各类污染源的污染物排放量占比来看（表 1-8），扬尘源是 $PM_{2.5}$ 最主要的来源，排放量占比高达 73%，其中施工扬尘排放占比为 45%、道路扬尘排放占比为 28%。

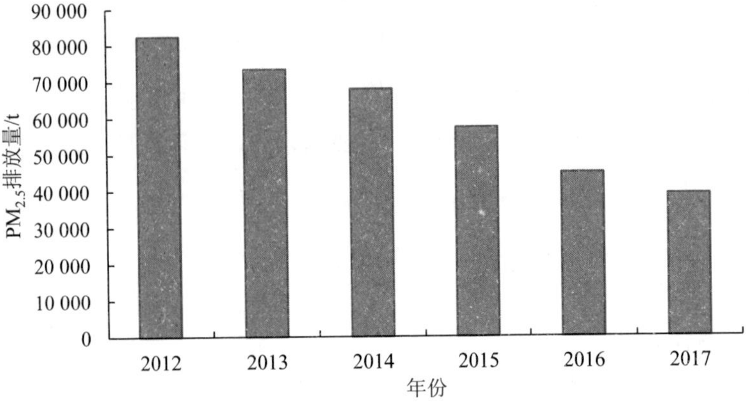

图 1-5　2012—2017 年北京市 $PM_{2.5}$ 排放量变化情况

④挥发性有机物（VOCs）

在含天然源排放的情况下，北京市 VOCs 排放量从 2012 年的 37.6 万 t 降至 2017 年的 24.2 万 t，减排了 36%（图 1-6）。从 2017 年主要大气污染源排放清单（表 1-7）和各类污染源的污染物排放量占比来看（表 1-8），扣除天然源，人为源排放总量为 14.5 万 t，其中本地机动车、居民生活溶剂使用同为主要来源，排放量占比均在 24%左右；餐饮、建筑涂装的排放量均占 8%左右。

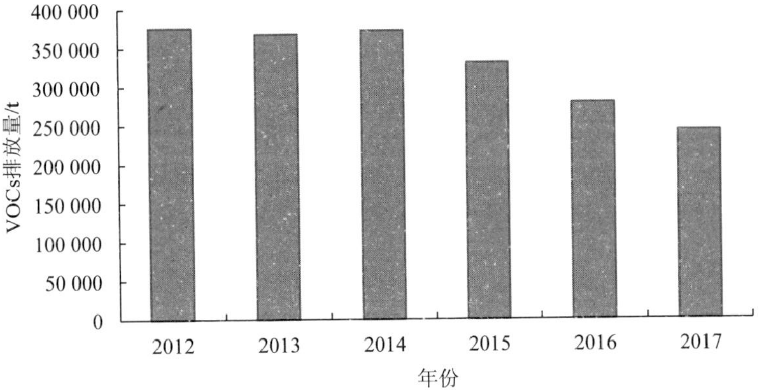

图 1-6　2012—2017 年北京市 VOCs 排放量变化情况

⑤氨（NH_3）

北京市未测算2012—2013年NH_3的排放量。北京市NH_3的排放量从2014年的5.8万t降至2017年的3.3万t，减排了44%（图1-7）。从2017年各类污染源的污染物排放量占比来看（表1-8），农业是NH_3的主要来源，占比约为58%，垃圾处理排放量占比约为17%，污水处理排放量占比约为16%。

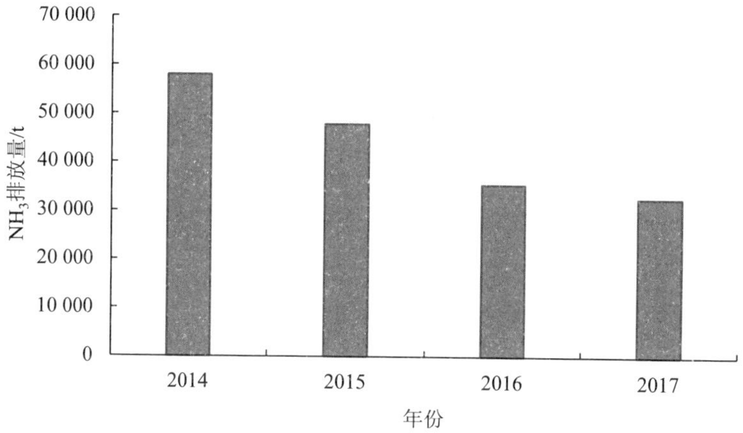

图1-7 2014—2017年北京市NH_3排放量变化情况

第三节 颗粒物来源解析

一、PM_{10}来源解析

2000—2002年，科技部、国家环保总局、北京市政府组织完成了国家科技专项“北京市大气污染控制对策研究”课题，其中第一课题“北京市大气污染的成因和来源分析”采取不同模型对北京城近郊区大气中的PM_{10}进行了来源解析。

（1）采用扩散模型ISCST3（稳态高斯烟羽模型）对北京城近郊区大气中的PM_{10}进行源解析。

结果表明，1999年，城近郊区大气中PM_{10}的污染源是扬尘源、工业源、民用源、机动车，其排放量各占 39.5%、38.0%、14.3%、8.2%，对大气中 PM_{10} 浓度的贡献率分别为 48.7%、22.5%、15.0%、13.8%。

（2）采用受体模型 CMB（化学质量平衡模型）对北京城近郊区大气中的 PM_{10} 进行源解析。

结果表明，2000 年 4 月—2001 年 1 月，城近郊区大气中 PM_{10} 各类污染源的浓度贡献率分别是：土壤扬尘占比为 21.3%、燃煤和工业源占比为 11.5%、交通道路扬尘占比为 11.6%、机动车直接排放占比为 4.2%、水泥和建筑源占比为 5.6%、SO_2 和 NO_x 的化学转化等二次污染源占比为 14.3%、二次转化和直接排放的有机物占比为 10.5%、生物质燃烧占比为 6.3%、未知源占比为 14.8%（由于四舍五入，加和不为 100%）。

二、$PM_{2.5}$ 来源解析

1．2012 年 9 月—2013 年 8 月 $PM_{2.5}$ 来源解析

2010 年以后，随着首钢等大型污染企业的搬迁和燃煤电厂高效除尘、脱硫、脱硝治理等强有力措施的实施，北京本地污染的主要来源从工业污染向生活消费性污染转变，维持城市日常运行等刚性需求产生的污染所占比重越来越大。同时，周边排放影响日益明显，复合型、区域性污染特征显著，表征性污染物 $PM_{2.5}$ 成为最主要的大气污染问题。

2012 年 9 月—2013 年 8 月，北京市环保监测中心联合北京大学、中国环科院等科研单位，开展了“北京市大气 $PM_{2.5}$ 污染现状与成因研究”课题。研究表明，北京市空气中 $PM_{2.5}$ 的主要成分为有机物、硝酸盐、硫酸盐、铵盐和地壳元素等，分别占 $PM_{2.5}$ 质量浓度的 26%、17%、16%、11%和 12%，表明 $PM_{2.5}$ 主要组分以二次粒子为主。其中，有机物主要来自燃烧和有机物挥发，硫酸盐、硝酸盐主要来自化石燃料燃烧，铵盐主要来自种植业和养殖业，地壳元素主要来自扬尘（图 1-8）。

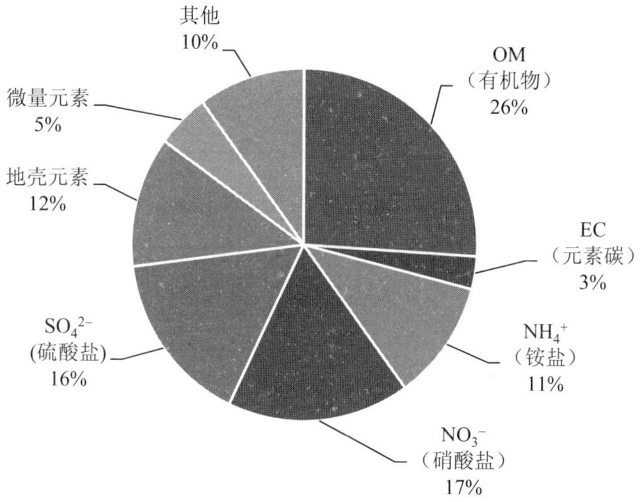

图 1-8　2012—2013 年北京市 $PM_{2.5}$ 主要成分质量占比

模型解析表明，全年 $PM_{2.5}$ 的来源中，区域传输贡献占 28%～36%，本地污染排放贡献占 64%～72%；特殊重污染过程中，区域传输贡献可达 50%以上。在本地污染排放贡献中，机动车、燃煤、工业生产、扬尘分别占 31.1%、22.4%、18.1%和 14.3%，餐饮、汽车修理、建筑涂装、畜禽养殖等其他排放约占 14.1%（图 1-9）。

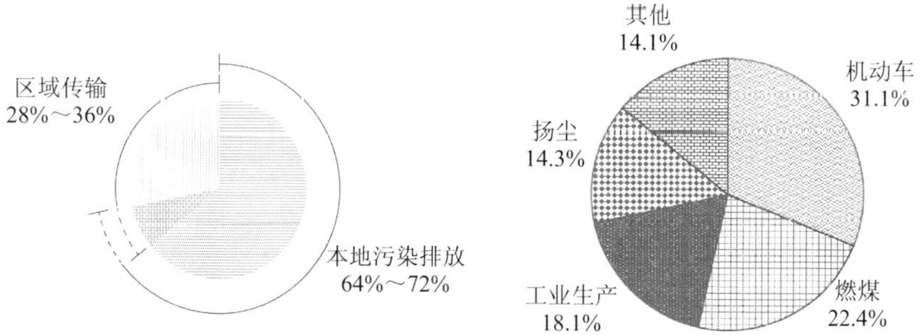

（a）本地污染排放与区域传输的关系　（b）本地污染排放（左图 64%～72%部分）的主要来源

图 1-9　2012—2013 年北京市 $PM_{2.5}$ 来源综合解析结果

2．2017 年 $PM_{2.5}$ 来源解析

2017 年，北京市综合最新监测数据、研究成果及技术方法，再次系统地开展了 $PM_{2.5}$ 来源解析工作。结果表明，北京市 $PM_{2.5}$ 的主要来源中本地污染排放贡献约占 2/3，移动源、扬尘源、工业源、生活面源和燃料燃烧源分别占 45%、16%、12%、12%和 3%，农业及自然源等其他源约占 12%（图 1-10）。区域传输贡献约占 1/3，且随着污染级别的增大，区域传输贡献呈明显上升趋势，重污染日（$PM_{2.5}$ 日均质量浓度大于 150 μg/m^3）区域传输贡献占 55%～75%。

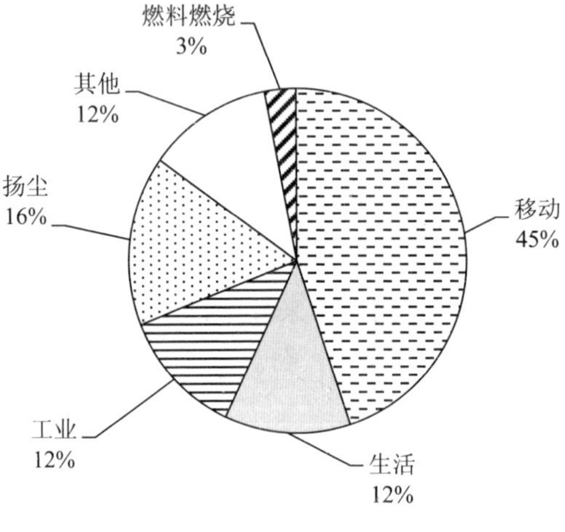

图 1-10　2017 年北京市 $PM_{2.5}$ 本地来源占比情况

与 2012—2013 年北京市 $PM_{2.5}$ 来源解析结果相比，2017 年北京市 $PM_{2.5}$ 本地排放来源贡献情况发生较大变化。一是各主要源对 $PM_{2.5}$ 的绝对浓度贡献明显下降，燃煤源下降幅度最为显著；二是 $PM_{2.5}$ 的各主要来源中，移动源、扬尘源贡献率上升，燃煤源和工业源贡献率下降，生活面源贡献率进一步凸显。其中，移动源中在京行驶的柴油车贡献最大，扬尘源中建筑施工和道路扬尘并重，工业源中石油化工、汽车制造和印刷等 VOCs 排放重点行业的贡献较为突出，生活面源中生活溶剂使用等约占 40%。

第四节 防治大气污染的三个阶段

1949 年，北京市人口为 203.1 万人，年用煤量为 103.5 万 t。20 世纪 70 年代以后，随着工业的发展和人口的增加，生产及生活中排放大量烟尘、粉尘和有害气体，烟尘污染日趋严重，到处烟雾弥漫，危害居民身体健康，北方煤烟型污染特点凸显。1971 年 10 月 9 日，周恩来总理指示北京石化总厂要把黄烟治理好；1972 年 2 月，又指示要把首都的烟尘治理好。

1972 年 11 月北京市环境保护机构成立以后，一直把防治大气污染作为工作重点。随着城市的快速发展和人民生活水平的提高，北京的大气污染从以煤烟型和工业污染为主，逐步发展为煤烟型、工业、机动车和扬尘等复合型污染。针对大气污染物的变化，防治大气污染工作经历了从 20 世纪七八十年代的消烟除尘、改造炉窑、工业污染源治理，到 20 世纪 90 年代的综合防治煤烟型、机动车和扬尘污染。1998 年 12 月，在国务院的支持下，北京市实施控制大气污染紧急措施以及后续的阶段性措施，从调整产业布局和结构、优化能源结构、调控小汽车总量和结构、升级改造治理设施等方面，从源头采取预防性措施，严格排放标准，提高治理技术水平，实施覆盖燃煤、工业、机动车、扬尘四个重点领域的综合性措施，并取得了显著成效。

2012 年以后，面对 $PM_{2.5}$ 污染、灰霾天气凸显等问题，北京市分析污染物来源、变化特点及其规律，在防治燃煤、机动车、工业和扬尘污染的基础上，又将 VOCs 作为污染防治重点。除此之外，北京市在加强本市污染治理的同时，与周边地区联合开展区域性大气污染联防联控，使环境质量进一步得到改善。

回顾北京市近半个世纪以来大气污染治理走过的路程，是不断研究总结城市发展规律、不断分析大气污染特点、不断探索经济社会与环境协调发展的过程，也是加强科学决策、创新完善治理手段、努力改善环境质量的过程。1971—2017 年，北京市大气污染治理过程大体可以划分为三个阶段。

一、消烟除尘，改善环境面貌

1971—1998 年为北京市防治大气污染的第一阶段，主要任务是消烟除尘，解决影响视觉感官的冒黑烟污染问题；同时对污染扰民严重的工业、企业实施限期治理或搬迁。

20 世纪 60 年代，北京市锅炉、窑炉烟囱林立，到处黑烟滚滚，反映空气污染的综合指标烟雾日由 20 世纪 50 年代的 60 余天发展到 60 年代的 120 余天。

在周恩来总理的亲自关怀下，在北京市革命委员会副主任万里的直接领导下，1971 年 5 月，北京市革命委员会城市规划领导小组筹建了“三废”管理办公室。1972 年 6 月北京市革命委员会颁布了《关于“三废”管理试行办法》，同年 11 月北京市革命委员会发文成立了“三废”治理办公室，标志着当代北京环境保护工作的开启。

北京市环保机构成立以后，组织开展了全市工业污染源调查。全市 1 624 个工厂中，有 62%的工厂存在废水、废气、废渣、噪声、振动、烟尘、恶臭等污染问题，多数工厂的工艺落后，排放的污染物基本未经治理，严重污染环境。20 世纪 70 年代，根据周恩来总理的指示，北京市组织消烟除尘大会战，改造锅炉、窑炉，安装除尘装置，对重点污染企业下达限期治理通知，分期和分批治、改、并、迁、停。至 1983 年，全市锅炉采取有效措施的治理率达到 75.6%，其中城区达到 94.2%，烟尘污染严重的问题初步得到控制。但是，受监测手段和技术条件所限，此时的大气污染治理还是以感官比较明显、群众反映大的黑烟、烟尘及降尘为重点。

1980 年，中共中央书记处对首都建设方针作出四项指示，明确了北京的功能定位和发展方向。1983 年 12 月 31 日—1984 年 1 月 7 日召开的第二次全国环境保护会议明确：环境保护是我国的一项基本国策，经济建设、城乡建设、环境建设同步规划、同步实施、同步发展，实现经济效益、社会效益、环境效益相统一，从而确立了环境保护在国民经济和社会发展中的重要地位。

根据党中央、国务院的一系列指示精神，北京市加强城市基础设施建设，对产业结构和布局进行调整。1984 年，经北京市政府批准，市计委、市经委、市财政局等 7 个单位联合印发了《关于对污染扰民企业搬迁实行优惠政策的通知》，对搬迁污染企业实行了税收、贷款等优惠政策。1987 年，为举办第十一届亚运会，北京市对 38 个亚运会比赛及练习场馆周围、主要道路两侧的环境进行综合整治，共完成了 7 893 项治理任务。至 1990 年，全市关、停、并、转、搬迁污染扰民的中小型工厂、车间 324 个。同时，北京市加强环境管理和法制建设，于 1988 年颁布了《北京市实施〈中华人民共和国大气污染防治法〉条例》。

1981—1990 年，北京城市基础设施建设总投资达 154.9 亿元，其中与环境保护密切相关的投资达 53.9 亿元。北京市引进了华北天然气，增供了人工煤气、石油液化气，发展集中供热，绿化美化环境，实现了垃圾密闭清运等。1990 年，城市居民炊事气化率提高到 84%，城市集中供热率达到 21%，城市绿化覆盖率提高到 28%，人均公共绿地面积达到 6.14 m^2。市区空气中的降尘量、烟雾口明显减少，基本消除了到处“黑烟滚滚”的局面，初步改善了城市环境面貌。

1993 年，国务院对新修编的《北京城市总体规划（1991—2010 年）》作出八条批复，要求北京市“突出首都的特点，发挥首都优势，积极调整产业结构和用地布局，促进高新技术和第三产业的发展，努力实现经济效益、社会效益和环境效益的统一”。特别重申：北京不要再发展重工业，特别是不要再发展那些耗能多、用水多、占地多、运输量大、污染扰民的工业。

北京市认真贯彻批复精神，调整产业结构和布局，加强城市基础设施建设，完善城市功能。1991—1997年，全市用于城市基础设施建设的投资达900亿元。其中，与环境保护设施相关的投资超过160亿元，集中力量建设了一批骨干工程，包括华北油田天然气二线、石景山供热管线工程、陕甘宁天然气一线进京工程等。城市居民炊事气化率由84%提高到94%，集中供热率由21%提高到34.5%，城市绿化覆盖率由28%提高到33.4%，人均公共绿地面积由6.14 m^2增加到7.2 m^2。工业部门采取“退二进三”和“退二进四”的方针，调整产业产品结构和布局，投资20多亿元，实施“污染扰民限期治理计划”和“污染源达标排放行动”，完成3 000多个治理项目，工业废气中SO_2和烟尘排放量分别减少27%和50%，105个污染扰民严重的工厂、车间停产或搬迁，使局部环境得到了改善。首钢公司完成了白灰窑和料厂等治理任务，高井电厂完成了7号炉电除尘工程，石景山地区的粉尘年排放量减少了2万t。

这一阶段，北京市在治理煤烟型污染和工业污染方面做了大量工作。但是，由于城市规模和人口发展过快，能源结构以煤炭为主且需求增长快，工业结构及布局问题尚未根本解决，加之治理装备技术水平低、环保法制不够健全、排放标准限值宽松等，燃煤和工业污染仍未得到有效控制。同时，机动车保有量逐年增加，尾气排放污染凸显。城区空气中的SO_2、NO_x污染总体加重，TSP浓度居高不下，冬季污染尤为严重，1998年成为北京市大气污染严重之年。因此，北京市大气污染防治工作需要进行重大改革。

二、实施阶段措施，提高优良天数

以1998年12月北京市人民政府发布的《关于采取紧急措施控制北京大气污染的通告》为标志，北京市大气污染防治工作进入了第二阶段。

1998 年是北京不平凡的一年，是大气污染严重之年，也是大气污染治理转折之年。一是 3 月北京市正式向社会公布空气质量周报，北京的空气质量引起国内外的广泛关注；二是国家对北京的环境保护工作十分重视，5 月将北京列为国家污染防治的唯一重点城市，要求加大治理力度，尽快改善环境质量；三是年底经国务院同意，北京市发布实施控制大气污染紧急措施，发出治理大气污染的新号令。

1998 年 2 月 16 日，北京市政府第二次市长碰头会研究解决北京环境污染问题，同意市环保局提出的环境污染防治目标和对策，决定自 3 月 1 日起向社会公布空气质量周报。4 月 1 日，北京市委常委扩大会议听取市环保局关于北京市环境保护工作的汇报，原则上同意市环保局提出的治理措施，要求以治理大气污染为重点，加大工作力度，切实取得成效。

北京市的大气污染问题引起国际社会和各界的广泛关注。国家领导人对北京防治大气污染问题多次作出指示，指出：北京是首都，代表国家形象，要以高度的政治责任感抓好首都的污染防治工作。北京的目标不能太低，空气质量不是消灭四级，而是达到国家二级标准问题。全国人大、国务院、全国政协、国家环保总局、北京市人大、北京市政协等多次组织人大代表、政协委员视察调研，针对控制北京大气污染问题提出建议。

为了尽快改善北京市的空气质量，北京市环保局组织编制了《北京市环境污染防治目标和对策》，经市政府批准，采取推广使用无铅汽油、低硫优质煤，征收 SO_2 排污费，建设无燃煤区，公交车和出租车使用清洁燃料等措施控制大气污染，并将任务分解落实到各区县和有关部门。但是，1998 年 9 月 29—30 日，由于气象条件异常，低空污染物不易扩散，造成 NO_x 浓度和 O_3 浓度明显升高，群众普遍反映刺眼睛、嗓子疼；10 月，北京市的空气质量周报连续五周出现四级。为此，11 月 19 日，市政府向国务院紧急请示，要求采取果断措施控制大气污染，以遏制污染日益加重的趋势。紧急措施包括防治燃煤、机动车和扬尘污染等 18 项。

国务院领导对北京采取果断措施控制大气污染非常支持，朱镕基总理批示：“国务院完全支持北京市为控制大气污染所采取的紧急措施，国务院各部门和中央在京单位必须全力支持和严格遵守。希望北京市加大执法力度，切实监督执行，造福北京人民。”李岚清副总理批示：“赞成北京市提出的控制北京大气污染的意见。大家对此都很关心。关键是要切实认真实施，对不认真实施的要有严格的惩治措施，要追究有关责任者的责任……”

1998 年 12 月 16 日，北京市人民政府发布《关于采取紧急措施控制北京大气污染的通告》，市政府办公厅印发《关于分解实施北京市控制大气污染紧急措施任务的通知》。12 月 17 日，市委、市政府召开北京市贯彻落实控制大气污染紧急措施动员大会（图 1-11）。中央政治局委员、市委书记、市长贾庆林做动员报告，号召全市人民紧急行动起来，全力以赴地控制大气污染，尽快改变首都环境质量；国家环保总局局长解振华讲话，支持北京市采取紧急措施治理大气污染；市委副书记、常务副市长刘淇主持会议，传达了朱镕基总理和李岚清副总理的重要批示；副市长汪光焘对实施控制大气污染紧急措施进行部署。中央、国家机关有关部委，市政府有关委、办、局、总公司，各区县政府及街道办事处，在京部队，大专院校和科研单位近 1 000 人参加大会。12 月 18 日，《北京日报》以《北京：发出治理大气污染新号令》为主题报道动员大会情况，并出版四个版面的特刊进行社会宣传动员（图 1-12）。12 月 24 日，市政府召开第 12 次常务会议，贾庆林与 18 个区县政府和 18 个有关委、办、局主要负责人签订了《落实控制北京大气污染紧急措施责任书》。

图 1-11　1998 年 12 月 17 日北京市召开贯彻落实控制大气污染紧急措施动员大会

北京日報

BEIJING DAILY　北京日报社出版　国内统一刊号：CN11－0101　第16639号

1998年12月18日　星期五

网址：http://www.beijingdaily.com.cn

中俄中美领导人就伊拉克局势交换意见

江主席呼吁美英停止军事行

各方应通过对话寻求解决办法

本市召开动员大会贯彻中央批示精神

北京：发出治理大气污染新号令

江泽民总书记多次到北京视察工作，十分关心北京环境整治和建设

朱镕基李岚清就市政府治理大气污染采取紧急措施的请示作批示

贾庆林作动员报告　解振华刘淇等出席

（江泽民总书记植树照片和动员大会报道见今日特刊）

一版：让我们行动　还京城蓝天

二版：大气污染堪忧　对策目标明确

三版：坚决贯彻中央批示　认真落实紧急措施

四版：借鉴成功经验　蓝天定能再现

图 1-12　《北京日报》报道北京市召开贯彻落实控制大气污染紧急措施动员大会

1999 年 10 月，国务院批准了《北京市环境污染防治目标和对策（1998—2002 年）》，同时拨国债 60 亿元给予北京市资金支持。2001 年，北京市获得第 29 届夏季奥运会的举办权，提出“绿色奥运、科技奥运、人文奥运”三大理念，环境保护工作迎来难得的发展机遇。从此，防治大气污染进入了快速发展的新阶段。

1998—2010 年，北京市先后实施了 16 个阶段的大气污染控制措施，每个阶段的措施都经过市政府办公会讨论审议，以市政府通告的形式公布，并通过市政府办公厅文件将治理任务落实到各区县、相关委办局及市属重点企业，形成了全市上下齐抓共管的良好格局。通过实施大气污染控制措施，突出加强 PM_{10} 污染控制，建立了以年度环境空气优良天数为主要目标的监测和考核体系，加大资金投入、加强科学研究、严格法规标准、加强执法监管，形成了以防治煤烟型污染、机动车污染、工业污染和扬尘污染为主要领域的综合治理模式，取得了明显成效。同时，北京市借鉴世界区域空气质量管理的经验，与周边省份采取有针对性的联防、联控措施，为成功举办 2008 年第 29 届夏季奥运会提供了空气质量保障，也为重点区域联防、联控和联治积累了初步经验。

1．空气质量目标创优良

北京市以《环境空气质量标准》（GB 3095—1996）及其 2000 年修改单为依据，以年度好于二级标准和达到二级标准的优良天数作为全市考核指标，将目标任务分解到各区县政府，实施区县空气质量目标责任制。市环保监测中心采用空气污染指数（API）进行评价，公布每天全市的空气质量级别，公布每月累计优良天数比例，年底公布全年空气质量目标完成情况。2010 年，全年空气质量好于二级和达到二级的优良天数为 286 天，占全年总天数的 78.4%，比 2000 年增加了 109 天，优良天数占比提高了 30 个百分点，实现了空气质量连续 12 年改善。

2．优化能源结构减燃煤

从 1998 年开始，北京市改变了仅仅依靠改造锅炉炉型、安装除尘器的末端治理燃煤污染方式，进入了使用天然气等清洁能源替代燃煤的源头控制阶段。1998—2010 年，北京市按照“由里及外、由小到大、由点到面、由低到高、由易到难”的原则，对燃煤设施进行大规模的清洁能源改造，共完成了 4.4 万台茶炉大灶、1.6 万多台燃煤锅炉的清洁能源改造；城近郊区共完成了 10 435 台燃煤锅炉清洁能源改造。2000 年，城区实施平房小煤炉取暖改为电采暖示范工程，至 2010 年，核心区内 17.4 万户平房居民采暖实现了“煤改电”。2007—2010 年，远郊区县建成30座大型燃煤集中供热中心，拆除了670座分散式小型燃煤锅炉房。2010年10月，市政府批转市发展改革委《关于加快构建本市安全高效低碳城市供热体系有关意见的通知》，启动燃煤热电厂改为燃气热电中心工程。1998—2010年，北京市能源消费总量增加82%，年燃煤量却控制在1998年的水平以下，天然气用量由3亿m^3增加到74亿m^3，清洁优质能源比重达到70%。

3．调整产业结构布局源头治理

北京市按照首都功能定位要求，调整了产业发展战略目标，大规模地关停、退出、搬迁污染企业，大力发展汽车制造产业、电子产业、信息产业、金融业、服务业。1999年，北京市政府印发《北京工业布局调整规划》，明确了土地出让金返还、税收减免等企业搬迁优惠政策，将企业搬迁与城市产业布局、工业园区建设相结合，引导污染企业调整搬迁，并实现了技术改造和产品升级。2005年，按照《北京城市总体规划（2004—2020年）》的要求，北京市将工业企业调整搬迁与优化城市功能布局结合起来，大约200家四环以内的工业企业搬迁，其中包括国有大中型企业，腾出约450万m^2的土地。2005年2月，国家发改委报请国务院批准，批复北京市《关于首钢实施搬迁、结构调整和环境治理方案》；同年7月，首钢5号高炉停产，拉开了首钢调整搬迁的序幕。2006年7月，有47年历史的北京焦化厂停产。2008年，北京市在全国率先完成对全部燃煤电厂实施深度除尘脱硫治理和烟气脱硝治理。通过实施16个阶段的控制措施，北京市的产业结构得到优化，至2010年年底，首钢石景山厂区的冶炼、热轧工艺全面停产；北京市的三产比重超过76%，万元GDP能耗降低到0.582 t标准煤，为全国最低。

4．防治机动车污染车油并举

1998年1月1日，北京市全面禁止使用含铅汽油，全部改售无铅汽油。经过多年的努力，北京市逐步形成了以不断严格新车排放标准、淘汰老旧车、加强在用车治理和油品监管为主的防治机动车污染技术路线和管理模式。1999 年 1 月 1 日，北京市开始实施严于国家标准、相当于欧Ⅰ标准的机动车新车排放标准，成为全国首个要求新注册登记轻型汽油车必须加装尾气处理装置三元催化转化器的城市，拉开了我国轿车电喷化技术升级的序幕，使国内轿车由化油器车占主导地位的落后局面，逐步转变为采用电控燃油喷射加装三元催化转化净化器的新局面，对于促进汽车工业技术升级具有划时代的意义。同时，北京市建立了机动车环保目录管理制度和机动车环保标志管理制度。2002 年、2005 年、2008 年，北京市又在全国率先执行国Ⅱ、国Ⅲ、国Ⅳ机动车排放新标准和配套的油品标准。自 1998 年 12 月开始，北京市强制淘汰污染严重的化油器型“黄面的”（黄色面包出租车），2009 年发布鼓励黄标车提前淘汰补助资金政策，加快了黄标车淘汰进度，1998—2010 年全市共淘汰 15.6 万辆黄标车。通过上述措施，北京市在机动车保有量快速增长的情况下，与机动车尾气污染密切相关的空气中的 NO_2 质量浓度由 1998 年的 74 $\mu g/m^3$ 下降到 2010 年的 57 $\mu g/m^3$，汽车排放污染控制初见成效。

5．控制扬尘污染清洁城市

北京市从施工工地、道路和裸露地面等几个方面入手治理扬尘污染。从 20 世纪 90 年代开始，北京市对施工工地就提出“黄土不露天”的管理要求，制定实施《北京市建设工程施工现场环境保护标准》《绿色文明施工规程》等。1998 年，北京市形成了施工工地出入口硬化、施工工地周边设置硬质围挡、工地出入口设置冲洗设施等管理模式。2006 年，北京市提出建筑施工工地“五个 100%”环保管理标准，即“工地沙土 100%覆盖、工地路面 100%硬化、出工地车辆 100%冲洗车轮、拆除房屋的工地 100%洒水压尘、暂不开发的工地 100%绿化”。同时，北京市对道路逐步扩大清扫保洁面积，推行机械式保洁作业；消除裸露地面，关停全市所有砂石场，对砂石坑、废弃矿山进行生态恢复；对季节性裸露农田实施保护性耕作、生物覆盖、留茬免耕等措施。通过有的放矢的治理措施，北京市的扬尘污染控制取得初步效果。除此之外，北京市加强生态建设，扩大山区植树造林面积，基本完成了第一道绿化隔离带建设，城市绿化覆盖率由 1998 年的 35.6%提高到 2010 年的 45%。

16 个阶段的大气污染控制措施实施后，1998—2010 年，在北京市地区生产总值增加近 5 倍、机动车保有量增加 2.6 倍、能源总消耗增加 0.8 倍、人口增加近 0.6 倍的情况下，北京市环境空气中的 SO_2 浓度、NO_2 浓度和 PM_{10} 浓度（以 1999 年为基准）分别下降了 73%、23%和 33%；2000—2010 年，北京市空气质量二级和好于二级的天数比例由 48.4%提高到 78.4%。2008 年奥运会期间，北京市与华北六省（自治区、直辖市）实施大气污染联防联控措施，保证了奥运会、残奥会期间空气质量天天达标，兑现了申奥空气质量承诺，为区域大气污染联防联控提供了经验。

2011—2012 年，北京市大气污染防治工作计划有所变化，不再继续发布控制大气污染的年度措施通告。2011 年 4 月 11 日，北京市人民政府印发《北京市清洁空气行动计划（2011—2015 年大气污染控制措施）》（京政发〔2011〕15 号），在所提出的 2015 年空气质量指标中，除了要求“二氧化硫、二氧化氮、一氧化碳、苯并[*a*]芘、氟化物和铅等六项污染物稳定达标；总悬浮颗粒物和可吸入颗粒物年均浓度比 2010 年下降 10%左右；全市空气质量二级和好于二级天数比例达到 80%”以外，还提出了“臭氧污染趋势逐步减缓”的定性目标。2012 年 3 月 11 日，北京市人民政府印发《北京市 2012—2020 年大气污染治理措施》，所提出的空气质量目标除 PM_{10}、SO_2、NO_2、TSP 外，开始列入 $PM_{2.5}$、O_3 指标。

2011—2012 年，北京市坚持污染物排放总量控制和清洁能源发展战略，严格环境准入，控制新增污染物，推动经济增长方式的转变。优化产业结构，深化工业污染治理，167 家“高污染、高耗能、高耗水”企业关停退出。实施 VOCs 治理，通过结构减排和末端治理、低挥发溶剂替代等措施，减排 VOCs 6 500 t。继续推进燃煤锅炉清洁能源改造，完成总容量 4 000 t/h 的燃煤锅炉清洁改造任务；继续推进核心区平房采暖“煤改电”，减少煤炭使用量近 100 万 t。累计淘汰老旧机动车 55.2 万辆；提高新车排放标准，发布实施第五阶段《车用汽油》《车用柴油》标准，为全面实施第五阶段机动车排放标准做好准备。加大施工扬尘监管力度，推行绿色文明施工管理模式；创建扬尘污染控制区试点，重点建设工地开展高效冲洗车轮技术示范，提高道路清扫保洁水平，治理渣土遗撒；扩大道路“吸、扫、冲、收”组合式清洗新工艺应用范围，提高道路洁净度。推进城乡绿化，建设“山区绿屏、平原绿网、城市绿景”三大生态屏障，2012 年北京城市绿化覆盖率达到 46.2%，林木绿化率达到 55.5%。

1998—2012 年，北京市经过近 14 年的环境综合整治，环境质量显著改善，SO_2 年均浓度由 120 μg/m^3 下降至 28 μg/m^3，下降了 77%；PM_{10} 年均浓度由 180 μg/m^3（1999 年）下降至 109 μg/m^3，下降了 39%；NO_2 年均浓度由 74 μg/m^3 下降至 52 μg/m^3，下降了 30%。按以上 3 项污染物评价的空气综合污染指数由 2000 年的 3.69 下降至 2012 年的 2.21，下降了 40%。2000—2012 年，空气优良天数比例由 48.4%上升到 76.8%。

但是，由于北京城市的快速发展，污染物排放量远远超过环境的承载力，空气质量状况仍不容乐观，PM_{10} 等污染物浓度仍然超过国家规定的二级标准限值，同时京津冀区域秋冬季节雾霾天气时有发生，北京市大气污染防治仍面临巨大的压力和挑战，环境质量与市民期盼仍有较大的差距。

2011 年 9 月 26 日，世界卫生组织在其官方网站上发表了一篇题目为《基础数据：城市室外空气污染》的报道，并以附件形式公布了 91 个国家、近 1 100 个城市大气环境中 PM_{10} 和 $PM_{2.5}$ 的数据汇总情况。《参考消息》等多家媒体以“北京居全球‘最脏首都’之列”为题进行转载，北京的空气质量再次引起人们关注。10 月上旬，受华北地区大雾影响，北京持续出现雾霾天气，能见度下降，空气质量连续超标。与此同时，新媒体上广为流传的美国驻华大使馆监测的 $PM_{2.5}$ 数据，引发公众对北京市空气质量评价体系的质疑。11 月，国务院领导指示“要完善环境监测标准，逐步与国际接轨，使监测结果与人民群众对青山绿水蓝天白云的切实感受更加接近”。在第七次全国环境保护大会上，又强调“要参考世界卫生组织为发展中国家推荐的标准，抓紧修订和发布严格的环境空气质量标准，增加 $PM_{2.5}$ 等监测指标”，并要求京津冀、长三角、珠三角等重点区域率先实施。

2012 年 2 月 29 日，经国务院同意，环保部发布了新修订的《环境空气质量标准》（GB 3095—2012）。新标准增加了 $PM_{2.5}$ 的年均浓度、日均浓度限值和 O_3 8 小时平均浓度限值，严格了 PM_{10}、NO_2 等污染物的浓度限值。同日，环保部印发了《关于实施〈环境空气质量标准〉（GB 3095—2012）的通知》，提出分期实施新标准的时间表：2012 年，京津冀、长三角、珠三角等重点区域以及直辖市和省会城市实施；2013 年，113 个环境保护重点城市和国家环保模范城市实施；2015 年，所有地级以上城市实施；2016 年 1 月 1 日，全国全面实施新标准。

为了实施国家新标准，2012 年 12 月北京市建成四类、共 35 个覆盖全市范围的环境空气质量自动监测子站（城市背景站、城市环境评价站、区域传输站、交通环境监控站），在城市环境空气质量自动监测子站中增加了 $PM_{2.5}$、O_3 监测项目。

三、清洁空气，打响蓝天保卫战

2013—2017 年为北京市大气污染治理的第三阶段，北京市以 $PM_{2.5}$ 为治理重点，实施《北京市 2013—2017 年清洁空气行动计划》治理灰霾，打响了蓝天保卫战。

2013 年 1 月，华北地区多次出现空气重污染天气，北京市有 13 天的空气质量指数达到重度污染、严重污染水平，当月 $PM_{2.5}$ 平均浓度高达 160 μg/m^3，引起国内外广泛关注。1 月 25 日，习近平总书记作出重要批示。1 月 29 日，北京市政府召开全市电视会议，紧急部署空气重污染应急工作。会议决定，空气严重污染时启动更加严格的大气污染应急减排措施，削减机动车、工业、扬尘、燃煤污染排放。2 月 26 日，市政府办公厅印发《2013 年清洁空气行动计划》。3 月，北京市成立大气污染综合治理领导小组。3 月 25 日，北京市大气污染综合治理领导小组印发《北京市 2013 年清洁空气行动计划（含补充措施）任务分解表》。6 月 14 日，李克强总理主持召开国务院第 12 次常务会议，审议通过《大气污染防治行动计划》和《京津冀及周边地区落实大气污染防治行动计划实施细则》。9 月 10 日，国务院印发《大气污染防治行动计划》（国发〔2013〕37 号）（简称“大气十条”），要求：经过五年努力，全国空气质量总体改善，重污染天气较大幅度减少；京津冀、长三角、珠三角等区域空气质量明显好转。力争再用五年或更长时间，逐步消除重污染天气，全国空气质量明显改善。具体指标：到 2017 年，全国地级及以上城市 PM_{10} 浓度比 2012 年下降 10%以上，优良天数逐年提高；京津冀、长三角、珠三角等区域 $PM_{2.5}$ 浓度分别下降 25%、20%、15%左右，其中北京市 $PM_{2.5}$ 年均浓度控制在 60 μg/m^3 左右。9 月 17 日，环保部、国家发改委、工信部、财政部、住建部和国家能源局联合印发《京津冀及周边地区落实大气污染防治行动计划实施细则》。

为贯彻落实“大气十条”，改善北京大气环境质量，市政府印发《北京市 2013—2017 年清洁空气行动计划》，市政府办公厅印发《北京市 2013—2017 年清洁空气行动计划重点任务分解》。目标是：经过五年努力，全市空气质量明显改善，重污染天数较大幅度减少。力争到 2017 年，全市空气中的 $PM_{2.5}$ 年均浓度比 2012 年下降 25%以上，控制在 60 μg/m^3 左右。重点实施能源结构优化、产业绿色转型、城市精细化管理、压减燃煤、控车减油、治污减排、清洁降尘、生态建设等八大污染减排工程；在环境管理方面采取完善法规体系、创新经济政策、强化科技支撑、加强组织领导、分解落实责任、严格考核问责等六大保障措施，并动员全社会参与监督，加强企业自律，公民参与绿色行动，共同为改善首都的环境质量贡献力量。

2014 年 3 月，李克强总理在《政府工作报告》中指出：雾霾天气范围扩大，环境污染矛盾突出，是大自然向粗放发展方式亮起的红灯。我们要像对贫困宣战一样，坚决向污染宣战，出重拳强化污染防治。

为落实《北京市 2013—2017 年清洁空气行动计划》，2014—2017 年每年年初，北京市政府办公厅均印发《清洁空气行动计划重点任务分解年度工作措施》。同时，根据 2008 年奥运会空气质量保障经验，将临时性联防联控措施变为常态，进一步完善京津冀及周边地区大气污染联防联控工作机制，为 2014 年 APEC 会议、2015 年抗战胜利 70 周年纪念活动等制定实施了区域空气质量保障方案。

2016 年 1 月 4 日，中共中央政治局常委、国务院副总理张高丽在北京市调研并主持召开大气污染防治工作座谈会，听取北京市委、市政府的汇报和意见建议。张高丽强调，要抓住关键、突出重点，大力实施冬季大气污染防治强化措施，切实加强重污染天气应对。他指出，我们要把思想认识和行动统一到党中央、国务院决策部署上来，牢固树立绿色发展理念，深刻认识大气污染治理的紧迫性、艰巨性和长期性，坚持不懈打好大气污染防治攻坚战和持久战。他强调，要把京津冀及周边地区特别是北京作为重点的重点，针对存在的问题、薄弱环节和冬季大气污染物排放增加的情况，采取法律、经济、技术和行政等更加强化的防控手段措施。同年 6 月，环保部、北京市政府、天津市政府和河北省政府联合印发《京津冀大气污染防治强化措施（2016—2017 年）》（环大气〔2016〕80 号），要求京津冀及周边大气污染防治协作小组各成员单位，中石油、中石化、国家电网，华能、大唐、华电、国电、神华集团等制订方案细化措施，提前部署落实责任，加强调度强化考核，不折不扣地完成“大气十条”确定的目标。7 月 6 日，中国工程院发布的中期评估报告显示，多数省份 $PM_{2.5}$ 或 PM_{10} 年均浓度下降幅度达到或超过“大气十条”规定的中期目标要求，有望实现 2017 年的考核目标。个别省份 PM_{10} 年均浓度有所上升，北京市完成 2017 年终期目标仍需要付出努力。此外，中国工程院的中期评估报告还解读了《京津冀大气污染防治强化措施（2016—2017 年）》的背景。

为此，2016 年 7 月 29 日，北京市政府办公厅印发了《北京市贯彻落实〈京津冀大气污染防治强化措施（2016—2017 年）〉实施方案》（京政办字〔2016〕37 号）。

2017 年 2 月 17 日，为进一步改善空气质量、强化环境管理，环保部等 4 部门、北京市等 6 省市人民政府联合印发《京津冀及周边地区 2017 年大气污染防治工作方案》（环大气〔2017〕29 号）；3 月 20 日，经市政府同意，北京市大气污染综合治理领导小组办公室印发《〈京津冀及周边地区 2017 年大气污染防治工作方案〉北京市任务分解》；8 月 18 日，环保部等 10 部门、北京市等 6 省市人民政府联合印发《京津冀及周边地区 2017—2018 年秋冬季大气污染综合治理攻坚行动方案》（环大气〔2017〕110 号）；9 月 6 日，经市政府同意，北京市大气污染综合治理领导小组印发《〈京津冀及周边地区 2017—2018 年秋冬季大气污染综合治理攻坚行动方案〉北京市细化落实方案》。

2013—2017 年，北京市人口、经济、能源、机动车全面持续增长。常住人口从 2012 年的 2 069 万人增加到 2017 年的 2 170 万人，5 年增长 4.9%；地区生产总值（当年价格）从 2012 年的 1.8 万亿元增加到 2017 年的 2.8 万亿元，以可比价格计算的 5 年增长率为 41%；能源消耗总量从 2012 年的 6 564 万 t 标准煤增加到 2017 年的 7 133 万 t 标准煤，5 年增长率为 8.7%；机动车保有量从 2012 年的 520 万辆增加到 2017 年的 590.9 万辆，5 年增长率为 13.6%。

2013—2017 年，北京市认真贯彻“大气十条”及其后续强化措施、秋冬季污染防治攻坚方案，以能源、交通运输、工业、城市建设四个领域为重点加强治理，超额完成了《北京市 2013—2017 年清洁空气行动计划》各项治理任务，实现了“全市空气中的细颗粒物（$PM_{2.5}$）年均浓度比 2012 年下降 25%以上，控制在 60 μg/m^{3}左右”的目标。2017 年，北京市的 $PM_{2.5}$ 年均浓度为 58 μg/m^3，“雾霾”治理初见成效，清洁空气行动计划圆满收官，蓝天保卫战取得第一阶段成果。

1．压减燃煤

2013 年 8 月，北京市政府办公厅先后印发了《北京市 2013—2017 年加快压减燃煤和清洁能源建设工作方案》《北京市 2013 年农村地区“减煤换煤、清洁空气”行动实施方案》等文件，每年制定分年度的实施方案，加快压减燃煤、推动能源清洁发展。

2013—2017 年，北京市能源结构发生了根本性转变，清洁能源消费量快速增长，燃煤消费量不断下降。全市天然气消耗量从 2012 年的 92 亿 m^3 增加到 2017 年的 157.7 亿 m^3，增加了 71.4%；全社会电力消费量由 2012 年的 912 亿 kW·h 增加到 2017 年的 1 066.9 亿 kW·h。

2015 年北京市核心区基本实现了“无煤化”，2017 年城六区和南部平原地区也基本实现了“无煤化”。2013—2017 年北京市累计淘汰总容量 3.9 万 t/h 的燃煤锅炉，总容量 3.4 万 t/h 的燃气锅炉完成了低氮燃烧改造；农村地区实施“减煤换煤”和“煤改清洁能源”，累计近 60 万户完成了采暖“煤改电”“煤改气”工程，农村炊事燃气实现全覆盖。全市煤炭用量由 2012 年的 2 300 万 t 下降到 2017 年的 500 万 t 以内，削减燃煤 1 800 万 t，削减率达 78%；煤炭在能源消费总量的比重由 2012 年的 22.5%下降到 2017 年的 6%以内，实现了“2017 年煤炭消费总量控制在 1 000 万 t 以内、优质能源占比提高到 90%”的目标。

2013—2017 年，北京市削减 SO_2 排放量 6.73 万 t、NO_x 排放量 8.23 万 t，与燃煤直接相关的空气中 SO_2 年均浓度下降到 8 μg/m^3，为北方城市中 SO_2 年均浓度最低的城市。

2．控车减油

2013—2017 年，北京市坚持优先发展公共交通运输体系，严格控制小客车增量及燃油机动车比例，新增轨道交通 166 km，总里程达到 608 km，公交专用道总里程达到 907 km，中心城绿色出行比例达到 72%。北京市实施小客车总量调控办法，小客车年增速由 2010 年的 24.3%下降至 2017 年的 2.4%，2017 年，全市机动车保有量为 590.9 万辆。北京市鼓励发展新能源、清洁能源公交车和出租车辆替代燃油车辆，2017 年，新能源和清洁能源公交车达 1.5 万辆，占全市公交车的比例为 65.6%，天然气、纯电动及混合动力出租车超过 7 000 辆，全市新能源和清洁能源汽车应用规模累计达到 20 万辆。

2013—2017 年，北京市实施区域限行和淘汰补贴、疏堵结合政策，促进高排放黄标车、老旧车辆淘汰，全市淘汰黄标车、老旧机动车 216.7 万辆，36.7%的车辆提标更新。2017 年，国Ⅳ、国Ⅴ标准车辆的比重分别提高至 36.8%、47.1%，5 万多辆使用两年以上的燃油出租车更换了尾气处理装置三元催化转化器。

为新车排放标准升级提供油品质量保障，油品标准先行升级，2012 年、2017 年北京市先后制定实施了第五阶段、第六阶段车用汽油、车用柴油标准。为控制新增和更新车辆的污染排放，2013 年，北京市新注册登记的轻型汽油车执行国Ⅴ排放标准；2015 年，新注册登记的重、中型柴油车执行国Ⅴ排放标准。

3．工业治污减排

2013—2017 年，北京市实施工业控总量调结构和末端治理相结合的手段，持续推进工业治污减排。一是控总量调结构。全市以砖瓦、沥青防水材料、铸锻造、电镀、小家具、小化工等行业为重点，累计关停污染企业 1 992 家；全面开展“散乱污”企业清理整治，累计处置“散乱污”企业 1.1 万余家。对于水泥行业，全市产能控制在 300 万 t 以内；对于电力行业，不再新增化石能源发电能力，对燃气机组均采用低氮燃烧技术并配备 SCR 脱硝；对于石油炼制行业，控制炼油规模在 1 000 万 t 以内，燕山石化公司完成了二催化烟气脱硝治理和工艺加热炉低氮燃烧器改造。二是深化污染源末端治理。2014—2017 年，北京市实施了 500 余项环保技术改造项目，针对石化、汽车、家具、印刷、电子等重点行业，对 VOCs、NO_x、烟粉尘治理工程实施技术升级改造，提升工艺技术、装备和管理能力，其中减排 VOCs 5.7 万 t。

4. 清洁降尘

2013—2017 年，北京市加强施工、道路和渣土运输车辆扬尘污染控制，2017 年全市降尘量比 2012 年下降了 20%。

一是控制施工扬尘污染。引入先进技防措施，实现施工扬尘“标本兼治”；加大施工现场扬尘治理执法和惩戒力度，仅 2017 年北京市就开展施工现场扬尘执法 29 396 次，达标率为 96%；征收扬尘排污费，利用经济手段促进治污、减排；采暖季期间除重大民生工程和重点项目外，全市道路工程、水利工程等土石方作业和房屋拆迁工程全部停止施工。二是控制道路扬尘污染。加大了道路机械清洗频次，由“每日冲刷，隔天洗地”提高到“每日冲刷，每日洗地”；城市道路机械化清扫保洁“洗、扫、冲、收”组合（新）工艺作业覆盖率不断提高，2017 年达到 88% 以上。三是控制渣土运输扬尘污染。全力推进建筑垃圾运输车辆密闭更新改造；加强渣土运输规范化管理，进行资质认证，开展渣土运输专项整治，处罚违法违规渣土车辆近 3 万辆次。

5. 增加投入

2013—2017 年，北京市、区两级财政持续加大大气污染治理资金投入，资金总额总体不断增加。2013 年安排资金 113.02 亿元，2014 年为 284.42 亿元，2015 年为 356.15 亿元，2016 年为 346.05 亿元，2017 年为 423.17 亿元。五年累计投资 1 522.81 亿元，其中市级财政投入 1 230.34 亿元（含市级固定资产投资）。

北京市通过 5 年的努力，实现了《北京市 2013—2017 年清洁空气行动计划》的目标，污染物排放总量大幅下降，环境空气质量明显改善。根据大气污染源排放清单，全市 SO_2 排放总量下降了 88%，NO_x 排放总量下降了 36%，NH_3 排放总量下降了 44%，VOCs 排放总量下降了 36%。2017 年，北京市环境空气中的 SO_2、NO_2、PM_{10} 浓度分别为 8 μg/m^3、46 μg/m^3、84 μg/m^3，比 2012 年分别下降了 71.4%、12%、23%；$PM_{2.5}$ 年均浓度为 58 μg/m^3，较 2013 年下降了 35.6%（2012 年未获得 $PM_{2.5}$ 年均浓度数据）。2017 年北京市空气质量优良天数为 226 天，占全年天数的 62.1%（当年有效监测天数为 364 天），比 2013 年的 176 天增加了 50 天，提高了 13.9 个百分点；空气重污染天数为 23 天，比 2013 年的 58 天减少了 35 天，减少了 60%；北京市环境空气质量（6 项污染物）综合指数由 2013 年的 7.96 下降到 2017 年的 5.87，下降了 26%。

第二章 空气质量变化四十年

北京市于 1978 年开始对大气环境中的污染物浓度进行例行监测，并建立形成了完善的环境质量报告制度。1978—2017 年 40 年间，北京市大气环境质量总体呈现出“前差后好”的特点。前 21 年（1978—1998 年），虽然北京市的大气环境质量没有随着经济社会的发展而相应恶化，但是大气污染持续加重，1998 年成为污染最重之年，北京市实施控制大气污染阶段措施，开始扭转大气污染的被动局面。后 19 年（1999—2017 年），北京市大气环境质量逐步改善。

1978—1998 年，SO_2 污染呈波动上升趋势，年均浓度从 76 μg/m^3 上升到 120 μg/m^3，上升了 58%，一直高于国家二级标准（60 μg/m^3），其中 1998 年超标 1 倍。1984—1998 年，NO_x 污染逐年加重，年均浓度从 65 μg/m^3 上升到 152 μg/m^3，上升了 134%，其中 1998 年年均浓度超过国家二级标准（50 μg/m^3）2.04 倍。1981—1984 年，TSP 污染极其严重，年均浓度为 776～938 μg/m^3；1985—1998 年，TSP 年均浓度为 319～443 μg/m^3，呈现波动下降趋势，其中 1998 年年均浓度仍超过国家二级标准（200 μg/m^3）0.89 倍。1981—1998 年，降尘量从 33.7 t/（km^2·月）下降到 15.2 t/（km^2·月），下降趋势明显，但污染仍然严重。1984—1988 年，CO 年均浓度波动上升，为 1.9～3.3 mg/m^3，日均浓度超标率为 8.1%～25.5%，两项指标最高值均出现在 1998 年。

1998—2012 年，北京市在 GDP 增长 650%、常住人口增长 66%、

机动车增长 283%、能源消费总量增长 88%的情况下，通过实施控制大气污染阶段性措施综合治理大气污染，环境空气质量逐步改善。大气中的 SO_2、NO_2、PM_{10} 年均浓度分别下降了 77%、29%、42%，优良天数比例从 2000 年的 48.4%提高到 2012 年的 76.8%。

2013—2017 年，北京市实施清洁空气行动计划，环境空气持续改善。2012—2017 年，SO_2 年均浓度由 28 μg/m^3 持续下降到 8 μg/m^3，下降了 71%；NO_2 年均浓度从 52 μg/m^3 缓慢下降到 46 μg/m^3，下降了 12%；PM_{10} 年均浓度从 109 μg/m^3 波动下降到 84 μg/m^3，下降了 23%；$PM_{2.5}$（与 2013 年比较）从 90 μg/m^3 持续下降到 58 μg/m^3，下降了 35.6%。2013—2017 年，北京市环境空气质量优良天数占全年天数的比例从 48.2%提高到 62.1%，增加了 50 天；空气重污染天数从 58 天下降到 23 天，减少了 35 天。

1999—2017 年，北京市经济社会快速发展，实现了环境空气质量显著改善。但是，北京市大气污染治理工作面临新的挑战：$PM_{2.5}$ 仍然超过国家二级标准；《2017 中国生态环境状况公报》显示，在全国 74 个城市中，北京市空气质量综合指数为 5.87，排名第 56 位；近年，北京市 O_3 污染问题凸显，成为影响提高优良天数的重要因素；京津冀仍是全国空气污染最严重的地区之一，区域污染传输相互影响。持续改善环境空气质量是新时代北京高质量发展的新要求，需要久久为功，打赢蓝天保卫战。

第一节 空气质量监测和评价标准

1974 年 2 月，北京市计划委员会批复“同意新建北京市环境保护监测中心”。1977 年 10 月，市环保监测中心建成。1977—1985 年，北京市各区县相继建成环保监测站。1978 年开始，市环保监测中心对城近郊区大气环境质量开展例行监测，监测技术采用人工采样、实验室分析测定，监测项目从 SO_2 开始逐步增加了 NO_x、CO、TSP。1981 年，根据国务院环境保护领导小组的要求，北京市环保局组织市环保监测中心和市有关部门成立了环境质量报告书编写组，9 月编制了《北京市环境质量报告书（1970—1980 年）》。此后，每年不间断地编制一本《北京市环境质量报告书》，对上年的大气、水、声等环境质量监测数据进行综合分析，对环境质量作出评价。

一、环境空气质量监测

1978 年，国务院环境保护领导小组办公室将 SO_2、NO_x、TSP、降尘确定为大气环境质量必测项目。据此，市环保监测中心在城近郊区于 1978 年开始对 SO_2、1979 年开始对 NO_x 和 CO、1981 年开始对 TSP 和降尘进行定时定点例行监测。

1984 年 5 月，市环保监测中心引进美国热电子公司先进技术设备，建成了大气环境质量连续自动监测系统并投入运行，该系统包括城近郊区 7 个环境质量评价点，远郊昌平定陵 1 个清洁对照点，监测项目有 SO_2、NO_x、NO_2、CO、飘尘（IP）、O_3。从此，北京市空气质量监测更加规范。1984 年后，城近郊区原以人工采样监测的 SO_2、CO、NO_x 和 TSP 停测，其他项目和远郊区县的监测仍然以人工采样方式继续进行。

1991 年 4 月，位于海淀黄庄的站点因房屋扩建及周边停车场的修建而停止运行并撤销，全市空气质量自动监测系统中的城近郊区评价点子站减为 6 个。

1991 年 4 月起，根据国家环保部门的要求，IP 调整为 TSP；1999 年 4 月起，TSP 调整为 PM_{10}，并实现了全年连续自动监测。

1992 年 8 月，市环保监测中心建成了奥林匹克体育中心子站并投入运行，全市空气质量自动监测评价站点增至 7 个。

1993 年 9 月，国家环保局发布《关于开展国家环境监测网络站大气监测点位验收认定工作的通知》，北京市 8 个大气环境质量自动监测国控点位通过国家环保局认定，它们是：车公庄、前门、东四、天坛公园、奥体中心、农展馆、古城共 7 个城近郊区评价子站和 1 个城市清洁对照点昌平定陵站。上述 8 个点位称为国控点位，其中 7 个城近郊区评价子站监测数据的平均值代表北京市环境空气质量状况。

1998—2003 年，为进一步科学监测和评价大气环境状况，根据城市建成区不断发展的实际情况，北京市对自动监测子站进行了扩建和调整。2003 年，北京市设有 16 个空气质量自动监测市控子站，北京空气质量自动监测子站已经从城近郊区扩大到远郊区县，覆盖了北京各行政区县。同年，由于环境空气质量自动监测系统覆盖到全市各区县，远郊区县人工采样监测 SO_2、NO_x 项目停止。

2006 年 1 月 1 日，国控点位进行了调整，前门、车公庄 2 个子站不再作为国控点位（改为市控交通环境点位），新增加西城官园、宣武万寿西宫、海淀万柳（2005 年增建）3 个子站为国控点位，从此，国控点位增至 9 个：8 个评价点位、1 个清洁对照点位。市控点位仍然为 16 个。

2008 年 1 月 1 日开始，远郊区县的昌平镇、（顺义）仁和镇、怀柔镇 3 个点位被调整为国控点位，至此，空气质量自动监测子站国控点位增加到 12 个，其中 11 个子站为北京市空气质量评价点位（1 个为清洁对照点位），各点位数据的平均值比较好地反映了北京全市环境空气质量状况。

2012 年，为执行新的国家标准《环境空气质量标准》（GB 3095—2012），北京市政府投资新建、扩建空气质量自动监测系统，增加了新标准中规定的污染物项目。至 2012 年年底，全市设置有 35 个环境空气质量自动监测子站，包括城市环境评价点、城市清洁对照点、区域背景传输点和交通污染控制点共四种类型。其中，国控点位仍然是 2008 年确立的点位：东城东四、东城天坛、西城官园、西城万寿西宫、朝阳奥体中心、朝阳农展馆、海淀万柳、石景山古城、昌平镇、顺义新城、怀柔镇共 11 个点位和 1 个城市清洁对照点昌平定陵；环境空气监测项目调整为 6 项：SO_2、NO_2、CO、O_3、PM_{10}、$PM_{2.5}$。上述 11 个子站的监测数据平均值代表北京市环境空气质量。

二、大气环境质量评价标准

北京市没有制定地方大气环境质量标准，而是按照国家大气环境质量标准对大气环境质量进行监测和评价。

1979 年，国家有关部门修订颁布了《工业企业设计卫生标准》（TJ 36—79），北京市环保监测中心参考该标准中“居住区空气有害物质”有关项目，采取人工采样的方式对大气环境开展监测。

1982 年 4 月，国务院环境保护领导小组颁布了《大气环境质量标准》（GB 3095—82）（以下简称“82 年版标准”）（表 2-1）。标准规定了大气环境功能区分类、标准分级、污染物项目、取值时间及浓度限值等内容。大气环境功能区分为三类：一类区为国家规定的自然保护区、风景游览区、名胜古迹和疗养地等；二类区为城市规划中确定的居民区、商业交通居民混合区、文化区、名胜古迹和广大农村等；三类区为大气污染程度比较重的城镇和工业区以及城市交通枢纽、干线等。大气环境质量标准分为三级：一类区执行一级标准；二类区执行二级标准；三类区执行三级标准。

表 2-1 《大气环境质量标准》（GB 3095—82）（摘录）

污染物名称	浓度限值/（mg/m^3）（标准状态）			
	取值时间	一级标准	二级标准	三级标准
总悬浮颗粒物	日平均	0.15	0.30	0.50
	任何一次	0.30	1.00	1.50
飘尘	日平均	0.05	0.15	0.25
	任何一次	0.15	0.50	0.70
二氧化硫	年日平均	0.02	0.06	0.10
	日平均	0.05	0.15	0.25
	任何一次	0.15	0.50	0.70

污染物名称	浓度限值/（mg/m³）（标准状态）			
	取值时间	一级标准	二级标准	三级标准
氮氧化物	日平均	0.05	0.10	0.15
	任何一次	0.10	0.15	0.30
一氧化碳	日平均	4.00	4.00	6.00
	任何一次	10.00	10.00	20.00
光化学氧化剂（O_3）	1 小时平均	0.12	0.16	0.20

“82 年版标准”同时规定了 SO_2 日均浓度标准和年均浓度标准，既可以评价 SO_2 日均浓度超标率，又可以同时评价 SO_2 年均浓度超标倍数；而对于 TSP、IP、NO_x、CO，标准只规定了日均浓度标准而未规定年均浓度标准，只能依据标准评价 TSP、IP、NO_x、CO 的日均浓度达标率，不能评价年均浓度超标倍数。

1983—1996 年，北京市按照“82 年版标准”中的二级标准对大气环境污染物监测结果进行评价，1978—1982 年的大气环境中污染物监测数据采用该标准进行回顾性评价。

1996 年，国家环保局修订颁布了《环境空气质量标准》（GB 3095—1996）（简称“1996 年版标准”）（表 2-2）。

表 2-2 《环境空气质量标准》（GB 3095—1996）（摘录）

污染物名称	浓度限值/（mg/m³）（标准状态）			
	取值时间	一级标准	二级标准	三级标准
二氧化硫（SO_2）	年平均	0.02	0.06	0.10
	日平均	0.05	0.15	0.25
	1 小时平均	0.15	0.50	0.70
总悬浮颗粒物（TSP）	年平均	0.08	0.20	0.30
	日平均	0.12	0.30	0.50
可吸入颗粒物（PM_{10}）	年平均	0.04	0.10	0.15
	日平均	0.05	0.15	0.25
氮氧化物（NO_x）	年平均	0.05	0.05	0.10
	日平均	0.10	0.10	0.15
	1 小时平均	0.15	0.15	0.30

污染物名称	浓度限值/（mg/m^3）（标准状态）			
	取值时间	一级标准	二级标准	三级标准
二氧化氮（NO_2）	年平均	0.04	0.04	0.08
	日平均	0.08	0.08	0.12
	1 小时平均	0.12	0.12	0.24
一氧化碳（CO）	日平均	4.00	4.00	6.00
	1 小时平均	10.00	10.00	20.00
臭氧（O_3）	1 小时平均	0.12	0.16	0.20

“1996 年版标准”与“82 年版标准”相比较，有如下变化：①将取值时间“任何一次”修改为“1 小时平均”；②将污染物项目“飘尘（IP）”修改为“可吸入颗粒物（PM_{10}）”，将“光化学氧化剂”修改为“臭氧”；③增加了 NO_2 的年平均、日平均、1 小时平均的标准限值；④增加了 TSP、PM_{10}、NO_x 的年均浓度标准限值，并保持日均浓度二级标准限值不变。污染物项目 SO_2、CO 的标准限值均没有变化。

1997 年起，北京市按照“1996 年版标准”中的二级标准对环境空气质量进行监测和评价。

2000 年 1 月，国家环保总局发布《环境空气质量标准》（GB 3095—1996）修改单：①取消了 NO_x 指标；②将 NO_2 二级标准的年平均浓度限值由 0.04 mg/m^3 改为 0.08 mg/m^3，日平均浓度限值由 0.08 mg/m^3 改为 0.12 mg/m^3；③将 O_3 二级标准的 1 小时平均浓度限值由 0.16 mg/m^3 改为 0.20 mg/m^3。由于“1996 年版标准”的修改，实际上形成了新的环境空气质量标准，以下简称“1996 年版标准（2000 年修改）”。

2000 年起，北京市按照“1996 年版标准（2000 年修改）”中的二级标准对环境空气质量进行监测和评价。

2012 年 2 月，环保部修订发布了《环境空气质量标准》（GB 3095—2012）（以下简称“2012 年版标准”）（表 2-3）。与“1996 年版标准（2000 年修改）”相比，有如下变化：①增设了细颗粒物（$PM_{2.5}$）年平均、日平均、1 小时平均的浓度限值和 O_3 日最大 8 小时平均浓度限值；②严格了 PM_{10}、NO_2 的浓度限值；③将浓度单位由毫克/立方米（mg/m^3）修改为微克/立方米（$\mu g/m^3$）；④删除了三级标准。SO_2、CO 的标准限值没有变化。

表 2-3 《环境空气质量标准》（GB 3095—2012）（摘录）

项目类型	污染物项目	平均时间	浓度限值（二级）	单　位
基本项目	二氧化硫（SO_2）	年平均	60	$\mu g/m^3$
		24 小时平均	150	
		1 小时平均	500	
	二氧化氮（NO_2）	年平均	40	
		24 小时平均	80	
		1 小时平均	200	
	一氧化碳（CO）	24 小时平均	4	mg/m^3
		1 小时平均	10	
	臭氧（O_3）	日最大 8 小时平均	160	$\mu g/m^3$
		1 小时平均	200	
	可吸入颗粒物（粒径小于等于 10 μm）	年平均	70	
		24 小时平均	150	
	细颗粒物（粒径小于等于 2.5 μm）	年平均	35	
		24 小时平均	75	

2013 年开始，北京市按照“2012 年版标准”对环境空气进行监测和评价。

由于国家大气环境质量标准经过了几次修订，出现了污染物浓度单位不一致的现象。为了便于表述北京市环境空气质量变化，下文在记述北京市大气环境污染物浓度监测数据时，除 CO 浓度单位采用 mg/m^3 以外，其他污染物浓度单位一律采用$\mu g/m^3$。

第二节　颗粒物

一、总悬浮颗粒物（TSP）

TSP 是影响大气环境质量的主要污染物，北京的 TSP 污染多年一直处于较高水平。1978—1979 年，北京市环境保护监测中心（以下简称市环保监测中心）对 TSP 进行了定期定点监测。1984 年，空气质量自动监测系统运行后，市环保监测中心开始监测粒径小于 10 μm 的飘尘（IP），同时停止了人工采样监测 TSP，但是由于发现 1985—1987 年空气质量自动监测系统 IP 监测浓度数据在称重环节出现了问题，3 年的监测数据未予采用。1990 年 9 月，改为自动采样、手工换膜、人工称量监测 TSP 浓度。根据国家环保局关于全国各地将颗粒物指标统一为 TSP 指标的要求，市环保监测中心将 1988—1990 年 8 月的 IP 浓度换算成 TSP 浓度。

1978—1990 年，城近郊区 TSP 年均浓度为 379～989 $\mu g/m^3$，最高值出现在 1978 年，1988 年最低；日均浓度超标率为 56.6%～99%，1978 年最高，1988 年最低；采暖期 TSP 污染较非采暖期明显加重，平均浓度为 538～1 672 $\mu g/m^3$，日均浓度超标率为 88%～100%；非采暖期 TSP 平均浓度为 300～905 $\mu g/m^3$，日均浓度超标率为 41.7%～100%（表 2-4、图 2-1）。

表 2-4　1978—1990 年北京市城近郊区大气中的 TSP 监测数据

年份	全年		采暖期		非采暖期	
	平均浓度/（$\mu g/m^3$）	日均浓度超标率/%	平均浓度/（$\mu g/m^3$）	日均浓度超标率/%	平均浓度/（$\mu g/m^3$）	日均浓度超标率/%
1978	989	99.0	1 158	97.6	905	100.0
1981	938	94.1	1 672	100.0	572	91.2
1982	877	84.4	1 280	98.1	660	77.5
1983	641	81.8	735	98.8	594	73.3

年份	全年		采暖期		非采暖期	
	平均浓度/（μg/m³）	日均浓度超标率/%	平均浓度/（μg/m³）	日均浓度超标率/%	平均浓度/（μg/m³）	日均浓度超标率/%
1984	776	95.4	818	97.1	755	94.6
1988	379	56.6	538	88.0	300	41.7
1989	435	64.6	583	90.2	325	45.9
1990	443	69.1	569	89.1	344	53.2

注：①1985—1987 年，因空气质量自动监测系统 IP 浓度监测称重出现问题，数据未予采用。

②1979—1980 年，采集的数据是城区数据，无城近郊区大气中的 TSP 监测数据。

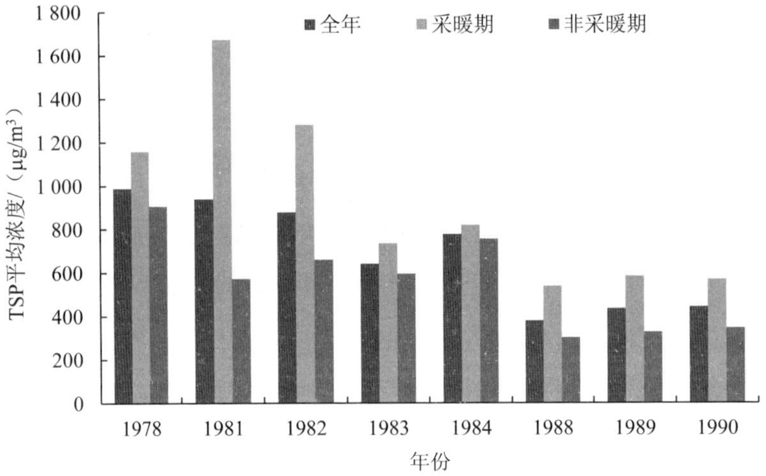

图 2-1　1978—1990 年北京市大气中 TSP 浓度年际变化

1991—2005 年，北京市 TSP 污染总体呈波动下降趋势，年均浓度为 252～395 μg/m³，日均浓度超标率为 27%～65.1%，最高值均出现在 1994 年；采暖期 TSP 污染明显加重，平均浓度为 267～454 μg/m³，日均浓度超标率为 27.2%～81.5%；非采暖期 TSP 平均浓度为 221～356 μg/m³，日均浓度超标率为 16.1%～54.2%。1997—2005 年，TSP 年均浓度超过国家二级标准年均浓度限值（200 μg/m³）0.26～0.89 倍，1998 年超标倍数最大（表 2-5、图 2-2）。

自 2006 年起，北京市不再把 TSP 作为环境空气质量的评价指标，只保留个别点位开展监视性监测。

表 2-5 1991—2005 年北京市城近郊区大气中的 TSP 监测数据

年份	全年		采暖期		非采暖期	
	平均浓度/（μg/m³）	日均浓度超标率/%	平均浓度/（μg/m³）	日均浓度超标率/%	平均浓度/（μg/m³）	日均浓度超标率/%
1991	319	46.3	433	81.5	221	16.1
1992	377	57.7	433	78.3	336	42.5
1993	348	54.3	395	67.8	323	44.9
1994	395	65.1	453	80.3	355	54.2
1995	377	61.7	454	77.5	319	50.0
1996	364	62.2	445	80.8	314	50.4
1997	371	61.3	441	76.9	340	54.2
1998	378	62.5	431	77.9	348	53.5
1999	364	53.3	407	61.3	339	48.6
2000	353	50.7	384	67.4	334	40.9
2001	370	50.3	395	58.5	356	45.6
2002	373	46.5	426	64.2	349	38.5
2003	252	27.0	267	35.1	244	22.3
2004	314	37.8	306	27.2	318	43.8
2005	291	31.3	269	32.4	305	30.6

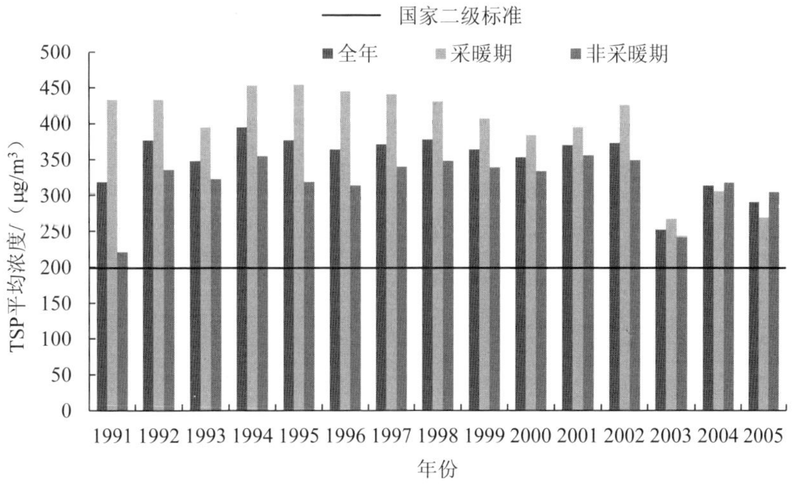

图 2-2 1991—2005 年北京市大气中 TSP 浓度年际变化

二、可吸入颗粒物（PM_{10}）

1999年4月，市环保监测中心运用空气质量自动监测系统开展PM_{10}监测，测得4—12月PM_{10}平均浓度为180 μg/m^3。

2000—2012年，PM_{10}污染总体呈波动下降趋势，年均浓度由162 μg/m^{3}降至109 μg/m^3，下降了32.7%，日均浓度超标率由45.5%下降到23.7%；采暖期PM_{10}平均浓度总体上高于非采暖期（表2-6、图2-3）。

表2-6　2000—2012年北京市大气中PM_{10}监测数据

年份	全年		采暖期		非采暖期	
	平均浓度/（μg/m^3）	日均浓度超标率/%	平均浓度/（μg/m^3）	日均浓度超标率/%	平均浓度/（μg/m^3）	日均浓度超标率/%
2000	162	45.5	168	48.6	159	43.7
2001	165	44.9	169	48.4	163	42.8
2002	166	45.8	181	52.1	157	42.0
2003	141	38.1	140	38.8	142	37.7
2004	149	40.2	150	39.7	148	40.4
2005	142	36.4	122	28.2	153	41.1
2006	161	36.6	172	42.7	154	33.1
2007	148	34.6	161	40.4	141	31.1
2008	122	28.1	130	32.4	118	25.6
2009	121	26.6	135	34.5	113	22.0
2010	121	23.4	130	28.2	116	20.6
2011	114	26.1	107	25.2	117	26.6
2012	109	23.7	109	23.8	108	23.7

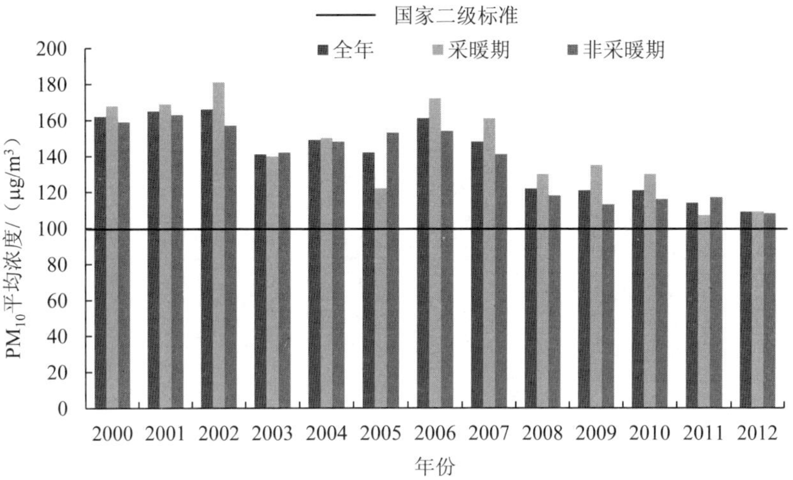

图 2-3 2000—2012 年北京市大气中 PM_{10} 浓度变化

2013—2017 年，北京市实施清洁空气行动计划，继续加大污染治理力度，PM_{10} 呈波动下降趋势，年均浓度为 84～116 μg/m^3，日均浓度超标率为 8.9%～25.2%；采暖期 PM_{10} 平均浓度和日均浓度超标率均高于非采暖期（表 2-7、图 2-4）。2017 年与 2012 年相比，PM_{10} 年均浓度下降了 22.9%，2017 年 PM_{10} 年均浓度虽然已经降至 84 μg/m^3，但仍超过国家标准（70 μg/m^3）0.2 倍。

表 2-7 2013—2017 年北京市大气中 PM_{10} 监测数据

年份	全年		采暖期		非采暖期	
	平均浓度/（μg/m^3）	日均浓度超标率/%	平均浓度/（μg/m^3）	日均浓度超标率/%	平均浓度/（μg/m^3）	日均浓度超标率/%
2013	108	20.5	121.5	29.9	100.2	15.2
2014	116	25.2	124.0	32.8	111.0	20.8
2015	102	18.9	129.6	31.3	85.2	11.7
2016	92	15.0	110.0	24.4	81.0	9.5
2017	84	8.9	88.0	14.9	82.0	5.3

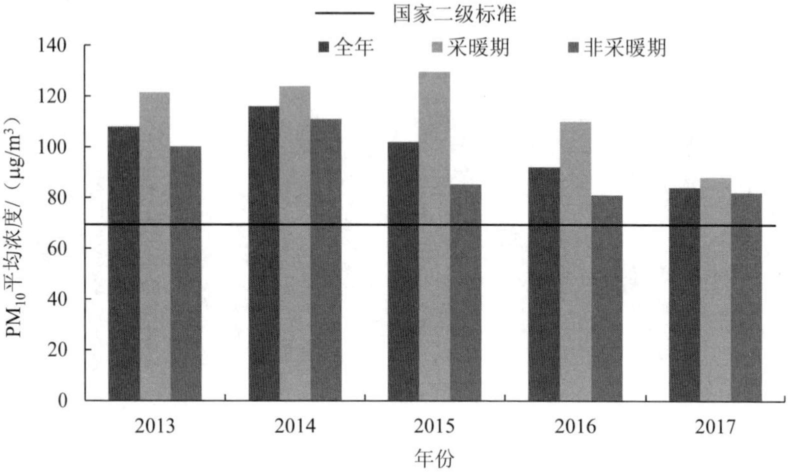

图 2-4　2013—2017 年北京市大气中 PM_{10} 浓度年际变化

三、细颗粒物（$PM_{2.5}$）

2013 年，北京市执行《环境空气质量标准》（GB 3095—2012），开始监测 $PM_{2.5}$。2013—2017 年，$PM_{2.5}$ 年均浓度由 90 μg/m^3 逐年下降至 58 μg/m^3，下降了 35.6%，但仍超过国家二级标准限值（35 μg/m^3）0.66 倍；采暖期 $PM_{2.5}$ 平均浓度高于非采暖期，日均浓度超标率由 48.5%降至 32.1%；非采暖期 $PM_{2.5}$ 日均浓度超标率由 41.6%降至 18.7%（表 2-8、图 2-5）。

表 2-8　2013—2017 年北京市大气中 $PM_{2.5}$ 监测数据

年份	全年		采暖期		非采暖期	
	平均浓度/（μg/m^3）	日均浓度超标率/%	平均浓度/（μg/m^3）	日均浓度超标率/%	平均浓度/（μg/m^3）	日均浓度超标率/%
2013	90	44.1	106	48.5	80	41.6
2014	86	44.1	96	47.8	80	42.0
2015	81	38.9	112	53.7	62	30.3
2016	71	36.1	88	40.7	64	33.3
2017	58	23.6	68	32.1	52	18.7

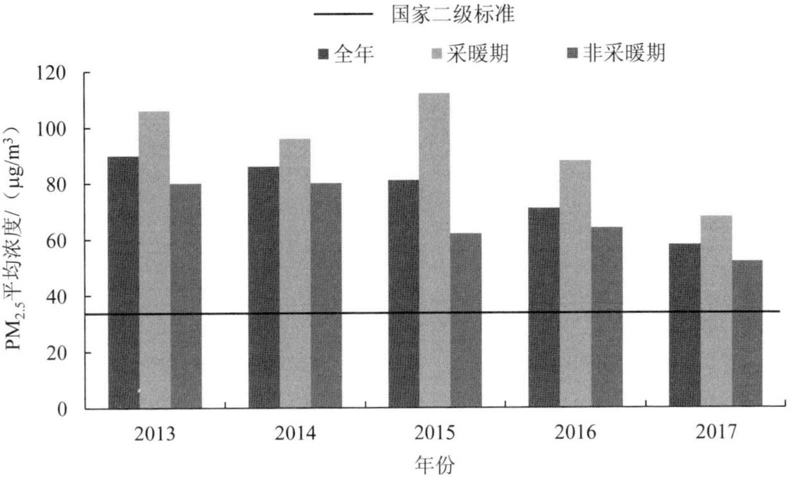

图 2-5 2013—2017 年北京市大气中 $PM_{2.5}$ 浓度年际变化

四、降尘

1981 年开始，市环保监测中心联合城近郊区各环保监测站，对城近郊区降尘开展逐月监测；1982 年开始，远郊区县环保监测站陆续在远郊城镇开展降尘监测。降尘污染依据国家环保局规定，用清洁区的年均降尘量加上 7 t 作为标准进行评价。

1981—2017 年，北京市大气降尘量总体呈波动下降趋势，城近郊区降尘量由 33.7 t/（km^2·月）下降到 6.2 t/（km^2·月），下降了 81.6%；远郊城镇降尘量由 1982 年的 21.8 t/（km^2·月）下降到 2017 年的 5.3 t/（km^2·月），下降了 75.7%。自 2005 年起，城近郊区和远郊区县城镇的降尘量均低于评价参考的标准限值（表 2-9、图 2-6）。

表 2-9 1981—2017 年北京市大气降尘监测数据　　单位：t/（km^2·月）

年份	城近郊区	远郊区县城镇	评价标准
1981	33.7	未监测	19.7
1982	29.7	21.8	15.1
1983	23.3	24.5	13.8

年份	城近郊区	远郊区县城镇	评价标准
1984	22.3	21.1	13.5
1985	22.7	24.2	16.9
1986	21.0	20.2	17.7
1987	25.0	19.0	19.8
1988	20.0	17.0	17.4
1989	17.8	15.2	14.9
1990	21.8	17.3	16.7
1991	18.7	16.2	15.8
1992	17.2	15.1	14.9
1993	18.5	16.7	15.1
1994	21.9	14.3	12.7
1995	20.0	14.6	12.3
1996	14.7	12.3	12.6
1997	16.4	12.1	12.2
1998	15.2	12.0	12.3
1999	15.0	10.4	12.9
2000	15.5	11.0	13.0
2001	15.2	10.7	12.5
2002	13.2	10.1	14.2
2003	12.0	8.0	11.1
2004	12.3	7.7	11.7
2005	11.3	7.2	11.8
2006	12.8	10.7	16.2
2007	10.6	8.1	11.4
2008	8.8	7.0	11.9
2009	8.8	7.2	13.3
2010	11.5	8.8	12.6
2011	8.1	6.7	11.2
2012	8.1	5.9	11.6
2013	7.6	6.0	10.8
2014	6.5	7.6	10.6
2015	7.4	6.4	10.6
2016	7.4	5.2	10.9
2017	6.2	5.3	11.5

注：表中远郊区县数据 1982 年为通县、大兴县、门头沟区、房山县，1983 年增加昌平县、顺义县，1985 年增加密云县，1987 年增加延庆县，1988 年增加平谷县和怀柔县。

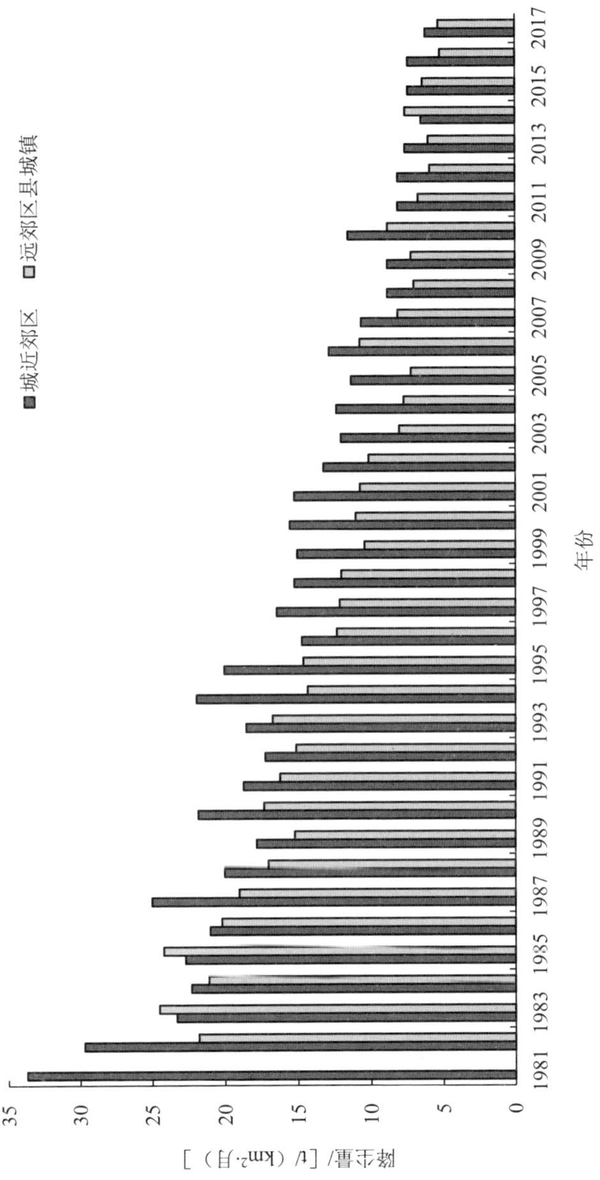

图 2-6　1981—2017 年北京市大气降尘量年际变化

第三节　二氧化硫

北京市大气环境中 SO_2 污染主要是煤炭燃烧造成的。20 世纪 50 年代至 20 世纪末，北京市的 SO_2 污染一直处于较高水平；进入 21 世纪，SO_2 污染持续下降，2004 年 SO_2 年均浓度已低于国家环境空气质量二级标准年均浓度限值。

1978 年，市环保监测中心与城近郊区环保部门联合，开展了人工采样 SO_2 例行监测，1982 年陆续扩展到远郊区县城镇。1984 年，北京空气质量自动监测系统启动，开始获得 SO_2 的连续监测数据。

1978—1998 年，全市 SO_2 年均浓度为 62～135 μg/m^3，均超过国家环境空气质量二级标准年均浓度限值（60 μg/m^3），总体呈波动上升趋势，其中 1991 年最高，超标 1.25 倍，日均浓度超标率为 18.4%～32.3%；采暖期 SO_2 污染更为严重，1992 年采暖期 SO_2 平均浓度高达 288 μg/m^3，日均浓度超标率都在 50%以上；非采暖期 SO_2 平均浓度低于国家环境空气质量二级标准年均浓度限值。

1998 年年底开始，北京市实施了数百项大气污染控制措施，加大了煤烟型污染的治理力度；2013—2017 年，又实施了《北京市 2013—2017 年清洁空气行动计划》，取得了明显成效，SO_2 浓度持续下降。1998—2017 年，全市 SO_2 年均浓度由 120 μg/m^3 下降到了 8 μg/m^3，下降了 93.3%。自 2001 年起，非采暖期日均浓度已无超标；自 2004 年起，SO_2 年均浓度已达到国家环境空气质量二级标准；自 2013 年起，采暖期 SO_2 日均浓度已无超标（表 2-10、图 2-7）。

表 2-10　1978—2017 年北京市大气中 SO_2 监测数据

年份	全年		采暖期		非采暖期	
	平均浓度/（μg/m^3）	日均浓度超标率/%	平均浓度/（μg/m^3）	日均浓度超标率/%	平均浓度/（μg/m^3）	日均浓度超标率/%
1978	76	18.6	152	66.2	39	1.0
1979	70	26.1	131	51.8	40	0.0

年份	全年		采暖期		非采暖期	
	平均浓度/（μg/m³）	日均浓度超标率/%	平均浓度/（μg/m³）	日均浓度超标率/%	平均浓度/（μg/m³）	日均浓度超标率/%
1980	70	32.3	121	57.0	44	1.9
1981	62	27.2	128	53.8	29	1.2
1982	79	28.9	184	56.9	27	0.8
1983	85	30.6	170	59.0	42	2.7
1984	112	26.9	238	77.5	51	2.5
1985	107	24.1	209	59.0	46	2.8
1986	124	27.4	243	64.9	46	2.2
1987	123	27.7	257	70.7	45	2.2
1988	104	24.0	208	60.0	38	1.2
1989	99	19.6	203	52.7	39	0.4
1990	122	26.5	255	66.8	35	0.1
1991	135	31.1	268	73.1	42	1.9
1992	129	28.4	288	75.6	42	2.6
1993	120	27.8	232	63.3	39	1.8
1994	110	25.7	221	63.9	45	3.4
1995	90	18.4	196	50.3	30	0.7
1996	100	19.7	207	51.7	33	0.2
1997	125	26.4	269	67.9	40	2.2
1998	120	28.1	252	71.9	42	1.9
1999	80	17.8	168	47.7	29	0.2
2000	71	14.6	150	40.0	26	0.1
2001	64	13.4	137	36.2	21	0.0
2002	67	13.7	136	35.9	26	0.0
2003	61	9.3	117	25.3	28	0.0
2004	55	8.0	102	21.6	27	0.0
2005	50	5.7	91	15.6	26	0.0
2006	53	7.4	102	20.3	24	0.0
2007	47	5.8	90	15.6	21	0.0
2008	36	2.0	70	5.3	17	0.0
2009	34	1.5	64	4.0	16	0.0
2010	32	1.5	59	4.0	16	0.0
2011	28	0.6	49	1.7	16	0.0
2012	28	0.5	51	1.4	14	0.0
2013	27	0.0	47	0.0	15	0.0
2014	22	0.0	41	0.0	11	0.0
2015	14	0.0	24	0.0	7	0.0
2016	10	0.0	17	0.0	6	0.0
2017	8	0.0	13	0.0	5	0.0

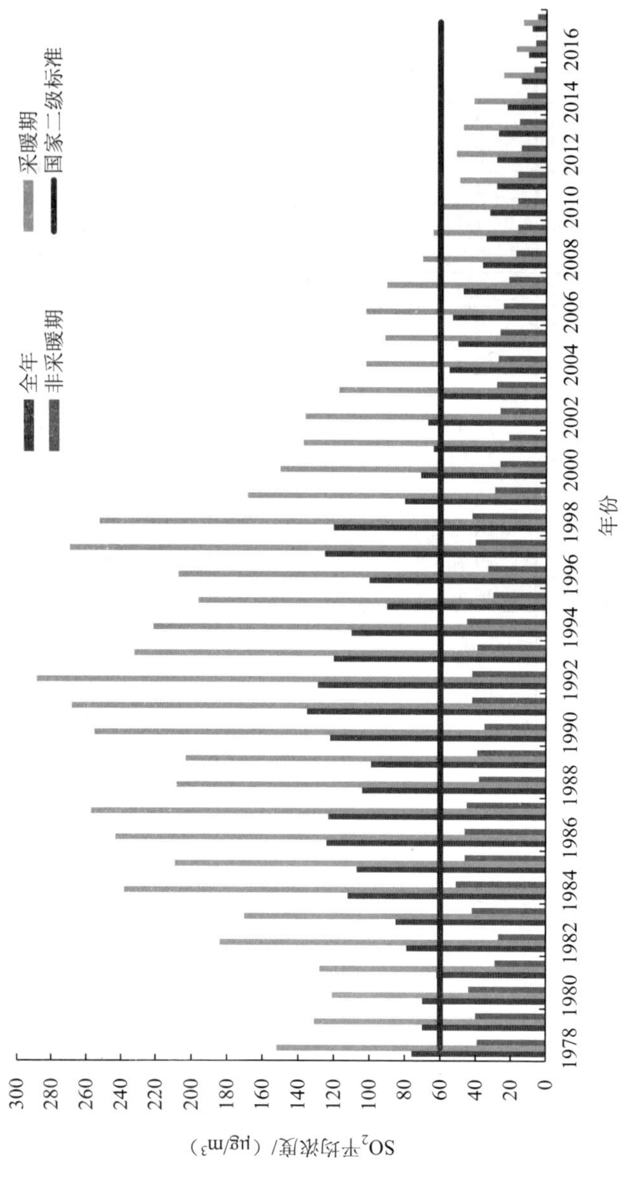

图 2-7　1978—2017 年北京市大气中 SO_2 浓度年际变化

第四节　氮氧化物

一、氮氧化物（NO_x）

20 世纪 70 年代初，北京市存在机动车尾气污染，但未对其开展监测。1979 年，市环保监测中心联合城近郊区各环保监测站，开始在城近郊区一般环境（距主要交通干线 50 m 以外）和交通环境（主要交通干线和交通路口附近）与 SO_2 同步开展昼间人工采样例行监测。1984 年空气质量自动监测系统投入运行后，市环保监测中心停止了市区一般环境的人工采样监测，保留了交通环境的人工采样监测。自 1982 年起，远郊区县城镇陆续开展了 NO_x 监测。

1979—1983 年，北京市城近郊区大气中的 NO_x 年均浓度在 59 μg/m³ 和 70 μg/m³ 之间波动。由于只在昼间采样监测，NO_x 日均浓度超标率较高，在 29.0%和 39.5%之间。1984 年开始昼夜连续监测，NO_x 年均浓度数值虽与前几年相近，但日均浓度超标率明显降低，昼间污染水平与夜间相比有所上升。

1984—1999 年，北京市城近郊区 NO_x 污染呈波动上升趋势，年均浓度为 63～152 μg/m³，日均浓度超标率为 15.1%～57.8%；采暖期 NO_x 平均浓度为 92～201 μg/m³，日均浓度超标率为 31.7%～73.8%；非采暖期 NO_x 平均浓度为 50～122 μg/m³，日均浓度超标率为 3.6%～48.4%。采暖期 NO_x 污染程度明显高于非采暖期。1998 年 NO_x 污染最为严重，年均浓度和日均浓度超标率均达到历史最高水平（表 2-11、图 2-8）。

表 2-11　1979—1999 年北京市大气中 NO_x 监测数据

年份	全年		采暖期		非采暖期	
	平均浓度/（μg/m³）	日均浓度超标率/%	平均浓度/（μg/m³）	日均浓度超标率/%	平均浓度/（μg/m³）	日均浓度超标率/%
1979	65	39.2	91	47.1	52	28.6
1980	69	39.5	89	47.4	59	31.2
1981	60	31.3	81	43.9	50	21.1
1982	59	29.0	87	37.2	46	20.7
1983	70	34.0	79	32.5	66	35.4
1984	63	15.1	94	31.7	50	7.2
1985	66	17.4	92	34.6	50	3.6
1986	77	23.4	110	42.4	56	11.3
1987	77	22.5	114	45.7	55	9.2
1988	78	23.3	109	42.0	58	11.1
1989	83	26.7	126	52.1	57	11.5
1990	98	32.5	148	60.5	66	14.8
1991	109	38.7	158	65.3	76	21.1
1992	119	42.6	180	68.0	84	27.8
1993	109	39.6	144	59.3	77	21.3
1994	120	45.0	171	67.2	91	32.2
1995	122	44.5	167	60.6	93	34.3
1996	117	39.8	161	55.2	91	30.9
1997	133	49.6	191	68.9	99	38.4
1998	152	57.8	201	73.8	122	48.4
1999	140	55.3	190	73.5	111	44.6

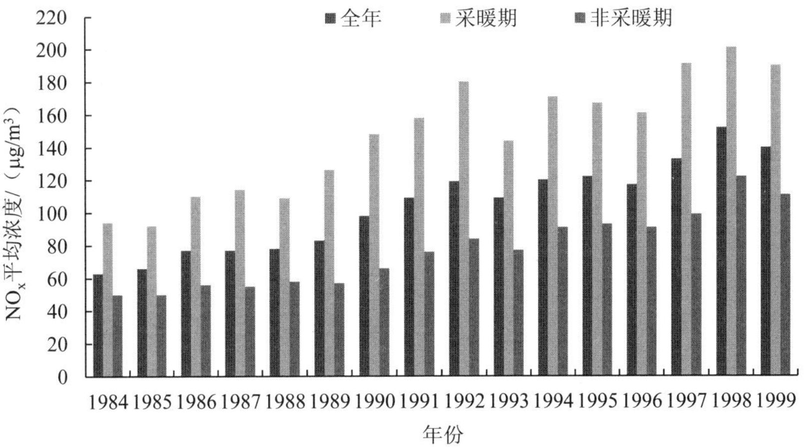

图 2-8　1984—1999 年北京市大气中 NO_x 浓度年际变化

1984—1999 年，北京市交通环境中的 NO_x 污染程度比一般环境高得多，三环内 NO_x 年均浓度为 105～219 μg/m³，并呈明显上升趋势。1984—1998 年，二环路内 NO_x 污染重于二环至三环间，三环外 NO_x 污染较轻；1999 年，二环路内 NO_x 浓度明显低于二环至三环间，三环内污染总体呈下降趋势，而三环外 NO_x 污染开始上升。

2000 年起，按照“1996 年版标准（2000 年修改）”取消 NO_x 的规定，北京市不再公布 NO_x 的监测数据。

二、二氧化氮（NO_2）

2000 年 1 月，根据国家环保总局“1996 年版标准（2000 年修改）”的规定，北京市以 NO_2 取代 NO_x 作为监测和评价指标。2000 年，城近郊区 NO_2 年均浓度为 71 μg/m³，低于国家环境空气质量二级标准年均浓度限值（80 μg/m³），日均浓度超标率为 5.2%。

2000—2012 年，全市 NO_2 年均浓度呈下降趋势，在 49 μg/m³ 和 76 μg/m³ 之间，均低于国家环境空气质量二级标准年均浓度限值，前期年际变化较为稳定，后期缓慢下降。采暖期 NO_2 污染程度高于非采暖期（2005 年除外）（表 2-12、图 2-9）。

表 2-12 2000—2012 年北京市大气中 NO_2 监测数据

年份	全年		采暖期		非采暖期	
	平均浓度/（μg/m³）	日均浓度超标率/%	平均浓度/（μg/m³）	日均浓度超标率/%	平均浓度/（μg/m³）	日均浓度超标率/%
2000	71	5.2	80	10.3	66	2.3
2001	71	5.6	79	10.0	66	3.0
2002	76	8.7	86	16.9	69	3.7
2003	72	5.7	80	8.8	67	3.9
2004	71	7.0	72	9.5	70	5.5
2005	66	3.7	65	3.3	66	3.9
2006	66	3.9	75	8.3	61	1.4
2007	66	2.8	75	7.0	60	0.5
2008	49	2.1	60	4.5	42	0.7
2009	53	2.3	63	3.9	48	1.3
2010	57	4.0	64	8.4	53	1.4
2011	55	2.5	64	5.5	51	0.8
2012	52	1.0	59	2.2	48	0.3

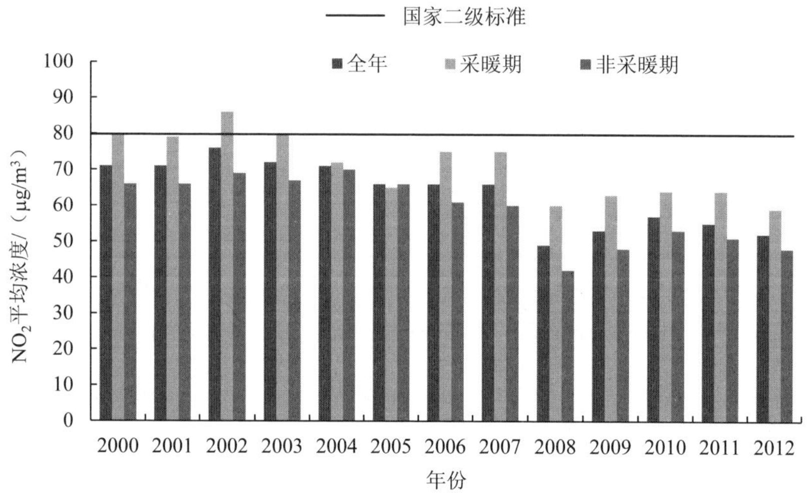

图 2-9 2000—2012 年北京市大气中 NO_2 浓度年际变化

2013 年，北京市开始执行《环境空气质量标准》（GB 3095—2012）。2013—2017 年，全市 NO_2 年均浓度为 46～57 μg/m^3，日均浓度超标率为 5.5%～15.9%，最高值出现在 2014 年；采暖期 NO_2 平均浓度为 53～66 μg/m^3，非采暖期 NO_2 平均浓度为 42～53 μg/m^3，非采暖期 NO_2 日均浓度超标率大大低于采暖期。2014 年以后 NO_2 污染程度持续下降，2017 年 NO_2 年均浓度已降至 46 μg/m^3，与 2013 年相比下降了 17.9%，但仍超过国家环境空气质量二级标准年均浓度限值（40 μg/m^3）0.15 倍（表 2-13、图 2-10）。

表 2-13　2013—2017 年北京市大气中 NO_2 监测数据

年份	全年		采暖期		非采暖期	
	平均浓度/（μg/m^3）	日均浓度超标率/%	平均浓度/（μg/m^3）	日均浓度超标率/%	平均浓度/（μg/m^3）	日均浓度超标率/%
2013	56	15.3	66	31.3	50	6.1
2014	57	15.9	64	27.6	53	9.1
2015	50	12.3	63	28.4	42	3.0
2016	48	11.7	58	25.9	42	3.5
2017	46	5.5	53	14.2	42	0.4

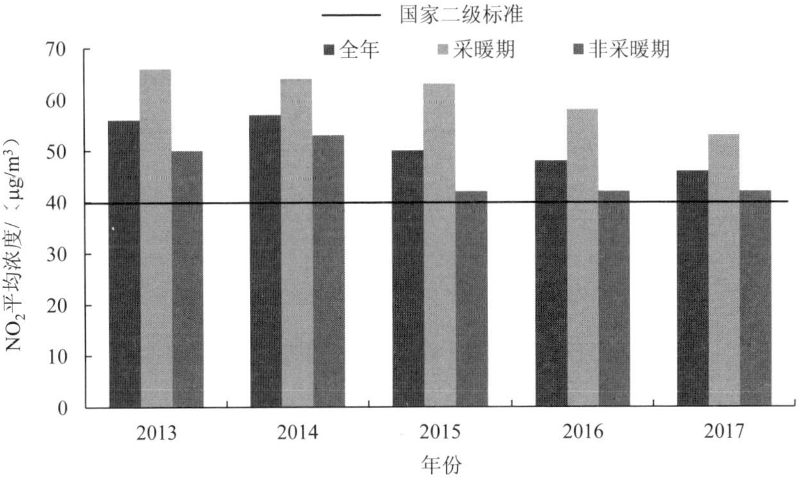

图 2-10　2013—2017 年北京市大气中 NO_2 浓度年际变化

2013—2017年，北京市交通环境污染监控点的NO_2平均浓度为68～82 μg/m^3，高于一般环境平均水平41.1%～50.0%，平均浓度的最高值出现在2014年（表2-14、图2-11）。

表2-14　2013—2017年北京市一般环境和交通环境中的NO_2监测数据

年份	一般环境平均浓度/（μg/m^3）	交通环境	
		平均浓度/（μg/m^3）	高于一般环境平均水平/%
2013	56	79	41.1
2014	57	82	43.9
2015	50	75	50.0
2016	48	70	45.8
2017	46	68	47.8

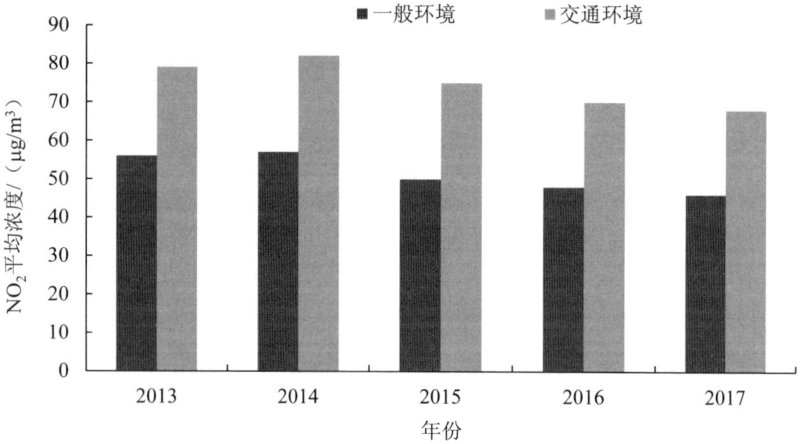

图2-11　2013—2017年北京市一般环境和交通环境中的NO_2浓度年际变化

第五节　一氧化碳

北京市大气中的 CO 主要来自燃煤、机动车及工业生产。1979 年，市环保监测中心联合城近郊 8 个区的环保监测站，在城近郊区一般环境和交通环境与 NO_x 同步开展 CO 昼间人工采样例行监测。1984 年空气质量自动监测系统运行后，一般环境的人工采样监测停止，交通环境的人工采样监测继续进行。

1979—1980 年，城近郊区大气中 CO 的年均浓度为 3.4 mg/m^3 和 3.5 mg/m^3，日均浓度超标率达到 34.6%和 56.6%，采暖期 CO 污染严重。1984—1998 年，CO 污染呈波动上升趋势，年均浓度为 1.9～3.3 mg/m^3，日均浓度超标率为 8.1%～25.5%，年均浓度和日均浓度超标率最高值均出现在 1998 年；采暖期 CO 平均浓度为 2.8～5.0 mg/m^3，最高值出现在 1984 年，日均浓度超标率为 19.3%～67.6%，最高值出现在 1985 年；非采暖期 CO 平均浓度为 1.6～3.2 mg/m^3，日均浓度超标率为 1.4%～12.6%，除 1998 年以外，其他年份日均浓度超标率均未超过 10%。

1999 年以后，全市 CO 浓度呈明显下降趋势。1999—2012 年，CO 年均浓度为 1.4～2.9 mg/m^3，日均浓度超标率由 1999 年的 18.5%降至 2012 年的 2.4%；采暖期 CO 平均浓度为 1.8～4.2 mg/m^3，日均浓度超标率为 5.2%～42.0%；非采暖期 CO 平均浓度为 1.1～2.2 mg/m^3，日均浓度超标率为 0～5%（表 2-15、图 2-12）。

表 2-15　1979—2012 年北京市大气中 CO 监测数据

年份	全年		采暖期		非采暖期	
	平均浓度/（mg/m^3）	日均浓度超标率/%	平均浓度/（mg/m^3）	日均浓度超标率/%	平均浓度/（mg/m^3）	日均浓度超标率/%
1979	3.4	34.6	5.0	54.4	2.6	14.7
1980	3.5	56.6	4.0	67.6	3.2	45.9

年份	全年		采暖期		非采暖期	
	平均浓度/（mg/m³）	日均浓度超标率/%	平均浓度/（mg/m³）	日均浓度超标率/%	平均浓度/（mg/m³）	日均浓度超标率/%
1981	2.8	33.1	3.6	42.6	2.4	23.9
1982	2.7	31.3	3.6	48.2	2.2	14.4
1983	2.4	31.0	3.3	43.4	1.9	18.8
1984	1.9	8.1	5.0	54.4	2.6	2.8
1985	2.0	8.3	4.0	67.6	3.2	1.4
1986	2.4	13.5	3.6	42.6	2.4	3.5
1987	2.3	12.1	3.6	48.2	2.2	3.3
1988	2.4	13.2	3.3	43.4	1.9	3.9
1989	2.6	14.9	2.8	20.3	1.6	3.3
1990	2.8	19.9	2.8	19.3	1.6	5.4
1991	2.9	20.7	3.2	28.2	1.8	3.5
1992	3.0	20.9	3.4	29.3	1.8	3.3
1993	2.6	17.8	3.3	28.5	1.8	3.9
1994	2.6	15.4	4.0	37.0	1.8	3.3
1995	2.7	18.2	4.1	44.2	2.0	5.4
1996	2.8	17.1	3.5	32.4	2.3	8.1
1997	3.0	20.7	4.4	44.8	2.3	7.6
1998	3.3	25.5	4.4	47.2	2.6	12.6
1999	2.9	18.5	4.2	42.0	2.2	5.0
2000	2.7	16.1	4.0	38.7	2.0	3.2
2001	2.6	16.0	3.9	36.7	1.9	3.7
2002	2.5	14.0	3.7	33.6	1.8	2.5
2003	2.4	12.8	3.4	29.6	1.8	3.4
2004	2.2	11.6	3.0	26.4	1.7	3.2
2005	2.0	7.3	2.5	15.3	1.7	2.6
2006	2.1	10.2	3.0	26.0	1.6	0.5
2007	2.0	8.7	2.9	20.9	1.5	1.7
2008	1.4	2.9	1.9	7.9	1.1	0.1
2009	1.6	5.3	2.2	12.9	1.3	0.8
2010	1.5	3.6	2.0	10.0	1.2	0.0
2011	1.4	3.0	1.8	7.9	1.2	0.1
2012	1.4	2.4	1.9	5.2	1.2	0.7

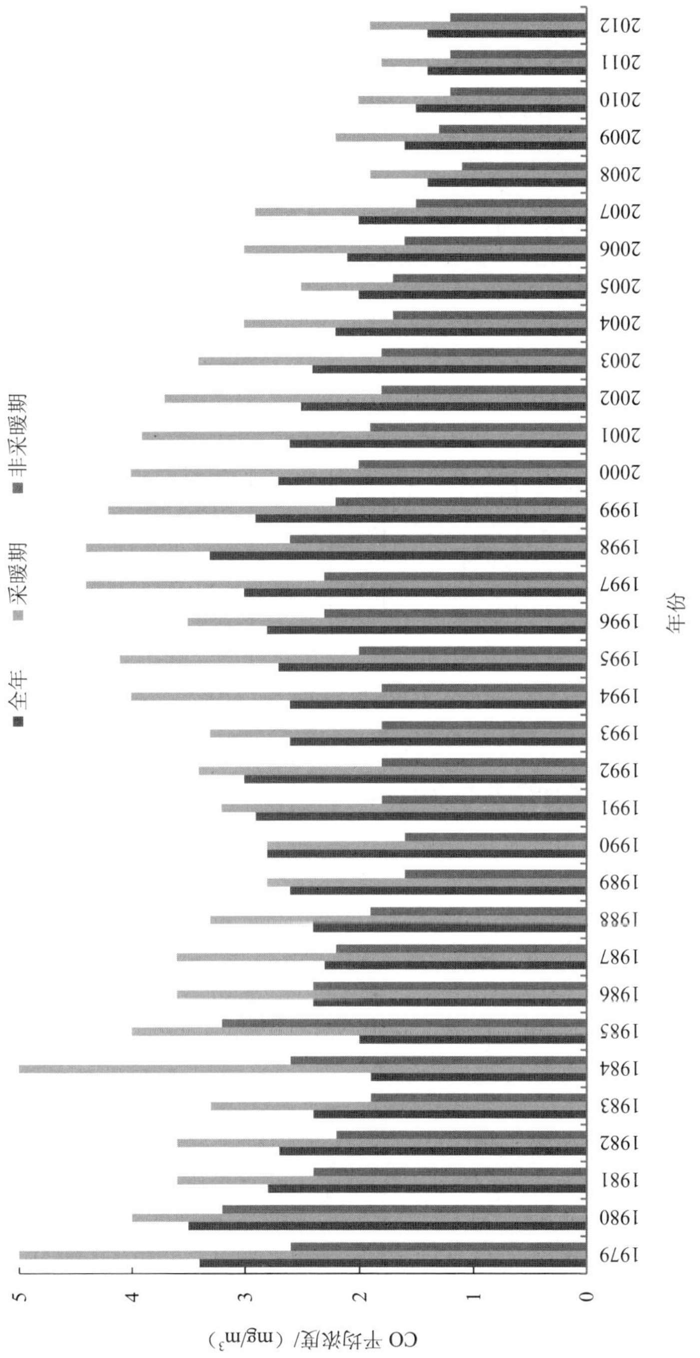

图 2-12　1979—2012 年北京市大气中 CO 浓度年际变化

2013 年，北京市执行《环境空气质量标准》（GB 3095—2012），CO 采用 24 小时平均第 95 百分位的浓度值进行评价。2013—2017 年，CO 的 24 小时平均第 95 百分位浓度呈波动下降趋势，为 2.1～3.6 mg/m^3，2015 年浓度最高，2017 年降至 2.1 mg/m^3。2013—2017 年 CO 的 24 小时平均第 95 百分位浓度均低于国家环境空气质量二级标准浓度限值（4 mg/m^3）（图 2-13）。

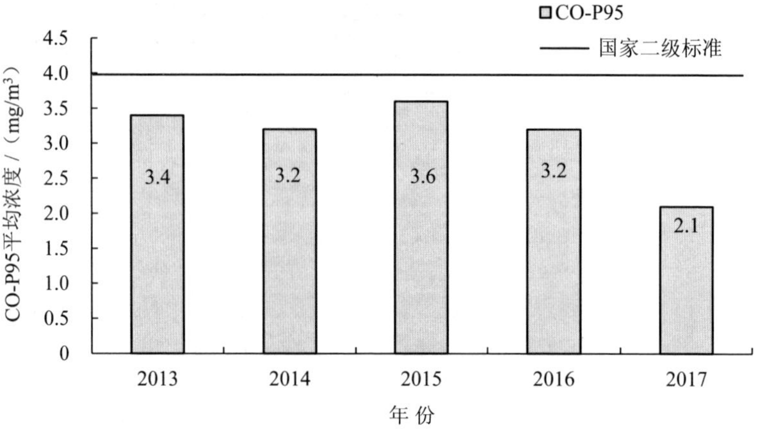

图 2-13　2013—2017 年北京市大气中 CO 浓度年际变化

第六节　臭　氧

大气环境中的 O_3 是由机动车和生产生活排放的 NO_x、VOCs 在环境中经光化学反应生成的。1984 年空气质量自动监测系统运行后，北京市开始监测 O_3。监测结果表明，北京市 O_3 浓度存在局地超标现象，主要发生在每年的 4—9 月，在气温较高、相对湿度较低、阳光充足、风速适中的中午和午后出现；O_3 的空间分布与北京地方性气候有关，距市中心较远的近郊区和远郊县污染较重。

2013 年起，北京市执行《环境空气质量标准》（GB 3095—2012），

采用 O_3 日最大 8 小时平均第 90 百分位的浓度对空气质量进行评价。2013—2017 年，北京市 O_3 日最大 8 小时平均第 90 百分位浓度均超过标准（160 μg/m^3），2017 年 O_3 超过标准 0.21 倍（表 2-16、图 2-14）。

表 2-16　2013—2017 年北京市大气中 O_3 监测数据　　单位：μg/m^3

年份	O_3 日最大 8 小时平均第 90 百分位浓度
2013	183
2014	197
2015	203
2016	199
2017	193

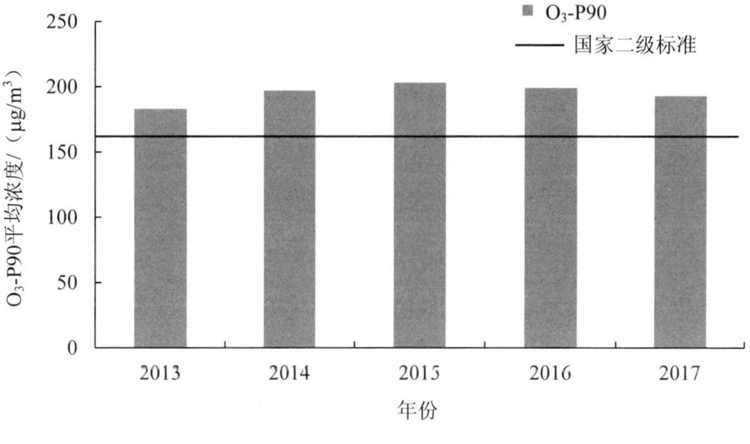

图 2-14　2013—2017 年北京市 O_3 日最大 8 小时平均第 90 百分位浓度年际变化

2015—2017 年，北京市全年空气质量超标天数为 138～179 天，其中首要污染物是 O_3 的为 53～58 天，占当年超标天数的 31.3%～42.0%（表 2-17）。O_3 开始成为影响北京市空气优良天数的污染因子。

表 2-17 2015—2017 年北京市空气质量超标首要污染物为 O_3 的监测数据

年份	全年空气质量超标天数/天	其中首要污染物为 O_3 的天数/天	所占比例/%
2015	179	56	31.3
2016	168	53	31.5
2017	138	58	42.0

第七节　空气质量创优良

我国评价区域或城市的环境空气质量状况主要采用两种方法。第一种方法为污染物浓度评价法，是基于单项污染物浓度与标准限值比较评价，即将监测、计算得到的单项污染物年均浓度数据与《环境空气质量标准》二级标准的年均浓度限值进行对比，得出是否达标或超标及超标倍数的结论；同时还将一年中单项污染物每个日均浓度数据与标准中的日均浓度限值比较，统计出超过二级标准日均浓度限值的天数及比例，称之为日均浓度超标天数及超标率。1978—2017 年北京市环境空气中主要污染物的浓度变化情况在本章第二节至第六节中已经介绍。

第二种方法为空气污染指数（API）评价法，即按照空气污染指数对应的污染物浓度限值和空气污染指数范围及相应的空气质量级别，在多项污染物中取最大的参评污染物分指数作为某日空气污染指数。这是基于多项污染物日均浓度高低的每日空气质量的综合评价，作为公众健康指引。2013年起，环境空气污染指数改称为空气质量指数（AQI）。一年中空气污染指数（或质量指数）二级和好于二级的天数及百分比即为年度空气质量优良天数及百分比。“十三五”时期，国家已经将“空气质量优良率”列为约束性指标。

本节介绍我国空气污染指数分级评价方法规范的演变过程，分别记述北京市 2000—2012 年和 2013—2017 年两个时期的年度空气质量优良天数及比例变化情况。

一、空气污染指数分级评价方法的演变

1997 年 3 月 15 日，国家环保局印发了《关于在重点城市开展空气污染周报工作有关问题的通知》，明确了城市名单。1997 年 6 月 5 日，国家环保局印发了《全国重点城市空气质量周报技术规定》，首次详细规定了空气污染指数的计算和评价规范。1999 年 10 月，国家环保总局印发了《关于调整空气污染指数分级浓度限值的通知》，放宽了 SO_2、NO_x 污染指数 200 对应的浓度限值。为明确国家环保总局 2000 年 1 月发布《环境空气质量标准》（GB 3095—1996）修改单后的空气污染指数评价方法，2000 年 5 月，中国环境监测总站制定发布了《空气质量日报技术规定》。2000—2012 年，全国空气污染指数评价按照上述《空气质量日报技术规定》执行。2012 年 2 月，为规范《环境空气质量标准》（GB 3095—2012）实施后的年度空气质量优良天数评价，环保部发布了《环境空气质量指数（AQI）技术规定（试行）》（HJ 633—2012）。

1．空气污染指数评价方法初步建立

1997—1999 年，国家环保部门基于《环境空气质量标准》（GB 3095—1996），逐步探索建立了空气污染指数评价方法技术规范。

1997 年 1 月，国务院第三届环境保护委员会第十次会议原则同意在部分城市逐步开展大气环境质量现状周报工作。1997 年 3 月 15 日，国家环保局印发了《关于在重点城市开展空气污染周报工作有关问题的通知》，明确了分批参加空气污染周报的 46 个城市的名单，其中第一批 13 个城市（包括北京市）于 1997 年 6 月 5 日开始，每周在当地新闻媒体和电视台向公众进行本地空气污染指数周报。有关污染指数的计算方法由中国环境监测总站负责制定和下发。北京市经过请示，推迟了公布大气环境质量周报的日期。

1997年6月5日，国家环保局印发了《全国重点城市空气质量周报技术规定》（环监〔1997〕371号），明确了空气质量周报的污染物监测项目、周期与频次、空气污染指数分级及其浓度限值、空气污染指数的确定等。规定中要求的监测项目为 SO_2、NO_x、TSP，周报的周期为每周五至下周四，每周必须有3个或3个以上不连续的日均值有效数据。空气质量采用空气污染指数（API）进行评价，空气污染指数的范围为0～500。空气污染指数及对应的污染物浓度见表2-18；空气污染指数范围与对应的空气质量级别、空气质量描述见表2-19。

表2-18　空气污染指数分级浓度限值　　单位：mg/m^3

空气污染指数（API）	污染物浓度		
	TSP	SO_2	NO_x
500	1.000	2.620	0.940
400	0.875	2.100	0.750
300	0.625	1.600	0.565
200	0.500	0.250	0.150
100	0.300	0.150	0.100
50	0.120	0.050	0.050①

注：①当浓度低于此水平时，不计算该项污染物的分指数。

表2-19　空气污染指数范围及相应的空气质量级别

空气污染指数（API）	空气质量级别	空气质量描述	对健康的影响	对应空气质量的适用范围
0～50	I	优	可正常活动	自然保护区、风景名胜和其他需要特殊保护的地区
51～100	II	良	可正常活动	为城镇规划中确定的居住区、商业交通居民混合区、文化区、一般工业区和农村地区

空气污染指数（API）	空气质量级别	空气质量描述	对健康的影响	对应空气质量的适用范围
101～200	Ⅲ	轻度污染	长期接触，易感人群症状有轻度加剧，健康人群出现刺激症状	特定工业区
201～300	Ⅳ	中度污染	一定时间接触后，心脏病和肺病患者症状显著加剧，运动耐受力降低，健康人群中普遍出现症状	
＞300	Ⅴ	重度污染	健康人有明显强烈症状，降低运动耐受力，提前出现某些疾病	

空气污染指数的确定：各种污染物的污染分指数计算出来以后，取最大者作为该区域或城市的空气污染指数，则该项污染物为区域或城市空气中的首要污染物。当空气污染指数小于 50 时，不报告首要污染物。

综合分析表 2-18 和表 2-19 可以看出：由于空气污染指数 100 对应《环境空气质量标准》（GB 3095—1996）二级标准的日均浓度限值，因此当某日空气污染指数为Ⅰ级优或者Ⅱ级良时，表明该日多项污染物日均浓度均低于国家环境空气质量二级标准日均浓度限值，即该日空气质量达标。所以，年度空气污染指数二级和好于二级天数、空气质量优良天数、达标天数的含义是一致的。

1999 年 10 月，国家环保总局印发了《关于调整空气污染指数分级浓度限值的通知》，对空气污染指数分级浓度限值进行了修改（表 2-20），《全国重点城市空气质量周报技术规定》中的空气污染指数分级浓度限值废止。通知中明确了 TSP、SO_2、NO_x 为必报项目，PM_{10}、NO_2 为选报项目，中国环境监测总站统计各城市空气周报中的空气污染指数时仍以 TSP、SO_2、NO_x 三项污染物进行计算。

表 2-20 空气污染指数分级浓度限值（1999 年 10 月修改） 单位：mg/m^3

空气污染指数（API）	污染物浓度				
	TSP	SO_2	NO_x	PM_{10}	NO_2
50	0.120	0.050	0.050	0.050	0.040
100	0.300	0.150	0.100	0.150	0.080
200	0.500	0.700	0.300	0.250	0.240
300	0.625	1.600	0.565	0.420	0.565
400	0.875	2.100	0.750	0.500	0.750
500	1.000	2.620	0.940	0.600	0.940

2．空气污染指数评价方法规范（2000 年版）

2000 年 1 月，国家环保总局印发了《关于发布〈环境空气质量标准〉（GB 3095—1996）修改单的通知》[简称为《环境空气质量标准》（2000 年修改版）]，《环境空气质量标准》（2000 年修改版）取消了 NO_x 指标；将 NO_2 的二级标准的年平均浓度限值由 0.04 mg/m^3 修改为 0.08 mg/m^3，日平均浓度限值由 0.08 mg/m^3 修改为 0.12 mg/m^3，小时平均浓度限值由 0.12 mg/m^3 修改为 0.24 mg/m^3；将 O_3 一级标准的小时平均浓度限值由 0.12 mg/m^3 修改为 0.16 mg/m^3，二级标准的小时平均浓度限值由 0.16 mg/m^3 修改为 0.20 mg/m^3。基于《环境空气质量标准》（2000 年修改版），2000 年 5 月中国环境监测总站制定发布了《空气质量日报技术规定》，将污染物必测项目 SO_2、NO_x、TSP 调整为 SO_2、NO_2、PM_{10}（选测项目为 O_3 和 CO），并列表规定了空气污染指数对应的污染物浓度限值（表 2-21）和空气污染指数范围及相应的空气质量类别（表 2-22）。

表 2-21　空气污染指数对应的污染物浓度限值（2000 年版）　单位：mg/m^3

空气污染指数（API）	污染物浓度				
	SO_2（日均）	NO_2（日均）	PM_{10}（日均）	O_3（小时均）	CO（小时均）
50	0.050	0.080	0.050	5	0.120
100	0.150	0.120	0.150	10	0.200
200	0.800	0.280	0.350	60	0.400
300	1.600	0.565	0.420	90	0.800
400	2.100	0.750	0.500	120	1.000
500	2.620	0.940	0.600	150	1.200

表 2-22　空气污染指数范围及相应的空气质量类别（2000 年版）

<table>
<tr><th>空气污染指数（API）</th><th>空气质量状况</th><th>表征颜色</th><th>对健康的影响</th><th>建议采取的措施</th></tr>
<tr><td>0～50</td><td>优</td><td>蓝色</td><td rowspan="2">可正常活动</td><td rowspan="2"></td></tr>
<tr><td>51～100</td><td>良</td><td>深蓝</td></tr>
<tr><td>101～200</td><td>轻度污染</td><td>浅黄</td><td>易感人群症状有轻度加剧，健康人群出现刺激症状</td><td>心脏病和呼吸系统疾病患者应减少体力消耗和户外活动</td></tr>
<tr><td>201～300</td><td>中度污染</td><td>红色</td><td>心脏病和肺病患者症状显著加剧，运动耐受力降低，健康人群中普遍出现症状</td><td>老年人和心脏病、肺病患者应停留在室内，并减少体力活动</td></tr>
<tr><td>>300</td><td>重度污染</td><td>深红</td><td>健康人运动耐受力降低，有明显强烈症状，提前出现某些疾病</td><td>老年人和病人应当留在室内，避免体力消耗，一般人群应避免户外活动</td></tr>
</table>

虽然表 2-22 没有明确列出空气污染指数范围与级别的关系，但是 1997 年 6 月国家环保局确立的空气污染指数范围与级别的对应关系一直被全国在评价空气污染指数级别时采用，即空气污染指数 0～50 为一级，空气污染指数 51～100 为二级，以此类推。

综合分析表2-21和表2-22可以看出：SO_2、NO_2、PM_{10}的空气污染指数为50、100时对应的浓度限值与《环境空气质量标准》（2000年修改版）中的一级标准、二级标准的日均浓度限值是相同的（但空气污染指数为200时对应的浓度限值与三级标准不同）。所以，当某日空气污染指数为0～50时，空气质量为优，视为该日空气质量达到了国家环境空气质量一级标准日均浓度限值；当某日空气污染指数为51～100时，空气质量为良，视为该日空气质量达到了国家环境空气质量二级标准日均浓度限值。

中国环境监测总站2000年5月发布的《空气质量日报技术规定》一直应用到2012年。

3．空气质量指数评价方法规范（2012年版）

2013年1月1日起，全国各地陆续执行《环境空气质量标准》（GB 3095—2012）。与此同时，配套的《环境空气质量指数（AQI）技术规定（试行）》（HJ 633—2012）和《环境空气质量评价技术规范（试行）》（HJ 663—2013）相继发布，环境空气质量指数评价方法实现标准化。与2000年版空气污染指数相比，2012年版空气质量指数将“空气污染指数（API）”改为“空气质量指数（AQI）”，将污染物项目由3项增加到6项，调整了空气质量分指数与对应的各项污染物浓度限值，将空气质量指数级别调整为6个，将“空气质量状况”修改为“空气质量指数类别及表示颜色”。

空气质量分指数与对应的各项污染物浓度限值关系见表2-23；空气质量指数范围、空气质量指数级别、空气质量指数类别之间的关系见表2-24。

表 2-23　空气质量分指数及对应的污染物项目浓度限值（2012 年版）

空气质量分指数（IAQI）	污染物项目浓度限值									
	SO_2		NO_2		PM_{10}	CO		O_3		$PM_{2.5}$
	24 小时平均/（μg/m³）	1 小时平均/（μg/m³）(1)	24 小时平均/（μg/m³）	1 小时平均/（μg/m³）(1)	24 小时平均/（μg/m³）	24 小时平均/（mg/m³）	1 小时平均/（mg/m³）(1)	1 小时平均/（μg/m³）	8 小时滑动平均/（μg/m³）	24 小时平均/（μg/m³）
0	0	0	0	0	0	0	0	0	0	0
50	50	150	40	100	50	2	5	160	100	35
100	150	500	80	200	150	4	10	200	160	75
150	475	650	180	700	250	14	35	300	215	115
200	800	800	280	1 200	350	24	60	400	265	150
300	1 600	(2)	565	2 340	420	36	90	800	800	250
400	2 100	(2)	750	3 090	500	48	120	1 000	(3)	350
500	2 620	(2)	940	3 840	600	60	150	1 200	(3)	500
说明	(1) SO_2、NO_2、CO 的 1 小时平均浓度限值仅用于实时报，在日报中需使用相应污染物的 24 小时平均浓度限值。 (2) SO_2 1 小时平均浓度值高于 800 μg/m³ 的，不再进行其空气质量分指数计算，SO_2 空气质量分指数按 24 小时平均浓度计算的分指数报告。 (3) O_3 8 小时平均浓度值高于 800 μg/m³ 的，不再进行其空气质量分指数计算，O_3 空气质量分指数按 1 小时平均浓度计算的分指数报告。									

表 2-24　空气质量指数及相关信息（2012 年版）

空气质量指数（AQI）	空气质量指数级别	空气质量指数类别及表示颜色		对健康的影响情况	建议采取的措施
0～50	一级	优	绿色	空气质量令人满意，基本无空气污染	各类人群可正常活动
51～100	二级	良	黄色	空气质量可接受，但某些污染物可能对极少数异常敏感人群健康有较弱影响	极少数异常敏感人群应减少户外活动
101～150	三级	轻度污染	橙色	易感人群症状有轻度加剧，健康人群出现刺激症状	儿童、老年人及心脏病、呼吸系统疾病患者应减少长时间、高强度的户外锻炼
151～200	四级	中度污染	红色	进一步加剧易感人群症状，可能对健康人群心脏、呼吸系统有影响	儿童、老年人及心脏病、呼吸系统疾病患者避免长时间、高强度的户外锻炼，一般人群适量减少户外运动
201～300	五级	重度污染	紫色	心脏病和肺病患者症状显著加剧，运动耐受力降低，健康人群普遍出现症状	儿童、老年人及心脏病、肺病患者应停留在室内，停止户外运动，一般人群减少户外运动
＞300	六级	严重污染	褐红色	健康人群运动耐受力降低，有明显强烈症状，提前出现某些疾病	儿童、老年人和病人应当留在室内，避免体力消耗，一般人群应避免户外活动

综合分析表 2-23 和表 2-24 可以看出：①参与空气质量指数评价的污染物为 SO_2、NO_2、PM_{10}、CO、O_3、$PM_{2.5}$，空气质量指数评价要求更加严格。②由于 6 项污染物空气质量指数为 100 时对应《环境空气质量标准》（GB 3095—2012）二级标准的日均浓度限值，因此年度空气质量指数二级和好于二级天数、优良天数、达标天数的含义和数据是相同的。

二、实施控制大气污染阶段措施，优良天数稳步提升

根据国家环保主管部门关于推行空气质量周报、空气质量日报的工作部署，北京市继1998年2月28日向社会发布空气质量周报以后，1999年3月1日起向社会发布空气质量日报。从此，北京市在采用单项污染物浓度评价年度空气质量的同时，开始采用空气污染指数计算年度空气污染指数各级别的天数。

1998年12月16日，北京市人民政府发布了《北京市人民政府关于采取紧急措施控制北京大气污染的通告》，提出的空气质量目标是：控制大气环境持续恶化的局面。1999年10月，北京市第三阶段控制大气污染措施提出："为实现2000年全年80%的天数达到国家环境空气质量三级及好于三级标准的目标奠定基础。"

《1999年北京市环境状况公报》显示：全年空气污染指数三级和好于三级的天数占75%，比1998年提高了14个百分点。

由于中国环境监测总站于2000年5月发布了《空气质量日报技术规定》，规定了新的空气污染指数评价方法，年度二级和好于二级（优良）天数的含义也随之发生变化，因此2000年前后优良天数数据不可直接比较。

2000年4月，北京市第四阶段控制大气污染措施提出使全年空气污染指数三级和好于三级的天数达到80%，市区空气质量有明显改善。北京市第五阶段控制大气污染措施确定了力争实现2000年空气污染指数二级及好于二级的天数达到45%，2000年至2001年的采暖期二级及好于二级的天数达到40%的目标。2001年2月，北京市十一届人大四次会议审议通过的《关于北京市2000年国民经济和社会发展计划执行情况与2001年国民经济和社会发展计划草案的报告》提出力争城市空气质量二级和好于二级天数占全年总天数的比例达到50%以上，这是北京市年度国民经济和社会发展计划首次提出空气质量具体量化指标。至

2010 年，北京市每年（2009 年除外）发布的控制大气污染措施均明确了空气污染指数二级和好于二级的天数比例，并作为计划指标纳入当年的北京市国民经济和社会发展计划。

根据《环境空气质量标准》（2000 年修改版）和中国环境监测总站 2000 年 5 月发布的《空气质量日报技术规定》，北京市以 PM_{10}、SO_2 和 NO_2 三项污染物指标对空气质量进行评价，结果显示：2000—2010 年，北京市二级和好于二级（即优良）的天数由 177 天增加到 286 天，优良天数增加了 109 天，占全年总天数的比例由 48.4%提高到 78.4%，优良率提高了 30 个百分点；四级和以上的重污染天数明显减少，空气质量逐年改善。2011 年、2012 年二级和好于二级（即优良）的天数分别为 286 天、281 天，占全年总天数的比例分别为 78.4%和 76.8%（表 2-25、图 2-15）。

表 2-25　2000—2012 年空气质量级别天数及比例

年份	二级和好于二级		三级和好于三级		四级和以上	
	天数/天	占全年天数比例/%	天数/天	占全年天数比例/%	天数/天	占全年天数比例/%
2000	177	48.4	343	93.7	23	6.3
2001	185	50.7	342	93.7	23	6.3
2002	203	55.6	346	94.8	19	5.2
2003	224	61.4	360	98.6	5	1.4
2004	229	62.6	349	95.4	17	4.6
2005	234	64.1	356	97.5	9	2.5
2006	241	66.0	341	93.4	24	6.6
2007	246	67.4	353	96.7	12	3.3
2008	274	74.9	358	97.8	8	2.2
2009	285	78.1	360	98.6	5	1.4
2010	286	78.4	359	98.4	6	1.6
2011	286	78.4	360	98.6	5	1.4
2012	281	76.8	361	98.9	4	1.1

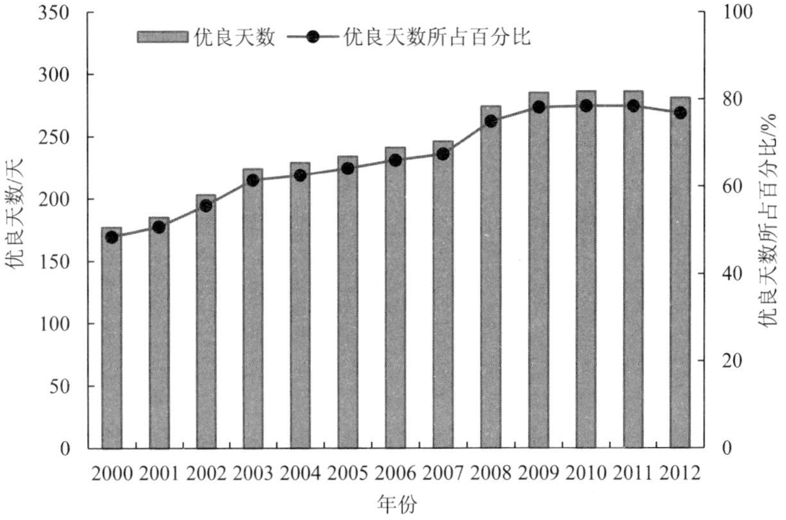

图 2-15　2000—2012 年北京市空气质量优良天数及百分比变化

三、实施清洁空气行动计划，优良天数评价更加严格

1．优良天数逐步增加

2013 年 1 月 1 日起，北京市执行《环境空气质量标准》（GB 3095—2012）。新标准调整了污染物项目和限值，增加了 $PM_{2.5}$ 指标和 O_3 最大 8 小时浓度限值，严格了 PM_{10} 和 NO_2 的浓度限值。按照《环境空气质量指数（AQI）技术规定（试行）》（HJ 633—2012）和《环境空气质量评价技术规范（试行）》（HJ 663—2013）的评价方法，优良天数评价更加严格。例如，2012 年执行老标准，达标天数为 281 天；但 2013 年执行新标准，达标天数仅为 176 天。

2013 年，为贯彻落实《大气污染防治行动计划》，北京市印发并实施了《北京市 2013—2017 年清洁空气行动计划》，空气质量优良天数大体上逐年增加（表 2-26）。

表 2-26　2013—2017 年北京市空气质量级别及占比

年份	一级		二级		三级		四级		五级		六级	
	天数/天	占比/%	天数/天	占比/%	天数/天	占比/%	天数/天	占比/%	天数/天	占比/%	天数/天	占比/%
2013	41	11.2	135	37.0	84	23.0	47	12.9	45	12.3	13	3.6
2014	39	10.7	133	36.4	85	23.3	61	16.7	32	8.8	15	4.1
2015	52	14.2	134	36.7	71	19.5	62	17.0	31	8.5	15	4.1
2016	68	18.6	130	35.5	78	21.3	51	13.9	30	8.2	9	2.5
2017	66	18.1	160	44.0	78	21.4	37	10.2	19	5.2	4	1.1

从表 2-26 中的数据可以计算得出：2013 年优良天数为 176 天，占比为 48.2%；2014 年优良天数为 172 天，占比为 47.1%；2015 年优良天数为 186 天，占比为 50.9%；2016 年优良天数为 198 天，占比为 54.1%；2017 年优良天数为 226 天（有效监测天数为 364 天），占比为 62.1%（图 2-16）。2013—2017 年，北京市空气质量优良天数由 176 天增加到了 226 天，增加了 50 天；占全年总天数的比例由 48.2%增加到了 62.1%，提高了 13.9 个百分点。

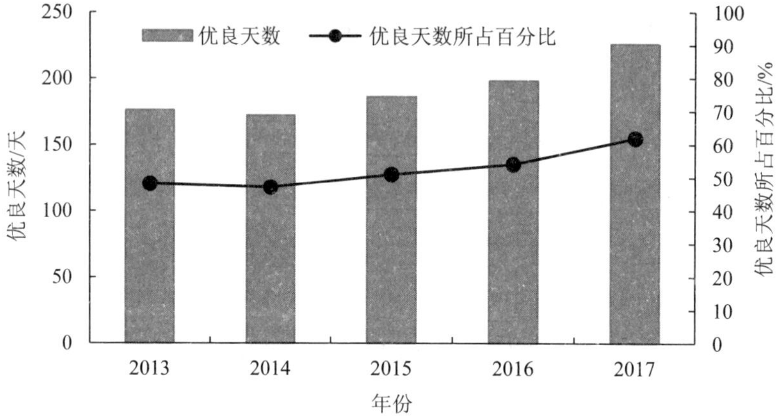

图 2-16　2013—2017 年北京市优良天数及百分比变化

2013—2017 年，北京市超标日首要污染物是 $PM_{2.5}$ 和 O_3。其中，$PM_{2.5}$ 作为首要污染物的天数逐年下降，从 2013 年的 147 天下降到 2017 年的 75 天，表明北京市的 $PM_{2.5}$ 污染在逐年减轻；O_3 作为首要污染物的天数由 2013 年的 38 天增加至 2017 年的 58 天，表明 O_3 已逐渐成为影响北京市空气质量优良天数的主要污染物之一。

2．空气重污染天数较大幅度减少

2013 年 9 月 10 日，国务院印发了《大气污染防治行动计划》，提出环境质量改善目标："经过五年努力，全国空气质量总体改善，重污染天气较大幅度减少；京津冀、长三角、珠三角等区域空气质量明显好转。力争再用五年或更长时间，逐步消除重污染天气，全国空气质量明显改善。"国家首次在空气质量改善目标中提出"重污染天气较大幅度减少""逐步消除重污染天气"的新要求。因此，北京市在 2013—2017 年空气质量评价中，除对污染物年均浓度、优良天数比例进行评价外，还对年度空气重污染情况进行了评价。

按照《环境空气质量标准》（GB 3095—2012）及《环境空气质量指数（AQI）技术规定（试行）》（HJ 633—2012），当 AQI＞200 时，当日空气质量评价为"重污染"。其中，AQI 在 201 和 300 之间时，当日空气质量为五级、重度污染；AQI＞300 时，当日空气质量为六级、严重污染。

2013—2017 年，北京市受不利气象条件的影响，秋季、冬季时常有雾霾天气出现，5 年间共有 213 天为空气重污染天气，首要污染物为 $PM_{2.5}$ 的天数占 95.3%，首要污染物为 O_3 的天数占 3.8%。通过实施《北京市 2013—2017 年清洁空气行动计划》，北京市空气重污染天数从 2013 年的 58 天减少到 2017 年的 23 天（表 2-27），减少了 60.3%，实现了《大气污染防治行动计划》提出的"重污染天气较大幅度减少"的目标。2013—2017 年北京市空气重污染发生日期见表 2-28。

表 2-27　2013—2017 年北京市空气重污染天数统计　　单位：天

年份	重污染天数	其中		其中：首要污染物天数		
		五级	六级	$PM_{2.5}$	O_3	PM_{10}
2013	58	45	13	58	0	0
2014	47	32	15	45	1	1
2015	46	31	15	42	4	0
2016	39	30	9	38	1	0
2017	23	19	4	20	2	1

表 2-28　2013—2017 年北京市空气重污染日情况统计

2013 年			2014 年			2015 年			2016 年			2017 年		
日期	AQI	首要污染物	日期	AQI	首要污染物	日期	AQI	首要污染物	日期	AQI	首要污染物	日期	AQI	首要污染物
1 月 10 日	260	$PM_{2.5}$	1 月 15 日	224	$PM_{2.5}$	1 月 4 日	224	$PM_{2.5}$	1 月 1 日	226	$PM_{2.5}$	1 月 1 日	470	$PM_{2.5}$
1 月 11 日	371	$PM_{2.5}$	1 月 16 日	404	$PM_{2.5}$	1 月 13 日	212	$PM_{2.5}$	1 月 2 日	316	$PM_{2.5}$	1 月 2 日	248	$PM_{2.5}$
1 月 12 日	427	$PM_{2.5}$	1 月 17 日	219	$PM_{2.5}$	1 月 14 日	264	$PM_{2.5}$	1 月 3 日	296	$PM_{2.5}$	1 月 3 日	364	$PM_{2.5}$
1 月 13 日	408	$PM_{2.5}$	1 月 23 日	276	$PM_{2.5}$	1 月 15 日	386	$PM_{2.5}$	2 月 8 日	238	$PM_{2.5}$	1 月 4 日	411	$PM_{2.5}$
1 月 14 日	300	$PM_{2.5}$	2 月 13 日	239	$PM_{2.5}$	1 月 23 日	256	$PM_{2.5}$	2 月 11 日	203	$PM_{2.5}$	1 月 5 日	275	$PM_{2.5}$
1 月 18 日	255	$PM_{2.5}$	2 月 14 日	326	$PM_{2.5}$	2 月 14 日	292	$PM_{2.5}$	3 月 2 日	212	$PM_{2.5}$	1 月 6 日	249	$PM_{2.5}$
1 月 19 日	213	$PM_{2.5}$	2 月 15 日	427	$PM_{2.5}$	2 月 15 日	328	$PM_{2.5}$	3 月 3 日	333	$PM_{2.5}$	1 月 7 日	217	$PM_{2.5}$
1 月 22 日	212	$PM_{2.5}$	2 月 16 日	337	$PM_{2.5}$	2 月 19 日	267	$PM_{2.5}$	3 月 4 日	365	$PM_{2.5}$	1 月 25 日	228	$PM_{2.5}$
1 月 23 日	347	$PM_{2.5}$	2 月 20 日	267	$PM_{2.5}$	2 月 24 日	207	$PM_{2.5}$	3 月 16 日	298	$PM_{2.5}$	1 月 26 日	207	$PM_{2.5}$
1 月 27 日	297	$PM_{2.5}$	2 月 21 日	311	$PM_{2.5}$	3 月 6 日	250	$PM_{2.5}$	3 月 17 日	338	$PM_{2.5}$	1 月 28 日	395	$PM_{2.5}$
1 月 28 日	388	$PM_{2.5}$	2 月 22 日	306	$PM_{2.5}$	3 月 7 日	275	$PM_{2.5}$	3 月 18 日	228	$PM_{2.5}$	2 月 3 日	216	$PM_{2.5}$
1 月 29 日	410	$PM_{2.5}$	2 月 23 日	255	$PM_{2.5}$	3 月 16 日	266	$PM_{2.5}$	4 月 30 日	211	$PM_{2.5}$	2 月 4 日	295	$PM_{2.5}$
1 月 30 日	294	$PM_{2.5}$	2 月 24 日	317	$PM_{2.5}$	3 月 17 日	228	$PM_{2.5}$	5 月 1 日	238	$PM_{2.5}$	2 月 14 日	235	$PM_{2.5}$

2013年			2014年			2015年			2016年			2017年		
日期	AQI	首要污染物	日期	AQI	首要污染物	日期	AQI	首要污染物	日期	AQI	首要污染物	日期	AQI	首要污染物
2月3日	212	$PM_{2.5}$	2月25日	425	$PM_{2.5}$	4月9日	217	$PM_{2.5}$	5月30日	204	O_3	2月15日	293	$PM_{2.5}$
2月9日	208	$PM_{2.5}$	2月26日	399	$PM_{2.5}$	5月25日	204	O_3	9月25日	211	$PM_{2.5}$	3月19日	272	$PM_{2.5}$
2月13日	311	$PM_{2.5}$	3月3日	269	$PM_{2.5}$	6月23日	237	$PM_{2.5}$	10月1日	219	$PM_{2.5}$	5月5日	276	PM_{10}
2月21日	222	$PM_{2.5}$	3月24日	271	$PM_{2.5}$	7月12日	202	O_3	10月2日	231	$PM_{2.5}$	5月18日	203	O_3
2月24日	310	$PM_{2.5}$	3月25日	255	$PM_{2.5}$	8月13日	202	O_3	10月4日	206	$PM_{2.5}$	7月11日	209	O_3
2月26日	241	$PM_{2.5}$	3月26日	332	$PM_{2.5}$	8月16日	202	O_3	10月14日	293	$PM_{2.5}$	10月26日	203	$PM_{2.5}$
2月27日	241	$PM_{2.5}$	3月27日	285	$PM_{2.5}$	10月5日	277	$PM_{2.5}$	10月15日	237	$PM_{2.5}$	10月27日	220	$PM_{2.5}$
2月28日	257	$PM_{2.5}$	4月8日	224	$PM_{2.5}$	10月6日	347	$PM_{2.5}$	10月19日	279	$PM_{2.5}$	11月6日	202	$PM_{2.5}$
3月6日	258	$PM_{2.5}$	4月10日	252	PM_{10}	10月7日	307	$PM_{2.5}$	11月3日	243	$PM_{2.5}$	12月2日	202	$PM_{2.5}$
3月7日	312	$PM_{2.5}$	4月13日	215	$PM_{2.5}$	10月16日	255	$PM_{2.5}$	11月4日	292	$PM_{2.5}$	12月29日	225	$PM_{2.5}$
3月8日	250	$PM_{2.5}$	4月14日	273	$PM_{2.5}$	10月17日	345	$PM_{2.5}$	11月5日	230	$PM_{2.5}$			
3月15日	268	$PM_{2.5}$	5月30日	209	O_3	11月4日	261	$PM_{2.5}$	11月9日	208	$PM_{2.5}$			
3月16日	283	$PM_{2.5}$	7月3日	243	$PM_{2.5}$	11月12日	208	$PM_{2.5}$	11月18日	242	$PM_{2.5}$			
3月17日	342	$PM_{2.5}$	7月4日	235	$PM_{2.5}$	11月13日	259	$PM_{2.5}$	11月25日	214	$PM_{2.5}$			
3月26日	234	$PM_{2.5}$	7月6日	252	$PM_{2.5}$	11月14日	326	$PM_{2.5}$	11月26日	315	$PM_{2.5}$			

2013年			2014年			2015年			2016年			2017年		
日期	AQI	首要污染物	日期	AQI	首要污染物	日期	AQI	首要污染物	日期	AQI	首要污染物	日期	AQI	首要污染物
3月31日	226	$PM_{2.5}$	7月7日	217	$PM_{2.5}$	11月15日	248	$PM_{2.5}$	12月3日	259	$PM_{2.5}$			
4月22日	210	$PM_{2.5}$	7月31日	244	$PM_{2.5}$	11月27日	264	$PM_{2.5}$	12月4日	302	$PM_{2.5}$			
4月23日	236	$PM_{2.5}$	10月8日	307	$PM_{2.5}$	11月28日	310	$PM_{2.5}$	12月11日	219	$PM_{2.5}$			
5月5日	230	$PM_{2.5}$	10月9日	379	$PM_{2.5}$	11月29日	302	$PM_{2.5}$	12月12日	271	$PM_{2.5}$			
5月6日	267	$PM_{2.5}$	10月10日	342	$PM_{2.5}$	11月30日	384	$PM_{2.5}$	12月17日	246	$PM_{2.5}$			
5月7日	214	$PM_{2.5}$	10月11日	227	$PM_{2.5}$	12月1日	477	$PM_{2.5}$	12月18日	271	$PM_{2.5}$			
6月2日	217	$PM_{2.5}$	10月18日	213	$PM_{2.5}$	12月7日	232	$PM_{2.5}$	12月19日	273	$PM_{2.5}$			
6月8日	209	$PM_{2.5}$	10月19日	287	$PM_{2.5}$	12月8日	296	$PM_{2.5}$	12月20日	420	$PM_{2.5}$			
6月16日	222	$PM_{2.5}$	10月20日	247	$PM_{2.5}$	12月9日	297	$PM_{2.5}$	12月21日	431	$PM_{2.5}$			
6月26日	204	$PM_{2.5}$	10月24日	273	$PM_{2.5}$	12月13日	229	$PM_{2.5}$	12月30日	262	$PM_{2.5}$			
6月28日	337	$PM_{2.5}$	10月25日	352	$PM_{2.5}$	12月14日	208	$PM_{2.5}$	12月31日	351	$PM_{2.5}$			
6月30日	259	$PM_{2.5}$	10月31日	205	$PM_{2.5}$	12月20日	249	$PM_{2.5}$						
7月1日	205	$PM_{2.5}$	11月19日	260	$PM_{2.5}$	12月21日	281	$PM_{2.5}$						
9月27日	219	$PM_{2.5}$	11月20日	346	$PM_{2.5}$	12月22日	349	$PM_{2.5}$						
9月28日	298	$PM_{2.5}$	11月21日	222	$PM_{2.5}$	12月23日	312	$PM_{2.5}$						

2013年			2014年			2015年			2016年			2017年		
日期	AQI	首要污染物	日期	AQI	首要污染物	日期	AQI	首要污染物	日期	AQI	首要污染物	日期	AQI	首要污染物
9月29日	270	$PM_{2.5}$	11月26日	290	$PM_{2.5}$	12月25日	487	$PM_{2.5}$						
10月5日	333	$PM_{2.5}$	11月29日	273	$PM_{2.5}$	12月26日	315	$PM_{2.5}$						
10月6日	255	$PM_{2.5}$	12月9日	260	$PM_{2.5}$	12月29日	329	$PM_{2.5}$						
10月18日	267	$PM_{2.5}$	12月27日	229	$PM_{2.5}$									
10月27日	231	$PM_{2.5}$												
10月28日	321	$PM_{2.5}$												
11月1日	238	$PM_{2.5}$												
11月2日	298	$PM_{2.5}$												
11月5日	205	$PM_{2.5}$												
11月13日	208	$PM_{2.5}$												
11月23日	231	$PM_{2.5}$												
12月7日	298	$PM_{2.5}$												
12月8日	232	$PM_{2.5}$												
12月24日	282	$PM_{2.5}$												
12月25日	210	$PM_{2.5}$												

第八节　沙尘对空气质量的不利影响

北京市的大气污染程度除了受到人为污染源排放的影响外，还受到沙尘天气的影响。环境监测结果表明，北京地区的沙尘多为扬沙或浮尘，多出现在每年的3—5月，形成以沙尘为特征的季节性污染。沙尘造成北京市大气中的颗粒物浓度突发性上升，大气环境质量急剧下降。

20世纪50—70年代，北京市常常出现沙尘天气。每年的春季和夏季，黄沙浮尘遮天蔽日，但是人们习以为常，并没有高度重视。1979年3月2日，《光明日报》发表了一篇题为《风沙紧逼北京城》的文章，在社会上产生了很大的影响。文章指出，近几年北京的风沙趋于严重，20世纪60年代，这里平均每年8级以上大风日数为26.9天，扬沙日数为17.2天。而1971—1978年，平均每年的大风日数和扬沙日数分别为36.6天和20.5天。”

自20世纪80年代，北京市环保部门开始监测沙尘污染。

1980年4月18日下午，北京市为锋前天气。锋后7～8级大风将西北黄土高原的尘土卷入北京上空，天空呈土黄色。空气中飘尘日均浓度由17日的78 μg/m^3增至18日的262 μg/m^3和19日的530 μg/m^3。19日16时和17时，飘尘浓度高达1 080 μg/m^3，直至20日才恢复常态（89 μg/m^3）。

1988年4月，由于西伯利亚干冷空气侵入，北京市出现了6次大风浮尘天气，导致全市各空气质量自动监测子站飘尘浓度急剧增高。城近郊区该月飘尘浓度均值达1 600 μg/m^3，是1985—1987年同期飘尘浓度的（月均值为624 μg/m^3）2.6倍。4月17日，车公庄子站飘尘平均浓度为4 394 μg/m^3，超过国家大气环境质量二级标准日均浓度限值（150 μg/m^3）28倍。城近郊区该月平均降尘量达49.9 t/（km^2·月），石景山区北辛安的降尘量高达 116.5 t/（km^2·月）。

1990 年 4 月 24 日和 25 日，北京市出现了大风天气。24 日 14 时左右，北京上空黄沙弥漫，能见度极差。车公庄站自 24 日 17 时 20 分开始采样，至 26 日 13 时，TSP 浓度高达 3 970 μg/m^3，飘尘浓度达 2 966 μg/m^3，相当于国家大气环境质量二级标准日均浓度限值的 13 倍和 20 倍。

20 世纪 90 年代，市环保监测中心通过人工采样监测获得 TSP 浓度，据此可以得出沙尘对北京大气环境质量的影响。

1991 年 3 月 19 日，大风扬沙导致当日北京市的 TSP 浓度达到了 635 μg/m^3，其中前门站的日均浓度为全市最高（869 μg/m^3）。

1992 年 4 月 16—19 日，北京市出现了持续数日的浮尘污染，TSP 平均浓度为 747 μg/m^3。其中，4 月 17 日各站 TSP 日均浓度超过了 800 μg/m^3，车公庄站 TSP 日均浓度达 2 200 μg/m^3。

1993 年 4 月 21 日，大风裹挟沙尘叠加局地扬沙，导致北京市天坛站和农展馆站的 TSP 日均浓度达到了 1 504 μg/m^3 和 1 445 μg/m^3。

1994 年 5 月 9 日，北京市的 TSP 浓度为 720 μg/m^3，车公庄站的 TSP 日均浓度最高，为 896 μg/m^3。

1995 年 3 月 10 日夜间，西伯利亚强风经蒙古国西部、我国甘肃省河西走廊，于 3 月 11 日清晨进入北京，风力达到 8 级以上，形成罕见的沙尘天气。西郊观象台清晨 6 时 30 分能见度仅为 800 m，早 8 时延庆县城附近的风速为 20 m/s，13 时丰台区仍有 18 m/s 的大风。沙尘于夜间离京。3 月 11 日，北京市的 TSP 浓度为 1 571 μg/m^3，上风向定陵站（城市背景站）日均浓度达到 1 925 μg/m^3。

1997 年 4 月 25 日，北京市的 TSP 浓度为 825 μg/m^3，古城站日均浓度最高，为 971 μg/m^3。

1998 年 3 月 27—28 日，前期污染物积累叠加沙尘，导致北京市的 TSP 浓度分别达到 859 μg/m^3 和 1 289 μg/m^3，28 日东四子站的 TSP 浓度最高，达到了 1 521 μg/m^3。

1999 年 4 月 3—5 日，北京市的 TSP 平均浓度为 1 220 μg/m^3，奥体中心子站的浓度最高，达到 1 761 μg/m^3。

2000 年 3 月 3 日—5 月 7 日，北京地区先后出现 13 次风沙活动，既有扬沙、浮尘，又有很强的沙尘暴。3 月 3 日，受北京市上游地区沙尘暴和高空西北气流的影响，市区各监测子站的 PM_{10} 小时浓度高达 1 034～1 460 μg/m^3，清洁对照点定陵站达 1 326 μg/m^3。4 月 6—10 日，受冷锋过境后较强的西北气流影响，北京先后出现两次强沙尘天气，天空呈土黄色，能见度差；PM_{10} 日均浓度在 7 日和 9 日都高达 600 μg/m^3，10 日为 529 μg/m^3，4 天中有 3 天的空气质量处于严重污染的程度。

北京的沙尘污染引起了党中央、国务院的高度重视，2000 年 5 月 12—14 日，受中共中央总书记江泽民的委托，国务院总理朱镕基率领国务院有关部门负责人驱车行驶超 1 000 km，对河北坝上地区和内蒙古浑善达克沙地进行了考察。朱镕基在考察中指出，频繁发生的沙尘暴天气，直接原因是气候异常，但重要的原因是北方一些地区毁林毁草开荒、乱采滥挖、草原过度放牧，使植被遭到严重破坏，生态环境日益恶化，土地沙化面积不断扩大。朱镕基强调，做好京冀周围地区的防沙治沙工作十分重要，国家将加大投入，加快实施生态治理工程，加快构建京冀周围地区绿色生态屏障。

2001 年起，通过北京市空气质量自动监测站获得的 PM_{10} 浓度可以看出沙尘对北京大气环境质量的影响。

2001—2002 年，北京共出现 53 次沙尘天气，其中浮尘和扬沙天气的出现次数都在 20 次以上。2002 年 3 月 20 日中午至 22 日凌晨，北京市出现大风和沙尘天气，城区空气质量自动监测系统的所有站点 PM_{10} 浓度持续严重超标，最高小时平均浓度为 1 500 μg/m^3。重污染持续了 40 余小时，21 日全天各站点空气污染指数均达到上限值 500。

2003—2005 年，北京市沙尘天气的出现次数明显减少（表 2-29）。

表 2-29 2001—2005 北京市沙尘天数统计　　单位：天

年份	外来沙尘	本地扬沙	合计
2001	13	11	24
2002	8	21	29
2003	0	1	1
2004	1	6	7
2005	1	3	4

2006—2010 年，北京市因沙尘造成的四级以上较重污染的次数为 18 次。

2006 年，北京市共出现 13 天沙尘型空气重污染天气，集中在 3—5 月，具有发生频次高、持续时间长、沙尘来源广泛的特点。4 月 8—10 日，北京市出现了沙尘移出后复归的东南方向浮尘“回流”。4 月 16 日上午，蒙古国南部到我国内蒙古中东部地区出现了沙尘暴天气，高浓度的沙尘上升到高空后，随气旋自西向东移动，16 日 23 时左右开始影响北京市区；17 日，车公庄站 TSP 最高小时浓度达到 2 100 μg/m^3，北京出现了“落黄沙”现象，地面铺上了一层黄土。

2007 年 4 月 23 日，内蒙古中西部地区出现大片沙尘，并随西北气流向下游输送，4 月 24 日沙尘进入京津冀地区，北京市大气环境中的 PM_{10} 浓度瞬间升高，该日空气污染指数达 169；4 月 25 日，北京市 PM_{10} 浓度居高不下，该日空气污染指数高达 250。

2008 年北京市因沙尘造成的四级及以上污染的天数为 7 天。2008 年 5 月 26—29 日，北京市出现两次浮尘过程。27 日 4 时北京地区开始受到沙尘污染的影响，5—9 时全市大部分子站 PM_{10} 浓度高达 1 000 μg/m^3，导致 27 日空气污染指数达到 463，属于重度污染。27 日 10 时开始，沙尘污染减轻，到 17 时全市大部分子站 PM_{10} 浓度仍然维持在 300 μg/m^3。28 日 4 时，东北部仍存在的大范围沙尘污染带回流重新影响北京。28 日 7 时，北京顺义、通州的 PM_{10} 浓度达到 700 μg/m^3 以上。28 日白天，北京顺义、通州、密云、农展馆出现 2 小时以上的 PM_{10} 浓度超过 1 000 μg/m^3 的浮尘污染，直至 28 日 18 时前后，第一个浮尘过程结束。28 日半夜至 29 日凌晨，外来浮尘随西北气流再次影响北京，29 日 4 时，全市 PM_{10} 小时浓度超过 1 000 μg/m^3；至 29 日 8 时，随着冷空气控制北京，外来浮尘移出北京市，至此，两次浮尘过程才结束。

2009 年，北京市受沙尘天气的影响，当年 6 天空气质量超标。12 月 24—25 日，受外来浮尘天气的影响，北京市出现了当年最严重的一次沙尘污染过程，25 日全市出现空气重污染天气，空气污染指数达到 500。24 日 20 时—25 日 10 时，全市 PM_{10} 平均浓度连续 15 小时超过 400 μg/m^3，各子站 PM_{10} 最大小时浓度超过 1 200 μg/m^3。

2010 年，北京市共出现 21 次明显外来沙尘天气过程和 4 次明显局地扬沙天气过程，全年有 27 天 PM_{10} 浓度受到沙尘影响，其中 9 天空气质量超标。外来沙尘对北京 PM_{10} 年均浓度的贡献为 7.1 μg/m^3，局地扬沙的贡献为 1.1 μg/m^3，沙尘天气的总贡献为 8.2 μg/m^3。

2011—2015 年，全市平均每年发生 8.6 次明显的沙尘天气过程。沙尘天气过程主要发生在春季的 2—5 月，多以外来沙尘天气为主，较少发生明显的局地扬沙过程（表 2-30）。

表 2-30　2011—2015 年北京市沙尘天气过程统计

年份	外来沙尘/次	本地扬沙/次	影响 PM_{10} 达标天数/天
2011	10	0	8
2012	6	0	6
2013	6	1	3
2014	11	0	8
2015	9	0	7

2015 年 4 月 15 日，北京市遭遇 13 年以来最为严重的沙尘暴。北京气象台发布沙尘暴黄色预警信号，城区能见度降低，多个监测站点 PM_{10} 的小时浓度超 1 000 μg/m^3。

2017 年 5 月 4—5 日，受蒙古国和我国内蒙古自治区中西部大范围沙尘暴及扬沙天气的传输影响，北京市出现一次连续 2 天的 PM_{10} 严重污染过程，空气质量连续 2 天恶化到六级。这次沙尘天气影响面广、强度大、持续时间长，是 5 年以来遭遇的最严重的一次外来沙尘污染。5 月 4 日 8 时，全市 PM_{10} 平均浓度达最高值 1 936 μg/m^3，且连续 30 小时维持严重污染水平，其中 29 个小时“爆表”，平均浓度超过 1 100 μg/m^3。5 月 4 日全市 35 个空气质量自动监测子站 PM_{10} 空气质量指数全部达到 500 的最高限值。

第九节　空气质量报告

一、环境质量报告书

1979 年，北京市环保监测中心编写了《1975—1978 年北京市大气环境质量分析报告》。1980 年开始北京市将市卫生防疫站和各区县环保监测站在城近郊 8 个区和远郊 10 个区县城镇范围内分工监测的大气污染物数据进行汇总分析；将枯水期、丰水期对地表水监测期间的各种污染物浓度、超标率及原因等进行统计、综合分析和评价，由市环保监测中心编写简报。

1981 年 3 月，根据国务院环境保护领导小组《关于建立“环境质量报告书”制度的通知》要求，北京市环保局组织市环保监测中心和北京市工业、农业、卫生、气象、水文、地质、规划等 16 个部门成立编写组，对全市环境监测结果进行统计分析，于当年 8 月编写出第一册北京市环境质量报告书。

自 1982 年起，编写组每年编写上一年度的环境质量报告书，每 5 年对环境质量进行综合分析比较。报告书对大气、水质、环境噪声、环境放射性、土壤污染及粮油质量等各种环境要素污染状况分别论述；对各系统的监测数据和环境统计数据进行综合汇总；对污染来源、污染现状、污染特征及发展趋势提出概括性的分析意见；并对环境污染危害、污染事故及人民来信等分门别类加以论述，为国家、北京市及有关部门综合决策提供信息。

1991 年环境质量报告书的内容分为概况、环境质量、污染事故和人民来信、环境保护对策和总结四部分十二个章节，其中环境质量部分包含大气质量、水质（地表水和地下水）、环境噪声、环境放射性等内容，对当年的环境状况、污染物达标情况及分布特征进行系统描述与分析。此后，随着全市环境监测网络的不断扩充完善以及环境管理的不断深入，环境质量报告书的内容也在发生变化。

1996—2000 年，由于环境质量与城市发展水平和污染排放密切相关，《北京市环境质量报告书（1996—2000 年）》的概况部分增加了城市发展概况内容，对北京市的人口、房屋建设、工农业发展等情况进行了描述；环境质量部分增加了废气和废水污染源排放状况，并将污灌区土壤专项监测结果和生态环境相关工作纳入报告书，首次较为系统地对所有环境要素的环境质量状况进行了分析与评价。

2004 年，环境质量报告书的内容由原来的四部分扩充至五部分，分别为概况、环境监测工作概况、污染源、环境质量和总结。《北京市环境质量报告书（2001—2005 年）》除延续之前的内容外，还对北京市 5 年间环境质量的变化趋势进行了分析，对未来 5 年的发展趋势进行了初步预测，同时提出了“十一五”期间环境保护工作的基本思路与对策，为环境管理提供了技术支持。

图 2-17　1991—2010 年编写的环境质量报告书

2006 年，北京市环境质量报告书编写组进行了调整，主编部门为北京市环保监测中心，参加编写的部门为北京市辐射安全技术中心，提供资料的单位有北京市水文地质工程地质大队、北京市自来水集团水质监测中心，北京市环保局为批准部门。编写内容由五部分减少为四部分，即概况、污染源排放情况、环境质量状况、结论与建议。

2006—2010 年，各年度环境质量报告书的内容与架构相对固定，但由于监测网络覆盖范围的扩大，各环境要素所描述的内容不断丰富，逐步增加了集中式饮用水水源地水质、生态环境状况等内容，并在报告书中将“十一五”（2006—2010 年）期间北京市的土壤环境质量和农村环境质量以单独章节进行了描述，还对奥运会、残奥会期间北京市的空气质量保障监测、环境空气中挥发性有机物监测、重金属监测等专项监测工作的开展情况进行了总结，是历史上内容最丰富的一本环境质量报告书。“九五”期间、“十五”期间、“十一五”期间北京市的环境质量报告书均获得全国优秀环境质量报告书二等奖。

2011—2012 年，北京市环境质量报告书的内容改为环境质量状况和环境质量结论两部分，环境监测工作概况作为附录。

2013 年，北京市环境质量报告书的内容又增加为概况、污染排放、环境质量状况、环境质量结论四部分，附录为环境监测各要素基本情况。2014 年北京市环境质量报告书的概况中增加了自然环境概况和社会经济概况。

2011—2015 年，北京市环境质量报告书总结了“十二五”期间的环境质量变化趋势，增加了“十三五”期间北京市环境质量变化趋势预测的内容。

2016—2017 年，北京市环境质量报告书一直保持为概况、污染排放、环境质量状况、环境质量结论和附录五部分内容。

自 1995 年起，北京市环保监测中心在编写北京市环境质量报告书的同时，还编写《北京市环境质量年报》，即环境质量报告书简本，将年度各项污染物的监测数据进行整理编辑，方便环境管理人员分析使用。

二、环境状况公报

1995 年，北京市环保局根据《中华人民共和国环境保护法》的规定编制了 1994 年《北京市环境状况公报》，是为开端。1997 年 7 月，市长碰头会决定公开发布环境状况公报；8 月 20 日，市环保局召开新闻通报会，首次发布了 1996 年《北京市环境状况公报》。自此，每年在“六五”世界环境日之前，市环保局都召开新闻发布会，公开发布上一年度北京市的环境状况公报。

1994 年《北京市环境状况公报》的内容分为环境污染状况、环境质量、污染治理和环境建设、环境保护工作四个部分。环境污染状况的内容包括废水排放、废气排放、固体废物、污染事故；环境质量的内容包括大气环境质量、水环境质量和声环境质量；污染治理和环境建设的内容包括保护饮用水水源、烟尘和噪声治理、搬迁和治理工业污染源、保护和改善生态环境、城市基础设施建设和野生动物保护等；环境保护工作的内容包括城市和综合整治，环境保护法制建设，排污收费，环境保护宣传教育，环境监测、科研与国际合作以及来信来访等。

图 2-18　1997 年《北京市环境状况公报》新闻通报会现场

1995—1998 年，《北京市环境状况公报》的结构做了适当调整，将环境污染状况和环境质量合并为环境状况，从大气、水、声、固体废物等方面反映全市的环境质量和污染状况。1997 年、1998 年的公报中增加了交通环境污染的内容。

1999—2004 年，《北京市环境状况公报》按照环境要素即大气环境、水环境、声环境、固体废物、生态环境、气候与自然灾害等方面介绍北京市的环境状况。自 2001 年起，公报中增加了辐射环境内容，并从环境保护投资、环境立法与执法、工业污染防治、环境宣传教育、环境科研与监测和环境信访等方面介绍北京市的环境保护工作情况，同时增加了照片、图片，更加生动地记录了北京市的环境质量状况和环保工作情况。

2005—2009 年，《北京市环境状况公报》的内容调整为综述、环境质量、污染物排放、环境监管等部分，其中2006年、2007年的公报中还增加了环保知识部分。2008年的公报重点公布了奥运空气质量保障的措施和成效，以及全市的环境质量和污染物排放情况。

2010年《北京市环境状况公报》将“污染物排放”改为“污染减排”，在“环境质量”章节中发布了年度大气、水、噪声、辐射等环境要素的监测结果以及污染源排放情况，同时进一步丰富了展示形式，通过对各环境要素的评价、环境质量时空变化规律及趋势的科学分析和详细说明，引导公众全面、正确地认识北京市的环境质量状况及污染特征。

2011—2012年，《北京市环境状况公报》保持了综述、环境质量、污染物排放、环境治理与监管、展望五部分的内容。

2013—2015年，《北京市环境状况公报》的内容增加为综述、环境质量、污染物排放、措施与行动、政策与服务、共同防治和展望七部分，2013年的公报在“措施与行动”中记述了污染治理与减排、机制创新与保障、环境安全与监管等内容；在“政策与服务”中记述了环境准入、政策法规、监测管理和科技支撑等内容。

2016—2017年，《北京市环境状况公报》的内容又改为综述、环境质量、主要污染物排放、措施与行动、共同防治和展望六部分。

三、空气质量周报、日报和播报

1．空气质量周报

1997年3月15日，国家环保局印发了《关于在重点城市开展空气污染周报工作有关问题的通知》，将北京市纳入首批开展空气质量周报的重点城市。3月28日，按照统一的技术规范要求，市环保局向国家环保局报出首个空气质量周报数据（3月21—27日）：“北京，第一周，空气污染指数208，主要污染物总悬浮颗粒物（TSP），空气质量分级为很不健康。”

1998年2月27日，市政府召开空气质量周报新闻发布会。北京市自 1998 年 2 月 28 日起，向社会公布上一周的空气质量。

1998 年 2 月 28 日，《北京日报》、《北京晚报》、北京电视台、北京人民广播电台等10家新闻媒体向社会正式发布《北京市空气质量周报》，《北京日报》发表评论员文章《保护环境　人人有责》。周报公布的监测点位为定陵、车公庄、前门、东四、天坛、奥体中心、农展馆、古城，监测项目为 SO_2、NO_x、TSP，空气质量评价方法采用空气污染指数（API）法，公布的内容是各监测点的首要污染物、空气污染指数和空气质量级别，并适当描述气象情况。1998 年 3 月 5 日，全国人大九届一次会议期间，国务院总理李鹏到北京代表驻地参加讨论时指出，北京的空气环境不理想，但最近市政府也通过新闻媒体向市民公布空气质量周报，这是有勇气、有决心的表现，有利于人民群众的监督，有利于动员大家共同努力，改善自己的工作、生活环境。

2．空气质量日报

为落实国家环保局关于北京市等 10 城市从 1999 年公布空气质量日报的要求，根据市长办公会的决定，北京市自 1999 年 3 月 1 日开始，在《北京日报》、《北京晚报》、北京电视台和北京人民广播电台 4 家新闻媒体向社会公布市区空气质量日报。与空气质量周报相比，空气质量日报的内容更加丰富，将各个监测点位的所有污染物的空气质量级别全部公布，每日公布的污染物为 SO_2、NO_x、CO 和 O_3。监测周期为前一天的 12：00 至当日 12:00。由于监测能力所限，TSP 每周报告一次。同年 4 月 26 日，北京市开始以 PM_{10} 代替 TSP 进行空气质量日报；6 月 1 日起，开始以 NO_2 代替 NO_x 进行空气质量日报。

1999 年 6 月 5 日起，公众可随时在“首都之窗”网站查询空气质量日报。8 月 1 日开始，市委党校、望京、东坝、玉泉路 4 个新增的监测子站的空气质量数据向社会公布。9 月 21—30 日，为保证国庆五十周年庆祝活动的顺利进行，市环保局与市气象局共同进行空气质量预报，主要采用统计预报的模式，对市区 SO_2、CO、O_3、NO_2 四种污染物的浓度及污染级别进行未来 24 小时的预测。从预报结果看，效果较好。北京电视台综合频道（BTV-1）的《北京新闻》栏目播报《北京空气质量日报》，时长 40 秒，后增至 45 秒。

2000 年，根据《环境空气质量标准》（GB 3095—1996）修改单和中国环境监测总站技术规定的要求，北京市开始公布空气污染指数；必测必报项目为 PM_{10}、NO_2 和 SO_2，选测项目为 O_3 和 CO；监测周期为前日的 12:00 至当日 12:00。自此，北京市空气质量日报公布的污染物包括 PM_{10}、NO_2、SO_2、O_3、CO。

2001 年 2 月 15—24 日，为迎接国际奥委会委员来京考察，市环保监测中心与市气象台合作，共同预报空气质量，并启动空气质量预报电视会商系统。空气质量专报每日下午报送市领导。按照市政府办公厅的要求，市环保局自 3 月 1 日起，每日通过专线向市政府报送当日的空气质量日报。同年 4 月 27 日，市环保局、市气象局联合召开了空气质量预报新闻发布会。5 月 1 日，《北京空气质量预报》通过北京电视台正式向社会公布。

3．空气质量播报

为普及环保知识，满足广大群众了解自身生活环境的需求，市环保局与北京电视台合作，制作了《北京空气质量播报》5 分钟专题节目。2003 年 1 月 1 日起，专题节目于每晚 21 时 23 分在北京电视台公共频道（BTV-9）播出，向社会公布全市 8 个国控点的空气质量状况，包括首要污染物、空气污染指数、空气质量级别等，数据均由北京市环保监测中心提供。除播报空气质量日报和预报外，5 分钟的节目还包含了环保新闻、政策法规、科普知识等宣传内容。当年 6 月 1 日，在已公布的 8 个国控子站空气质量的基础上，市环保局通过新闻媒体再公布 16 个市控大气自动监测站的空气质量状况数据，节目统一称为《北京空气质量播报》。2007 年“好运北京”奥运测试赛期间，增加了 10 个奥运场馆周边子站的空气质量播报。

2008 年 3 月，北京市环保局与北京人民广播电台城市服务管理广播合作，联合制作了《北京空气质量播报》栏目，每日在市环保宣传中心直播间直播 3 次，每次 3 分钟，播出时间分别为 7 时 27 分、13 时 57 分和 17 时 27 分，内容以空气质量日报、预报、环保新闻和科普知识专题为主。《北京空气质量播报》节目具有很强的权威性、专业性、知识性和服务性，特别是对市民身边的空气质量状况和环保政策的解读及时准确，深受北京市民的认可。同时，为了更好地服务奥运，根据国际奥委会规定的污染指标分项，市环保局制作了《奥运会空气质量日报》节目，每日用中英文公布 SO_2、NO_2、PM_{10} 等的污染指数，并将全市 27 个监测子站的污染指数一一进行播报。

为满足更多北京市民的需求，2011 年 1 月《北京空气质量播报》广播节目相继在北京交通广播、北京爱家广播开播。北京交通广播每日直播 2 次，每次 1 分钟左右，播出时间为 7 时 30 分和 17 时 02 分，这 2 个时段正是北京市的早高峰和晚高峰，节目收听率高、影响面广。北京爱家广播的播出时间为每日的 14 时。同年 9 月，在北京电视台两档《北京空气质量播报》节目的基础上，市环保局与公交移动电视合作开播了《北京空气质量播报》，又于 2012 年 3 月 1 日，在城市电视开播了《绿动北京》栏目，重点解读政策法规，普及生活服务类的环境知识。

2013 年开始，为配合《北京市 2013—2017 年清洁空气行动计划》的实施，《北京空气质量播报》专题节目的内容从传递空气质量信息和环境科普，转向介绍和记录北京市生态环境治理的措施和历程，曝光环境违法行为，报道环境监察部门的铁腕执法，解读环保法律、法规和政策，宣传各类环保活动，全方位展现北京市环保工作的方方面面。围绕着清洁空气行动计划，《北京空气质量播报》拍摄制作了大量的环保主题系列节目，如《北京：清洁空气在行动》《淘汰老旧机动车再出发》《新年·新法》《最新一轮源解析——$PM_{2.5}$ 到底从哪里来》《美丽中国　我是行动者》等。自此，《北京空气质量播报》新闻专题节目变得更加有针对性，更加多元化，从单纯的新闻报道向讲述北京市生态环保故事转变。

2015 年起，北京市环保局又与北京交通广播（FM103.9）合作，开设了环保知识专题栏目，普及环保知识，推出了《清洁空气，绿色生活——每天讲点小知识》环保系列科普节目。

2017 年，《北京空气质量播报》新闻专题节目的时长从 5 分钟精简至 3 分钟，节目的播出时间调整到北京电视台新闻频道 20 时 34 分。

第三章　法规标准体系逐渐建成

1972—2017 年，北京市为贯彻实施国家法律、法规，防治大气污染，市人民代表大会及其常委会共通过、修订发布大气污染防治及相关地方性法规 5 部和 1 个决议；市政府制定、修订发布大气污染防治规章共 17 件；市政府、市政府办公厅印发规范性文件 104 件，与国家法律、法规共同构成了北京市大气污染防治体系，系统地规范了发展集中供热和清洁能源，防治燃煤、工业、服务业等固定源污染，淘汰含铅汽油、防治机动车和非道路移动机械等移动源污染，防治扬尘污染，以及城市环境综合整治定量考核、环境保护执法、重大活动环境质量保障、空气重污染应对、交通限行等大气污染综合治理工作，为实施污染治理措施提供了有效的制度保障。

1984—2017 年，北京市制定、修订地方大气污染物排放（控制）（含产品质量环保指标）标准共计 45 项（79 次），其中固定源排放标准 22 项、移动源排放标准 19 项、油品煤炭等产品质量环保要求标准 4 项。从全国范围来看，北京市地方排放标准项目最多、指标限值总体严格，与国家排放标准共同构成了具有首都特点的北京市大气污染物排放标准体系，为大气污染防治提供了技术引领和法律量化约束。

第一节　法规制度逐步健全

在国家尚未出台大气污染防治法规制度的情况下，北京市为了推动和规范大气污染治理，根据本地实际，不断加强地方法规制度建设，共经历了四个发展阶段：①20 世纪 70 年代，北京市大气污染防治制度从“三废”管理和治理起步。②20 世纪 80 年代，北京市先后发布了《北京市防治大气污染管理暂行办法》《北京市实施〈中华人民共和国大气污染防治法〉条例》，1981—1998 年，北京市大气污染治理制度初步成型，覆盖了燃煤、机动车、工业和扬尘等污染的主要领域，但是在治理格局上，重点放在了对既有污染源和新增污染源的“达标”治理，标准还过于宽松。虽然当时北京市地方性法规规定了对超过环境质量标准的区域实行污染物排放总量控制，但是由于没有提出和规定明确的全市大气环境质量目标指标，实际工作中没有推动污染物排放总量控制条款的落实，总量控制制度并未得到执行，出现了污染治理减排进度赶不上新源排放增加速度的局面，加之不利气象因素的影响，导致 1998 年成为大气污染严重之年，也成为大气污染治理转折之年。③1999—2012 年，北京市转向以改善大气环境质量为目标的大气污染综合治理的制度建设阶段，法规体系更加完善，制度更加严格。从格局上看，削减老源标准更加严格，以优化产业结构为手段推动城市经济转型；控制新源所采用的城市规划建设布局、发展清洁能源、产业目录管理等源头治理手段更加丰富。从治理领域来看，禁新煤、减老煤的态度更加坚决，机动车污染防治标准在全国范围率先取得突破，新老车同治手段引领全国。④为落实国务院《大气污染防治行动计划》、治理灰霾污染，北京市实施了《北京市 2013—2017 年清洁空气行动计划》，在法规建设中，以 $PM_{2.5}$ 污染治理为重点，构建了共同防治的责任体系，以总量控制和区域联防联治为战略，坚持实施煤炭总量削减和机动车数量调控，采取了减煤换煤、控车减油、清洁降尘、环保技改、公众参与等更加精准的制度和措施。2014 年 1 月，北京首次在市人民代表大会上通过地方性环保法规——《北京市大气污染防治条例》，为打好蓝天保卫战提供了法律保障。

北京市制定的大气污染防治地方性法规、政府规章、政府规范性文件见表 3-1 和表 3-2。

表 3-1 1972—2017 年北京市大气污染防治地方性法规和政府规章一览表

序号	标题	发布机关	发布日期	实施日期	修订、修改、废止情况
1	北京市实施《中华人民共和国大气污染防治法》条例	北京市第九届人大常委会第三次会议通过	1988 年 7 月 7 日	1988 年 7 月 7 日	2000 年 12 月 8 日北京市第十一届人大常委会第二十三次会议通过《北京市实施〈中华人民共和国大气污染防治法〉办法》后，该条例废止
2	北京市关于禁止燃放烟花爆竹的规定	北京市第十届人大常委会第六次会议通过	1993 年 10 月 12 日	1993 年 12 月 1 日	2005 年 9 月 9 日北京市第十二届人大常委会第二十二次会议通过《北京市烟花爆竹安全管理规定》后该规定废止，“禁改限”
3	北京市人民代表大会常务委员会关于进一步落实大气污染防治措施，努力改善环境质量的决议	北京市第十一届人大常委会第十次会议通过	1999 年 5 月 14 日	—	—

序号	标题	发布机关	发布日期	实施日期	修订、修改、废止情况
4	北京市实施《中华人民共和国大气污染防治法》办法	北京市第十一届人大常委会第二十三次会议通过	2000年12月8日	2001年1月1日	1988年7月7日北京市第九届人大常委会第三次会议通过的《北京市实施〈中华人民共和国大气污染防治法〉条例》，1990年5月28日市人民政府发布的《〈北京市实施《中华人民共和国大气污染防治法》条例〉行政处罚办法》和1989年8月23日市人民政府第26号令发布、1997年11月25日市人民政府第8号令修改的《北京市防治机动车排气污染管理办法》同时废止；2014年《北京市大气污染防治条例》发布后，该办法废止
5	北京市烟花爆竹安全管理规定	北京市第十二届人大常委会第二十二次会议通过	2005年9月9日	2005年12月1日	1993年10月12日北京市第十届人大常委会第六次会议通过的《北京市关于禁止燃放烟花爆竹的规定》同时废止
6	北京市大气污染防治条例	北京市第十四届人民代表大会第二次会议通过	2014年1月22日	2014年3月1日	2000年12月8日北京市第十一届人大常委会第二十三次会议通过的《北京市实施〈中华人民共和国大气污染防治法〉办法》同时废止
7	关于"三废"管理试行办法	北京市革命委员会	1972年6月16日	1972年6月16日	1985年废止
8	北京市加强炉窑排放烟尘管理暂行办法	北京市人民政府	1981年3月12日	1981年4月1日	被1984年3月市人民政府发布的《北京市防治大气污染管理暂行办法》废止

序号	标题	发布机关	发布日期	实施日期	修订、修改、废止情况
9	北京市执行国务院《征收排污费暂行办法》的实施办法	北京市人民政府（京政发〔1982〕59号）	1982年5月13日	1982年7月1日	1997年12月31日市政府第12号令修改，2003年7月1日废止
10	北京市防治大气污染管理暂行办法	北京市人民政府（京政发〔1984〕38号）	1984年3月8日	1984年5月1日	《北京市加强炉窑排放烟尘管理暂行办法》同时废止
11	北京市人民政府关于加强建设工程施工现场管理的暂行规定	北京市人民政府（京政发〔1985〕109号）	1985年7月23日	1985年8月1日	1994年9月5日北京市人民政府第20号令修改，2001年4月5日市政府第72号令发布的《北京市建设工程施工现场管理办法》实施后该规定废止
12	北京市乡镇、街道企业环境保护管理暂行办法	北京市人民政府（京政发〔1986〕86号）	1986年6月13日	1986年7月1日	1997年12月31日北京市人民政府第12号令修改为《北京市乡镇、街道企业环境保护管理暂行办法（修正）》
13	北京市防治机动车排气污染管理办法	北京市人民政府（第26号令）	1989年8月23日	1989年9月15日	1997年11月25日市政府第8号令修改。2000年12月8日北京市第十一届人大常委会第二十三次会议通过的《北京市实施〈中华人民共和国大气污染防治法〉办法》实施后该办法废止
14	北京市污染源治理专项基金有偿使用实施办法	北京市人民政府（第30号令）	1989年10月25日	1989年11月1日	2003年7月1日废止

序号	标题	发布机关	发布日期	实施日期	修订、修改、废止情况
15	《北京市实施〈中华人民共和国大气污染防治法〉条例》行政处罚办法	北京市人民政府（第11号令）	1990年5月28日	1990年7月1日	2000年12月8日北京市第十一届人大常委会第二十三次会议通过的《北京市实施〈中华人民共和国大气污染防治法〉办法》实施后该办法废止
16	北京市人民政府关于加强垃圾渣土管理的规定	北京市人民政府（第16号令）	1994年8月17日	1994年9月1日	1997年12月31日第一次修改，2002年11月18日第二次修改，2007年11月23日第三次修改
17	北京市人民政府关于禁止车辆运输泄漏遗撒的规定	北京市人民政府（第13号令）	1996年8月13日	1996年9月1日	2002年11月18日第一次修改，2007年11月23日第二次修改，2010年11月27日第三次修改
18	北京市防治机动车排气污染管理办法（修改）	北京市人民政府（第8号令）	1997年11月25日	1989年9月15日	对1989年8月23日发布的办法进行修订。2000年12月8日北京市第十一届人大常委会第二十三次会议通过的《北京市实施〈中华人民共和国大气污染防治法〉办法》实施后该办法废止
19	北京市城市房屋拆迁施工现场防治扬尘污染管理规定	北京市人民政府（第37号令）	1999年9月14日	1999年9月14日	—
20	北京市人民政府关于对使用煤炭质量的监督规定	北京市人民政府（第42号令）	1999年10月26日	1999年10月26日	2014年7月9日北京市人民政府第259号令修改
21	北京市禁止露天烧烤食品的规定	北京市人民政府（第62号令）	2000年9月25日	2000年10月1日	2007年11月23日第一次修改，2018年2月12日第二次修改，2019年4月29日第三次修改

序号	标题	发布机关	发布日期	实施日期	修订、修改、废止情况
22	北京市建设工程施工现场管理办法	北京市人民政府（第72号令）	2001年4月5日	2001年5月1日	1985年市政府制定、1994年修改的《北京市人民政府关于加强建设工程施工现场管理的暂行规定》同时废止，2013年4月11日北京市人民政府第6次常务会议审议通过的《北京市建设工程施工现场管理办法》实施后该办法废止
23	北京市摩托车报废管理办法	北京市人民政府（第107号令）	2002年9月11日	2002年11月1日	—

表 3-2　1983—2017 年北京市大气污染防治规范性文件一览表

序号	文件标题	文件号	印发日期
1	北京市人民政府转发《北京市环境污染情况和今后三年环境保护工作安排》的通知	京政发〔1983〕90号	1983年6月11日
2	北京市人民政府办公厅关于限期治理亚运会场馆周围及100条道路两侧污染源的通知	京政办发〔1989〕51号	1989年7月10日
3	北京市人民政府办公厅关于限期治理尾气排放超标汽油车的通知	京政办发〔1989〕70号	1989年10月16日
4	北京市人民政府关于《北京市执行环境保护法规行政处罚程序若干规定》的批复	京政发〔1990〕38号	1990年5月19日
5	北京市人民政府批转市环境保护局关于亚运会期间污染严重的单位需停产、停用问题请示的通知	京政发〔1990〕53号	1990年8月25日
6	北京市人民政府转发国务院关于进一步加强环境保护工作决定的通知	京政发〔1991〕1号	1991年1月26日
7	北京市人民政府办公厅关于加强联片供热管理工作的通知	京政办发〔1991〕57号	1991年10月21日
8	北京市人民政府关于严格控制郊区工业企业分散建设的通知	京政发〔1992〕32号	1992年5月20日
9	北京市人民政府贯彻国务院开展加强环境保护执法检查严厉打击违法活动的通知	京政发〔1993〕22号	1993年5月12日

序号	文件标题	文件号	印发日期
10	北京市人民政府办公厅转发市环境保护委员会关于进一步加强城市环境综合整治定量考核工作报告的通知	京政办发〔1994〕47 号	1994 年 7 月 6 日
11	北京市人民政府办公厅关于进一步加强城市环境综合整治定量考核工作的通知	京政办发〔1996〕40 号	1996 年 7 月 19 日
12	北京市人民政府关于进一步加强环境保护工作的决定	京政发〔1996〕22 号	1996 年 9 月 10 日
13	北京市人民政府办公厅关于禁止销售含铅汽油改售无铅汽油的通知	京政办发〔1997〕17 号	1997 年 4 月 29 日
14	北京市人民政府办公厅关于加快本市天然气发展有关事项的通知	京政办发〔1997〕35 号	1997 年 6 月 27 日
15	北京市人民政府办公厅关于加速推广使用天然气有关事项的通知	京政办发〔1997〕54 号	1997 年 9 月 19 日
16	北京市人民政府办公厅关于在市区建设无燃煤区的通知	京政办发〔1998〕11 号	1998 年 4 月 21 日
17	北京市人民政府办公厅关于分解实施《北京市环境污染防治目标和对策（纲要）》任务的通知	京政办发〔1998〕53 号	1998 年 10 月 15 日
18	北京市人民政府办公厅关于印发《北京市环境综合整治方案》的通知	京政办发〔1998〕58 号	1998 年 11 月 9 日
19	北京市人民政府关于采取紧急措施控制北京大气污染的通告	京政发〔1998〕24 号	1998 年 12 月 16 日
20	北京市人民政府关于发布本市第二阶段控制大气污染措施的通告	京政发〔1999〕8 号	1999 年 3 月 4 日
21	北京市人民政府办公厅关于在本市城近郊区推广使用天然气有关事项的通知	京政办发〔1999〕51 号	1999 年 8 月 12 日
22	北京市人民政府办公厅转发市建委等部门关于本市淘汰落后小玻璃厂小水泥厂实施意见的通知	京政办发〔1999〕53 号	1999 年 8 月 17 日
23	北京市人民政府办公厅转发市环保局等部门关于国庆期间采取应急措施改善北京市中心地区环境质量实施方案的通知	京政办发〔1999〕56 号	1999 年 8 月 25 日
24	北京市人民政府办公厅转发市环保局等七部门关于限期停止生产销售使用车用含铅汽油意见的通知	京政办发〔1999〕62 号	1999 年 9 月 9 日
25	北京市人民政府办公厅关于推广使用清洁能源加快燃煤锅炉改造有关事项的通知	京政办发〔1999〕65 号	1999 年 9 月 20 日

序号	文件标题	文件号	印发日期
26	北京市人民政府关于发布本市第三阶段控制大气污染措施的通告	京政发〔1999〕29号	1999年9月23日
27	北京市人民政府、国家环境保护总局转发并贯彻落实国务院关于北京市环境污染防治目标和对策批复的通知	京政发〔1999〕44号	1999年12月24日
28	北京市人民政府办公厅转发市环保局等部门关于蒙特利尔议定书缔约方大会期间采取应急措施改善北京市中心地区环境质量预案的通知	京政办发〔1999〕84号	1999年11月28日
29	北京市人民政府办公厅关于分解实施北京市环境污染防治目标和对策任务的通知	京政办发〔1999〕90号	1999年12月24日
30	北京市人民政府关于发布本市第四阶段控制大气污染措施的通告	京政发〔2000〕9号	2000年3月11日
31	北京市人民政府关于发布本市第五阶段控制大气污染措施的通告	京政发〔2000〕29号	2000年10月25日
32	北京市人民政府办公厅关于在本市城近郊区推广使用清洁能源有关事项的通知	京政办发〔2001〕5号	2001年1月19日
33	北京市人民政府关于发布本市第六阶段控制大气污染措施的通告	京政发〔2001〕13号	2001年3月29日
34	北京市人民政府办公厅关于印发《北京市能源结构调整规划》的通知	京政办发〔2001〕28号	2001年4月11日
35	北京市人民政府关于发布本市第七阶段控制大气污染措施的通告	京政发〔2001〕34号	2001年10月30日
36	北京市人民政府关于发布本市第八阶段控制大气污染措施的通告	京政发〔2002〕9号	2002年3月28日
37	北京市人民政府关于发布本市第九阶段控制大气污染措施的通告	京政发〔2003〕7号	2003年3月27日
38	北京市人民政府办公厅关于燃煤联片供热锅炉改用清洁能源有关工作的通知	京政办发〔2003〕38号	2003年7月25日
39	北京市人民政府关于发布本市第十阶段控制大气污染措施的通告	京政发〔2004〕11号	2004年4月1日
40	北京市人民政府关于发布本市第十一阶段控制大气污染措施的通告	京政发〔2005〕3号	2005年4月1日

序号	文件标题	文件号	印发日期
41	北京市人民政府办公厅关于深入开展整治违法排污企业保障群众健康环保专项行动的通知	京政办发〔2005〕36 号	2005 年 7 月 4 日
42	北京市人民政府关于发布本市第十二阶段控制大气污染措施的通告	京政发〔2006〕5 号	2006 年 3 月 13 日
43	北京市人民政府办公厅关于印发北京市落实全国人大常委会来京检查所提建议工作措施的通知	京政办发〔2006〕62 号	2006 年 10 月 24 日
44	北京市人民政府关于发布本市第十三阶段控制大气污染措施的通告	京政发〔2007〕7 号	2007 年 3 月 28 日
45	北京市人民政府关于好运北京综合测试赛环境交通保障测试期间采取临时交通管理措施的通告	京政发〔2007〕18 号	2007 年 8 月 7 日
46	北京市人民政府办公厅关于进一步加强秸秆禁烧工作的通知	京政办发〔2007〕43 号	2007 年 6 月 18 日
47	北京市人民政府关于发布本市第十四阶段控制大气污染措施的通告	京政发〔2008〕4 号	2008 年 2 月 16 日
48	北京市人民政府关于发布 2008 年北京奥运会残奥会期间本市空气质量保障措施的通告	京政发〔2008〕9 号	2008 年 4 月 4 日
49	北京市人民政府关于批转节能减排统计监测及考核实施方案和意见办法的通知	京政发〔2008〕10 号	2008 年 4 月 15 日
50	北京市人民政府关于发布本市第十五阶段控制大气污染措施的通告	京政发〔2008〕38 号	2008 年 9 月 27 日
51	北京市人民政府关于实施交通管理措施的通告	京政发〔2008〕39 号	2008 年 9 月 27 日
52	北京市人民政府办公厅关于转发市发展改革委《加快发展循环经济建设资源节约型环境友好型城市 2008 年行动计划》的通知	京政办发〔2008〕23 号	2008 年 4 月 11 日
53	北京市人民政府办公厅关于印发《北京市进一步加快淘汰黄标车工作实施方案》的通知	京政办发〔2009〕4 号	2009 年 1 月 16 日
54	北京市人民政府关于继续实施交通管理措施的通告	京政发〔2009〕8 号	2009 年 4 月 3 日
55	北京市人民政府关于实施工作日高峰时段区域限行交通管理措施的通告	京政发〔2010〕7 号	2010 年 4 月 1 日

序号	文件标题	文件号	印发日期
56	北京市人民政府关于发布本市第十六阶段控制大气污染措施的通告	京政发〔2010〕11 号	2010 年 4 月 13 日
57	北京市人民政府批转市发展改革委关于加快构建本市安全高效低碳城市供热体系有关意见的通知	京政发〔2010〕30 号	2010 年 10 月 13 日
58	北京市人民政府关于印发《北京市清洁空气行动计划（2011—2015 年大气污染控制措施）》的通知	京政发〔2011〕15 号	2011 年 4 月 1 日
59	北京市人民政府办公厅关于印发进一步促进本市老旧机动车淘汰更新方案的通知	京政办发〔2011〕42 号	2011 年 7 月 27 日
60	北京市人民政府办公厅关于印发《北京市“十二五”时期主要污染物总量减排工作方案》的通知	京政办发〔2011〕60 号	2011 年 11 月 15 日
61	北京市人民政府关于印发 2012—2020 年大气污染治理措施的通知	京政发〔2012〕10 号	2012 年 3 月 21 日
62	北京市人民政府关于印发加快压减燃煤促进空气质量改善工作方案的通知	京政发〔2012〕16 号	2012 年 5 月 3 日
63	北京市人民政府关于印发《北京市空气重污染日应急方案（暂行）》的通知	京政发〔2012〕34 号	2012 年 10 月 26 日
64	北京市人民政府办公厅印发《关于进一步促进本市老旧机动车淘汰更新方案（2013—2014 年）》的通知	京政办发〔2012〕59 号	2012 年 12 月 24 日
65	北京市人民政府办公厅关于 2013 年春节期间《北京市空气重污染日应急方案（暂行）》的补充通知	京政办发〔2013〕7 号	2013 年 2 月 6 日
66	北京市人民政府关于实施工作日高峰时段区域限行交通管理措施的通告	京政发〔2013〕10 号	2013 年 3 月 29 日
67	北京市人民政府办公厅关于印发《北京市“十二五”主要污染物总量减排考核办法》的通知	京政办发〔2013〕26 号	2013 年 5 月 23 日
68	北京市人民政府办公厅关于印发《北京市 2013—2017 年加快压减燃煤和清洁能源建设工作方案》的通知	京政办发〔2013〕45 号	2013 年 8 月 12 日
69	北京市人民政府办公厅关于印发《北京市 2013—2017 年清洁空气行动计划重点任务分解》的通知	京政办发〔2013〕49 号	2013 年 8 月 23 日

序号	文件标题	文件号	印发日期
70	北京市人民政府办公厅关于印发《北京市 2013 年农村地区“减煤换煤、清洁空气”行动实施方案》的通知	京政办发〔2013〕51 号	2013 年 8 月 27 日
71	北京市人民政府关于印发《北京市 2013—2017 年清洁空气行动计划》的通知	京政发〔2013〕27 号	2013 年 9 月 11 日
72	北京市人民政府办公厅关于印发《北京市 2013—2017 年机动车排放污染控制工作方案》的通知	京政办发〔2013〕53 号	2013 年 10 月 8 日
73	北京市人民政府关于印发《北京市空气重污染应急预案（试行）》的通知	京政发〔2013〕34 号	2013 年 10 月 21 日
74	北京市人民政府关于空气重污染期间采取临时交通管理措施的通告	京政发〔2013〕35 号	2013 年 10 月 21 日
75	北京市人民政府关于空气重污染橙色红色预警期间禁止燃放烟花爆竹的通告	京政发〔2014〕4 号	2014 年 1 月 28 日
76	北京市人民政府关于实施工作日高峰时段区域限行交通管理措施的通告	京政发〔2014〕9 号	2014 年 3 月 25 日
77	北京市人民政府办公厅关于印发《北京市电动汽车推广应用行动计划（2014—2017 年）》的通知	京政办发〔2014〕39 号	2014 年 6 月 16 日
78	北京市人民政府关于印发《北京市高污染燃料禁燃区划定方案（试行）》的通知	京政发〔2014〕21 号	2014 年 7 月 16 日
79	北京市人民政府办公厅关于印发《北京市 2014 年农村地区“减煤换煤、清洁空气”行动实施方案》的通知	京政办发〔2014〕33 号	2014 年 6 月 7 日
80	北京市人民政府办公厅关于印发市发展改革委等部门制定的《北京市新增产业的禁止和限制目录（2014 年版）》的通知	京政办发〔2014〕43 号	2014 年 7 月 21 日
81	北京市人民政府办公厅关于印发市经济信息化委、市环保局制定的《北京市工业污染行业、生产工艺调整退出及设备淘汰目录（2014 年版）》的通知	京政办发〔2014〕56 号	2014 年 10 月 23 日
82	北京市人民政府办公厅关于印发《北京市 2013—2017 年清洁空气行动计划实施情况考核办法（试行）》的通知	京政办发〔2014〕61 号	2014 年 11 月 28 日

序号	文件标题	文件号	印发日期
83	北京市人民政府办公厅关于印发《北京市进一步促进老旧机动车淘汰更新方案（2015—2016 年）》的通知	京政办发〔2015〕5 号	2015 年 2 月 3 日
84	北京市人民政府办公厅关于印发《北京市 2013—2017 年清洁空气行动计划重点任务分解 2015 年工作措施》的通知	京政办发〔2015〕7 号	2015 年 2 月 9 日
85	北京市人民政府关于实施工作日高峰时段区域限行交通管理措施的通告	京政发〔2015〕17 号	2015 年 4 月 2 日
86	北京市人民政府关于进一步健全大气污染防治体制机制推动空气质量持续改善的意见	京政发〔2015〕29 号	2015 年 6 月 13 日
87	北京市人民政府关于应对空气重污染采取临时交通管理措施的通告	京政发〔2015〕34 号	2015 年 6 月 26 日
88	北京市人民政府办公厅关于进一步加强环境监管执法工作的意见	京政办发〔2015〕51 号	2015 年 11 月 2 日
89	北京市人民政府办公厅关于印发《北京市 2013—2017 年清洁空气行动计划重点任务分解 2016 年工作措施》的通知	京政办发〔2016〕11 号	2016 年 1 月 23 日
90	北京市人民政府办公厅关于印发《2016 年北京市农村地区村庄“煤改清洁能源”和“减煤换煤”工作方案》的通知	京政办发〔2016〕20 号	2016 年 3 月 28 日
91	关于印发《京津冀大气污染防治强化措施（2016—2017 年）》的通知	环大气〔2016〕80 号（环保部与京津冀 3 省市）	2016 年 6 月 17 日
92	关于印发《北京市贯彻落实〈京津冀大气污染防治强化措施（2016—2017 年）〉实施方案》的通知	京政办字〔2016〕37 号	2016 年 7 月 29 日
93	北京市人民政府关于印发《北京市空气重污染应急预案（2016 年修订）》的通知	京政发〔2016〕49 号	2016 年 11 月 12 日
94	北京市人民政府办公厅关于印发《北京市促进高排放老旧机动车淘汰更新方案》的通知	京政办发〔2016〕47 号	2016 年 11 月 15 日
95	北京市人民政府关于应对空气重污染采取临时交通管理措施的通告	京政发〔2016〕54 号	2016 年 11 月 16 日
96	北京市人民政府办公厅关于印发《北京市 2013—2017 年清洁空气行动计划重点任务分解 2017 年工作措施》的通知	京政办发〔2017〕1 号	2017 年 1 月 20 日

序号	文件标题	文件号	印发日期
97	关于印发京津冀及周边地区2017年大气污染防治工作方案的通知	环大气〔2017〕29号（环保部等4部门与北京市等6省市政府联合发文）	2017年2月17日
98	北京市人民政府关于实施工作日高峰时段区域限行交通管理措施的通告	京政发〔2017〕12号	2017年3月17日
99	关于印发京津冀及周边地区2017年大气污染防治工作方案北京市任务分解方案的通知	京大气办〔2017〕15号（经市政府同意）	2017年3月20日
100	关于印发京津冀及周边地区2017—2018年秋冬季大气污染综合治理攻坚战行动方案的通知	环大气〔2017〕110号（环保部等10部门与北京市等6省市人民政府）	2017年8月18日
101	北京市人民政府关于印发《北京市空气重污染应急预案（2017年修订）》的通知	京政发〔2017〕27号	2017年9月11日
102	北京市人民政府关于划定禁止使用高排放非道路移动机械区域的通告	京政发〔2017〕30号	2017年11月5日
103	北京市人民政府办公厅关于印发《北京市促进高排放老旧柴油货运车淘汰方案》的通知	京政办发〔2017〕39号	2017年9月20日
104	北京市人民政府办公厅关于印发《北京市控制污染物排放许可制实施方案》的通知	京政办发〔2017〕40号	2017年9月23日

一、大气污染防治制度从“三废”管理起步（1972—1980年）

（一）“三废”管理试行办法拉开治理序幕

在尚无国家环境保护法规的情况下，为控制工业“三废”（废水、废气、废渣）的污染，开展对工业污染源的治理，北京市革命委员会于1972年6月颁布了《关于“三废”管理试行办法》，这是北京市第一件环境保护政府规章。主要规定有：①各厂矿企业、事业等单位要加强企业管理，防止跑、冒、滴、漏；积极进行工艺改革，大搞综合利用；②各单位要建立“三废”排放检验制度，排出废气中有害成分的浓度应符合1962年制定的国家标准《工业企业设计卫生标准》（GBJ 1—62），凡不符合的，应采取措施使其无害化；对锅炉、退火炉、加热炉等必须采取消除烟尘措施；③新建、扩建、改建的单位，凡排放有害“三废”的，均应安排治理措施，否则不准施工；④已建成投产的单位，有害“三废”没有治理的，要按期解决。该办法从污染治理方式（工艺改革、综合利用、消除烟尘）、排放检验和标准制度、新建单位治理要求、按期解决未治理“三废”等方面提出要求，对环境保护初始阶段大气污染防治起到了重要的指导作用。

“文化大革命”后期，周恩来总理排除了“社会主义没有污染”的“左倾”思想干扰，指示由国务院委托国家计划委员会于1973年8月5—20日，在北京组织召开了第一次全国环境保护会议，揭开了中国环境保护事业的序幕。会议审议通过了中国当代史上最早的环境保护法规性文件和标准——《关于保护和改善环境的若干规定（试行草案）》《工业企业“三废”排放试行标准》。会后国务院批转印发《关于保护和改善环境的若干规定（试行草案）》，从十个方面对保护和改善作出规定，我国环境保护事业迈出了关键性一步。在会议结束前人民大会堂召开的万人大会上，中共北京市委书记处书记、市革命委员会副主任万里代表北京市介绍了开展综合利用、保护水源和消烟除尘的经验。1973年12月，市革命委员会转发国务院批转国家计划委员会《关于全国环境保护会议情况的报告》，要求全市认真贯彻执行，把北京建设成一个清洁城市。1974年1月7日，市“三废”治理办公室发出通知，转发国家计委、国家建委、卫生部颁发的《工业企业“三废”排放试行标准》（GBJ 4—73）。从此，北京市贯彻国家的规定和标准，结合北京市实际，进一步开展“三废”治理。

为防止社队企业生产对环境的污染，1976年2月，市计委、市建委、市革委会农林组及财贸组联合发出《关于印发〈北京市农村社队企业登记管理暂行规定〉的通知》，要求对有易燃、恶臭、放射性、腐蚀、震动、爆炸及污染环境、危害人体健康和作物生长的工厂，必须保证做到安全生产并经有关部门鉴定同意后，方可登记发照。

（二）突出工业“三废”利用治理

为防治工业污染，1977 年 6 月，市革委会向各区、县、局转发了国家计委、国家建委、财政部、国务院环境保护领导小组联合颁发的《关于治理工业“三废”开展综合利用的几项规定》的通知，要求各区、县、局把治理工业“三废”、开展综合利用纳入规划和议事日程。1978 年 5 月，市革委会转发国家计委、国家建委、财政部《关于试行加强基本建设管理几个规定的通知》。通知指出：“所有工业建设项目的设计，都要认真考虑资源的综合利用，都要认真解决废水、废气、废渣的处理，防止污染环境。‘三废’处理要和生产车间同时设计、同时施工、同时投产。”通知还规定，凡是“三废”处理措施不落实的项目，不能开工，已经建成投产的，要作为生产企业技术改造的主要内容，采取有效措施，限期解决。重大的综合利用工程要列入国家的建设计划。通知的转发，标志北京市首次明确建设项目贯彻执行国家环境保护“三同时”要求，为贯彻“预防为主”方针、控制新污染源污染排放提供了管理依据。

这段时期，北京市初步明确了大气污染防治制度：

（1）治理“三废”的主体是企业；

（2）治理方式是工艺改革、综合利用和消除烟尘；

（3）治理标准是国家“三废”排放试行标准；

（4）治理的策略是新源建设治理同步、老源限期解决；

（5）治理要求是纳入规划和议事日程。

这段时期，环境管理手段全部为行政规章和文件，缺少法律保障和硬性约束。

这段时期，管理机构不断得到加强。1975 年 1 月 1 日，北京市革命委员会“三废”治理办公室改名为北京市革命委员会环境保护办公室；1976 年 12 月 11 日，成立北京市革命委员会环境保护领导小组；1979 年 8 月，市革命委员会发出通知：“决定将北京市环境保护办公室改名为北京市环境保护局”。

二、地方法规初步形成（1981—1998 年）

1979 年 9 月，第五届全国人民代表大会常务委员会第十一次会议通过了中国第一部环境保护法律《中华人民共和国环境保护法（试行）》，使环境保护初步有法可依。

1981—1987 年，为贯彻国家法律，北京市未制定大气污染防治地方性法规，而是以市政府规章及其规范性文件为主构建规章制度，内容从防治煤烟、工业污染扩大到防治机动车污染。

（一）炉窑烟尘治理为重点

1981 年 3 月，市政府颁布《北京市加强炉窑排放烟尘管理暂行办法》（以下简称《办法》）。《办法》规定：凡在北京市生产、销售、购置和使用各种锅炉、茶炉、工业窑炉等燃煤装置的单位，都必须采取有效的消烟除尘措施；炉窑排放烟尘必须符合国家《工业“三废”排放试行标准》（GBJ 4—73）的有关规定，炉窑烟尘排放浓度和排烟黑度超过规定标准者，应按当月实耗燃料费的 5%～10%缴纳烟尘排放费。《办法》还规定，对消烟除尘设施弃置不用或擅自拆除，违反“三同时”规定等造成环境污染者，视情节轻重处以 500 元以上的罚款。自此，北京市对违反大气污染防治要求的开始实施行政处罚手段。

（二）明确排污费征收及使用

1982 年 5 月，市政府颁布《北京市执行国务院〈征收排污费暂行办法〉的实施办法》。办法规定：凡在北京地区的一切企业、事业单位都应当执行国家发布的《工业“三废”排放试行标准》等有关标准；市政府发布了北京市排放标准的，改按北京市的排放标准执行；对超过上述标准排放污染物的企业、事业单位，要征收排污费。北京市首次明确地方排放标准严于国家排放标准并优先执行，“超标收费”制度开始建立。

（三）政府规章和标准配套实施

在国家制定大气污染防治法律法规之前，1984 年 3 月，市政府颁布《北京市防治大气污染管理暂行办法》（以下简称《大气办法》），废止了《北京市加强炉窑排放烟尘管理暂行办法》，同时还颁布了北京市地方排放标准《北京市废气排放标准（试行）》。《大气办法》主要规定有七个方面：

（1）首次明确了大气污染治理的客体对象有害气体的定义和范围：系指各种锅炉、工业窑炉、茶炉、大灶、机动车辆和生产设施、试验装置等排放的烟尘、粉尘、废气、恶臭，以及其他活动中散发的有害气体。

（2）首次明确了北京市对大气环境质量进行管理和评价的依据：执行国家《大气环境质量标准》（GB 3095—82）；自然保护区、郊区的风景游览区、名胜古迹和疗养地为一类区，执行国家一级标准；市区、郊区为二类区，执行国家二级标准；北京市不执行三级标准（工业区）。

（3）达到排放标准和超标限建制度：对锅炉、窑炉、茶炉和大灶排放明确了应当执行《北京市废气排放标准（试行）》，对排放有害气体的单位，在其排放的有害气体未达到规定的标准之前，不得扩大生产规模、增加有害气体的排放量。

（4）推行集中连片供热措施：市区范围内，一般不得新建分散采暖锅炉房，要实行联片供热，推广大院式集中供热。

（5）环保审查同意制度：生产单位制造、加工、销售锅炉、茶炉及工业窑炉，必须有消烟除尘装置，并将设计和测试资料报市环保局审查同意后，方准制造、加工和销售。

（6）限期治理制度：对排放有害气体、严重污染大气的单位，要实行限期治理，对不执行限期治理的单位，可由原决定限期治理的环境保护部门，报经同级人民政府批准，令其停产治理。

（7）机动车污染防治燃料和尾气达标、严重污染车辆淘汰制度：各种机动车辆应使用规定的燃料，尾气的排放必须符合规定的标准，对严重污染大气的后三轮摩托车等机动车辆，要有计划地更新或淘汰。

《大气办法》和废气排放标准是北京市首次比较系统构建的大气污染防治制度和标准，规章和标准相互配套、制度和措施相互衔接，北京市大气污染防治制度在系统化、规范化、科学化方面迈进一大步，同时对我国北方大城市大气污染治理有一定的引领作用。

（四）禁止生产剧毒产品和建设污染严重项目

1986 年 6 月，市政府颁布了《北京市乡镇、街道企业环境保护管理暂行办法》。办法规定：禁止乡镇和街道企业生产和经营汞制品、砷制品、铅制品、放射性制品、联苯胺、多氯联苯等剧毒或含强致癌成分的产品，禁止从事石棉制品、土硫黄、电镀、制革、漂染、有色金属冶炼等污染严重的生产项目。

（五）“实施条例”提升了法规位阶效力

1987年9月5日，第六届全国人大常委会第二十二次会议通过了《中华人民共和国大气污染防治法》，是国家首次为大气污染防治专门立法。为了贯彻国家大气污染防治法，改变北京市空气污染严重的局面，北京市人大常委会首次开展大气污染防治地方立法。1988 年 5 月 12 日，北京市环境保护局局长江小珂在向市人大常委会作《北京市实施〈中华人民共和国大气污染防治法〉条例（草案）》的说明时指出：城市规模大、人口多，发展速度太快，城市基础设施的建设远远落后于城市的发展，环境治理资金严重不足，以致旧账未还新账又欠，市区空气污染严重。她还指出，北京市量大面广的空气污染是煤烟型污染，年耗煤炭 2 100 万 t，占比为 70%，高于上海、天津，是全国烧煤最多的城市。一到冬季，16 000 多台燃煤锅炉、140 万台小煤炉低空排放烟气，市区污染日益严重，另外还有 3 万台炊事大灶、1 万多台茶炉常年燃用煤炭。采暖期，城区 SO_2 日均质量浓度已由 1980 年的 0.196 mg/m^3 上升到 1987 年的 0.304 mg/m^3，超过国家标准一倍。SO_2 和尘的污染已经相当于伦敦烟雾事件前的水平。NO_x 日均质量浓度由 0.103 mg/m^3 上升到 0.136 mg/m^3，CO 日均质量浓度由 3.8 mg/m^3 上升到 4.6 mg/m^3，均超国家标准。市区 TSP 日均质量浓度常年超过国家标准 1～3 倍，年均值高达 400 $\mu g/m^3$ 以上，比伦敦、纽约、东京高 7～17 倍。夏季存在光化学烟雾的潜在威胁。空气污染以城区最重，近郊区次之，远郊区最轻。城区以宣武 SO_2 和尘污染严重，近郊区以石景山 3,4-苯并芘和氟污染严重。她还透露，1985 年 10 月上旬，国际奥委会医学委员会一专家访问北京市，认为北京市的空气污染严重，如果 1990 年亚运会期间的空气污染还像他在北京时的那样，对于长跑、马拉松等运动员的身体健康极为有害，如果到 2000 年得不到根治，举办奥运会的申请是不会得到奥委会批准的。她分析指出，根据世界卫生组织有关资料分析，北京城区采暖期空气污染已经达到危害人体健康的程度。作者通过查阅《中国环境年鉴》（1990 年）发现，当时全国城市空气污染十分严重，例如太原市 TSP 年均值高达 1 000 $\mu g/m^3$ 以上，北方其他城市也大体相当。在 1989 年召开的第三次全国环境保护会议上，国务委员兼国务院环境保护委员会主任宋健的讲话题目是《向环境污染宣战》，反映出当时全国污染严重，必须治理。

1988 年 7 月 7 日，北京市第九届人大常委会第三次会议审议通过了《北京市实施〈中华人民共和国大气污染防治法〉条例》（以下简称《实施条例》）。《实施条例》共五章四十条。与国家大气污染防治法相比，北京市具有的特色规定如下。

（1）明确了北京市大气污染防治体制。市和区县环保局是对大气污染防治工作统一监督管理的机关；各级公安交通等有关行政管理部门按照各自的职责，对大气污染防治实施监督管理；按照“谁污染谁治理”的原则，排污单位和个体经营者采取措施防治大气污染，各行业主管部门负责管理本行业的大气污染防治工作。

（2）实施国家标准《大气环境质量标准》制度。对大气环境进行规划、管理和评价应当执行《大气环境质量标准》。国家和北京市划定的自然保护区、风景名胜区和其他需要特别保护的区域，为大气环境质量一类区，执行国家一级标准；其他地区为大气环境质量二类区，执行国家二级标准。北京市没有划分出大气环境质量三类地区。2000 年，北京市用空气污染指数作为阶段目标具有指引作用，是大气污染防治思想和目标的一次重大转变，但是用不符合国家二级标准的空气污染指数三级天数百分比作为工作目标是不符合国家标准规定和北京市地方性法规的［北京市提出的第四阶段（2000 年 4—10 月）空气质量目标是全年空气污染指数三级和好于三级天数比例达到 80%，全国人大常委会领导对此进行纠正，指出北京不是达到三级而是要达到二级，消灭四级。第五阶段（2000 年 11 月—2001 年 3 月）空气质量目标改为：力争实现 2000 年空气污染指数二级和好于二级的天数比例达到 45%，2000—2001 年的采暖期空气污染指数二级和好于二级的大数比例达到 40%］。

（3）规定了环境监测机构及其任务。明确要求各级环保局应设立环境保护监测机构，负责对大气环境进行监测和对排放污染物的单位进行监督性监测，定期向同级人民政府和上级主管部门报告监测结果，提出大气环境质量评价报告。市环保监测机构负责全市环境监测网络的组织协调工作。有关行业主管部门应当负责对所属各单位向大气排放污染物情况的监测，并向环境保护部门提供必要的数据。

（4）增加了限期搬迁制度。对向大气排放污染物造成大气严重污染的单位，除按照国家规定要限期治理外，北京市还增加了限期搬迁规定。

（5）污染物排放总量控制制度。在大气污染物超过环境质量的地区，实行污染物排放总量控制。

（6）施工扬尘防控措施。施工单位必须加强施工现场和运输车辆的管理，防止扬尘污染大气环境。

（7）保护大气环境的城乡规划和建设控制措施。城市建设布局要有利于自然通风，以利大气的净化。城区、近郊区和大气污染物超过环境质量标准的地区，严格限制向大气排放污染的建设项目。

（8）发展清洁燃料措施。北京市没有像国家大气污染防治法那样规定发展人工煤气，而是提出发展清洁燃料、逐步改善燃料结构的措施。

（9）禁止在人口集中地区从事经常性的露天喷漆、喷砂或者其他散发大气污染物的作业。

（六）机动车污染防治制定专门规章

在治理固定源燃煤锅炉和工业炉窑的同时，移动源机动车污染开始出现，控制机动车污染被提上议事日程。针对 1984 年发布的《北京市防治大气污染管理暂行办法》对机动车规定的不足，1989 年 8 月 23 日，市政府以第 26 号令颁布了《北京市防治机动车排气污染管理办法》（以下简称《机动车管理办法》），自 1989 年 9 月 15 日起施行，比国家规章《汽车排气污染监督管理办法》（1990 年 8 月 15 日，国家环境保护局、公安部等六部门发布）提前了一年，而且北京市使用的是机动车大概念，国家规章是汽车小概念。1997 年 11 月 25 日，市政府第 8 号令修改了《机动车管理办法》，使《机动车管理办法》适应北京市机动车排放污染控制需要。主要规定如下。

（1）扩大了规章适用对象：包括加油站，制造、销售、维修、使用的机动车、车用发动机，及机动车排气净化装置。

（2）明确环保、有关部门的职责分工。

（3）禁止销售含铅汽油。

（4）明确地方机动车排放标准由市环保局制定。

（5）禁止生产、销售超过排放标准的机动车、车用发动机和不合格的排气净化装置。

（6）排放达标质保期制度：制造出厂的机动车、车用发动机为两年或5万km内；维修出厂的机动车、车用发动机为一年或2万km内；排气净化装置为两年或5万km内。

（7）定期排放检测制度：初检不符合排放标准的，不予核发车辆牌照；年检不符合排放标准的，不予核发年检合格证；路检时，超过排放标准的，对驾驶员处以警告，20元以下罚款或者吊扣一个月以下驾驶证的处罚，并责令限期治理或者安装排气净化装置。机动车检测的单位从事排放检测业务的，须经市环保局审核批准，并接受环保部门的监督检查。

（七）建设项目环境影响评价制度和污染源治理专项基金政策制度促进大气污染治理

为规范建设项目环境准入要求，1988年2月，市政府批准发布由市计委、市经委、市环保局联合制定的《北京市实施〈建设项目环境保护管理办法〉细则》（以下简称《细则》）。《细则》规定：建设项目一律实行环境影响报告书审批制度，防治污染和其他公害的设施与主体工程同时设计、同时施工、同时投产，实行新、老污染源一同治理。《细则》明确了市、区县环保部门以及计划、规划等管理部门对建设项目实施监督管理的范围和职责；规定了建设项目在规划选址、立项审批、可行性研究、设计、施工以及投产使用等不同阶段必须遵守的有关环保法规，并对违反该办法和实施细则的行为，规定了处罚办法。为改革排污费使用政策，1989年10月，市政府颁布了《北京市污染源治理专项基金有偿使用实施办法》（以下简称《办法》）。《办法》将原环保部门征收的超标准排污费80%全部用于补助重点排污单位治理的规定，改为从中提取25%，以贷款方式实行有偿使用。贷款对象为缴纳超标准排污费的企业事业单位，还贷时间自贷款之日起，最长不得超过 3 年。对按期完成治理项目、验收合格并且治理效果显著的单位，经市环保局批准，可以豁免一定数额的贷款本金。

（八）禁止燃放烟花爆竹控制噪声和空气重污染

1993 年 7 月 26 日，北京市公安局副局长在市人大常委会作关于规定草案说明时指出：虽然 1986 年 11 月北京市人民政府发布了《北京市烟花爆竹安全管理暂行规定》，采取“逐步限制，趋于禁止”的政策，取得一定效果，但是由于经济发展、居民收入增加，加上外地非法、违禁烟花爆竹（如闪光雷）流入北京市，燃放烟花爆竹对生命、健康、财产造成严重损失。1993 年元旦、春节期间，致伤 544 人，同比上升了 55%，其中 5 人被摘除眼球，造成终身残疾；烟花爆竹噪声平均值为 92 dB，瞬时高达 121 dB，严重侵害居民身心健康；引发火灾 208 起，直接损失 14 万元。1993 年北京市“两会”上，人大代表和政协委员提出的议案、提案共 41 件，收到人民来信 231 件，要求采取果断措施，禁止燃放烟花爆竹。1993 年 10 月 12 日，北京市第十届人大常委会第六次会议通过了《北京市关于禁止燃放烟花爆竹的规定》，自 1993 年 12 月 1 日起施行。立法目的为保障国家、集体财产和公民人身财产安全，防止环境污染，维护社会秩序。该规定不仅为了保障生命财产安全，同时也是为了控制高噪声污染、减少燃放所带来的大量烟尘对市民身心健康的严重损害。东城区、西城区、崇文区、宣武区、朝阳区、海淀区、丰台区、石景山区为禁止燃放烟花爆竹地区，其中，朝阳、海淀、丰台、石景山等区远离市区的农村地区，经区人民政府报请市人民政府批准，可以暂不列为禁放地区；其他远郊区县的禁放地区，由当地人民政府规定。要求市政府采取措施，逐步在全市区域全面禁放。禁放时间为全年。遗憾的是，这项全国最早建立的城市烟花爆竹“禁放”制度后来被废止了。2005 年 9 月 9 日，北京市十二届人大常委会第二十二次会议通过的

《北京市烟花爆竹安全管理规定》废止了1993年通过的《北京市关于禁止燃放烟花爆竹的规定》，“禁”改“限”。雾霾来袭，2013年北京市打响蓝天保卫战，实施《北京市2013—2017年清洁空气行动计划》《北京市空气重污染应急预案（试行）》。北京市12年后烟花爆竹燃放“限”改“禁”，2017年12月1日，北京市第十四届人大常委会第四十二次会议通过《关于修改〈北京市烟花爆竹安全管理规定〉的决定》，规定在五环路内实行全面禁放，五环路外禁放、限放区域由区政府划定；在空气重污染橙色预警和红色预警期间，全面禁放。

三、法规制度更加综合（1999—2012年）

（一）采取紧急措施控制大气污染，修法势在必行

经国务院批准，1998年12月16日，北京市人民政府发布《关于采取紧急措施控制北京大气污染的通告》（以下简称《通告》），《通告》指出：“今年以来，本市为控制大气污染，采取了多项措施。但是，由于种种原因，大气污染仍有加重的趋势。如不采取断然措施，首都大气环境质量将进一步恶化。”《通告》提出了控制燃煤、机动车、扬尘污染的十七项技术性措施和一项行政监察、执法要求，共计十八项措施。至1999年3月，大气污染治理初见成效。同月，控制大气污染第二阶段措施发布。如何巩固治理成果，进一步加强大气污染防治立法十分必要。1999年5月14日，北京市第十一届人大常委会第十次会议审议了市政府《关于大气污染治理情况的报告》，通过了《关于落实大气污染防治措施，努力改善大气环境质量的决议》，对实行责任制、落实防治措施、加强空气监测、严格控制新污染源的产生、查处违反大气污染防治措施通告行为、加强宣传动员、市区人大常委会加强对同级人民政府大气污染防治工作和执法情况监督提出要求，并决定修订《北京市实施〈中华人民共和国大气污染防治法〉条例》，为实现环境污染防治目标提供法律保

障。同时，市政府加强大气污染防治规章的制定。

1999—2001 年，市政府陆续颁布了《北京市城市房屋拆迁施工现场防治扬尘污染管理规定》《北京市人民政府关于对使用煤炭质量的监督规定》《北京市禁止露天烧烤食品的规定》《北京市建设工程施工现场管理办法》，以加强扬尘、燃煤、烟尘污染控制。

为了对 1998 年 12 月以来实施的大气污染控制措施提供法律保障，以及为申办 2008 年奥运会提供环境质量条件，根据《中华人民共和国大气污染防治法》（以下简称《大气法》）修订进展情况，按照中央领导对北京市加强大气污染防治的指示要求，从 1999 年开始，北京市对大气污染防治法规、规章及各类规范性文件规定的措施和制度进行整合修订，形成了一部综合性的符合本市实际情况的大气污染防治法规。2000 年 11 月 1 日，北京市环保局局长赵以忻在向北京市第十一届人大常委会第二十二次会议作《北京市实施〈中华人民共和国大气污染防治法〉办法（草案）》的说明时指出："作为《北京市实施〈中华人民共和国大气污染防治法〉条例》依据的《中华人民共和国大气污染防治法》已经于 1995 年 8 月修正、2000 年 4 月修订，北京市实施条例已不适用；同时，经过国务院批准、北京市实施的《关于采取紧急措施控制北京市大气污染的通告》《北京市环境污染防治目标和对策》所提出的各项控制大气污染的措施，经过实践证明是行之有效的，应当体现在地方性法规之中。"他指出，经过近两年的治理，北京市大气环境虽有明显改善，但是市区大气污染严重的状况并没有本质改变。1999 年，北京市大气中 SO_2、NO_x 和 TSP 年均浓度均未达到国家环境空气质量二级标准；2000 年上半年二级和好于二级的天数比例也只有 39%。他认为，随着各项事业的发展，新的污染源还将不断产生，大气污染防治的形势十分严峻。

（二）《北京市实施〈中华人民共和国大气污染防治法〉办法》主要特点

2000年12月8日，北京市第十一届人大常委会第二十三次会议审议通过了《北京市实施〈中华人民共和国大气污染防治法〉办法》（以下简称《实施办法》），并废止了1988—1990年制定的《北京市实施〈中华人民共和国大气污染防治法〉条例》《北京市防治机动车排气污染管理办法》《北京市实施〈中华人民共和国大气污染防治法〉条例行政处罚办法》。

《实施办法》共七章43条，其中管理措施29条，说明条款4条，罚则10条，一方面对《中华人民共和国大气污染防治法》（以下简称《大气法》）中的一些大气污染防治措施（共5条）加以细化，以增强可操作性，从严管理；另一方面，根据北京市防治大气污染实际情况，补充了一些行之有效的管理措施（共9条），特别是强化了防治机动车污染排放的措施（共6条）。这些管理措施在国务院批准实施的《北京市人民政府关于采取紧急措施控制北京大气污染的通告》和《北京市环境污染防治目标和对策（1998—2002年）》中均有明确规定，主要包括销售新车车型的目录管理制度、保持排气净化装置正常使用的规定、机动车限行制度、环保检验前置制度、机动车路检制度、严重超标治理无效强制报废制度等。罚则10条共有16种处罚，其中与《大气法》相同的有9项，并增设1项；补充规定的9条管理措施中，有6项设定处罚条款。虽然此次修订通过法规名称冠以“实施办法”，没有成为条例，但由于增加了9条管理措施和相应处罚条款，实际上相当于地方条例。与国家法律相比，《实施办法》有以下几个方面特点。

（1）环境优先的原则：《实施办法》强调，北京市是大气污染防治重点城市，应当按照规定的期限，达到规定的大气环境质量标准；在大气环境质量达标以前，市人民政府可以采取更加严格的措施，重点对燃煤产生的污染、机动车排放污染和尘污染进行防治。

（2）在大气受到严重污染，可能发生危害人体健康和安全的紧急情况下，市人民政府应当及时发布大气污染公告，所采取的强制性应急措施，除按照国家法律规定可以责令排污单位停产、部分停产外，北京市还规定可以责令部分机动车停驶，并由公安交通管理部门负责实施。

（3）车型目录制度：市环境保护行政主管部门定期公布符合规定排放标准的机动车车型目录；公安交通管理部门按照目录核发牌证。

（4）机动车排放检测前置制度和使用人义务：未按照规定进行污染物排放检测的机动车，或者经检测排放污染物不符合规定排放标准的机动车，不予进行安全性能检测。机动车所有人必须保证排气净化装置的正常使用，不得擅自拆除、闲置或者更改。

（5）对在用机动车改造治理的措施：市人民政府可以根据本市大气环境质量要求和机动车排放污染物状况，拟订对在用机动车进行改造的车型、改造标准和期限，报经国务院批准后实施。

（6）强化了机动车报废制度：机动车污染物排放严重超过规定的排放标准，经限期治理仍不能达标排放的，可以由公安交通管理部门责令停止使用或者按照国家有关规定强制报废。

（7）机动车限行措施：市人民政府可以根据大气环境质量状况，在一定区域内对机动车采取限制车型、限制时间行驶的交通管制措施。

（8）油烟防治特别措施：居民住宅楼的底层不再安排产生油烟污染的饮食服务业经营场所；不得将居民住宅楼中的住宅用作产生油烟污染的饮食服务业经营场所。现有饮食服务业经营场所污染扰民的，应当限期治理或者停业。

（9）禁止在城镇地区的公共场所露天烧烤食品。

（三）控制大气污染阶段措施形成空气质量改善目标制度

1998 年 12 月 16 日，北京市人民政府发布《关于采取紧急措施控制北京大气污染的通告》，从 1998 年至 2010 年 12 年间，市政府共发布了

16 个阶段控制大气污染措施的通告。具体措施见表 3-3。以《北京市实施〈中华人民共和国大气污染防治法〉办法》为依据，16 份通告部署了每个阶段的大气污染防治措施和任务，包括：年度大气环境质量目标指标，燃煤、机动车、工业、扬尘等领域污染治理措施制度和任务，以及不断完善排放标准、财政投入和价格政策，严格环保执法，加强落实大气污染治理任务行政监察等。

表 3-3　1998—2010 年北京市 16 个阶段大气污染控制措施一览表

阶段	时段	主要措施和任务
第一阶段（1998 年紧急措施）	1998 年 12 月—1999 年 2 月	防治煤烟型、机动车、扬尘等三个领域污染。三环内所有餐饮业和各单位以及规划四环路内工地、仓库的燃煤茶炉、大灶一律改用管道燃气、液化石油气等清洁能源，并不准再建新的燃煤设施，取缔三环路内的露天烧烤；报废超过使用年限或里程的机动车，按照规定报废出租车，实施北京市轻型汽车工况法排放标准、加贴绿色环保标志；实施三环路内及规划四环路内已建成道路、裸露地的绿化铺装
第二阶段	1999 年 3—9 月	以控制扬尘污染为重点，加大治理煤烟型污染和机动车排气污染力度。所有灰料堆需密闭或喷洒覆盖剂、四环内 1 t/h 及以下燃煤采暖锅炉全部改用清洁能源、新车上牌执行第一阶段排放标准、1995 年 1 月 1 日后上牌的小客车强制改为电控并加装三元催化转化器
第三阶段	1999 年 10 月—2000 年 3 月	市区范围茶炉、大灶全部改用清洁能源；市区不再新增柴油车，出租车燃料清洁化；工业企业达标排放，市区工业煤粉炉安装低氮燃烧器，重点行业结构调整；再生水冲刷路面
第四阶段	2000 年 4—10 月	实施工业企业排污总量削减计划，确保全市工业企业达标排放，20 家污染扰民企业或车间停产搬迁，淘汰小水泥、小玻璃生产线；1 500 台燃煤锅炉改用清洁能源，包括 300 万 m^2 电采暖试点工程；制定并公布重污染日的排污控制措施

阶段	时段	主要措施和任务
第五阶段	2000年11月—2001年3月	首钢铁合金厂、燕山水泥厂4台立窑、北京焦化厂部分设施停产；四环路内及高速公路两侧各行政事业单位的平房取暖必须采取清洁能源，居民平房电采暖试点用电实行低谷电价；实行空气污染预警非绿色环保标志车辆四环路内单双号行驶方案，采用简易工况法监测尾气排放，非绿色环保标志车辆每年检测两次；成立扬尘污染联合检查办公室，春季遇有4级以上大风天气停止土方施工和拆迁工程，整治裸露地面，农田免耕覆盖
第六阶段	2001年4—10月	开展燃煤电厂烟气脱硫、煤粉炉安装低氮燃烧器，北京焦化厂3号和4号焦炉停产；新车达标销售上牌，实行机动车环保标志管理，新增1 000辆清洁燃料公交车，更新6 000辆清洁燃料或"双路"达标的双燃料出租汽车；新增300万m^2电采暖，完成1 500台燃煤锅炉改用清洁能源；遇有4级以上大风天气停止土方施工和拆迁施工，砂石料厂清理整顿
第七阶段	2001年11月—2002年3月	以治理颗粒物污染为重点。砂石厂关闭，料堆覆盖，农田留茬免耕，中小学操场尘治理，渣土运输车密闭改造；居民电采暖实行优惠电价，燃煤设施清洁能源改造；制定工业污染物排放总量和工业用煤削减指标，部分水泥建材企业停产或治理，提出东南郊化工区产业调整计划
第八阶段	2002年4—12月	大力削减大气污染物排放总量。1 500台燃煤锅炉改用清洁能源削减2.4万t；不达标车辆停驶削减0.3万t，报废2.3万辆机动车削减0.5万t，报废摩托车削减0.2万t，更新残疾人车辆削减0.3万t；搬迁40个工厂，首钢减产200万t钢，削减工业大气污染物3万t，关停5个水泥厂、20个石灰（灰粉）厂；裸露农田整治削减1.1万t，285所中小学裸露操场覆盖整治削减0.3万t，重点地区裸地整治削减1.2万t的大气污染物，推广屋顶及墙面立体绿化，推广施工现场使用预拌混凝土

阶段	时段	主要措施和任务
第九阶段	2003 年	采取更加坚决的措施，削减污染物排放总量，全面加强工业、扬尘、机动车污染和煤烟型污染控制和生态保护建设。深化本市东南郊、石景山等地区的环境综合整治；各区县政府要对辖区大气环境质量负责，防尘资金列入工程造价，未实行密闭渣土车不得进入五环路行驶；1 500 台燃煤锅炉改用清洁能源，鼓励 14 MW 以上燃煤锅炉改用清洁能源，东城、西城完成一批平房改用电采暖示范工程；在京销售轻型车和重型柴油车实行国家第二阶段排放标准，建成 140 条简易工况法检测线，限制高排放载客车在二环路范围内行驶，开展电动公交车运行示范，组成本市控制机动车污染联合执法办公室开展路检；削减工业用煤 100 万 t，完成发电锅炉烟气脱硫工程，关停全市机立窑水泥生产线，市区 20 家有污染企业搬迁或停产，完成全市餐饮食堂油烟污染治理，禁止生产黏土实心砖，关闭所有砂石厂等
第十阶段	2004 年	以控制颗粒物污染为重点，采取综合措施，严格控制污染增量，大力削减污染存量，使全市大气污染物排放总量逐步减少。燃煤设施改用清洁能源，更新淘汰 500 辆老旧公交车，完善机动车排放检查和维修制度，增加清洁燃料公交车；落实道路清扫保洁责任制，落实沙尘天气扬尘污染控制预案；公布超标单位名单，公布总量削减单位名单，公布超标车辆情况
第十一阶段	2005 年	努力控制和削减大气污染物排放总量，公布第二批大气污染物排放总量削减单位名单。完成高井、京能、京丰电厂部分锅炉烟气脱硫和国华电厂 1 号炉烟气脱硝工程，北京化工厂、北京化学试剂研究所和北京万富达精细化工厂搬迁，首钢关停 5 号高炉、2 号焦炉并完成电厂脱硫等一批治理工程，北新建材停产 1 条石膏板生产线，琉璃河水泥厂、燕化公司完成一批治理工程；完成 3 800 辆老旧公交车、2 万辆老旧出租车更新淘汰任务，屋顶绿化 10 万 m^2

阶段	时段	主要措施和任务
第十二阶段	2006 年	开展区域环境影响评价及环评限批。完成城四区和石景山区所有 14 MW 以下燃煤锅炉改造，完成燃煤电厂脱硫、烟气脱硝工程，部分锅炉实施布袋除尘，北京焦化厂进入停产程序，更新淘汰 8 000 辆老旧出租车和 2 000 辆老旧公交车，实施油气回收综合治理工程，重点路段设置尾气自动遥测系统，四环路内建筑工程全部使用预拌砂浆，100 家单位开展清洁生产
第十三阶段	2007 年	全市 SO_2 排放总量削减 10%，各区县行政区域内 SO_2 排放总量削减 2%～41%。完成中心城区 1 105 台 14 MW 以下燃煤锅炉改用清洁能源、1 万户采暖小煤炉改用清洁能源任务；公交、环卫、邮政等行业淘汰更新黄标车，淘汰更新老旧公交车 2 580 辆、出租车 5 000 辆；五大燃煤电厂完成烟气脱硝，首钢压缩 400 万 t 钢铁生产能力，化工二厂、有机化工厂原址停产；施工工地做到五个百分百，实施重度污染天气应急措施
第十四阶段	2008 年	6 月底前，燃煤电厂运行脱硝设施，夏季运行的燃煤锅炉完成脱硫和除尘治理，全市燃煤锅炉单位执行第二时段排放限值，远郊区县分散燃煤锅炉集中整合，完成 5 万户采暖小煤炉改用清洁能源，城乡接合部等地区取消原煤散烧，3 月起轻型汽车新车执行第四阶段标准，完成 2 300 辆黄标车淘汰和 2 600 辆黄标车治理，淘汰更新老旧公交车 1 500 辆、出租车 2 000 辆，6 月前完成加油站、油罐车和储油库油气回收治理，限制高排放车进入五环内行驶，6 月底前停产化工二厂、大有公司、华电（北京）重油机组，关停 40 家污染企业，完成一批工业企业污染治理，完成五环内及重点地区裸露地面治理
第十五阶段	2009 年	本市党政机关黄标车全部淘汰，保障城市运行的黄标车全部更新淘汰，10 月起黄标车禁止在六环路内行驶，执行渣土运输车辆全密闭技术标准，淘汰年产能 20 万 t 以下水泥生产企业，关闭所有石灰生产企业和不符合规划的采石生产企业，淘汰年产量 200 万 m^2 以下改性沥青防水卷材生产线，淘汰全市生产稀释剂、涂料、油墨、黏合剂等小化工和铸造冲天炉、单段煤气发生炉等工艺和设备，完成核心区内文保区平房采暖小煤炉改用清洁能源工程，推进中心城区 20 t 以上燃煤锅炉改用清洁能源，远郊区县完成城关镇集中供热改造，实施极端不利气象条件下空气污染控制应急措施

阶段	时段	主要措施和任务
第十六阶段	2010 年	首钢石景山区冶炼、热轧项目全部停产，完成 12 500 户采暖小煤炉改用清洁能源任务，总容量 1 000 t/h 燃煤锅炉改用清洁能源，远郊区县 30 座集中供热中心脱硫、除尘和脱硝设施投入运行，4 万辆黄标车淘汰，更新置换 2 478 辆老旧公交车、旅游车，开展新能源城市保障车试点，混凝土搅拌站治理整合，京能、燕化开展烟气治理，所有开启式干洗机全部更新改造为符合排放标准的全封闭式干洗机

控制大气污染阶段措施逐步确立了大气环境质量改善目标指标制度。1998 年 12 月 16 日发布紧急措施时没有提出明确的空气质量，只是在通告的导语中指出“如不采取断然措施，首都大气环境质量将进一步恶化。”1999 年 3 月发布的第二阶段控制大气污染措施通告提出了模糊的目标，为“进一步改善大气环境质量”。2000 年 4 月发布的第四阶段措施通告提出的目标，为“全年空气污染指数三级和好于三级天数比例达到 80%、市区空气质量有明显改善”。2000 年 10 月发布的第五阶段措施通告提出的大气环境质量改善目标首次采用“空气污染指数二级和好于二级的天数”，并明确 2000 年全年力争达到 45%，2000—2001 年采暖期间达到 40%。监测结果表明，2000 年达标天数比例为 48.4%。2001 年 2 月，北京市第十一届人民代表大会第四次会议批准北京市人民政府提出的《2001 年国民经济和社会发展计划》，计划提出“力争二级和好于二级的天数占全年总天数的比例达到 50%”。从此，“空气质量二级和好于二级天数”及比例一直作为第六至第十六阶段的空气质量改善目标（第十五阶段未提出具体目标），并且纳入年度国民经济和社会发展计划约束性指标，从 2003 年第九阶段开始，要求各区县空气质量优良天数与全市同步增长。到 2010 年，北京市空气质量二级和好于二级天数达到了 286 天，占 78.4%，比 2000 年提高了 30 个百分点。

（四）“清洁空气行动计划”代替阶段措施

2010 年 5 月，《国务院办公厅转发环境保护部等部门关于推进大气污染联防联控工作改善区域空气质量指导意见的通知》（国办发〔2010〕33 号）要求空气质量未达到二级标准的城市，应当制订达标方案，确保按期实现空气质量改善目标。国家环境保护重点城市的达标方案应报环境保护部批准后实施。

为此，依据《北京市国民经济和社会发展第十二个五年规划纲要》及相关法律法规，2011 年 4 月 1 日，北京市人民政府印发《北京市清洁空气行动计划（2011—2015 年大气污染控制措施）》。从此，文件文体由“通告”变成了“通知”，名称第一次出现了“清洁空气行动计划”，将每年的阶段措施改为五年行动计划，旨在提高大气污染治理的规划性、系统性和预见性，更加有利于治理项目的准备和实施。此轮清洁空气行动计划提出的五年空气质量改善目标与国家环境质量标准一致：既有达标天数，又有污染物浓度及其下降比例。具体是：在建立京津冀大气污染联防联控机制、实现区域生态环境质量整体改善基础上，到 2015 年，全市空气中二氧化硫、二氧化氮、一氧化碳、苯并[*a*]芘、氟化物和铅等六项污染物稳定达标；总悬浮颗粒物和可吸入颗粒物年均浓度比 2010 年下降 10%左右；臭氧污染趋势逐步减缓；全市空气质量二级和好于二级天数比例达到 80%，并将任务目标分解到各区县。同时，提出完善大气污染物总量减排体系、构建绿色能源体系、加快发展公共交通系统、限制高污染行业发展、开展生态工业园区建设五大减排体系的战略举措，以及实施六大治理工程任务：燃煤污染治理工程、机动车污染控制工程、重点污染行业治理工程、扬尘污染综合治理工程、生态建设与修复工程、环保新技术应用工程。《北京市清洁空气行动计划（2011—2015 年大气污染控制措施）》是继《北京市环境污染防治目标和对策》之后，再一次提出的中期大气污染防治规划，相比较而言，前者的目标更加契合实际、措施更加系统全面。该计划执行了一年。

2012 年 2 月 29 日，经国务院同意，环境保护部发布新修订的《环境空气质量标准》（GB 3095—2012）。新标准删除了三级标准，污染物基本项目在全国统一实施。在二级标准中新增加 $PM_{2.5}$ 的年均质量浓度限值为 35 μg/m^3、24 小时平均质量浓度限值为 75 μg/m^3；新增加 O_3 日最大 8 小时平均质量浓度限值为 160 μg/m^3；PM_{10} 年均质量浓度限值由 100 μg/m^3 严格到 70 μg/m^3，NO_2 年均质量浓度限值由 80 μg/m^3 严格到 40 μg/m^3、24 小时平均质量浓度限值由 120 μg/m^3 严格到 80 μg/m^3。将 TSP、NO_x、铅和苯并[*a*]芘列为污染物其他项目，由省级人民政府决定实施方式，并对限值也有所修改。环境保护部印发实施新标准的通知，要求京津冀、长三角、珠三角等重点区域以及直辖市和省会城市在 2012 年实施新标准。为贯彻落实新标准，应对以 $PM_{2.5}$ 为主要特征的灰霾污染，经国务院第 94 次常务会议审议，2012 年 3 月 21 日，北京市人民政府印发《北京市 2012—2020 年大气污染治理措施》，其中，空气质量改善目标不再要求“二级和好于二级的天数”，只有“主要污染物浓度及其下降比例”，具体是：“到 2015 年，空气中细颗粒物（$PM_{2.5}$）、可吸入颗粒物（PM_{10}）、总悬浮颗粒物（TSP）、二氧化硫、二氧化氮（NO_2）等主要污染物的年均浓度均比 2010 年下降 15%。其中二氧化硫稳定达标，总悬浮颗粒物（TSP）基本达标，可吸入颗粒物（PM_{10}）达到 100 μg/m^3 左右，细颗粒物（$PM_{2.5}$）达到 60 μg/m^3 左右，二氧化氮达到 50 μg/m^3 左右。到 2020 年，空气中细颗粒物（$PM_{2.5}$）、可吸入颗粒物（PM_{10}）、总悬浮颗粒物、二氧化硫、二氧化氮等主要污染物的年均浓度均比 2010 年下降 30%。其中二氧化硫达到 20 μg/m^3 以下，总悬浮颗粒物稳定达标，二氧化氮基本达标（达到 40 μg/m^3 左右），可吸入颗粒物（PM_{10}）达到 80 μg/m^3 左右，细颗粒物（$PM_{2.5}$）达到 50 μg/m^3 左右。臭氧超标小时数比 2010 年减少 30%，全年控制在 200 小时左右。”

《北京市 2012—2020 年大气污染治理措施》替代了《北京市清洁空

气行动计划（2011—2015 年大气污染控制措施）》，提出了引人注目的 $PM_{2.5}$ 2020 年 “达到 50 μg/m^3 左右”的目标。如此判断，国家“大气十条”要求北京市 2017 年 $PM_{2.5}$ 质量浓度比 2012 年下降 25%并达到 60 μg/m^3 左右就顺理成章了。作者写到此段是 2019 年 9 月，北京市 1—8 月 $PM_{2.5}$ 累积质量浓度为 43 μg/m^3 左右，一些人开始憧憬 2020 年能实现 50 μg/m^3 左右的目标。2012 年年底，北京市建成了 35 个覆盖全市的 $PM_{2.5}$ 自动监测子站。2013 年 9 月 27 日，北京市第十四届人大常委会第六次会议审议批准《北京市国民经济和社会发展第十二个五年规划纲要》，其中，部分指标调整方案为停止使用指标“空气质量二级和好于二级的天数”，在年度计划中列入“细颗粒物年均浓度”指标。

2011—2012 年，北京市按照《北京市清洁空气行动计划（2011—2015 年大气污染控制措施）》《北京市 2012—2020 年大气污染治理措施》的要求，坚持持续控制大气污染、改善环境质量。一是优化产业结构、深化工业污染治理，167 家“高污染、高耗能、高耗水”企业关停退出，开展脱硝和 VOCs 治理，通过结构减排和末端治理、低挥发溶剂替代等措施，减排 VOCs 6 500 t。二是推进燃煤锅炉清洁能源改造。超额完成了市政府下达的燃煤锅炉改造任务，完成约 4 000 t/h 燃煤锅炉改造和核心区平房“煤改电”任务，减少煤炭使用量近 100 万 t、少排放 SO_2 约 8 000 多 t、NO_x 1 400 多 t、烟尘 2 000 多 t。三是加速老旧机动车淘汰。累计淘汰老旧机动车 55.2 万辆，减少 NO_x 排放约 10 000 t；提高新车排放标准，发布实施第五阶段《车用汽油》（GB 17930—2016）、《车用柴油》（GB 19147—2016）标准，为全面实施第五阶段机动车排放标准做好准备；加强在用车管理，严格监督检查。四是加大施工扬尘监管力度。推行绿色文明施工管理模式；创建扬尘污染控制区试点，重点建设工地开展高效冲洗车轮示范，提高道路清扫保洁水平，治理渣土遗撒；扩大道路“吸、扫、冲、收”组合清洗新工艺，提高道路洁净度。推进城乡绿化，建设“山区绿屏、平原绿网、城市绿景”三大生态屏障，2012 年城市绿化覆盖率达到46.2%，林木绿化率达到55.5%。

（五）氮氧化物排放总量纳入约束性减排指标

根据北京市环境统计数据，“十一五”时期 NO_x 排放总量呈现出波动性（17.59万～24.84万t/a）上升，由2006年的21.84万t上升到2010年的22.30万t。相应地，北京市环境空气中 NO_2 质量浓度也呈现出波动性变化，年均质量浓度由2008年的0.049 mg/m^3 上升到2010年的0.057 mg/m^3。削减 NO_x 排放总量势在必行。

《中华人民共和国国民经济和社会发展第十二个五年规划纲要》提出全国主要污染物排放总量控制指标，除继续对“二氧化硫（SO_2）”排放总量实施总量控制以外，将“氮氧化物（NO_x）”排放总量纳入新控制指标。北京市将 SO_2 和 NO_x 列为主要大气污染物总量控制指标，从减排工作体系、减排措施、减排制度保障等方面推动减排，超额完成减排任务。

1. 完善减排工作体系

2011年8月31日，《国务院关于印发“十二五”节能减排综合性工作方案的通知》（国发〔2011〕26号）下达给北京市的四项主要污染物总量控制指标是：SO_2 由2010年的10.4万t下降到2015年的9.0万t，下降13.4%；NO_x 由2010年的19.8万t下降到2015年的17.4万t，下降12.3%；COD由2010年的20.0万t下降到2015年的18.3万t，下降8.7%；NH_3-N由2010年的2.20万t下降到2015年的1.98万t，下降10.1%。国家将减排领域范围扩大到机动车的 NO_x 总量控制。

2011年11月15日，北京市人民政府办公厅印发《关于印发北京市“十二五”时期主要污染物总量减排工作方案的通知》（京政办发〔2011〕60号），明确了总体要求和主要目标，确定了强化污染物总量减排目标责任、控制新增污染物排放量、落实重点污染减排工程措施、加强污染减排管理、完善污染减排保障体系等工作措施。2013年5月，市政府办公厅印发《北京市“十二五”主要污染物总量减排考核办法》，市环保局、统计局、发展改革委、监察局联合印发《北京市“十二五”主要污染物总量减排统计办法》《北京市“十二五”主要污染物总量减排监测办法》，形成了“十二五”时期减排工作的“三大体系”。其中考核办法将减排目标完成情况、重点减排项目落实情况、减排监测体系建设运行情况作为能否完成考核任务的“三条红线”。另外，结合本市污染问题成因，除国家规定的四项控制因子外，北京市也将 VOCs 减排纳入约束性指标考核。各区县的减排考核结果纳入市委对区县党政领导班子和主要领导干部的综合评价考核，以及市政府对区县政府的绩效考核。

2．大力实施减排措施

“十二五”时期以来，北京市紧紧围绕环境质量改善，从控制增量、削减存量两方面着力推进减排措施。一方面，加大减排政策和宏观调控力度，制定实施新增产业禁限名录，对常住人口总量、机动车保有量、煤炭消耗总量进行有效调控；实施建设项目污染物排放总量管理，对主要污染物实行“增一减二”的替代，从源头严控污染物新增量。另一方面，围绕“能源清洁化、污水资源化、机动车低排放化”推进主要减排措施，电力、钢铁、水泥等重点污染行业结构调整基本到位，全市煤炭消费量减少到 1 200 万 t 左右；总容量近 2 万 t/h 燃煤锅炉实现清洁能源改造，优质能源占能源总消耗比例提高到 79%以上；大力建设污水处理设施，中心城区污水处理率达到 98%，再生水利用量达到 9.5 亿 m^3，400 家左右规模化畜禽养殖场完成粪污治理；发放补助资金 45 亿元，淘汰老旧车 183.2 万辆。

3．实施全方位减排制度保障

强化法制建设，2014 年 3 月 1 日起施行《北京市大气污染防治条例》，其中专门设置了“重点污染物排放总量控制”章节，明确了区、县人民政府和重点行业主管部门的污染物总量控制责任，为污染减排工作提供法律保障。严格排放标准，先后制定和加严了固定式内燃机、水泥、锅炉等多项大气污染物排放标准，大幅加严污染物排放限值，督促污染源单位自主减排。实施减排奖励，继续实行《北京市区域污染减排奖励暂行办法》和《北京市节能减排奖励暂行办法》，奖励资金额度直接与核算认定的主要污染物削减量挂钩，2011—2014 年奖励各区县和重点企业 4.6 亿元。提高排污收费标准，2014 年 1 月 1 日起，在全国率先大幅度提高 SO_2、COD 等四项主要污染物的排放收费标准，并实行差别化收费，对排放浓度低的企业给予减半征收，对超标排放企业加倍征收，有力促进了企业自主减排。

4．超额完成减排任务

2011—2015 年，北京市在地区生产总值年均增长 7.5%、城镇常住人口年均增长 2.3%以上的情况下，于 2013 年即率先提前两年完成“十二五”减排目标，2015 年全市 SO_2、NO_x、COD 和 NH_3-N 排放量分别比 2010 年下降 31.81%、30.39%、19.34%和 24.96%，四项指标累计完成比例均达到国家下达目标任务的两倍以上。

四、法规制度治霾更精准（2013 年起）

（一）“五年清洁空气行动计划”瞄准“京 60”

2013 年 1 月，华北地区出现大面积空气重污染，北京市有 13 天空气质量为五级重度污染、六级严重污染。1 月 25 日，中共中央总书记习近平对北京市大气污染治理工作作出重要批示。2 月 26 日，北京市人民政府办公厅印发《关于分解实施 2013 年清洁空气行动计划任务的通知》。3 月，市机构编制办公室印发通知，成立北京市大气污染综合治理领导小组，市长任组长。3 月 25 日，北京市大气污染综合治理领导小组印发《北京市 2013 年清洁空气行动计划（含补充措施）任务分解表》。

6 月 14 日，国务院总理李克强主持召开国务院第 12 次常务会议，审议通过《大气污染防治行动计划》（也称“大气十条”）和《京津冀及周边地区落实大气污染防治行动计划实施细则》。李克强总理强调：一是提高认识，下定决心进行治理；二是立足国情，对不同地区实行分类指导；三是合理制定目标，多管齐下、科学施策；四是运用倒逼机制，促进产业升级；五是适应新的形势，加快培育环保产业和新能源产业。

2013 年 9 月 10 日，国务院印发《大气污染防治行动计划》（国发〔2013〕37 号）（简称“大气十条”），“具体指标是：到 2017 年，全国地级及以上城市可吸入颗粒物浓度比 2012 年下降 10%以上，优良天数逐年提高；京津冀、长三角、珠三角等区域细颗粒物浓度分别下降 25%、20%、15%左右，其中北京市细颗粒物年均浓度控制在 60 $\mu g/m^3$ 左右。”这就是后来被称为“京 60”目标的由来。

8 月 23 日，北京市人民政府办公厅印发《北京市 2013—2017 年清洁空气行动计划重点任务分解》。9 月 11 日，市政府印发《北京市 2013—2017 年清洁空气行动计划》（以下简称《行动计划》），提出的目标是：“经过五年努力，全市空气质量明显改善，重污染天数较大幅度减少。到 2017 年，全市空气中的细颗粒物年均浓度比 2012 年下降 25%以上，控制在 60 $\mu g/m^3$ 左右。”《行动计划》结合北京市能源消费量大、生活性消耗比例高的特点，重点实施能源结构优化、产业绿色转型、城市精细化管理、压减燃煤、控车减油、治污减排、清洁降尘、生态建设等八大污染减排工程。在环境管理方面，提出要完善法规体系、创新经济政策、强化科技支撑、加强组织领导、分解落实责任、严格考核问责等措施，并动员全社会参与监督，加强企业自律，公民参与绿色行动，共同为改善首都的环境质量贡献力量。

2014—2017 年四年间，每年年初，市政府办公厅均印发“清洁空气行动计划重点任务分解年度工作措施”。

2016 年 6 月，环境保护部和京津冀三省市政府联合印发《京津冀大气污染防治强化措施（2016—2017 年）》（环大气〔2016〕80 号）；2016 年 7 月 29 日，市政府办公厅印发《北京市贯彻〈京津冀大气污染防治强化措施（2016—2017 年）实施方案〉》（京政办字〔2016〕37 号）。

2017 年 2 月 17 日，环境保护部等四部门和北京市等六省市人民政府联合印发《京津冀及周边地区 2017 年大气污染防治工作方案》（环大气〔2017〕29 号）。2017 年 3 月 20 日，经市政府同意，北京市大气污染综合治理领导小组办公室印发《〈京津冀及周边地区 2017 年大气污染防治工作方案〉北京市任务分解》。2017 年 8 月 21 日，环境保护部等十部门、北京市等六省市人民政府联合印发《京津冀及周边地区 2017—2018 年秋冬季大气污染综合治理攻坚行动方案》（环大气〔2017〕110 号）。2017 年 9 月 6 日，经市政府同意，北京市大气污染综合治理领导小组办公室印发《〈京津冀及周边地区 2017—2018 年秋冬季大气污染综合治理攻坚行动方案〉北京市细化落实方案》。

2013—2017 年，北京市认真贯彻“大气十条”，落实《北京市 2013—2017 年清洁空气行动计划》，按照确定的重点任务，制定年度实施方案和措施，实现了“全市空气中的细颗粒物年均浓度比 2012 年下降 25% 以上，控制在 60 μg/m^3 左右”的目标。清洁空气五年行动计划圆满收官，第一阶段雾霾治理初见成效。

（二）大气污染防治条例保障蓝天保卫战

面对 2012 年开始出现的雾霾天气、$PM_{2.5}$ 成为治理重点、国务院发布《大气污染防治行动计划》（又称为“大气十条”）以及《京津冀大气污染防治行动计划实施细则》的新形势，大气污染防治修法成为北京市立法重点。

2013 年 7 月 24 日北京市第十四届人大常委会第五次会议上，北京市环境保护局局长陈添在作《关于〈北京市大气污染防治条例（草案）〉的说明》时指出：“现行《北京市实施〈中华人民共和国大气污染防治法〉办法》（以下简称《实施办法》）自 2001 年实施以来，为北京市大气污染防治提供了重要法律支持，在治理大气污染、改善空气质量方面发挥了重要作用，在经济社会快速发展、人口数量快速增长的情况下，空气中二氧化硫、二氧化氮、可吸入颗粒物等主要污染物年均浓度不断下降，空气质量得到持续改善。”他指出：“居高不下的大气污染物排放总量，以及不利的地理气象条件、周边地区的区域传输，使得北京市大气污染防治形势依然严峻，特别是 2013 年国家实施了新的《环境空气质量标准》，提出了更加严格的要求，按新标准评价，本市有 5 项污染物超过标准，其中细颗粒物（$PM_{2.5}$）超过标准 1 倍多。采取更加严格的大气污染防治措施，治理大气污染，改善空气质量，已经成为社会各界的共识。为贯彻落实国家《大气污染防治行动计划》，2013 年 9 月，北京市制定了《北京市 2013—2017 年清洁空气行动计划》，大气污染防治工作进入了以治理 $PM_{2.5}$ 为重点的新阶段，采取更加严格的措施，以更大的力度推动大气污染治理工作。但是，在经济持续快速发展、人口和机动车数量持续高位增长、工地开复工面积不断扩大的情况下，大气污染治理难度不断增加，并已经成为制约本市经济社会发展的‘瓶颈’。现行《实施办法》的相关制度措施却难以满足新阶段大气污染防治工作的实际需要，主要是由于产业结构调整尚未与大气污染防治有效结合、主要大气污染物总量控制制度缺失、机动车污染防治制度滞后以及打击环境违法行为的有效手段匮乏等。因此，迫切需要通过立法完善上述制度。另外，《实施办法》所依据的《中华人民共和国大气污染防治法》正在修订中，短期内尚不能出台，且国家立法针对的是全国情况，仅落实和细化其条款并不能完全满足本市的需求。鉴于此，本市迫切需要根据实际情况，制定相对独立的地方大气污染防治立法，解决大气污染防治中具有地方特点的问题，不能局限于落实国家现有规定。所以，有必要制定新的地方法规《北京市大气污染防治条例》，替代现行的《北京市实施〈中华人民共和国大气污染防治法〉办法》。”

2013 年 11 月 20 日，北京市第十四届人大常委会第七次会议“三读”审议通过了《北京市大气污染防治条例（草案）》（以下简称《条例（草案）》），为了提高立法重视，常委会决定将《条例（草案）》提交北京市第十四届人民代表大会第二次会议审议表决。如此考虑，虽然《陕西省大气污染防治条例》是 2013 年 11 月 29 日经陕西省第十二届人大常委会第六次会议通过的，但是仍然可以说《北京市大气污染防治条例》是全国第一部以 $PM_{2.5}$ 为治理重点目标的大气污染防治立法，比国家新修订通过的《中华人民共和国大气污染防治法》提前了 2 年 7 个月。2014 年 1 月 22 日，北京市十四届人民代表大会第二次会议全票通过《北京市大气污染防治条例》（以下简称《条例》），自 2014 年 3 月 1 日起施行，《北京市实施〈中华人民共和国大气污染防治法〉办法》（以下简称《办法》）同时废止。《条例》与《办法》相比，更加符合北京市新阶段大气污染防治工作的需要。《条例》具有以下特点：

①针对 $PM_{2.5}$ 污染突出的实际，明确北京市大气污染控制重点目标是降低 $PM_{2.5}$ 浓度。

②明确了“政府主导、区域联动、单位施治、全民参与、社会监督”的大气污染共同治理体系，并设置了专章“共同防治”，具有体制创新性。

③在治理策略措施上，实现了由单纯的排放标准控制向排放标准与总量控制并重转变，设置了“重点污染物排放总量控制”专章，并明确了对燃煤总量进行控制、特别是对机动车数量调控，具有可操作性和超大城市交通污染问题的针对性。

④在具体防治技术措施上，细化了机动车污染防治规定，增加了挥发性有机物污染防治、非道路移动机械污染防治的内容，设置了专章“防治扬尘污染”。

⑤在监督管理手段上，实现了多措并举、多管齐下，不仅加强了处罚等经济惩罚手段，还规定了公布违法行为、纳入企业信用信息系统等非经济惩罚手段；同时，还有试行排污交易、鼓励高排放机动车淘汰等经济鼓励措施。

总体来说，《北京市大气污染防治条例》所确立的立法目的、原则、制度和措施具有国内先进性，为北京市新阶段大气污染防治工作提供了有力的法律保障，也为大气污染防治的全国性修法提供了经验和借鉴。

（三）空气重污染确立应急减排制度

虽然 2001 年 1 月 1 日起施行的《北京市实施〈中华人民共和国大气污染防治法〉办法》第九条第二款规定了“在大气受到严重污染，可能发生危害人体健康和安全的紧急情况下，市人民政府应当发布大气污染公告，采取强制性应急措施”，但是长期没有实施这个条款。为应对以 $PM_{2.5}$ 为特征的空气重污染，2012 年 10 月 26 日，北京市人民政府印发《北京市空气重污染日应急方案（暂行）》（京政发〔2012〕34 号），这是北京市首次印发空气重污染应急预案。到 2017 年，空气重污染应急预案经过了 2013 年 10 月、2015 年 3 月、2016 年 11 月、2017 年 9 月四次修订，形成蓝色预警、黄色预警、橙色预警、红色预警和对应的Ⅳ级、Ⅲ级、Ⅱ级、Ⅰ级响应应对体系。应急预案逐步确立了包括建设施工工地停止施工工艺、工业企业停产限产、机动车限行等应急减排制度，在保障城市主要功能正常运行的前提下，最大限度地减少污染物排放，保护公众身体健康。

（四）环保经济政策助力非首都功能疏解

2017 年 2 月 1 日，北京市人民政府印发《关于组织开展“疏解整治促提升”专项行动（2017—2020 年）的实施意见》（京政发〔2017〕8 号）（以下简称《意见》）。《意见》指出，为深入贯彻落实党的十八大和十八届三中、四中、五中、六中全会及中央城市工作会议精神，坚持以习近平总书记视察北京重要讲话精神为根本遵循，按照市委十一届十二次全会部署，深入推进京津冀协同发展，着力疏解非首都功能，优化提升首都核心功能，加快建设国际一流的和谐宜居之都，市政府决定，2017—2020 年，在全市范围内组织开展“疏解整治促提升”专项行动。

十项任务是：拆除违法建设，占道经营、无证无照经营和“开墙打洞”整治，城乡接合部整治改造，中心城区老旧小区综合整治，中心城区重点区域整治提升，疏解一般制造业和“散乱污”企业治理，疏解区域性专业市场，疏解部分公共服务功能，地下空间和群租房整治，棚户区改造、直管公房及“商改住”清理整治。从此，北京市全面进入了坚持“四个中心”战略定位、以“疏解非首都功能为牛鼻子”的城市减量发展新阶段，目标是将北京市建设成国际一流的和谐宜居之都。

大气污染防治工作努力适应新形势，根据工作部署，北京市在排污收费标准提高幅度和环境保护税率的确定等方面，加大力度，倒逼一般制造业疏解和“散乱污”企业治理。

2013 年 12 月 10 日，北京市发展和改革委员会、北京市财政局、北京市环保局发布《关于二氧化硫等四种污染物排污收费标准有关问题的通知》（以下简称《通知》）。《通知》规定：自 2014 年 1 月 1 日开始，SO_2、NO_x、COD 排污收费标准调整为 10 元/kg，NH_3-N 排污收费标准调整为 12 元/kg。取消普通煤 SO_2 排污费（含硫量 0.5%以上，编码 140001005）、低硫煤 SO_2 排污费（含硫量 0.5%以下，编码 140001006）。

《通知》规定，为鼓励低标准排放，惩罚超标准排放，督促排污单位加大治污减排力度，根据污染物排放情况同时实施阶梯式差别化排污收费政策：污染物实际排放值低于规定排放标准 50%的（含 50%），按收费标准减半计收排污费；污染物实际排放值在规定排放标准 50%～100%之间（含 100%），按收费标准计收排污费；污染物实际排放值超过规定排放标准的，按收费标准加倍计收排污费。

2015 年，北京市开征了施工扬尘排污费。

《中华人民共和国环境保护税法》正式颁布后，北京市确定应税大气污染物适用税额标准一律按国家法定幅度的最上限执行。

（五）市区两级财政大气污染防治投入持续保障

2013—2017 年，北京市累计投入大气污染防治项目资金 1 522.81 亿元。其中，市级财政投入 1 230.34 亿元（含市级固定资产投资），区级财政投入 292.48 亿元。

从财政资金安排的力度和节奏来看，2013 年安排资金 113.02 亿元，2014 年为 284.42 亿元，2015 年为 356.15 亿元，2016 年为 346.05 亿元，2017 年为 423.17 亿元，年度投入规模不断加大。

从资金投向看，压减燃煤投入 325.52 亿元，重点用于燃煤锅炉清洁能源改造和“煤改电”“煤改气”工程；控车减油投入 535.09 亿元，重点用于黄标车淘汰、清洁能源汽车推广、高排放柴油车及机械治理等；治污减排 21.95 亿元，用于锅炉低氮改造和产业结构优化；清洁降尘投入 415.61 亿元，支持平原地区植树造林，加大道路清扫力度；综合保障等其他大气污染防治相关投入 224.64 亿元，用于环境监管能力建设和科技支撑等相关领域。

第二节　地方标准最为严格

北京市环保标准体系由国家标准、行业标准和地方标准共同构成。当缺乏可适用的国家标准、行业标准，或国家标准、行业标准限值或控制措施不够严格、不能满足北京市需求时，可以通过制订地方标准，完善北京市环保标准体系，加强污染源防治。1984 年，北京市发布实施了首个地方环保标准《北京市废气排放标准（试行）》，截至 2017 年年底，经过 79 次制定、修订、废止，形成了以 46 项地方大气污染排放标准为主体的大气污染防治标准体系，其中固定源排放标准 22 项，移动源排放标准 19 项，煤炭、油品、涂料等产品环保指标标准 5 项，参见表 3-4。30 多年来，北京市地方大气污染物排放标准经历了 20 世纪 80 年代固定源废气排放标准试行和20世纪90年代移动源在用汽车排放标准跟进的起步阶段、1998—2012年控制大气污染阶段措施的强化排放标准体系定型、2013年后清洁空气行动计划标准提标升级等三个阶段。

表3-4 1984—2017年北京市地方大气污染物排放标准制定（修订）情况一览表

序号	标准编号	标准名称	制定（修订）情况
1	京政发〔1984〕38号	北京市废气排放标准（试行）	1984年3月8日首次发布，自2004年起陆续被部分代替，最终被2007年《大气污染物综合排放标准》代替
2	DB11/044—1994	汽油车双怠速污染物排放标准	1994年6月8日首次发布； 1999年3月26日第一次修订； 2014年5月25日第二次修订
3	DB11/045—94	柴油车自由加速烟度排放标准	1994年6月8日首次发布； 2000年6月30日第一次修订； 2014年5月25日第二次修订
4	DB11/046—94	汽车柴油机全负荷烟度排放标准	1994年6月8日首次发布
5	DB11/097—1998	低硫优质煤及制品（2004年改为《低硫散煤及制品》，2014年改为《低硫煤及制品》）	1998年7月23日首次发布； 2004年7月15日第一次修订； 2013年8月27日第二次修订； 2014年6月25日第三次修订
6	DB11/105—1998	轻型汽车排气污染物排放标准	1998年8月25日首次发布。提前于2006年12月1日轻型汽油车执行国家第三阶段（轻型柴油车执行第四阶段）标准，该地方标准自然废止；提前于2008年3月1日执行国家第四阶段标准；提前于2013年9月执行国家第五阶段标准
7	DB11/109—1998（2002年改为DB11/139—2002）	锅炉大气污染物排放标准	1998年11月6日首次发布； 2002年1月7日第一次修订，标准编号改为DB11/139—2000、标准名称改为《锅炉污染物综合排放标准》，代替《燃煤锅炉氮氧化物排放标准》（DHJB 1—1999）、《北京市火电厂二氧化硫排放标准》（DHJB 4—2000）； 2007年8月13日第二次修订，标准名称为《锅炉大气污染物排放标准》； 2015年5月13日第三次修订

序号	标准编号	标准名称	制定（修订）情况
8	DB11/111—1999	农用运输车及运输用拖拉机自由加速烟度排放标准	1999 年 3 月 26 日首次发布，2003 年修改为《装用压燃式发动机的在用三轮汽车和低速货车加载减速烟度排放限值及测量方法》（DB11/183—2003）
9	DHJB2—1999	车用汽油机排气污染物排放标准	经市政府批准，1999 年 7 月 1 日京环保字〔1999〕521 号首次发布，标准编号为京 DHJB 2—1999； 1999 年 7 月 1 日再次发布，标准编号为 DB11/T152—1999，2008 年 4 月 2 日发布的国家标准 GB 14762—2008 包含了车用汽油机，该地方标准实际失效
10	DHJB3—1999	车用柴油机排气污染物排放标准	经市政府批准，1999 年 7 月 1 日京环保字〔1999〕521 号首次发布，已被 DB11/964—2013 代替
11	DB11/120—2000	摩托车、轻便摩托车排气污染物排放标准（2014 年改为《摩托车和轻便摩托车双怠速污染物排放限值及测量方法》）	2000 年 8 月 23 日首次发布； 2014 年 5 月 25 日第一次修订，取消工况法标准内容
12	DB11/121—2000	柴油车加载减速烟度排放标准（2006 年改为《在用柴油车加载减速烟度排放限值及测量方法》）	2000 年 8 月 23 日首次发布； 2003 年 2 月 15 日第一次修订； 2006 年 7 月 25 日第二次修订； 2010 年 2 月 4 日第三次修订
13	DB11/122—2000	汽油车稳态加载污染物排放标准（2006 年改为《在用汽油车稳态加载污染物排放限值及测量方法》）	2000 年 8 月 23 日首次发布； 2003 年 2 月 15 日第一次修订； 2006 年 7 月 25 日第二次修订； 2010 年 2 月 4 日第三次修订
14	DB11/123—2000	轻型汽油车简易瞬态工况污染物排放标准	2000 年 8 月 23 日首次发布，既未实施也没有废止，未修订过
15	DB11/182—2003	摩托车、轻便摩托车稳态加载排气污染物排放限值及测量方法	2003 年 2 月 15 日首次发布，既未实施也没有废止，未修订过

序号	标准编号	标准名称	制定（修订）情况
16	DB11/183—2003	农用运输车加载减速烟度排放限值及测量方法（2006 年改为《在用三轮汽车和低速货车加载减速烟度排放限值及测量方法》）	2003 年 2 月 15 日首次发布； 2006 年 7 月 25 日第一次修订； 2010 年 2 月 4 日第二次修订
17	DB11/184—2003	非道路用柴油机排气可见污染物限值及测量方法（2013 年改为《在用非道路柴油机械烟度排放限值及测量方法》）	2003 年 2 月 25 日首次发布； 2013 年 2 月 16 日第一次修订
18	DB11/185—2003	非道路用柴油机排气污染物限值及测量方法（2103 年改为《非道路机械用柴油机排气污染物限值及测量方法》）	2003 年 2 月 25 日首次发布； 2013 年 2 月 16 日第一次修订
19	DB11/206—2003	储油库油气排放控制和限值	2003 年 8 月 25 日首次发布； 2010 年 1 月 12 日第一次修订
20	DB11/207—2003	油罐车油气排放控制和检测规范（曾）； 油罐车油气排放控制和限值	2003 年 8 月 25 日首次发布； 2010 年 1 月 12 日第一次修订
21	DB11/208—2003	加油站油气排放控制和限值	2003 年 8 月 25 日首次发布； 2010 年 1 月 12 日第一次修订
22	DB11/237—2004	冶金、建材行业及其他工业炉窑大气污染物排放标准	2004 年 6 月 15 日首次发布； 被 2017 年 1 月 10 日修订发布的《大气污染物综合排放标准》（DB11/501—2017）代替
23	DB11/318—2005	装用点燃式发动机汽车排气污染物限值及检测方法（遥测法）	2005 年 12 月 27 日首次发布
24	DB11/238—2004	车用汽油	2004 年首次发布； 2007 年 7 月 4 日第一次修订； 2012 年 5 月 7 日第二次修订； 2016 年 10 月 20 日第三次修订

序号	标准编号	标准名称	制定（修订）情况
25	DB11/239—2004	车用柴油	2004 年 6 月 15 日首次发布； 2007 年 7 月 4 日第一次修订； 2012 年 5 月 7 日第二次修订； 2016 年 10 月 20 日第三次修订
26	DB11/447—2007	炼油与石油化学工业大气污染物排放标准	2007 年 1 月 12 日首次发布； 2015 年 5 月 13 日第一次修订
27	DB11/501—2007	大气污染物综合排放标准	2007 年 10 月 31 日首次发布，代替 1984 年 3 月 8 日发布的《北京市废气排放标准（试行）》； 2017 年 1 月 10 日第一次修订
28	DB11/502—2007	生活垃圾焚烧大气污染物排放标准	2007 年 10 月 31 日首次发布； 2008 年 7 月 24 日第一次修订； 2017 年 12 月 2 日废止
29	DB11/503—2007	危险废物焚烧大气污染物排放标准	2007 年 10 月 31 日首次发布
30	DB11/552—2008	车用尿素溶液	2008 年 5 月 28 日首次发布
31	DB11/832—2011	在用柴油汽车排气烟度限值及测量方法（遥测法）	2011 年 10 月 11 日首次发布
32	DB11/847—2011	固定式燃气轮机大气污染物排放标准	2011 年 12 月 23 日首次发布
33	DB11/914—2012	铸锻工业大气污染物排放标准	2012 年 10 月 29 日首次发布
34	DB11/964—2013	车用压燃式、气体燃料点燃式发动机与汽车排气污染物限值及测量方法（台架工况法）	2013 年 2 月 20 日首次发布（简称“京五”），已被 GB 18352.5—2013 代替
35	DB11/965—2013	重型汽车排气污染物排放限值及测量方法（车载法）	2013 年 2 月 20 日首次发布； 2017 年 12 月 1 日第一次修订发布第Ⅳ、Ⅴ阶段
36	DB11/1054—2013	水泥工业大气污染物排放标准	2013 年 12 月 26 日首次发布
37	DB11/1055—2013	防水卷材行业大气污染物排放标准	2013 年 12 月 26 日首次发布

序号	标准编号	标准名称	制定（修订）情况
38	DB11/1056—2013	固定式内燃机大气污染物排放标准	2013 年 12 月 26 日首次发布
39	DB11/1201—2015	印刷业挥发性有机物排放标准	2015 年 5 月 13 日首次发布
40	DB11/1202—2015	木质家具制造业大气污染物排放标准	2015 年 5 月 13 日首次发布
41	DB11/1203—2015	火葬场大气污染物排放标准	2015 年 5 月 13 日首次发布
42	DB11/1226—2015	工业涂装工序大气污染物排放标准	2015 年 8 月 18 日首次发布
43	DB11/1227—2015	汽车整车制造业（涂装工序）大气污染物排放标准	2015 年 8 月 18 日首次发布
44	DB11/1228—2015	汽车维修业大气污染物排放标准	2015 年 8 月 18 日首次发布
45	DB11/1385—2017	有机化学品制造业大气污染物排放标准	2017 年 1 月 10 日首次发布
46	DB11/3005—2017	建筑类涂料与胶粘剂挥发性有机化合物含量限值标准	2017 年 4 月 12 日首次发布

一、标准起步并不严格

1984 年 3 月 8 日，北京市人民政府发布《北京市废气排放标准（试行）》，于 5 月 1 日起施行。这是北京市最早发布的地方排放标准，适用于炉窑（生产用锅炉、采暖锅炉、生活锅炉、工业炉窑、电站锅炉、炼钢炉和茶炉、大灶）烟尘、工业粉尘和工业废气污染控制，标准结构体例模仿了 11 年前国家发布的《工业“三废”排放试行标准》（GBJ 4—73），限值非常宽松，有些项目标准甚至宽于国家工业“三废”标准。例如：①对于燃煤炉窑，北京市标准规定的烟尘排放限值分别为 200 mg/m^3（自然保护区、风景名胜区等）、400 mg/m^3（市区、郊区城镇）、600 mg/m^3（其他地区），照抄 1983 年国家发布的《锅炉烟尘排放标准》（GB 3841—83），宽于国家“三废”标准（200 mg/m^3）。②对于电站锅炉，北京市规定 60 m 高烟囱的排放量为 1 100 kg/h，是国家工业“三废”标准限值（310 kg/h）的 3.55 倍。③对于水泥行业尘，北京市排放限值为 200 mg/m^3，宽于国家“三废”标准（150 mg/m^3）。④北京市标准规定的工业废气包括 13 种污染物，其中二氧化硫、硫化氢、二硫化碳、氟化物、氮氧化物、氯气、氯化氢、一氧化碳等 8 种气态污染物，照抄国家工业“三废”排放标准，也只规定了对应排气筒高度的小时排放量，而没有规定浓度限值，换句话说，8 种气态污染物不需要处理，只要加高排气筒高度即可达标，甚至连工业燃煤过程产生的 SO_2 都不需要治理。对于铍化物、汞、硫酸（雾）、铅、苯（甲苯、二甲苯）5 种污染物规定了对应排气筒高度的排放浓度以及最低高度要求。相对 11 年前国家发布的《工业“三废”排放试行标准》，《北京市废气排放标准（试行）》更为宽松，这也许有当时行业压力和技术所不能及的原因。

20 世纪 90 年代，北京市机动车保有量迅速增加，从 1990 年的 40 万辆，到 1997 年突破百万辆，北京市成为全国拥有机动车最多的城市，机动车保有量占全国的 1/10，机动车尾气的污染日趋严重。已有的国家排放标准已不能满足北京市机动车排放污染控制的需求，根据《中华人民共和国大气污染防治法》《北京市实施〈中华人民共和国大气污染防治法〉条例》的相关规定，除执行国家系列标准《汽车大气污染物排放标准》（GB 14761.1～GB 14761.7—93）外，1994 年 6 月，北京市首次发布了《汽油车双怠速污染物排放标准》《柴油车自由加速烟度排放标准》《汽车柴油机全负荷烟度排放标准》三项地方机动车排放标准。北京市《汽油车双怠速污染物排放标准》与 1993 年国家发布的《汽油车怠速污染物排放标准》（GB 14761.5—93）相比，增加了高怠速污染物排放限值；对柴油车来说，北京市的《柴油车自由加速烟度排放标准》《汽车柴油机全负荷烟度排放标准》比国家相应标准更加严格。

20 世纪 90 年代，随着城市建设规模不断扩大、经济快速持续增长、煤炭消费不断增加、机动车保有量不断增加，北京市污染源不断增加，由于北京市没有加严污染物排放标准，污染物排放量居高不下。环境统计资料表明：1991—1998 年北京市 SO_2 排放总量为 38.3 万～30.5 万 t/a；烟尘排放总量为 17.6 万～39 万 t/a。1985—1997 年，北京市没有制定发布一项地方固定源大气污染物排放标准，而完全依靠国家大气排放标准控制污染，污染物排放不断增加自然就“顺理成章”了。

表 3-5　1991—1999 年北京市主要大气污染物排放总量　　单位：万 t/a

污染物	1991 年	1992 年	1993 年	1994 年	1995 年	1996 年	1997 年	1998 年	1999 年
SO_2	37.0	36.9	36.6	35.2	38.3	35.3	33.4	30.5	23.3
烟尘	39.0	26.5	26.1	26.3	27.9	24.5	19.4	12.1	7.9

数据来源：北京市“八五”“九五”期间环境统计资料和《中国环境年鉴》数据加工而成。1997 年数据是根据《1997 年北京市环境状况公报》中污染物削减量，结合 1996 年数据推算得出。

二、标准体系逐渐定型

20 世纪 90 年代末，北京市大气污染发展到最为严重时期。在 1998 年 1 月召开的北京市第十一届人民代表大会第一次会议上，65 名市人大代表联名提出了 5 件治理大气污染的议案，主席团合并为一件议案——“大气污染防治议案”交市政府办理。市政府分管副市长 5 次赴市环保局研究对策，决定制定“北京市环境污染防治目标和对策”，包括制订排放标准在内的各项对策措施也在酝酿之中。

（一）汽车标准进入（加装尾气净化装置）全新阶段

为进一步控制机动车污染物排放，北京市在 1997 年 12 月 31 日全市范围淘汰了含铅汽油。1998 年 8 月，北京市在全国率先制定发布了相当于欧 I 和欧 II 标准的《轻型汽车排气污染物排放标准》（DB11/105—1998），自 1999 年 1 月 1 日起，新注册登记轻型汽车执行第一阶段限值，汽油车需要采用“电喷化+三元催化转化器”技术才能达到标准。从此，我国汽车行业从北京市开始，迈上了加装尾气净化装置治理小客车排气污染的全新阶段。1999 年 7 月，北京市制定发布《车用汽油机排气污染物排放标准》（DHJB2—1999）和《车用柴油机排气污染物排放标准》（DHJB3—1999）两项重型车排放标准。以上三项标准的发布实施，使北京市的机动车污染控制由“怠速法”过渡到“工况法”，同时也引导了国家机动车排放标准的“更新换代”并开始与欧洲标准体系接轨。2001 年起，依据《中华人民共和国大气污染防治法》及《地方机动车大气污染物排放标准审批办法》，北京市不再制定发布新车的地方排放标准，转而采取提前执行国家排放标准的方式对新注册登记机动车实施排放标准升级，同时对早先制定的 6 项在用机动车排放标准，依法向国务院进行报批。经国务院批准，2002 年 8 月北京市发布通知，提前于 2003 年 1 月 1 日执行国家轻型汽车和重型柴油车的第二阶段标准。从此，北京市提前 2～3 年执行国家标准，有力地控制了新增机动车污染排放。同时，北京市加强在用机动车排放监督管理，发布一系列地方排放标准，用于在用车定期排放检测和停放地、路检排放抽测。这些标准与黄标车和老旧车更新淘汰政策共同实施，为调整机动车标准结构、推进在用车标准结构整体水平升级、控制排放污染发挥了决定性的作用。

虽然全市机动车拥有量从 1999 年开始实施第一阶段标准时的 144 万辆增长到 2017 年的 590.9 万辆（2014 年全面实施第五阶段标准），但是，环境保护部总量核查数据表明：北京市机动车 NO_x 排放总量由 2010 年的 8.87 万 t 下降到 2015 年的 6.68 万 t；北京市环境空气中 NO_2 质量浓度（与机动车排放相关性强）从 2000 年的 71 $\mu g/m^3$ 下降到 2015 年的 50 $\mu g/m^3$。

北京市地方新车（注册登记）机动车排放标准、油品标准实施进程参见图 3-1 和表 3-6。

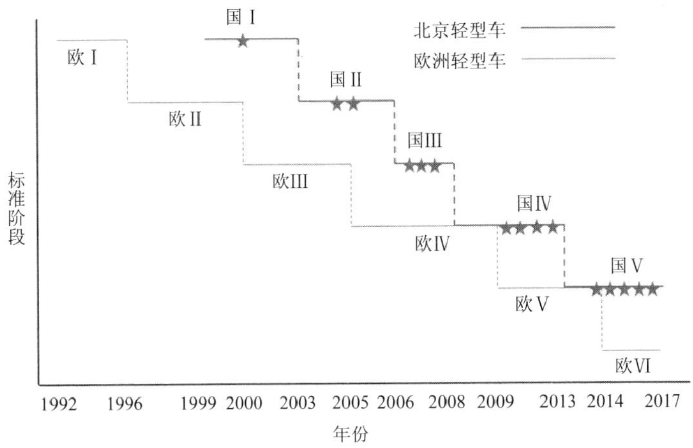

图 3-1 1999—2017 年北京市与欧洲新生产轻型车排放标准执行年份对比示意图

表 3-6 1999—2019 年北京市新车地方排放标准实施日期一览表

车型		国 0	国Ⅰ	国Ⅱ	国Ⅲ	国Ⅳ	国Ⅴ
汽油车	重型货车	2000 年以前	2000 年 10 月—2004 年 8 月	2004 年 9 月—2009 年 7 月	2009 年 7 月—2013 年 6 月	2013 年 7 月起	无
	中型货车	2000 年以前	2000 年 10 月—2004 年 8 月	2004 年 9 月—2009 年 7 月	2009 年 7 月—2013 年 6 月	2013 年 7 月起	无
	轻型货车	1999 年以前	1999 年 1 月—2002 年 12 月	2003 年 1 月—2005 年 12 月	2005 年 12 月—2008 年 2 月	2008 年 3 月—2013 年 9 月	2013 年 9 月起
	微型货车	1999 年以前	1999—2002 年 12 月	2003 年 1 月—2005 年 12 月	2005 年 12 月—2008 年 2 月	2008 年 3 月—2013 年 9 月	2013 年 9 月起
	大型客车	2000 年以前	2000 年 10 月—2004 年 8 月	2004 年 9 月—2009 年 7 月	2009 年 7 月—2013 年 6 月	2013 年 7 月起	无
	中型客车	2000 年以前	2000 年 10 月—2004 年 8 月	2004 年 9 月—2009 年 7 月	2009 年 7 月—2013 年 6 月	2013 年 7 月起	无
	小型客车	1999 年以前	1999 年 1 月—2002 年 12 月	2003 年 1 月—2005 年 12 月	2005 年 12 月—2008 年 2 月	2008 年 3 月—2013 年 9 月	2013 年 9 月起

车型		国 0	国 I	国 II	国III	国IV	国V
汽油车	微型客车	1999 年以前	1999 年 1 月—2002 年 12 月	2003 年 1 月—2005 年 12 月	2005 年 12 月—2008 年 2 月	2008 年 3 月—2013 年 9 月	2013 年 9 月起
柴油车	重型货车	2000 年以前	2000 年—2002 年 12 月	2003 年 1 月—2005 年 12 月	2006 年 1 月—2008 年 6 月	2008 年 7 月—2015 年 5 月	2015 年 6 月起
	中型货车	2000 年以前	2000—2002 年 12 月	2003 年 1 月—2005 年 12 月	2006 年 1 月—2008 年 6 月	2008 年 7 月—2015 年 5 月	2015 年 6 月起
	轻型货车	1999 年以前	1999 年 1 月—2002 年 12 月	2003 年 1 月—2005 年 12 月	2006 年 1—12 月	2007 年 1 月起北京市要求轻型柴油车达到与汽油车一样的限值，没有要求轻型柴油车的国V实施时间	
	微型货车	1999 年以前	1999 年 1 月—2002 年 12 月	2003 年 1 月—2005 年 12 月	2006 年 1—12 月	2007 年 1 月起北京市要求轻型柴油车达到与汽油车一样的限值，没有要求轻型柴油车的国V实施时间	
	低速货车	2007 年以前	2007—2008 年	2008 年起	无	无	无
	大型客车	2000 年以前	2000 年 1 月—2002 年 12 月	2003 年 1 月—2005 年 12 月	2006 年 1 月—2008 年 6 月	2008 年 7 月—2015 年 5 月	2015 年 6 月起
	中型客车	2000 年以前	2000 年 1 月—2002 年 12 月	2003 年 1 月—2005 年 12 月	2006 年 1 月—2008 年 6 月	2008 年 7 月—2015 年 5 月	2015 年 6 月起
摩托车	轻便摩托车	2001 年以前	2001—2004 年	2004 年 2 月—2010 年 6 月	2010 年 7 月—2019 年 7 月	无	无
	其他摩托车	2001 年以前	2001—2004 年	2004—2010 年 6 月	2010 年 7 月起	无	无

（二）固定源标准最齐全

控制燃煤锅炉大气污染物排放一直是北京市地方排放标准工作的重点。1998 年，为控制燃煤污染，北京市首次制定发布地方标准《低硫优质煤及制品》（DB11/097—1998），规定了煤炭及成型煤的灰分和含硫量，开始对煤炭质量进行控制，之后又分别于 2004 年、2013 年和 2014 年进行了修订。1998 年，首次制定发布《锅炉大气污染物排放标准》（DB11/109—1998），电站锅炉、工业锅炉烟尘的第二时段排放质量浓度限值为 50～180 mg/m^3，SO_2 的第二时段排放质量浓度限值为 300～650 mg/m^3，比当时对应的国家标准《锅炉大气污染物排放标准》（GB 13271—91）新安装燃煤锅炉的烟尘排放限值（100～350 mg/m^3）、SO_2 排放质量浓度限值（1 200～1 800 mg/m^3）则严格得多，该标准替代了 1984 年 3 月 8 日市政府发布的首个地方排放标准《北京市废气排放标准（试行）》中锅炉部分。1999 年，又对锅炉标准进行拆分，分别制定发布了《燃煤锅炉氮氧化物排放标准》（DHJB1—1999）和《北京市火电厂二氧化硫排放标准》（DHJB4—2000），意在强化各类燃煤锅炉烟气中 NO_x、火电厂锅炉烟气中 SO_2 的排放控制。2002 年，北京市对《锅炉大气污染物排放标准》进行第一次修订，并将标准名称修改为《锅炉污染物综合排放标准》，按照区域、时段、容量不同，规定在用、新扩改锅炉的排放限值随时间段逐步、同时加严，其中，各类燃煤锅炉的第二时段烟尘排放限值分别规定为 50 mg/m^3（45.5 MW 及以下）、30 mg/m^3（45.5 MW 以上），第二时段 SO_2 排放限值进一步加严到 150 mg/m^3（45.5 MW 及以下）、100 mg/m^3（45.5 MW 以上），规定 NO_x 排放限值为 300 mg/m^3（45.5 MW 及以下）、250 mg/m^3（45.5 MW 以上），比国家标准《锅炉大气污染物排放标准》（GB 13271—2001）第二时段的烟尘限值（对于燃煤锅炉，一类区为 80 mg/m^3、二类区为 200 mg/m^3、三类区为 250 mg/m^3）、SO_2 限值（燃煤锅炉为 900 mg/m^3、燃油锅炉为

500 mg/m^3）、NO_x 限值（400 mg/m^3）严格许多。该标准有力地推动了小型燃煤锅炉“煤改气”和中大型燃煤锅炉的烟气治理，淘汰了旋风除尘技术，进而升级为水膜除尘技术并具有一定的脱硫效果；电站煤粉锅炉烟气除尘技术从静电除尘普遍升级为高效布袋除尘技术，同时普遍改造安装了高效脱硫设施；除了电站煤粉锅炉采用低氮燃烧技术控制排放以外，对工业和采暖用燃煤锅炉烟气中的 NO_x 并没有实用技术进行治理。2007 年，北京市对《锅炉大气污染物排放标准》进行第二次修订，标准不再区分燃煤锅炉和燃气锅炉，统一了排放限值，除了进一步加严烟尘、SO_2 排放限值外，重点将 NO_x 排放限值加严到 150 mg/m^3，意在倒逼电站燃煤锅炉进行烟气脱硝和进一步推动燃煤锅炉改为燃气锅炉。2007 年大唐高井电厂 8 台现役燃煤机组率先改造安装了高效选择性催化还原（SCR）烟气脱硝装置，为全国现役机组中全厂脱硝的第一家电厂，2008 年全市四大燃煤热电厂完成脱硝治理工程。

2001 年 7 月，北京市成功申办 2008 年第 29 届奥运会，大气环境问题再次成为世界关注的焦点，制定实施更加严格的固定源大气污染物排放标准更为急迫。2001—2007 年，北京市加大了大气污染物排放标准研究制定力度，除了对锅炉排放标准进行第二次修订以外，陆续制定、修订发布实施了油品“储、运、销”设施（含油罐车）（3 项标准）、冶金建材行业及其他工业炉窑、炼油和石油化工、大气污染物综合、生活垃圾焚烧、危险废物焚烧等 8 项地方大气污染物排放标准，分别适用于储油库、加油站、油罐车，钢铁、水泥等工业炉窑，炼油和石化，汽车整车制造、人造板、包装印刷、服装干洗、电子等 10 类溶剂使用装置的挥发性有机物排放企业及垃圾和危险废物焚烧厂等固定污染源，这些标准分别替代了《北京市废气排放标准（试行）》中工业炉窑、工业废气部分，或者补充规定了欠缺的北京市重点行业污染源排放限值。

2001—2007 年，北京市发布的标准全面发力对各类固定污染源的颗粒物、SO_2、NO_x 的排放进行深度控制和治理，在全国最早启动了对 VOCs

和有毒大气污染物排放的系统性控制。北京市地方环保标准从零星分散制定，逐步发展到有计划地系统构建，标准体系逐步形成。2009 年 9 月 4 日，北京市环保局和北京市质量技术监督局联合印发《北京市地方环保标准体系发展规划（2008—2012 年）》，成为全国首个正式发布的环保标准规划和标准体系，该项目获得了“2009 年北京市级机关管理创新创优奖”。

2009 年，北京市市长召开地方标准现场会，提出了建立最严格的首都环保标准体系的要求。2011 年，北京市针对发展燃气热电中心的需要，制定了《固定式燃气轮机大气污染物排放标准》，规定 NO_x 的排放限值为 30 mg/m^3，所有新建和既有设施均安装了烟气催化还原（SCR）脱硝装置。2012 年，北京市发布《铸锻工业大气污染物排放标准》，意在推动各种燃煤铸造企业关停或者疏解。

到 2012 年，北京市地方大气污染防治标准项目基本覆盖到所有固定源和移动源，相较国内其他地区地方环保标准来说，项目最为齐全，标准限值总体严格，体系基本定型。标准引领治理技术进步，北京市率先在全国推广应用了水泥窑高效布袋除尘、油品“储运销”油气回收、燃煤机组和燃气轮机组烟气脱硫脱硝、燃煤锅炉高效脱硫和布袋除尘、更换密闭型干洗机等先进新技术。

三、提标升级治灰霾

2013—2017 年，北京市进入环保标准升级换代阶段。2013 年开始，北京市针对以治理 $PM_{2.5}$ 污染为重点的需要，实施多行业综合治理、多种污染物协同减排，开展了新一轮修订老标准、制定新标准工作。2013—2017 年，对工业炉窑、大气污染物综合标准适用的行业细分为水泥、防水卷材、印刷业、木制家具、工业涂装、汽车整车制造、汽车维修、有机化学品制造，新制定了火葬行业排放标准和重型车车载法排放标准，共制定发布了 12 项新的地方固定源大气污染物排放标准和 1 项建筑用涂料与黏合剂挥发性有机物含量限值标准。同期，对锅炉、煤炭及制品、车用汽油和柴油、炼油和石化等标准进行修订加严。这段时期，北京市地方排放标准突出了固定源的 VOCs 和有毒污染物的系统性排放控制和治理，以及对颗粒物和 NO_x 的低排放治理；同时，通过提前实施国家标准，对机动车进一步加严控制，到 2017 年北京市全面实施机动车第五阶段标准。

第四章　燃煤污染防治历经半个世纪

1972 年北京市成立了环保机构，开始治理工业和城市“三废”污染，并一直把防治煤烟型污染作为重点，先后采取了消烟除尘、改造燃煤锅炉和工业炉窑、推广型煤和优质煤、治理燃煤锅炉和炉窑烟气、发展集中供热等技术措施，取得了一定成效。改革开放以后，北京市经济社会快速发展，人口不断增加，至 1990 年，北京市年用煤量已达 2 393 万 t，呈现出典型的煤烟型污染特征。由于北京市的城市规模、人口、经济快速增长，加之人口、燃煤、工业又过于集中在城近郊 6 个区，长期依靠燃用煤炭作为基本能源，同时 20 世纪 90 年代后期小汽车开始进入家庭，最终污染治理没有跑过污染新增，大气污染加剧。

1998 年 12 月，北京市实施紧急措施控制大气污染，至 2010 年共实施了 16 个阶段的控制大气污染措施。北京市加快发展清洁能源，通过加大调入天然气、电力等清洁能源的力度，努力控制燃煤消费增加量，2005 年煤炭消费量达到了峰值 3 069 万 t。同期，北京市从城区开始，拆除城近郊区的燃煤茶炉、燃煤大灶和中小型燃煤锅炉，改为电茶炉、燃气大灶、燃气锅炉，从源头压减了燃煤；在全市范围，对容量 14 MW（20 t/h）以上的供热燃煤锅炉和工业燃煤设施实施除尘、脱硫深度治理；搬迁、关闭、淘汰了首都钢铁公司、北京焦化厂等一批工业燃煤大户企业；在远郊区县及新城，整合建成了 30 座大型燃煤集中供热中心，并对燃煤锅炉烟气排放实施集中深度治理，拆除分散燃煤小锅炉。具有标志性的监测数据是 2004 年北京市大气环境中 SO_2 的年均浓度达到了国家标准二级限值，比 1998 年 SO_2 的年均浓度下降了一半，燃煤污染治理初见成效。

2013—2017 年，北京市实施了《北京市 2013—2017 年清洁空气行动计划》和《北京市 2013—2017 年加快压减燃煤和清洁能源建设工作方案》，建成了四座燃气热电中心，关闭了燃煤热电机组，基本实现了无燃煤发电；将城近郊 6 个区保留的容量在 20 t/h 以上的供热燃煤锅炉全部改为燃气锅炉，实现了供热清洁化；远郊新城燃煤集中供热中心清洁能源改造工作逐步推进；全面完成了东城区、西城区平房采暖能源“煤改电”，实现了城市核心区无煤化；完成了 19 个市级工业园区燃煤设施和全市工业、商业服务业燃煤设施的清洁能源改造；率先在全国对 7 000 台燃气锅炉实施了低氮燃烧改造治理；在城乡接合部和平原农村地区率先实施了农村地区“减煤换煤”清洁空气行动，通过对农村电力配网进行扩容改造，向建成区周边敷设天然气管网、安装液化天然气撬装站等工程，扩大了清洁能源供应；通过安装电驱空气源热泵、蓄热式电暖器、家用燃气采暖锅炉等清洁采暖设备，替代小煤炉采暖，实现了 120 多万户农村居民清洁采暖；通过瓶装液化石油气配送下乡，全市农村炊事实现了燃气化。

2017 年，北京市能源消费总量为 7 088.3 万 t 标准煤，其中天然气 162.2 亿 m^3、外调电力 678.5 亿 kW·h；在一次能源品种中，清洁能源（天然气、外调电力和一次电力）占能源消费总量的比重提高到 63.1%，煤炭消费占能源消费总量的比重下降到 5.1%。北京市从根本上改变了以煤为主的能源结构。2018 年，北京远郊新城集中供热中心全部完成了清洁能源改造，平原地区基本实现了能源清洁化、无煤化。

1972—2018 年，北京市经过近半个世纪的燃煤污染持续治理，大气环境中 SO_2 年均浓度从 1998 年的 120 μg/m^3 下降到 2018 年的 6 μg/m^3，优于国家一级标准。2013 年以后，北京市已无 SO_2 日均浓度超标天数。北京市基本解决了煤烟型污染问题。

第一节　燃煤炉窑改造治理并举

一、消烟除尘

1972 年 2 月初，周恩来总理陪同外宾经过西单路口，看到清泉浴池的烟囱冒着浓浓的黑烟，便让工作人员转告北京市要把首都的烟尘治理好，并让中国科学院研究北京市的空气污染问题。2 月 12 日，市革委会召开消烟除尘紧急会议部署消烟除尘工作，要求在美国总统尼克松访华之前，抓紧解决锅炉冒黑烟问题。2 月 26 日，市革委会决定成立市革委会清仓节约办公室消烟除尘组（后并入市“三废”治理办公室），负责组织协调全市改造炉窑消烟除尘工作。因国内尚无成熟的技术，决定先采取全国推广的土法改炉方法，同时加紧进行机械燃烧改炉的试点工作。3 月 21 日，市革委会召开全市消烟除尘现场会，推广北京第六医院往复炉排机械燃烧锅炉，以及半煤气、“码花墙”、沉降室等土法改炉消烟除尘措施。同年 4 月，全国消烟除尘经验交流会在上海召开，会议推荐了沉降室等简易消烟除尘措施。北京市组织五四一厂等 10 余个单位进行试点，证明沉降室的办法不能解决烟尘问题，决定不在北京推广。同时，开展了全市锅炉、烟囱普查，经调查，全市共有锅炉 9 300 台、茶炉 6 000 台、窑炉 1 600 台、小煤炉 100 多万台、烟囱 1.2 万根，年耗煤量为 1 419.8 万 t。同年 5 月，市革委会召开北京市“三废”治理、烟囱除尘工作会议，会议确定北京市消烟除尘的重点是“一线（自首都机场至迎宾馆）、一片（西城区）”。经过半年努力，“一线一片”地区的 2 879 台锅炉改造了 2 553 台，占 88.7%。

1972 年 11 月 12 日，周恩来总理在北海公园散步，登上白塔塔基俯瞰市容，看到城区烟雾弥漫，指示北京市要搞好消烟除尘工作。第二天清晨 6 时，市革委会工交城建组召开紧急会议，传达周总理的指示，部署消烟除尘工作，并组织与会人员到楼顶观看烟尘污染情况。

1973 年 7 月 2 日，市革委会召开北京市消烟除尘会战动员大会，2 700 多人参加。北京建华铸钢厂、北郊木材厂等单位介绍采用“二次风”、导风器、挡火墙、烟气回烧、土煤气等简易措施的经验。后经实践证明，这些简易改炉方法不能从根本上解决问题。同年，市“三废”治理办公室在西城区二龙路街道调查研究，总结发动群众开展消烟除尘工作的经验。8 月 8 日，市革委会以《关于加强领导，开展消烟除尘的群众运动》为题，批转二龙路街道的经验。

1973—1974 年，全市新建和更新锅炉 300 多台，因无新型机械燃烧锅炉供应，只能使用旧型手烧锅炉。为此，市“三废”治理办公室的技术人员自行设计并扶植数十家乡镇企业研究、试制生产了往复炉排、链条炉排窑炉、双层炉排茶浴炉，以及多种除尘器，共 50 多个系列、150 多种规格的产品。同时引进上海的链条炉排、沈阳的简易煤气炉，以及湖北、石家庄、天津的除尘器等产品。根据市革委会的决定，从 1973 年开始，北京市物资局每年拨给钢材指标 3 500 t、电机指标 1 500 kW、风机指标 2 500 台，由市“三废”治理办公室统一分配，用于北京市的消烟除尘工作。

1974 年 9 月，国务院环境保护领导小组办公室（以下简称“国环办”）在沈阳召开全国消烟除尘经验交流会。市“三废”治理办公室负责人汇报了北京市广泛发动群众开展消烟除尘工作的情况，重点介绍了西城区二龙路街道“条条治理，块块监督，条块结合”（即治理工作由主管局、总公司负责；监督检查工作由所在地区、街道负责）及“三分治、七分管”的经验，提出“消烟除尘、节约能源、保产保暖、安全运行”的原则，受到会议的肯定，并在全国推广。

1972—1974 年，全市土法改造锅炉约 6 000 台。虽然土法改炉用工少、用料少、不动炉体，部分改造后的锅炉冒浓烟的情况有所减轻，排尘量有所减少，但司炉工的劳动强度大大增加，消烟除尘效果很不稳定，污染仍很严重。1975 年，市环保办公室建议摒弃土法改炉，从改造炉窑燃烧方式、提高燃烧效率着手，并配以炉外除尘设施，以达到消烟除尘的目的。1976 年 6 月，市革委会决定对城近郊区尚未治理的锅炉、茶炉要采取有效的消烟除尘措施，容量 1 t/h 以上的锅炉由手烧改为机械燃烧；常年使用带有引风机装置的锅炉要安装除尘器。经对改装后的锅炉进行测试，一般排烟黑度可由林格曼 4～5 级降至 1 级，消烟除尘效果比较稳定，锅炉热效率提高 10%左右，采用机械燃烧也减轻了司炉工的劳动强度，改善了劳动条件，受到司炉工的欢迎。

1977 年，市环保办公室报请市政府批准，决定选择重点地区集中进行炉窑改造。当年选定了毛主席纪念堂周围、长安街、二龙路等 12 个街道，1979 年选择和平里等 40 个街道，1980 年选择万寿路等 54 个街道进行集中治理，取得了较为明显的效果。

1981 年 3 月，市政府颁布《北京市加强炉窑排放烟尘管理暂行办法》，规定炉窑产品必须符合环境保护要求，并报市环保局审查同意后方可生产。1983 年，北京市开始实行锅炉生产、销售报批制度，市计委连续 5 年每年安排 150 万元，作为锅炉改造专项补助资金，有力地支持了消烟除尘工作，全市锅炉采取有效措施治理率达到 75.6%，其中城区达到 94.2%，基本改变了以往到处黑烟滚滚的状况。

图 4-1　20 世纪 80 年代初燃煤锅炉房烟尘排放污染严重

1984年，市政府决定将香山风景区、二龙路街道、三里河等3个地区建成无黑烟区，并将此项工作列入市政府当年为群众办的12件环保实事。主要采取三方面措施：一是对3个地区内的全部锅炉、窑炉、茶炉、大灶及小煤炉采取有效的技术措施进行改造；二是尽可能使用清洁燃料，引入热力，减少燃煤量；三是将分散的锅炉房适当集中，发展联片供热和大院式集中供热。1985年，市政府决定对“六海”及月坛等10个地区进行综合整治；1986年，对西长安街等10个地区进行综合整治，要求废气、废水、噪声和烟尘4个方面都达到规定标准。经检查，上述地区均通过了验收。

1987年，为迎接1990年在京举办的第十一届亚运会，市政府决定对先农坛、月坛体育馆周围、永内大街和二环路两侧进行环境综合整治；先后对海淀、昌平、地坛、石景山、丰台等5个亚运会场馆周边地区和38个亚运会比赛及练习场馆周边，以及主要道路两侧的环境进行综合整治。至1990年，共完成7 893项限期治理任务，其中治理锅炉、窑炉、茶炉、大灶7 375台，占总数的93.4%，并通过加强管理，保证了亚运会期间烟囱不冒黑烟。

1990年年底，全市锅炉总数为2.21万台，完成改造治理1.99万台，改造治理率为90%；工业窑炉总数为2 713台，完成改造治理1 085台，改造治理率为40%（表4-1）。

表4-1　1981—1990年北京市燃煤锅炉、窑炉改造治理情况统计表

年份	燃煤锅炉			燃煤工业窑炉		
	总数/台	已改造治理/台	改造治理率/%	总数/台	已改造治理/台	改造治理率/%
1981	11 000	7 040	64.0	1 600	960	60.0
1982	12 111	8 417	69.5	1 194	615	51.5
1983	13 597	10 284	75.6	1 600	960	60.0
1984	14 081	11 185	79.4	1 800	900	50.0
1985	15 377	12 992	84.5	1 770	809	45.7

年份	燃煤锅炉			燃煤工业窑炉		
	总数/台	已改造治理/台	改造治理率/%	总数/台	已改造治理/台	改造治理率/%
1986	16 657	14 989	90.0	1 770	823	46.5
1987	17 922	15 245	85.1	1 770	828	46.8
1988	19 500	17 550	90.0	2 234	894	40.0
1989	20 006	18 005	90.0	2 607	1 043	40.0
1990	22 089	19 880	90.0	2 713	1 085	40.0

注：摘自《1981—1990 年北京市环境统计资料汇编》（内部资料）。

1991—1992 年，《燃煤电厂大气污染物排放标准》《锅炉大气污染物排放标准》相继发布实施。1992 年 10 月，北京市召开工作会议，就贯彻执行新国家标准工作进行部署；12 月，北京市召开炉、窑、灶工作会议，确定将炉窑灶数据库进行动态管理，纳入区县环保局考核。为巩固提高烟尘控制水平，市环保局重新核发了炉窑及除尘设备许可证，各区、县采取多种措施，使烟控区内 65%以上的炉、窑的烟尘排放浓度达到新标准（300 mg/m^3）。

1994 年 4 月，市环保局印发《关于“100 家”锅炉限期治理工作的通知》，要求已完成限期治理的单位办理验收手续，并于当年对 4 288 台锅炉进行监测，有 77%的锅炉烟尘排放浓度达到或低于新标准，烟尘黑度达标率为 91%；限期治理的排尘大户有 80 多台锅炉进行了达标验收。

1995 年，北京市完成了 31 台抛煤机锅炉限期改造任务，对部分严重超标的锅炉房给予黄牌警告，并制订了限期治理计划。城近郊区锅炉、窑炉烟尘达标率达到 80%以上。1996 年，北京市限期治理了 42 台抛煤机锅炉，全市限期治理的抛煤机锅炉全部改造完毕。

二、燃煤锅炉烟气深度治理

1994 年，建材行业采用水泥窑尾高效布袋除尘技术，大幅降低窑尾烟尘排放浓度。北京水泥厂成功使用大布袋式除尘器取代传统的电除尘器装置，滤袋材质优良、清灰方式设计合理，除尘效果理想。经监测，全厂除尘设备排放浓度大大优于国家一级排放标准。

1997 年，市政府组织成立了锅炉节能减污工作小组，进行节能改造试点，790 多台供暖和工业锅炉采取了节能措施，1 321 台燃煤锅炉更换了高效除尘器和脱硫装置。

1998—2000 年，北京市先后颁布实施地方强制性标准《锅炉大气污染物排放标准》（DB11/109—1998）、《燃煤锅炉氮氧化物排放标准》（DHJB1—1999）、《北京市火电厂二氧化硫排放标准》（DHJB4—2000）。2002 年，合并了上述地方标准，北京市实施《锅炉污染物综合排放标准》（DB11/139—2002），进一步严格治理燃煤锅炉烟尘和 SO_2 排放污染；火电厂燃煤机组先后采用静电除尘、湿法脱硫、低氮燃烧等污染治理技术。

2007 年 11 月，顺义西区集中供热中心在全市率先完成燃煤锅炉烟尘、SO_2 深度治理。除尘、脱硫系统采用了“干式布袋除尘器+湿式氧化镁法脱硫”的两段式处理工艺，成功将用于电厂锅炉烟气的治理技术应用于民用供暖锅炉，为远郊区县燃煤集中供热中心建设起到示范作用。

2007 年 8 月，北京市第二次修订发布实施更加严格的地方标准《锅炉大气污染物排放标准》（DB11/139—2007），进一步对燃煤热电机组和大型燃煤供热锅炉进行深度治理，使燃煤锅炉排放标准向燃气锅炉看齐。至 2012 年，远郊新城先后建成投运 30 个燃煤集中供热中心，安装了大型燃煤锅炉，为采用先进高效、高成本治理技术进行集中治理创造了条件。按照新排放标准要求，北京市对这些中心的锅炉烟气实施了烟尘、SO_2 深度治理，使烟尘、SO_2 排放浓度分别降低到 30 mg/m^3、50 mg/m^3 以下。同时，2008 年北京市率先于全国完成四座大型热电厂现役燃煤机组烟气脱硝改造治理，NO_x 排放浓度低于 150 mg/m^3。

2009 年，顺义区城北集中供热中心燃煤锅炉 SCR 脱硝技术示范工程竣工。该中心安装了 3 台 64 MW 的燃煤热水锅炉（单台锅炉烟气量为 220 000 m^3/h）及除尘、脱硫、脱硝等附属配套设施，供热面积超 330 万 m^2。其中脱硝设备投资 2 200 万元，采用先进的 SCR 脱硝技术，实现了快速跟踪负荷变化的还原剂制备及控制调节技术，使得还原剂生成制备能够跟踪锅炉热负荷变化及 NO_x 入口浓度变化，及时调整尿素加入量和喷氨量，确保脱硝效率稳定，以及氨出口浓度满足标准要求，有效地降低了 NO_x 的排放浓度。脱硝装置安全、稳定、达标运行了 7 个采暖季，取得了良好的环境效益和社会效益。

第二节　提高煤炭质量少产污

一、推广型煤

北京市是全国推广蜂窝煤较早的城市，从 20 世纪 40 年代初开始使用蜂窝煤，前门外信诚煤场（现煤市街）供应日本型的 5 寸型煤，但用户寥寥无几。中华人民共和国成立后，多数居民从烧散煤改烧煤球，1957 年开始推广蜂窝煤。1958 年，为节约煤炭，将 5 寸蜂窝煤改为 4 寸蜂窝煤；1959 年全市蜂窝煤占民用煤的比重为 24%。1971 年，蜂窝煤使用率达到 52%，城市居民主要使用蜂窝煤或煤球，基本不烧散煤。

1979 年，北京市环保所对烧散煤、煤球及蜂窝煤的节煤减污效果进行测试，研究表明：烧散煤对大气的污染最为严重，煤球次之，而在煤粉中加入 3%～5%石灰压制成的蜂窝煤减污效果最好。用蜂窝煤代替煤球后，可以节约煤炭，向大气少排放 51%的 SO_2、43%的烟尘、83%的苯并[*a*]芘、22%的 NO_x。但由于夜间封火，CO 增加 62%。1980 年，对不同高度的污染源排放进行研究，结果表明，大量低空排放的民用及公共福利事业燃煤是造成城市大气污染的主要原因之一。因此，在民用炉及公共福利事业单位推广蜂窝煤取代煤球及散煤是防治煤烟型污染的重要措施。1986 年，全市民用煤 133.9 万 t，其中蜂窝煤达 98.7 万 t，已占 73.7%。自此，每年市政府将推广使用蜂窝煤列入为群众办的环保实事。

1987 年，为迎接 1990 年在北京举办的亚运会，市政府决定用 3 年时间，由市计委、市煤炭总公司共同投资 3 000 万元，改造 130 条无烟煤蜂窝煤生产线，进一步扩大民用蜂窝煤产量，用蜂窝煤取代煤球。

1988—1989 年，市环保局拨款 200 万元，补助城近郊 7 个区新建、改建 13 条蜂窝煤生产线，以解决城区茶浴炉、大灶、高灶的燃煤污染问题。1990 年，市计委将配套烟煤、型煤、配煤生产线列入全市节能技术工程计划，投资 750 万元，新建烟煤型煤生产线 20 条、烟煤煤球生产线 1 条、完善原有烟煤型煤生产线 6 条，年增加烟煤型煤生产能力 69.8 万 t。同时，投资近 1 000 万元，在市煤炭总公司四厂建设年产 10 万 t 型煤原料粉碎、配煤生产线。至 1990 年年底，除一条烟煤煤球生产线外，其他项目均已建成投产。

图 4-2　20 世纪 80 年代推广使用型煤

在推广民用型煤的同时，北京市还对工业锅炉燃用型煤进行了研究。1988 年，市环保技术设备中心与海淀机械厂合作，进行炉前成型机研究，先后在蒸发量为 1 t/h 及 4 t/h 的工业锅炉上安装试用。因成型机易出故障，压制成型率较低，未能正式投产。1990 年，市民政局工业公司从兰州引进 3 台炉前成型机，在 3 个工厂安装试用，其中只有 1 台运行较好。至 1990 年年底，因生产技术尚未过关，工业型煤未能在全市推广使用。

1991—1995 年，市节煤办受市计委委托，会同市煤炭总公司、市供销社、市农村能源办等单位，投资 800 多万元，在朝阳、海淀、丰台、大兴等 4 个区县建设单、双机型煤生产线 20 余条，单机生产点 30 个，形成年生产型煤 50 万 t 的能力。同时投资 900 万元，在大兴、通县、昌平 3 个农村能源综合示范县建设双机生产线 22 条、单机生产点 23 个，年生产能力 30 多万 t。各条蜂窝煤生产线建成投产，每年可节煤 15 万～20 万 t，减少烟尘排放 350 t，减少 SO_2 排放近万吨。自 1993 年，市政府连续两年投资 800 万元，各有关单位自筹资金 800 万元，使城乡居民燃煤型煤化率达到 80%以上。1994 年 8 月，市环保局印发《关于在八个城近郊区推广型煤试点工作的通知》，要求各区县环保局对城近郊区茶浴炉、灶开展使用型煤试点工作。8 月，西城区率先选择面积为 2 km^2 的阜外街道作为试点区域，该街道共有燃煤茶浴炉 99 台、大灶高灶 379 台（其中烧原煤 58 台、型煤 122 台、煤气 197 台、柴油 2 台）。至 1995 年，三环路内基本停止了原煤散烧。1996 年，全市推广高效除尘装置，将禁止原煤散烧范围扩大到远郊城镇，新增茶炉、大灶一律禁止使用散煤，型煤要加固硫剂。

20 世纪 90 年代，北京市民用型煤供应量超 380 万 t，城八区供应网点达数百个。为加强型煤生产供应管理，市节煤办制定了《型煤化节能技改资金管理办法》和《型煤生产项目建设的具体实施程序》等，抽调各类专业技术人员，加强民用煤蜂窝煤化的组织和施工管理。

1998 年，北京市实施大气污染紧急措施，加强型煤的监督管理。1999 年 3 月，市政府批准城近郊区统一居民用的蜂窝煤零售价格，要求市经济主管部门负责对在京销售煤炭的单位发放《北京市煤炭经营许可证》，任何单位不得供应和销售超标煤。市技术监督部门负责修订并公布北京市固硫型煤标准，生产型煤必须加固硫剂，型煤含硫量小于 0.2%，并负责检查销售情况，对经销超标煤单位，依据《北京市产品质量监督管理条例》从重处罚；对达不到标准的型煤生产企业予以处罚。市区平房采暖不得使用散煤，不能使用清洁燃料取暖的居民必须使用符合北京市地方标准的固硫型煤，不得燃用散煤或木柴。城近郊区和远郊区县城关镇内，燃煤锅炉房煤场、民用型煤加工点原则上要实现密闭化，减少扬尘污染。朝阳区、海淀区和丰台区政府要组织推进五环路内城乡接合部地区原煤散烧的替代工作。

2000 年以后，随着核心区“煤改电”“煤改气”工程的实施，以及北京市能源消费结构优化，民用煤销量急剧下降，至 2009 年，北京市机煤厂仅剩 1 家，城近郊区供应网点也降至 40 个左右。城区实现炊事燃气化，型煤只用于平房冬季采暖，北京金泰恒业有限责任公司（前身是北京煤炭总公司）蜂窝煤销售量也由 1999 年的 65.03 万 t 降至 2010 年的 8.2 万 t。

二、推广低硫优质煤

20 世纪 90 年代初，北京市年耗煤量约 2 800 万 t，大气污染以煤烟型污染为显著特征。煤的来源主要是山西省，少部分来自河北省，煤的灰分平均为 25%、含硫量平均为 0.87%、热值平均为 5 200 kcal/kg。居民冬季采暖主要是烧散煤低空排放，燃煤锅炉除尘、脱硫治理技术水平低，排放大量烟尘和 SO_2。1992 年环境统计结果表明，全市 SO_2 排放总量高达 37 万 t 左右、烟尘排放总量达 27 万 t 左右，造成严重大气污染。通过调研发现，陕西省神木、府谷两县境内生产的“神府煤”具有低灰分（8%）、低硫分（0.5%）、发热量高（6 800 kcal/kg）、污染相对小的特点。1993 年，尽管国务院领导批示国家经济贸易委员会会同国家能源部推动落实向北京供应“神府煤”，但受产量和运输条件所限，一时无法实现。

1997 年，为尽快改变北京市煤烟型污染状况，市政府决定强制推广使用低硫、低灰分优质煤及制品。同年 11 月 18 日，市环保局印发《关于在北京市部分单位使用神华煤试点的通知》，决定在北京长城饭店、丽都饭店等 17 个单位，试用 3 000 t 神华煤，并聘请专家给予指导。通过一个采暖期的试验，燃煤锅炉（链条炉排炉）通过适当技术改造，改变操作方法，燃用低硫煤可降低 SO_2 排放 40%～50%，锅炉出口烟尘排放减少 40%～60%，NO_x 下降 8%左右，少排灰渣 30%～60%，不仅节电，还减少了煤炭和灰渣的运输量。

1998 年 2 月，市政府办公会决定，全市采暖锅炉强制推广使用低硫、低灰分优质煤。7 月 21 日，主管副市长召开会议，研究落实《低硫优质煤及制品》标准及有关问题，会议原则同意市环保局提出的《低硫优质煤及制品》地方标准，要求市技术监督局（以下简称“市技监局”）7 日内完成对标准的审查、批准、发布；标准公布后，市技监局负责监督煤炭产品质量和用煤单位使用的煤质情况；市环保局负责监督用煤单位使用的煤质、硫和灰的排放情况；市经委、市煤炭总公司负责煤炭供应和使用低硫优质煤的技术服务。7 月 23 日，市技监局发布全国第一个煤炭产品强制性地方标准《低硫优质煤及制品》（DB11/097—1998），自 8 月 1 日起实施。该标准明确煤中硫含量低于 0.5%、灰分低于 10%。由于该标准的实施，在不改变治理装置的情况下，SO_2 和烟尘排放量即可减少一半左右。市技监局与市环保局联合印发《关于贯彻实施〈低硫优质煤及制品〉标准（DB11/097—1998）的通知》；市环保局印发《关于采暖燃煤锅炉使用低硫低灰分优质煤有关事项的通知》。10 月，主管副市长召开会议，研究解决强制推广使用低硫、低灰分优质煤问题，要求各有关部门进一步落实责任；市技监局和市环保局重新制定锅炉排放地方标准，对 SO_2 提出严格要求，根据法规提出对不使用低硫煤单位的处罚办法；市煤炭总公司要保证供应的煤炭质量。11 月，市经委、市技监局、市环保局联合发布《关于北京市使用低硫优质煤的通告》，要求未改用清洁能源的燃煤炉灶全部使用低硫煤。

由于低硫优质煤的价格每吨比高硫煤多 20～30 元，部分单位只顾一时经济利益，夜间偷烧高硫煤或者采取观望甚至抵制态度。1998 年 11 月 5 日，市技监局和市环保局抽查结果表明，北京市场采暖煤的合格率只有 30%，市技监局专项抽查的 6 家经销单位中，只有北京市煤炭总公司下属的 3 家企业产品合格，94 家用煤单位中合格的仅有 28 家。为此，市政府发布第 42 号令《关于对使用煤炭质量的监督规定》，对加工、经营燃煤的单位实行采购燃煤登记制度，各单位在采购燃煤前，须向各区县经委（计经委）登记，以便及时发现、制止采购不合格燃煤的行为，并追究有关人员的责任；在北京市加工、经营和燃用煤的单位，所用煤制品必须符合北京市《低硫优质煤及制品》地方标准规定，因燃煤设备暂时不具备清洁能源改造条件的、不能燃用低硫优质煤的单位，必须在决定公布之日起 10 日内向区县经委申报，并提出改进计划，经有关部门批准后方可暂时燃用其他煤。市环保局与市技监局印发了《关于加强低硫低灰分优质煤监督检查的通知》；市环保局印发《关于加强对燃煤炉窑 SO_2 排放情况管理的通知》等文件，大力整顿北京市的煤炭市场，暂停审批新的煤炭生产经营企业，对从事煤炭生产、经营的单位重新进行审查，对不符合要求者，依法注销。

图 4-3　北京市质量技术监督执法人员正在采取煤样

1999 年，华能北京热电厂（高碑店热电厂）正式投产。该厂是北京市第一个使用低硫优质煤的大型项目，锅炉设计燃用低硫分、低灰分的神府煤，在未经烟气脱硫情况下，SO_2 排放浓度仅为 430.5 mg/m^3（标准状态下）。为促进煤炭销售，严格执行《低硫优质煤及制品》地方标准，4 月，市煤炭总公司与低硫煤用户签订保供责任书，针对用户锅炉和燃烧的特殊性，加工配制特殊煤种，保证用户需求，且价格优惠、稳定，10 km 以内免费送货上门。5 月，市经委作为北京市煤炭主管部门，依据《中华人民共和国煤炭法》的有关规定，制定了《北京市煤炭经营许可证管理办法》。8 月，市经委、市环保局、市技监局联合发布《关于全面推广使用低硫优质煤的通告》，强制推广使用低硫优质煤，以确保市政府控制大气污染措施的落实。9 月，根据《国家计委关于同意北京市调整燃煤二氧化硫排污费征收标准的批复》，经市政府批准，市物价局、市财政局联合下发了《关于提高二氧化硫排污费征收标准的通知》，自文件发布之日起，SO_2 排污费征收范围由 SO_2 控制区扩大到全市 18 个区县；普通煤收费标准由 0.20 元/kg 调整为 1.20 元/kg；低硫煤收费标准由 0.20 元/kg 调整为 0.50 元/kg。1999 年推广低硫煤 440 万 t，回收社会库存超标煤 60 万 t。除采暖用煤外，部分工业企业也推广使用了低硫煤。

第三节 从燃煤集中供热到清洁供热

1978 年改革开放以后，北京市经济、城市人口和建筑规模持续快速增长，能源消耗逐年增加，形成了以煤炭为主体的能源结构，冬季燃煤供热取暖造成了严重的大气污染。发展集中供热、减少分散式小型燃煤锅炉房供热，逐步成为控制大气污染、进行城市建设的共识并付诸实践。从 20 世纪 80 年代开始，北京市规划建设燃煤集中供热系统，不仅减少了燃煤锅炉房数量和煤炭消耗量，也为集中治理大气污染创造了条件。1998—2010 年，北京市燃煤集中供热系统主要由两大部分构成：一是由若干大型燃煤集中锅炉房供热，二是由燃煤热电厂提供基本热源的城市热网系统供热。集中供热系统在北京市节约能源、治理大气污染和促进经济发展、保障居民温暖过冬等方面发挥了重要作用。2010 年，北京市提出“加快构建本市安全高效低碳城市供热体系”，推进四大燃气热电中心的建设，燃煤供热锅炉房清洁能源改造从城区扩大到远郊区，到 2018 年，供热体系完成了从以煤炭为主到无燃煤供热的清洁化转变。

一、集中（区域）式燃煤锅炉房供热

1. 城近郊区燃煤集中供热

尽管早在 1973 年编制北京市供热规划时，城市规划部门就提出：除发展热电厂供热外，在新建热负荷比较集中的地区，需要建设大型集中锅炉房；在热电厂和大型集中锅炉房供热范围以外的成街成片建设区，要新建相应规模的集中锅炉房来保证供热。但是，20 世纪 70 年代集中锅炉房供热没有得到应有的发展，10 年内集中供热面积只增加了 300 万 m^2。主要原因为：一是相对分散的住宅建设和大型热源建设需要集中投入大量资金；二是当时国内还不能制造适用于民用建筑供热的大型热水锅炉。

20 世纪 80 年代以后，北京市的房屋建筑快速增长，每年竣工面积都在百万平方米以上，由于大部分建筑不是成街成片改造和新建的，造成集中供热锅炉房建设困难，加之城市热网供热发展滞后，建设分散的小锅炉房不可避免和难以控制，新建房屋近 90%仍由燃煤小锅炉房供热，一年增加两三百处小锅炉房。1985 年北京市城近郊区供热面积在 1 万 m^2 以下的分散小锅炉房就有 4 264 处，占供暖锅炉房的 79.3%，至 1990 年年底，城近郊区分散小锅炉房就增加到 1 万多处，供热面积为 8 675 万 m^2，占房屋建筑面积的 49.3%；北京城近郊区集中供热总面积为 3 214 万 m^2，仅占市区民用建筑总面积的 22.5%，其中集中锅炉房和热电厂供热面积各占一半。北京市以小锅炉房和小煤炉为主体的燃煤供热取暖方式没有得到根本性转变，这是北京市冬季大气污染严重的根本原因。

北京市经济的发展，特别是大量居民住宅区的开发建设，为建设集中锅炉房提供了统一投资、统一建设、统一管理及保证用地等条件。再加上国内已经能够制造不同型号的热水锅炉，发展集中锅炉房供热也具备了技术装备条件。为了明确集中供热锅炉房的正确含义，北京市规划设计研究院能源规划部门在 1983 年编制北京市供热规划时进行了专题研究，提出：在北京市以煤炭为基本能源的具体条件下，只有在锅炉房内选用热效率高、单台容量为每小时 600 万大卡（相当于 7 MW 或 10 t/h）以上的热水锅炉，并且供热面积超过 10 万 m^2 的锅炉房才能称之为集中锅炉房。城乡建设环境保护部制定的《城市集中供热技术政策要点》对集中供热锅炉房也规定了同样的内容。采用单台锅炉容量和锅炉房供热面积这两个指标确定集中供热锅炉房的做法后来一直沿用。此后，大型集中供热（厂）锅炉房开始建设，典型的有：1985 年建成的规划供热面积为 400 万 m^2 的左家庄供热厂一期工程，同年与北京第一热电厂供热管网连通；1987 年建成的规划供热面积为 140 万 m^2 的西罗园锅炉房；1988 年 11 月建成的规划供热面积为 120 万 m^2 的北辰热力厂。

20 世纪 90 年代以后，北京市房地产业高速发展，建筑供热需求同步增长，一批大型集中供热燃煤锅炉房建设投运。据《北京志・市政管理志（1991—2010 年）》记载：1991—1995 年“八五”期间，北京市区共建设了 34 座大型集中供热锅炉房，供热能力为 2 100 MW，供热总面积为 2 966 万 m^2；1996 年采暖季，北京市城近郊区单台容量为 7 MW（10 t/h）以上的燃煤集中供热锅炉房共有 107 座，供热总面积为 3 528 万 m^2。

虽然集中燃煤供热锅炉房的发展在减缓分散式小型燃煤锅炉房的增长方面发挥了不可或缺的作用，但是由于燃煤消费总量的持续增加，未能从根本上扭转北京市大气污染严重的局面。1984—1998 年，北京市

城近郊区大气中的 SO_2 年均浓度一直超过国家二级标准（60 μg/m^3），其中 1998 年超标 1 倍；采暖期大气污染更加突出，日均浓度超标率平均高达 64.6%。加大引进天然气力度、发展燃气锅炉清洁供热势在必行。

1997 年 9 月，陕京一线天然气工程投运通气。自此，北京市开始大规模地进行燃煤设施清洁能源改造并限制新的燃煤设施建设。1999 年，北京市政府办公厅先后印发了《关于在北京市城近郊区推广使用天然气有关事项的通知》《关于推广清洁能源加快燃煤锅炉改造有关事项的通知》，明确规定：城近郊区内新建、扩建普通住宅项目，采暖锅炉要使用天然气锅炉。同年，北京市环保局印发了《关于燃煤锅炉排放的污染物必须达到新标准有关事项的通知》《关于锅炉房“三同时”审批有关要求的通知》，规定城近郊区原则上不得新建、改建、扩建燃煤锅炉房。自此，北京市在城近郊区开始放缓并逐步停止建设新的燃煤集中供热锅炉房，转向以天然气锅炉房供热。

2010 年年底，北京市城近郊区（城 6 区）共有燃煤集中供热锅炉房 182 座，其中单台容量为 14 MW（20 t/h）以下的有 122 座，单台容量为 14 MW（20 t/h）及以上的有 60 座，供热能力为 4 987 MW（7 124 t/h）。

2．远郊区县燃煤集中供热

2007 年，北京市远郊区县燃煤供热面积为 1.5 亿 m^2，基本为分散式小型燃煤锅炉供热，是远郊区县主要大气污染源。为治理远郊区县燃煤供热污染，北京市制定了远郊新城集中锅炉房供热系统发展规划，“拆小并大”。2009 年，北京市在远郊区县、新城建成了 10 座燃煤集中供热中心，供暖面积为 3 000 万 m^2，同时配备了高效除尘、脱硫设施，执行严格的地方标准《锅炉大气污染物排放标准》（DB11139—2007），要求新建锅炉的烟尘浓度低于 10 mg/m^3、SO_2 浓度低于 20 mg/m^3、NO_x 浓度低于 150 mg/m^3。远郊区县 10 座燃煤集中供热中心建成投运后，北京市拆除了 160 余台燃煤小锅炉，经监测，烟尘、SO_2 排放浓度基本达标，但多数锅炉的 NO_x 排放浓度尚不能达标。据估算，10 座燃煤集中供热中心建成后，每年可减少烟尘排放 397.7 t、SO_2 排放 1 091.8 t、NO_x 排放 1 170 t，烟尘、SO_2、NO_x 平均减排率分别为 74%、68%、67%。至 2010 年年底，北京市远郊新城共建成了 30 座燃煤集中供热中心，并配备了高效脱硫、除尘设施，总供热能力超过 1.2 亿 m^2，拆除了 670 座分散小型燃煤锅炉房，有效地减轻了大气污染。

二、热电联产（热网）集中供热

热电厂供热又称为热电联产供热。建设和运行实践表明，热电厂所采用的燃煤锅炉单台容量都在百万兆瓦以上、燃烧效率高于普通工业燃煤锅炉，热电厂能够承受较高的治理成本，有条件配套安装先进高效的污染治理技术设备，将污染物控制在相对较低的排放水平并能稳定运行，使城市热网覆盖范围的建筑取暖完全摆脱了锅炉房燃煤供热。与燃煤集中锅炉房供热相比，热电联产供热是一种相对清洁的城市集中供热方式，是治理城市燃煤污染的先进措施，但前提是需要投入巨额资金建设热电厂热源和城市热网。北京市将热电联产供热作为发展集中供热的两种供热方式之一，全面规划、长期推进，不断扩大集中供热面积。

1958 年 9 月北京第一热电厂建成投产，成为北京市集中供热事业的起点。经过近 40 年的发展，特别是“八五”“九五”时期的热电联产供热迅速发展，以热电厂为基本热源、以入网大型供热厂为辅助热源的城市热网供热，在北京市城近郊区集中供热体系中发挥了“半壁江山”的作用。历史上为北京城市热网提供热源的热电厂企业主要有：神华国华北京热电分公司、北京第二热电厂、北京石景山发电厂、大唐国际发电股份有限公司北京高井热电厂、华能北京热电厂、华电（北京）热电有限公司、北京京桥热电有限责任公司、京阳热电。

1．城市热网

1991 年年末，北京城市热网最大供热能力为：热水 2 401 MW、蒸汽 580 t/h，供热面积为 1 982.3 万 m^2，占城近郊区建筑总面积的 16.5%。

1999—2000 年采暖季，北京城市热网供热管网长度为 284 km，供热面积为 4 349 万 m^2。

2001—2002 年采暖季，石景山京能热电厂、第二热电厂、双榆树供热厂联网供热，形成城市西部大网，供热面积为 2 557.5 万 m^2；国华热电厂、华能热电厂、左家庄供热厂、方庄供热厂联网供热，形成城市东部大网，供热面积为 5 125.5 万 m^2。加上二热地区热网供热面积 1 153.2 万 m^2、高井地区热网供热面积 1 198.0 万 m^2，当年北京城市热网供热总面积为 10 034.2 万 m^2。

2003—2010 年，北京市热力集团整合了一批供热资源，将一批大型供热厂、集中供热锅炉房并入城市热网。

至 2010 年年底，北京城市热网供热面积为 15 743 万 m^2，占北京市总供热面积的 23.1%。为城市热网提供热源的热电厂企业包括：4 座燃煤热电厂（国华北京热电厂、京能热电厂、大唐高井热电厂、华能北京热电厂）、3 座燃气热电厂（华电郑常庄燃气热电厂、京桥燃气热电厂、京阳燃气热电厂）以及并入城市热网的 3 座尖峰供热厂（左家庄供热厂、方庄供热厂、双榆树供热厂）。

2．燃煤热电厂热源

（1）神华国华北京热电分公司。原址位于建国门外西大望路柴家洼。史称北京东郊热电厂、北京热电厂、北京第一热电厂、国华北京热电分公司、中电国华北京热电分公司，现称神华国华国际电力股份有限公司北京热电分公司，简称“神华国华北京热电分公司”。北京东郊热电厂是我国第一个五年计划时期苏联援建的 156 项工程之一，也是北京市集中供热事业的开拓厂。北京东郊热电厂于 1957 年开工，1958 年两台 2.5 万 kW 双抽气供热机组建成，为经济学院等单位 2.75 万 m^2 的建筑供应采暖热水，并为光华染织厂等工厂供应蒸汽。后该厂多次扩建，至 1990 年，民用热水供热能力为 464 MW，供热面积为 506.5 万 m^2，工业蒸汽供应能力为 700 t/h，年供工业蒸汽 482 万 t。1997 年，该厂开始全面改造，新厂迁建至原厂东面的东四环西侧，1999 年 11 月建成投运，燃煤机组装机容量为 400 MW，供热能力为 116 MW。2001 年该厂并入城市热网联网运行。2015 年 3 月 20 日，“长安街最后一根烟囱”——国华北京热电厂的大烟囱正式停火，每年减少燃煤 130 万 t，取而代之的是位于北京市朝阳区金榆路的国华北京燃气热电厂，装机容量为 950 MW，供热面积为 1 300 万 m^2。

（2）北京第二热电厂。厂址位于宣武区广安门外天宁寺前街 1 号，是北京第二座热电厂，也是北京第一座燃油热电厂，隶属华电（北京）热电有限公司。1980 年该厂全部建成投运，总装机容量为 20 万 kW，配备 6 台容量为 220 t/h 的重油锅炉。后该厂经扩建，至 1991 年供热面积为 961.57 万 m^2，2001 年实现联网运行。2004 年，该厂因燃料油来源不足、价格上涨和污染原因而停产，相应用户供热由华电（北京）热电公司郑常庄燃气热电厂承担。关停后，该厂保留燃油锅炉作为冬季供热紧急备用热源，启用时锅炉改烧轻质柴油。

（3）北京石景山热电厂。厂址位于石景山北麓广宁村。2000 年 3 月该厂改制为北京京能热电股份有限公司，1980 年经国家计委批准，改建为热电厂，以满足北京市城市建设发展和建筑供热需要。1992 年，石景山热电厂至车公庄配套供热管线建成，开始正式向市区供热，供热能力为 696 MW，耗煤 153 万 t。1995 年 10 月该厂扩建工程投运，总装机容量为 800 MW，供热面积为 587.39 万 m^2。2003 年，该厂通过提高供热参数，供热能力提高到 930 MW。2007—2010 年，该厂的机组经过技术增容和改造，向首钢供应热水和蒸汽，年耗煤量增加到 294 万 t。2014 年 11 月，该厂燃气热电供热工程建成投运，燃煤机组停产。

（4）大唐国际发电股份有限公司北京高井热电厂。厂址位于石景山区高井村。该厂于 1974 年建成投运，装机总容量为 600 MW，配备单台容量为 220 t/h 的燃煤锅炉共 4 台、单台容量为 410 t/h 的燃煤锅炉共 3 台、单台容量为 430 t/h 的燃煤锅炉 1 台。1986 年，高井电厂完成了一台发电机组改抽气工程，向五里屯地区和某大院 30 余万 m^2 的建筑供热。该厂经过多次对汽轮机的改造，供热能力不断增加，2003 年供热面积增加到 157 万 m^2，2010 年供热面积达到 1 200 万 m^2。2014 年 7 月，该厂的燃气热电供热工程建成投运，燃煤机组停产。

（5）华能北京热电厂。厂址位于朝阳区高碑店。1999 年，该厂一期燃煤热电机组全部投产，后经改造，最大发电能力提高到 845 MW，供热能力增加到 1 582 MW，供热面积增加到 3 000 万 m^2。2017 年 11 月，东南燃气热电中心二期工程建成投运后，该厂的燃煤机组停机备用。

3．燃气热电厂热源

（1）华电（北京）热电有限公司郑常庄燃气热电厂。该厂于 2008 年 5 月建成投运，安装有 2 台 250 MW 的燃气-蒸汽联合循环发电机组和 3 台 116 MW 的燃气热水锅炉。该厂用以替代停产的第二热电厂，继续向原第二热电厂用户供热，2010 年供热面积为 1 200 万 m^2。

（2）北京京桥热电有限责任公司。2008 年，该公司一期工程建成投运，安装了 4 台 116 MW 的热水锅炉，供热面积为 900 万 m^2。二期工程于 2013 年 2 月建成，安装了 2 台燃气-蒸汽联合循环热电联产机组，新增清洁供热面积 1 200 万 m^2。在北京市四大燃气热电中心体系中，该燃气热电厂又被称为西南燃气热电中心。

（3）京阳燃气热电有限公司。2008 年 5 月，该公司的 2 台燃气-蒸汽联合循环机组建成投运，向奥林匹克公园及周边地区建筑提供冬季采暖、夏季制冷负荷，发电能力为 780 MW，供热能力为 465 MW。该工程替代了 34 座小型燃煤锅炉房和 6 座大型燃煤锅炉房。

北京市在发展城市热网集中供热的同时，还通过改造、扩建、新建等方式，逐步形成了若干独立的区域热电联产供热网，以减少燃煤锅炉房供热，主要企业有：北京正东集团燃气热电厂（由北京电子动力公司热电站改建）、北京科利源热电有限公司（由北京毛纺动力厂改建）、北京京丰燃气有限公司（由第三热电厂改建）、亦庄华润（北京）协鑫天然气联合循环热电厂。

三、建成四大燃气热电中心替代燃煤热电联产供热

2010 年，北京市明确："十二五"期间建设四大燃气热电中心，以替代原有的燃煤热电厂。

2017 年 11 月，以东南热电中心华能热电三期项目燃气热电厂建成投运为标志，从 2010 年开始，历经 8 年，北京四大燃气热电中心全部建成，实现新增清洁发电能力 7 240 MW，替代燃煤装机 2 875 MW，约占全市用电负荷的 25%。相比原来的燃煤机组热电联产运行，燃气热电中心每年减少燃煤消耗 920 万 t，减少 SO_2 排放 10 000 t，减少 NO_x 排放 19 000 t，减少烟尘排放 3 000 t。至此，北京市城近郊 6 个区全部实现了燃气清洁供暖，全市实现了无燃煤发电。四大燃气热电中心建成情况如下：

①西南热电中心，位于丰台草桥，其中二期工程燃气-蒸汽联合循环机组于 2013 年 2 月建成投运，新增清洁供热能力 1 200 万 m^2。

②西北燃气热电中心，位于石景山高井，2014 年 11 月建成投运，京能热电燃煤机组、大唐高井热电燃煤机组停产。新增清洁供热能力 3 600 万 m^2。

③东北燃气热电中心，位于朝阳金盏乡，2015 年 11 月建成投运，国华热电燃煤机组停产，新增清洁供热能力 2 500 万 m^2。

④东南燃气热电中心，位于朝阳王四营，2011 年建成华能热电二期项目燃气热电厂，供热能力为 640 MW，供热面积为 1 300 万 m^2。2017 年 11 月华能热电三期项目燃气热电厂建成投运，一期建成的燃煤机组停机备用。二、三期项目新增清洁供热能力 2 880 万 m^2。

四、北京市实现供热清洁化

从 2010 年开始，为了进一步减少燃煤污染，降低煤炭消耗，北京

市把构建清洁供热体系提上议事日程。2010 年 10 月，北京市政府批转印发了市发展改革委《关于加快构建本市安全高效低碳城市供热体系有关意见的通知》（京政发〔2010〕30 号），提出了未来城市供热体系的目标：“十二五”末期，要基本建成“1+4+N”+X（1 个大热网+4 个热电联产中心+N 个燃气锅炉房+郊区新城 X 个供热中心）供热体系，全市供热能力达到 8.5 亿 m^2，基本建成四大燃气热电中心，并完成城六区 63 座燃煤锅炉改造；至“十三五”末期，全面完善“1+4+N”+X 供热体系，全市供热能力达到 10.3 亿 m^2。

经过 9 年的努力，北京市基本实现了供热体系建设目标。2015 年，北京市城六区已无燃煤锅炉，基本实现了集中供热清洁化；2017 年，四大燃气热电中心全部建成投运，关停了燃煤机组（只保留华能燃煤机组停机备用），热电联产供热能源全部实现燃气化；2018 年完成了远郊新城燃煤集中供热中心清洁能源改造。2018—2019 年供暖季，北京城市总供热面积为 86 318 万 m^2，全部实现了供热清洁化（表 4-2）。

表 4-2　2010—2018 年北京市供热结构变化

供暖季	供热面积/m^2	其中				供热结构/%			
		热电联产/m^2	燃煤锅炉房/m^2	燃气/m^2	电及其他/m^2	热电联产	燃煤锅炉房	燃气	电及其他
2010—2011	67 935	15 743	21 125	29 927	1 140	23.2	31.1	44.1	1.7
2015—2016	79 550	20 546	11 272	46 660	1 072	25.8	14.2	58.7	1.3
2016—2017	81 641	20 546	4 962	54 121	2012	25.2	6.1	66.3	2.5
2017—2018	84 265	20 546	1 262	57 956	4 501	24.4	1.5	68.8	5.3
2018—2019	86 318	21 047	0	59 718	5 553	24.4	0	69.2	6.4

注：燃气供热包括燃气锅炉房供热和燃气采暖热水炉（壁挂炉）自采暖。

第四节　推广清洁能源压减燃煤

20 世纪 60 年代，北京市开始生产、供应城市煤气，主要用于居民、食堂炊事，替代燃煤。1970 年，北京石化总厂投产，开始向居民和单位食堂供应液化石油气（LPG）。1987 年，华北油田天然气输送北京，北京市从此用上更加清洁的天然气，气体燃料开始形成煤气、液化石油气、天然气等“三气”并举的供应体系。1981—1990 年，北京市居民炊事三类燃气用户由 85.1 万户增至 176.1 万户，市区居民、单位食堂炊事气化率由 62.2%增至 84%，其中煤气用户由 12.1 万户增至 47.9 万户，液化石油气用户由 73 万户增至 111.6 万户，天然气用户也从 0 发展到 16.6 万户。1997 年 9 月，陕京一线天然气工程通气，北京市天然气的发展进入快车道。1998 年以后，北京市以治理大气污染和改善人民生活水平为目的，加大能源结构调整力度，持续加大引进天然气力度，天然气消费量及其占能源消费总量的比例均逐年提高，逐步成为气体燃料的“主角”。北京市煤炭消费总量在 2005 年达到峰值 3 069 万 t 后逐年持续下降。2014 年，北京市能源消费总量中一次能源品种所占比重为：天然气 21.1%、煤品 20.4%，天然气首次超过煤品。

1990 年以后，北京市在发展热电联产的同时，持续推进外调电力输送通道建设，外受电比例从 1995 年的 50%提高到 2010 年的 67%，2010—2018 年外调电力占全社会用电量的比重平均为 63%，有效控制了北京市因本地燃用煤炭、天然气发电所产生的大气污染。1998—2018 年，北京市全市社会用电量从 276.2 亿 kW·h 增长到 1 142.4 亿 kW·h。2004 年，北京市终端能源消费总量中，按标准煤衡量，电力消费量首次超过煤炭消费量，电力替代煤炭成为第一大能源品种，标志着北京市能源初步进入以清洁能源为主的时期。

1998—2018 年，北京市天然气消费量由 3.3 亿 m^3 增加到 184.9 亿 m^3（含燕山石化消费量），天然气消费占能源消费总量的比重由 1.3%提高到 32.0%；2000—2018 年，北京市电力调入量从 204.9 kW·h 增长到 700.3 亿 kW·h。2010—2018 年，北京市一次能源品种中，天然气、外调电力和一次电力等清洁能源（不含煤品和油品）占能源消费总量的比重从 39.5%提高到 63.1%。1998—2018 年，煤炭消费量从 2 678 万 t 下降到 276.2 万 t，煤炭消费占能源消费总量的比重由 49.9%下降到 2.8%；大气环境中 SO_2 的年均浓度由 120 μg/m^3 下降到 6 μg/m^3。到 2018 年，北京市基本完成了历经近半个世纪的煤烟型污染治理。

一、“三气”并举，天然气成“主角”

1．人工煤气

北京市通过发展人工煤气替代炊事燃煤，提高炊事燃料的便利化、清洁化水平，减轻燃煤造成的室内外空气污染。北京市大规模地供气始于 20 世纪 60 年代初期北京炼焦化学厂向市中心供气。1984 年起，北京市人工煤气制备和供应进入快速发展阶段，用户数直线上升。1996 年，北京市煤气年销售量达到历史最高值 8.83 亿 m^3，家庭用户达到 78.1 万户。

北京炼焦化学厂是北京市第一个人工煤气气源厂。1958 年北京市筹建焦化厂，1959 年 11 月第一座焦炉建成投产，日供焦炉煤气 20 万 m^3。该厂从 1960 年开始向人民大会堂、中国历史博物馆、北京火车站、使馆区等大型公共建筑及周边部分居民供应煤气。1973 年，规划设计的四台焦炉全部建成投产，日供焦炉煤气 80 万 m^3。1987 年，北京焦化厂 6 号焦炉竣工投产，日供气能力增加了 24 万 m^3。1997 年，北京炼焦化学厂增气工程完工，日供气量由 135 万 m^3 增加到 165 万 m^3，缓解了北京市煤气供应紧张的状况。2006 年 7 月，北京炼焦化学厂停产。

1971 年，市政府决定利用 751 厂增建油制气炉，采用重油（原油、渣油）催化裂解制气工艺，使之成为北京市第二个人工煤气气源厂。1972年10月，北京市首座重油催化裂解制气炉建成投产，1980—1985年，又陆续建成5台重油催化裂解炉，日供气量达到50万m^3。2003年4月，北京正东电子动力集团有限公司（原“751”厂）煤气产业部分停产。

1993年12月9日，首钢煤气新管线正式开通，向北京市日供应人工煤气达55万m^3，成为北京市第三个人工煤气气源厂。1995年5月，3号焦炉正式投入生产，日供应人工煤气的能力达到100万m^3。2000年7月，首钢正式退出人工煤气供应。

1997年，随着陕京一线天然气进京，北京市煤气销售量有所下降。虽然与直接燃煤相比，燃用人工煤气大幅度减轻了污染，但是，人工煤气毕竟是通过煤炭加工转换得到的，其生产过程污染十分严重。随着北京市控制大气污染各项措施的推进，减少北京焦化厂用煤、减少煤气生产和供应势在必行。北京市通过天然气置换煤气的方式，逐年减少煤气的使用量，2006年7月4日，朝阳区双桥地区最后6 000多户家庭将人工煤气全部置换为天然气，北京市结束了长达47年使用人工煤气的历史。根据北京市政府《北京炼焦化学厂停产搬迁转型工作总体方案》的批复，北京焦化厂于2006年7月15日实现了安全停产，每年减少煤炭消耗296万t。

2．液化石油气

北京市是全国第一个使用液化石油气为民用炊事燃料的城市，液化石油气主要用作家庭、饮食业单位和单位食堂炊事能源。1965年12月，北京西郊五路居灌瓶厂建成投产，年供应液化石油气的能力为1 200 t。由于当时北京没有炼油厂，液化石油气主要由锦西炼油五厂、锦州炼油六厂、抚顺炼油二厂提供。至1969年，北京市液化石油气用户只有2万～3万户。

1970年，房山东方红炼油厂以及胜利、前进等石油化工厂相继建成投产，北京市的液化石油气改由燕山石油化学总公司供应。之后，北京市液化石油气的消费量逐年增加，成为市民生活和餐饮服务业的优质燃料。至 1981 年，液化石油气年销售量达到 13.4 万 t。

1971—1985 年，北京市陆续建设了西郊、南郊、北郊灌瓶厂和供应站，总灌装能力达到 15 万～16 万 t。截至 1990 年年底，北京市液化石油气年消费量为 17.3 万 t，居民用户达 109 万户。

1986—2000 年，由于液化石油气生产供应有限，15 年间北京市的液化石油气年销售量基本稳定在 17 万～18 万 t,用户数稳定在 110 万～120 万户。

2000 年，北京市在发展液化石油气城市用户的同时，先后在大兴、延庆、平谷、昌平、房山等区县发展议价液化石油气用户，至 2000 年年底，全市液化石油气销售量为 19.1 万 t，北京市燃气集团的液化石油气用户达到 124.5 万户。

“十五”期间，北京市的城乡液化石油气需求增多，燕山石化生产的石油气供应量增加，从外埠调入也成为液化石油气的重要供应渠道。北京市积极拓展城市周边地区的液化石油气市场，建立新的销售网点，液化石油气得到较快发展。2004 年北京市的液化石油气销售量达到历史最高值 43.16 万 t，是 2000 年的 2.26 倍。

“十一五”期间，北京市农村城市化进程加快，液化石油气用户主要是尚未通达管道天然气的乡镇和农村用户，液化石油气年销售量为 30 万～40 万 t，2008 年，液化石油气家庭用户达到 198.6 万户。“十一五”末期，由于大规模使用天然气，液化石油气销售量开始下降，至 2010 年年底，液化石油气销售量降至 29.9 万 t。

2010 年以后，覆盖北京市城近郊区和远郊新城的天然气管网体系基本形成，天然气已向远郊新城普及，液化石油气用户逐步减少。为了推进农村炊事燃气化，北京市通过财政补贴，开展“送气下乡”活动，将液化石油气送至未通达管道天然气的远郊城镇和农村。截至 2017 年年底，液化石油气销售量为 45.7 万 t，远郊区县基本实现了炊事燃气化，至此，北京市在全市范围内基本消除了炊事燃烧散煤污染。

3．天然气

1987年，华北油田天然气输送到北京，日供气能力为40万m^3，北京市开始使用天然气。1994年，华北油田至北京的第二条64 km的长输管线投入运行，使北京市的天然气日供气能力达到50万m^3，供气用户由 20万户增加到 45万户。

为满足首都对天然气的需求，由中国天然气总公司和北京市政府共同出资建设陕甘宁气田至北京 860 km 的长输管线（以下简称“陕京一线”）。1997年9月，“陕京一线”投入运行，每年可向北京市输送天然气3亿～20亿m^3。为加强天然气工程建设和发展的综合调节，北京市政府成立了“天然气工程领导小组”，1997 年 6 月和 9 月，市政府办公厅连续印发了《关于加快本市天然气发展有关事项的通知》和《关于加速推广使用天然气有关事项的通知》，规定三环路以内和规划市区天然气供应范围内，新建、扩建能源用户应首先选用天然气，不准新建燃煤设施；三环路以内使用燃煤茶炉、浴炉、灶炉的用户在 1998年完成50%的“煤改气”任务，2000年全部完成“煤改气”任务；已运行的大型燃煤集中供热厂有计划地尽快改用天然气。按照天然气使用计划与总量控制指标相结合的原则，北京市于1997年将1.8亿m^3的天然气用量指标分配到各区、县、局、总公司，主要用于民用炊事，使 20 万户居民受益。

1998年7月，北京市政府发布了《北京市燃气管理办法》；市政府办公厅还陆续公布了《关于在市区建设无燃煤区的通知》(1998年4月)、《关于在本市城近郊区推广使用天然气有关事项的通知》（1999年8月）和《关于推广使用清洁能源加快燃煤锅炉改造有关事项的通知》（1999年9月）等一系列文件，推动了天然气的使用和设施建设。1999年，随着控制大气污染各项措施的实施，北京市天然气的推广使用工作取得了迅猛的发展，天然气居民用户发展到 15 万户，置换人工煤气用户 8.9

万户，新增燃气锅炉容量合计 1 500 t/h，天然气销售（使用）量达到 6.5 亿 m^3，天然气购入量达到 7.6 亿 m^3（其中陕甘宁 5.3 亿 m^3、华北油田 2.3 亿 m^3，分别比 1998 年增长了近 1 倍）。至 1999 年年底，北京市天然气用户已达 105 万户。到 2000 年，天然气消费量已达到 10.9 亿 m^3。

“十五”时期（2001—2005 年），北京市制定了调整能源结构的规划，大力引进和发展天然气、电力等清洁能源。2001 年 4 月，北京市政府办公厅转发了市计委《北京市能源结构调整规划》，规划的总体思路是以改善大气环境质量目标要求为中心，大力引进和发展清洁能源，用优质能源替代燃煤，逐步减少并严格控制燃煤总量，逐步转变为以天然气、电力等优质能源为主的清洁型能源结构。规划提出的政策措施是：加强领导，建立能源结构调整联席会制度；编制各地区、各部门、各行业的能源消费品种结构调整规划和发展规划；加快调整产业、产品结构和工业布局；运用法律、行政等手段保证能源结构调整顺利实施；调整经济政策，形成与能源结构调整方向一致的强有力的经济政策体系；建立投资主体多元化、市场化融资经营体制，保证能源结构调整的顺利实施；加强能源结构调整有关工程项目的前期准备工作，加快实施进度；加快有利于能源结构调整体制的改革；加强高新技术在能源开发、供应、消费领域的推广和应用；进一步开展太阳能、地热能、生物质能等可再生能源以及新能源的应用和推广工作。

按照《北京市能源结构调整规划》的要求，北京市大力推广使用清洁能源。2001 年 1 月，北京市政府办公厅印发了《关于在本市城近郊区推广使用清洁能源有关事项的通知》，强调在北京市城近郊区，各种新建、改建、扩建项目，原则上不得使用燃煤，应选用清洁能源；在 2002 年年底以前，凡在城近郊区内按规定将燃煤改为天然气等清洁能源的，可享受免收城市基础设施气源建设费等政策。当月，北京市召开了推广燃煤锅炉改燃气锅炉工作大会。2003 年 7 月，北京市政府办公厅印发了《关于燃煤联片供热锅炉改用清洁能源有关工作的通知》，明确了燃煤改用清洁能源的责任单位、改造资金的筹措等事项。“十五”期间，北京市天然气消费量逐年大幅增加，到 2005 年，天然气消费量已达到 32 亿 m^3。

1998—2005 年，北京市天然气使用量逐年增加，SO_2 年均浓度从 120 μg/m^3 下降到 50 μg/m^3；2004 年，SO_2 年均浓度达到了国家空气质量二级标准（60 μg/m^3），以气代煤治理污染初见成效。

2005 年，陕京二线建成投运。2006 年，北京市城市地下燃气管网也随城市道路建设从市中心呈环状向外延伸到六环路，燃气管网长度达到 7 300 km，天然气居民用户突破 300 万户，达到 301.8 万户，北京市成为全国第一个实现城市供气管网天然气化的特大型城市。

2006—2010 年，北京市天然气消费量逐年增长，煤炭消费量从 2005 年的 3 069 万 t 逐年下降，大气中 SO_2 的年均浓度逐年下降。

2010 年，北京市覆盖城乡的燃气管网体系基本建成。陕京一线、二线和地下储气库输气系统初步形成了“3+1”的输气格局，总输气能力超过 280 亿 m^3/a，日供应能力达到 8 600 万 m^3；建成了“五环五级七放射”的配气体系，辐射除延庆外的所有新城。北京市天然气消费总量达到了 74.8 亿 m^3（含燕山石化公司），天然气管网长度超过 1.3 万 km，天然气用户超过 400 万户，成为全国用气规模最大、配气能力最强、居民用户最多的城市。

“十二五”期间，北京市多源多向燃气供应体系基本形成，建成了陕京三线、唐山液化天然气（LNG）、大唐煤制气等外部气源工程，形成了“三种气源、六大通道”的长输供应体系，总供气能力达到每年 410 亿 m^3。城市输配体系日趋完善，燃气管网向远郊新城、乡镇和农村地区加快拓展延伸，天然气用户达到 589 万户，管网长度达到 2.2 万 km。北京市天然气的终端用户消费结构由过去以民用炊事为主，转变为用于冬季采暖、汽车、工业、发电等各个领域。随着四大燃气热电中心的建成投运和工业、采暖燃煤锅炉清洁能源改造步伐的不断加快，发电、供热用气量快速增加。2015 年，北京市天然气年消费量增长到 142 亿 m^3 以上，其中发电消费 60.5 亿 m^3、供热消费 25.7 亿 m^3、终端消费 55 亿 m^3。2015 年，北京市煤炭消费量为 1 165 万 t，煤炭消费占能源消费总量的比重下降到 13.7%。

北京市天然气等清洁能源的推广使用，逐步替代了燃煤，对控制 SO_2 污染发挥了决定性的作用。1998—2018 年，北京市天然气消费量从 3.26 亿 m^3 逐年增加到 184.9 亿 m^3，煤炭消费量下降到 276.2 万 t，煤炭消费占能源消费总量的比例下降到 2.8%；大气环境中 SO_2 的年均浓度从 120 μg/m^3 下降到 6 μg/m^3（图 4-4）。

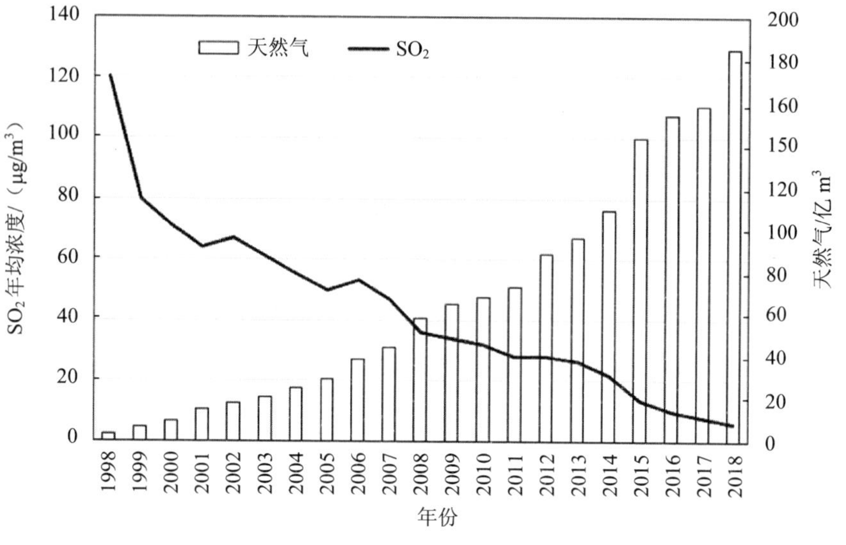

图 4-4　1998—2018 年北京市天然气使用量与 SO_2 年均浓度变化

1978—2018 年北京市煤气、液化石油气、天然气的销售量（消费量）增长情况见表 4-3。

表 4-3　1978—2018 年北京市气体燃料销售量统计

年份	煤气/万 m^3	液化石油气/t	天然气/万 m^3
1978	32 687	97 255	0
1979	32 113	114 350	0
1980	34 935	128 990	0
1981	36 309	134 771	0
1982	36 748	149 805	0
1983	37 319	150 058	0
1984	38 710	156 421	0
1985	41 678	169 720	0
1986	44 542	182 239	0
1987	47 594	178 205	—
1988	49 595	177 112	287
1989	56 056	175 814	1 805
1990	59 508	172 688	3 544
1991	66 111	174 326	5 062
1992	73 615	174 694	6 040
1993	80 163	177 065	6 702
1994	80 409	173 105	7 623
1995	85 201	177 637	11 003
1996	88 356	185 304	13 504
1997	76 429	172 879	16 565
1998	68 998	174 464	32 619
1999	61 846	188 450	64 833
2000	46 719	190 571	95 919
2001	33 960	182 186	150 585
2002	21 077	234 680	176 504
2003	23 991	311 657	208 837
2004	17 714	431 660	250 326
2005	16 776	356 551	294 279
2006	9 763	415 268	389 202
2007	0	319 631	441 327
2008	0	289 576	578 626
2009	0	332 693	645 356
2010	0	299 392	677 009

年份	煤气/万 m^3	液化石油气/t	天然气/万 m^3
2011	0	394 437	726 229
2012	0	379 371	883 385
2013	0	453 546	956 852
2014	0	531 556	1 088 999
2015	0	523 391	1 427 808
2016	0	489 473	1 538 425
2017	0	457 024	1 577 065
2018	0	448 107	1 849 296

注：①本表数据为北京统计年鉴数据，2011—2017 年天然气销售量数据未包含燕山石化公司天然气销售量数据。

②“—”为数据缺失。

二、外调电力支撑电力终端消费，助力减煤

20 世纪 90 年代，北京市开始增加外调电力供应量，从山西、内蒙古煤电基地电厂调入电力，不仅满足了北京市电力终端消费量日益增长的需求，也减少了本地发电所产生的大气污染。为了改善大气环境质量，北京市不再新建大规模的燃煤电厂，所需电力由外埠输入，电力自给率大幅下降，1990—1995 年，北京市电力自给率从 82.0%下降到 58.3%。

“九五”时期，北京市的用电量大幅增长，从 1995 年的 222.6 亿 kW·h 增长到 2000 年的 384.4 亿 kW·h，增长了 72.7%。北京市用电进入“大电网、大机组”后，域外供电比例逐年增高。2000 年，北京市的区域外供电比例超过 50%。

“十五”时期，北京市用电增长较快，从 2000 年的 384.4 亿 kW·h 增加到了 2005 年的 570.5 亿 kW·h，增长了 48.4%。北京市的区域外供电比例增高，2005 年达到了 63.2%。

2003 年北京市终端能源消费总量中，按标准煤衡量，电力消费量和煤炭能源消费量基本持平；2004 年北京市终端能源消费总量中，按标准煤衡量，电力消费量首次超过了煤炭能源消费量，电力替代煤炭成为第

一大能源品种，清洁能源消费比重增加，标志着北京市初步进入了以清洁能源为主的时期。

“十一五”期间，北京市外调电力和电力终端消费不断增长，新建了 500 kV 变电站 5 座、220 kV 变电站 23 座、110 kV 变电站 90 座；基本形成了 5 个方向、8 条通道、18 条回路的多方向外受电格局。“十一五”期间，北京市的电力需求保持较高的增长速度，用电量从 2005 年的 570.5 亿 kW·h 增加到 2010 年的 809.9 亿 kW·h，增长了 42.0%。北京市电力不足的部分由区域外调入供给，区域外供电比例在 2010 年达到了 67.5%。

“十二五”期间，四大燃气热电中心基本建成（华能三期项目于 2017 年 11 月建成），北京市基本实现了燃煤发电向燃气发电的转换，北京市发电装机容量为 1 071 万 kW，比 2010 年增长了 83.1%，清洁能源发电装机容量占比达到了 80.1%。其间，北京市加快了受电通道建设，形成了 6 个方向、10 条通道、20 回路的外受电格局，受电能力达到 1 700 万 kW。北京市的供电能力显著增强，初步形成了“外围成环、分区供电”的主网架结构，建成 500 kV 枢纽站 6 座、220 kV 变电站 80 座，北京市 35 kV 及以上的电网设施变电容量达到了 10 817 kVA，比 2010 年增长了 26%；同时，北京市加快推进农村配网改造，保证了供电的安全可靠。据统计，至 2017 年年底，北京市“煤改电”用户约 110 万户，其中农村地区为 75.4 万户，约有 30%使用的是蓄热电暖器，按照户均 9 kW 进行了配套电网改造。

1998—2018 年，北京市社会用电量从 276.2 亿 kW·h 增长到 1 142.4 亿 kW·h；2000—2018 年，北京市外调电力从 204.9 亿 kW·h 增长到 700.3 kW·h，其中 2010—2018 年的外调电力占全社会用电量的比重平均高达 63%，对于减少北京本地燃用煤炭、减轻天然气发电污染功不可没。

三、压减燃煤九成以上，能源结构实现根本性转变

2010—2018年，北京市加快压减燃煤和清洁能源设施建设，增加天然气和电力的调入量，北京市天然气消费量从74.8亿m^3增长到184.9亿m^3，电力净调入量从547.6 kW·h增长到700.3 kW·h，煤炭消费量从2 530.0万t逐年下降到276.2万t(表4-4)，压减煤炭消费量达到了89.1%；北京市天然气、电力等清洁能源（不含煤品和油品）消费量占能源消费总量的比重从39.5%提高到63.1%，煤炭在能源消费总量中的比重由29.6%下降到2.8%（表4-5），完成了从以煤炭为主的能源结构到以电力、天然气为主的能源结构的根本性转变，对持续改善空气质量起到了决定性的支撑作用。北京市2018年煤炭消费量（276.2万t）与高峰年（2005年）消费量（3 069万t）相比，下降了91%。

表4-4　2010—2018年北京市的能源消费情况

年份	能源消费总量/万t标准煤	煤炭消费量/万t	天然气消费量/亿m^3	电力净调入量/kW·h
2010	6 359.5	2 530.0	74.8	547.6
2011	6 397.3	2 265.1	73.5	557.6
2012	6 564.1	2 179.6	92.1	580.9
2013	6 723.9	2 019.2	98.8	579.8
2014	6 831.2	1 736.5	113.7	573.4
2015	6 852.6	1 165.2	145.4	537.0
2016	6 961.7	847.6	160.3	595.0
2017	7 088.3	490.5	162.2	678.5
2018	7 269.8	276.2	184.9	700.3

注：天然气消费量为加工转换投入、终端消费、损失量三者之和，包含燕山石化公司消费数据。

数据来源：《北京能源发展报告2019》。

表 4-5　2010—2018 年北京市能源消费总量及一次能源消费结构

年份	能源消费总量/万 t 标准煤	能源消费结构/%				
		煤品	油品	天然气	电力	其他
2010	6 359.5	29.6	30.9	14.6	24.8	0.1
2011	6 397.3	26.7	32.9	14.0	26.1	0.3
2012	6 564.1	25.2	31.6	17.1	25.8	0.3
2013	6 723.9	23.3	32.2	18.2	25.3	1.0
2014	6 831.2	20.4	32.6	21.1	24.4	1.5
2015	6 852.6	13.7	33.5	29.0	21.9	1.9
2016	6 961.7	9.8	32.9	31.7	23.9	1.7
2017	7 088.3	5.1	34.0	32.0	26.8	2.1
2018	7 269.8	2.8	34.1	34.2	26.3	2.6

数据来源：《北京能源发展报告 2019》，2017 年、2018 年的能源生产及消费相关数据根据全国第四次普查结果进行修订，2016 年及以前的能源数据保持原有口径。

注：一次能源消费中，油品包括原油、汽油、煤油、柴油、燃料油、其他石油产品；煤品包括煤炭、焦炭、焦炉煤气、其他煤气和其他焦炭产品；电力包括电力净调入和一次电力（光伏发电、风电及水电量）；其他能源包括沼气利用、地源热泵、太阳能热水。

第五节　十六个阶段煤改气、煤改电

一、燃煤锅炉改为燃气锅炉

控制煤烟型污染的重要措施是减少煤炭用量。在北京市，人们把拆除燃煤锅炉、茶炉、大灶，改用天然气锅炉、大灶和电茶炉的行为简称为“煤改气”“煤改电”“煤改清洁能源”。读者请不要把燃煤设施清洁能源改造简单地理解为“只需要把燃料煤炭更换为天然气或电能而不需要更换燃烧或用能设备”，只有能源种类和用能设备同时更换，才能实现清洁能源改造。

为保证“煤改气”工作顺利进行，1997 年，市政府成立北京市天然气工程领导小组及其办公室，有组织、系统地推动燃煤锅炉清洁能源改造。领导小组组长由副市长兼任，成员由城近郊 8 个区的主管区长，市计委、市建委、市经委主任及市公用、环保、财政、劳动、技术监督局等部门的领导组成，办公室设在市公用局。城近郊8个区、各相关委办局和部分市属公司也成立了相应的领导小组及办公室。1997—1998年，左家庄供热厂、方庄供热厂的锅炉改变燃料结构，两个厂共有24台锅炉，全部改烧天然气，供热面积增加200万m^2，每年减少燃煤30万t、减少粉尘排放1 300 t、SO_2 6 400 t、废渣6万t、废水45万t。

1998年12月，北京市实施控制大气污染紧急措施，明确三环路以内所有餐饮业的炉灶和各单位的茶炉、大灶，凡是燃煤的，一律改用清洁燃料，并不准再建新的燃煤设施；规划四环路以内工地、仓库的燃煤茶炉、大灶，在1999年2月15日前一律改用液化石油气等清洁燃料。市区内的燃煤锅炉按照先易后难、先小后大（改造锅炉容量分为小于等于1 t/h、小于等于10 t/h、小于等于20 t/h）、先内后外（从城四区到城八区）、先低后高（烟囱）的原则，成片进行改造，使用天然气等清洁燃料。市环保局、市公用局、市工商局、市消防局联合发布《关于燃煤炉灶改用清洁燃料的通告》。

“煤改气”是一项复杂的系统工程，涉及工程技术、环保、市政、发展改革、财政、经济、建设等多个部门。1999年1月，市环保局先后印发《关于燃煤锅炉排放的污染物必须达到新标准有关事项的通知》《关于锅炉房“三同时”审批有关要求的通知》，规定市区原则上不得新、改、扩建燃煤锅炉房；三环路以内不得新建燃煤设施；无燃煤区内现有的分散燃煤锅炉房，必须在2000年年底以前全部改为管道燃气。市政府办公厅印发《关于在本市城近郊区推广使用天然气有关事项的通知》和《关于推广使用清洁能源加快燃煤锅炉改造有关事项的通知》，明确清洁能源改造工作从城市核心4个区推广到近郊8个区；规定2000年12月31日以前，城近郊区采暖锅炉、茶炉、大灶和工业生产项目，由使用燃煤改为使用天然气的单位，免收城市基础设施气源建设费；城近郊区内新建、在建普通住宅项目，采暖锅炉使用天然气锅炉，项目建设单位可按集中供热标准收取城市基础设施气源建设费，即按实际建筑面积一次性收取。城近郊区内各种新建、改建、扩建项目，原则上不再使用燃煤，应选用清洁能源。

至 2000 年年底，全市 1.1 万台茶浴炉、3.3 万台大灶完成了改造任务，三环路以内所有的茶浴炉和大灶全部使用了清洁燃料，彻底从源头消除了污染。

图 4-5　西城区沙锅居饭庄完成茶炉“煤改电”

2001 年 1 月，市政府办公厅又印发《关于在本市城近郊区推广使用清洁能源有关事项的通知》，再次重申城近郊区内的各种新建、改建、扩建项目原则上不得使用燃煤、应选用清洁能源的规定，以及可以享受免收其城市基础设施气源建设费、缓交增容供电工程贴费、执行低谷采暖用电优惠电价等优惠政策。

2002 年 1 月，市财政局、市发展计划委和市环保局联合印发《北京市锅炉改造补助资金管理办法》，明确了补助范围、补助标准、资金拨付条件和渠道、监督管理等。同年 7 月，市经委、市发展计划委、市市政管委、市物价局联合发布《关于印发〈北京市电采暖低谷用电优惠办法〉的通知》，明确鼓励用户使用电采暖替代燃煤取暖，对电采暖用户实行低谷用电优惠价格等。

2005 年，市财政局、市发展改革委、市环保局进一步明确市属、区属利用世界银行贷款并改燃气的单位，市财政按锅炉容量 1 t/h 给予 5.5 万元补助，市发展改革委按锅炉容量 1 t/h 给予 3 万元补助。全年共完成 249 台总容量为 1 043 t/h 的燃煤锅炉清洁能源改造，其中改燃气 132 台、改热力 26 台、改电 28 台、改用其他清洁能源 63 台，城市核心 4 个区基本取消了单台容量 20 t/h 以下的小型燃煤锅炉。

图 4-6　改造前的燃煤锅炉

图 4-7　使用清洁能源的燃气锅炉

2006 年，朝阳区直管公房“煤改气”工程全面竣工，47 台污染严重的燃煤锅炉报废，取而代之的是 32 台燃气供热锅炉，减少了 14 根烟囱。全市完成了 1 400 台、总容量为 5 290 t/h 的燃煤锅炉清洁能源改造，削减燃煤 102.5 万 t，减少烟尘排放 4 100 t、SO_2 8 200 t。

2009 年，北京市推进 20 t/h 以上的燃煤锅炉清洁能源改造工作。朝阳区北京天诺物业公司和北小营热力厂、海淀区邮电大学和交通大学、丰台区城建开发公司和天纬油泵油嘴有限公司等 6 家锅炉房（21 台总容量为 505 t/h）完成了“煤改气”或热力工程。

2010 年，市财政局和市环保局联合印发《〈北京市锅炉改造补助资金管理办法〉补充规定》，提高了对大型燃煤锅炉改清洁能源的补助标准：凡在京实施单台容量 20 t/h 以上燃煤锅炉改用燃气、热力、电等清洁能源，并在改造中同步采取低氮燃烧技术的市区属单位和企业，资金补助由每蒸吨 5.5 万元增加至 10 万元；市属差额预算拨款单位按每蒸吨 15 万元给予补助；市属全额预算拨款单位先按每蒸吨 30 万元补助，项目完成后按决算审核结果进行清算，多退少补。这一规定进一步推动了燃煤锅炉清洁能源的改造进程，全市基本完成了总容量 1 050 t/h 燃煤锅炉的清洁能源改造工程（表 4-6）。

表 4-6　1998—2010 年燃煤设施改用清洁能源改造项目及内容

年份	改造项目	完成情况
1998	卫生（医院）和旅游饭店系统燃煤锅炉	共改造 450 多台锅炉，容量超 900 t/h
1999	三环路内的茶炉、大灶和四环路内的工地、仓库（改用液化石油气等清洁燃料）	共改造 3 700 多台茶炉、13 000 多台大灶
	燃煤锅炉改天然气	共改造 1 000 多台，容量超 2 000 t/h
2002	燃煤锅炉改天然气	共改造 1 681 台锅炉
2003	城八区燃煤锅炉改清洁能源	共改造燃煤锅炉 1 914 台
2004	燃煤锅炉改清洁能源	共改造 1 136 台锅炉。城八区 1 037 台，远郊区县 99 台
2005	燃煤锅炉改清洁能源	共改造 249 台锅炉，容量为 1 043 t/h。其中改燃气 132 台、改热力 26 台、改电 28 台、改用其他清洁能源 63 台
2006	人工煤气改天然气	朝阳区双桥地区 6 000 多户人工煤气改为天然气，结束了北京市 47 年使用人工煤气的历史
	燃煤锅炉改清洁能源	共改造 1 400 台锅炉，容量为 5 290 t/h。削减燃煤 102.5 万 t，削减烟尘 4 100 t、SO_2 8 200 t
2007	燃煤锅炉改清洁能源	共改造 1 105 台锅炉
2010	燃煤锅炉改清洁能源	提高了大型燃煤锅炉改清洁能源补助标准，共改造燃煤锅炉 1 050 t/h

二、核心区平房采暖“煤改电”“煤改气”

城市核心区平房冬季燃煤采暖不仅存在火灾、煤气中毒等安全隐患，还低空排放大量烟尘、SO_2、NO_x、CO 等污染物，给大气环境带来严重污染。

2000 年，市政府控制大气污染第五阶段措施要求“加快城近郊区居民平房电采暖试点工作，对试点用电实行低谷电价”，由此开始了城四区文保区清洁能源改造工程。

2001年，市政府开始对核心区内33片文物保护区（简称“文保区”）平房冬季取暖小煤炉进行清洁能源改造。由于“文保区”多采用蓄能式电采暖设备替代传统的小煤炉采暖，因此简称为平房“煤改电”工程。“煤改电”工程采取先试点、再示范、后扩大的分步推进模式。东城、西城两区256户居民率先进行改造试点，并取得初步经验。

2003年，“煤改电”工作进入正式实施阶段，以东城区东四三条至八条、西城区西四北头条至八条两个地区为示范区，组织完成约9 000户居民电采暖改造。2006年，西城区府右街地区实施2 500户示范改造。

自2007年开始，连续3年实施了大规模“煤改电”工程，2007年完成改造2.1万户，2008年改造6.1万户，2009年改造7.2万户。

图4-8　平房文保区实施采暖“煤改电”工程

2010年，在全面完成文保区平房清洁能源改造工程后（表4-7），《北京市人民政府关于发布本市第十六阶段控制大气污染措施的通告》中要求推进首都功能核心区“无煤化”建设。

2013—2017年，城市核心区清洁能源改造工作全面完成，约有28万户居民实现了“煤改电”或“煤改气”。

表 4-7　核心区平房冬季采暖清洁能源改造工程统计

工程	区名	年份	工程范围	户数
煤改电	东城区	2001	东四六条、七条、八条胡同	156 户
		2003	东四一条、二条、三条、四条、五条、九条、十条胡同	8 036 户
		2007	南锣鼓巷地区、东四地区	10 500 户
		2008	北新桥地区、安定门地区	20 000 户
		2009	景山、建国门、东华门、朝阳门以及北新桥与安定门未改居民	32 000 户
	西城区	2000	西长安街办事处所属南长街 101 号财政部宿舍	12 户
		2001	东松树胡同西长安街敬老院	40 余间房屋
		2002	西四北头条至八条	300 户
		2003	西四北头条至八条平房保护区	5 700 户
		2006	北至西安门、南至灵境胡同、西至皇城根南街、东至府右街，位于皇城保护区内	2 558 户
		2007	府右街以西地区、大小金丝套地区、景山地区、南北长街地区	10 407 户
		2008	北起北二环、南至平安大道、东到地安门外大街—旧鼓楼大街、西至新街口北大街—新街口南大街	26 750 户
		2009	白塔寺地区、南闹市口地区、西什库地区、灵境胡同	20 324 户
		2010	白塔寺以北地区	7 285 户
	宣武区	2008	东琉璃厂地区、西琉璃厂地区、法源寺地区	8 320 户
		2009	大栅栏平房文保区	18 103 户
		2010	天桥传统文化保护带（留学路、香厂路、禄长街社区）以及已经实施过煤改工程改造地区中未参加改造的居民户	4 286 户
煤改气	崇文宣武	2010	居民“煤改气”工程	1 758 户

“煤改电”工程涉及外电网改造、户线改造、蓄能式电采暖设备销售、房屋保温修缮、弱电入地等多项工程，按照《市发展改革委关于研究中南海地区小煤炉污染治理、燃煤锅炉改造有关问题意见的签报及申请资金函的批办单》《北京市财政局关于下达西城区2007年平房煤改电补助资金的通知》等文件的要求，各项工程的资金来源及市、区两级财政的分摊比例存在一定差异。其中外电网改造费用大部分由供电部门自筹、少部分由市发改委协调解决；户线改造费用由市、区两级财政按照6∶4的比例分担；蓄能式电采暖设备购置费用由市财政、区财政、居民个人按照1∶1∶1的比例分担；而房屋保温修缮和弱电入地等项目费用均由区财政自行安排解决（表4-8）。

表4-8　核心区平房冬季采暖小煤炉清洁能源改造工程资金投入情况

单位：万元

序号	年份	外线投资	户线投资	设备投资	保温修缮	小计
1	2003	13 195	3 255.44	2 654	919.26	20 023.7
2	2006	2 885	1 039.32	748	531.25	5 203.57
3	2007	37 772	7 643.45	5 588.7	3 001.1	54 005.25
4	2008	322 080	28 954.89	17 231.38	11 510.46	379 776.73
5	2009	417 631	33 666.52	26 457.34	64 643.45	542 398.31
6	2010	36 527	5 653.48	3 269	580	46 029.48
合计		830 090	80 213.10	55 948.42	81 185.52	1 047 437

为确保广大居民能够用得好、用得起电采暖，市政府及有关部门在实施“煤改电”工程时，制定实施了多项经济优惠政策，鼓励居民主动用电采暖，并能够从“煤改电”中得到实惠。

1998年8月，市政府办公厅印发《北京市关于加快实施城镇居民住宅配电设施改造工程的通知》。2002年7月，市经委、市发展计划委、市市政管委、市物价局联合发布《北京市电采暖低谷用电优惠办法》及有关实施细则。2005 年 9 月和 2006 年 11 月，市财政局印发《北京平房煤改电示范区采暖补助办法》《北京平房煤改电示范区电采暖补助办法的补充规定》，规定采用蓄能电采暖的平房居民，采暖季结束后，凭谷电交费单和有关证明材料，领取低谷电每度 0.2 元的补贴。市经委及有关部门先后印发了《关于电采暖低谷用电优惠办法有关实施细则及优惠时段的通知》《关于平房煤改电示范区采暖补贴实施方案意见函及补助办法的通知》《北京电力公司城区供电公司关于 2006 年实施居民峰谷试点电价的通知》等文件，从降低电价、提高清洁能源补贴标准等方面，减少居民冬季采暖费用。享受优惠政策后，在相同条件下，采用蓄能式电采暖，利用峰谷电价差，每户年均采暖费用与燃煤取暖相当。

2006 年 1 月，经市政府批准，北京市市政管委印发《关于发布“北京市居民住宅清洁能源分户自采暖补贴暂行办法”的通知》。明确旧有居民住宅按照大气污染治理统一改造要求，采用清洁能源分户自采暖的用户，按照相关政策规定，可凭有关证明材料按照每平方米、每个采暖季、每人 15 元的标准领取分户自采暖补贴。

2007 年 9 月，市发展改革委印发《关于 2007 年东城、西城煤改电用户电价问题的通知》，将东城区和西城区新增的“煤改电”居民用户纳入居民峰谷电价试点范围，电价执行国家发展改革委批复的居民峰谷试点价格。

2008 年 10 月，市发展改革委印发了《关于 2008 年北京市东城区、西城区、宣武区煤改电用户电价问题的通知》，规定将当年新增的东城区 2.37 万户、西城区 3.20 万户、宣武区 0.633 万户“煤改电”居民用户，纳入居民峰谷电价试点范围，执行国家发展改革委批复的北京市居民峰谷试点价格。

图 4-9　城区冬季采暖“煤改电”户用电表

平房采暖实施“煤改电”或“煤改气”工程后，核心区内约有 28 万户平房居民冬季采暖用上了清洁能源。如果按每户每个采暖季用 1 t 煤计算，与实施“煤改电”“煤改气”工程前相比，2017 年核心区平房冬季可减少采暖用煤 28 万 t，有效控制了冬季的煤烟型污染，空气质量得到明显改善。同时，也减少了燃煤和灰渣堆放，改善了平房居民的生活环境，取得了较好的社会效益和环境效益。

三、城乡接合部原煤散烧污染治理提上日程

2007 年 3 月，北京市政府发布了第十三阶段控制大气污染措施，要求“加快五环内城乡接合部清洁能源替代烧散煤工作”。为研究城乡接合部取消原煤散烧工作，探索原煤散烧替代的可行技术和有关政策，2007—2008 年，北京市环保局委托市煤气热力工程设计院有限公司，在朝阳、海淀、丰台 3 个区开展了城乡接合部散煤状况调研工作。

2009 年 3 月，依据城乡接合部散煤现状调研结果，北京市环保局设立了“城乡接合部散煤现状调研及治理方案规划设计”调研课题，对五环路以内城乡接合部地区（主要包括朝阳区的东部和南部、海淀区的山前地区、丰台区的河东地区）的 105 个行政村进行了调查，其中朝阳区

35个、海淀区18个、丰台区52个，基本摸清了村庄的散煤采暖情况（户数、人口、房屋面积、采暖面积、燃煤量等）、周边市政条件（热、气、电）以及规划情况（规划内容、批准部门及文号、实施进度等）。调查结果表明：朝阳、海淀、丰台的城乡接合部共有行政村70个，散煤采暖总面积为1 055万 m^2（表4-9）。

表4-9　2009年3月朝阳、海淀、丰台的城乡接合部行政村散煤采暖情况

区名	行政村/个	户数/万户	人口/万人	散煤采暖面积/万 m^2	煤炉数/万台	燃煤量/万t
朝阳区	26	3.8	36.0	385	4.6	17.9
海淀区	8	1.1	12.5	124	1.0	4.8
丰台区	36	4.4	30.0	546	5.5	17.0
合计	70	9.3	78.5	1 055	11.1	39.7

在调查的70个行政村中，位于三环路和四环路之间的有29个，占41%；位于四环路和五环路之间的有41个，占59%（表4-10）。行政村中常住户数为9.3万户，总人口为78.5万人，其中常住人口21.6万人，占总人口的27.5%；暂住人口56.9万人，占总人口的72.5%（表4-11）。70个行政村共有小煤炉11.1万台，年耗煤量约39.7万t，其中采暖耗煤量为36.4万t（另外为炊事燃煤），每平方米耗煤量为31.1～46.6 kg，每台炉子耗煤量为3.1～4.8 t。

表4-10　2009年3月朝阳、海淀、丰台的城乡接合部行政村分布情况

区名	三环至四环/个	四环至五环/个	总计/个
朝阳区	8	18	26
海淀区	0	8	8
丰台区	21	15	36
合计	29	41	70

表 4-11　2009 年 3 月朝阳、海淀、丰台的城乡接合部行政村户数与人口情况

区名	总人口/万人	常住户数/万户	常住人口/万人	暂住人口/万人
朝阳区	36.0	3.8	9.2	26.8
海淀区	12.5	1.1	2.4	10.1
丰台区	30.0	4.4	10.0	20.0
合计	78.5	9.3	21.6	56.9

调查结果表明：朝阳区、海淀区和丰台区五环路内城乡接合部地区，70 个行政村位于三环路与五环路之间，年耗煤量近 40 万 t，主要用于冬季采暖和炊事。由于炊事大多依靠瓶装液化石油气，炊事散煤耗量只占 6%～9%。平均每户居民年耗煤约 4.2 t，每年冬季采暖需花费 2 730 元（以煤价 650 元/t 计算），城乡接合部采暖季平均每平方米用煤 31.1～46.6 kg，与全市燃煤锅炉采暖耗煤 25～27 kg 相比高得多。分析其主要原因：一是房屋结构不节能。城乡接合部地区的房屋以平房为主，大多建造时间较早，墙体无保温层，门窗密封性差。二是小煤炉取暖燃烧效率低。城乡接合部地区居民采暖多使用小型炭火炉，燃烧效率低，约为 40%。三是用散煤热值低。城乡接合部地区所用散煤和蜂窝煤大多是游商所售，煤质无法保证，热值比较低且含硫量和灰分较高。小煤炉燃烧散煤采暖和炊事没有也不可能安装任何排放控制措施，烟尘、SO_2、NO_x 等烟气污染物全部低空 2～3 m 排放，对城区冬季大气环境质量的影响较大，形成了低矮面源污染，对环境造成较重的污染。

2008 年 2 月，北京市政府发布了第十四阶段控制大气污染措施，要求“城乡接合部等地区取消原煤散烧”。同年 9 月，北京市政府发布了第十五阶段控制大气污染措施，要求“继续开展城乡接合部地区原煤散烧替代工作”。

2009 年 8 月，北京市环保局、北京市财政局印发了《关于开展城乡接合部地区原煤散烧替代试点工作的通知》，并在朝阳、海淀、丰台三

区试点开展了城乡接合部地区原煤散烧替代工作，每区各选一个行政村进行试点，分别采用型煤、生物质型煤和生物质能 3 种燃料及对应类型的炉具替代原煤散烧采暖。试点监测数据表明，以上 3 种燃料燃烧产生的污染比原煤散烧产生的污染轻，但是污染仍然比较严重，并非是解决原煤散烧采暖的最佳对策。

第六节　清洁空气计划加快燃煤压减

一、加快压减燃煤的目标和任务

2012 年，北京市燃煤总量为 2 300 万 t，占能源消费总量的 25%。其中，电厂、采暖锅炉、工业和民用散煤分别占 40%、24%、19%和 17%；城近郊 6 个区煤炭消费约占全市的 50%。

2013 年 8 月 12 日，北京市人民政府办公厅印发《北京市 2013—2017 年加快压减燃煤和清洁能源建设工作方案》，这是北京市以改善空气质量为出发点，第一次旗帜鲜明地以“加快压减燃煤”作为政府文件标题，对燃煤污染治理作出的 5 年全面重大部署，也是北京市推进能源清洁化、现代化的标志性工作。9 月 13 日，市政府印发《北京市 2013—2017 年清洁空气行动计划》，提出了“能源结构调整减排工程”具体任务。

压减燃煤的目标是：到 2015 年和 2017 年，全市燃煤分别比 2012 年削减 800 万 t 和 1 300 万 t；重点领域加快治理，东城区、西城区全面实现无煤化，城六区实现集中供热清洁化，市级以上工业园区完成清洁能源改造，多措并举减少民用散煤、炊事用能，实现清洁化。

主要任务有：①建设四大燃气热电中心，关停燃煤热电机组，清洁发电达到 100%，削减燃煤 930 万 t。②集中将燃煤供热锅炉改为燃气锅炉，削减燃煤 220 万 t。城六区 137 台总容量 4 900 t/h 的燃煤锅炉全部“煤改气”，削减燃煤 120 万 t；远郊新城和重点镇区容量 20 t/h 以下的燃煤供热锅炉全面实现清洁能源改造，各类培训中心、招待所、疗养院、度假村等商业服务单位实施清洁能源改造，削减燃煤 100 万 t。③压减工业用煤 200 万 t。全面完成 19 个市级工业园区的总容量 2 100 t/h 的燃煤锅炉“煤改气”，削减燃煤 50 万 t；基本完成全市规模以上工业企业的燃煤锅炉“煤改气”、市级以下工业开发区、工业园区和产业基地的燃煤设施清洁能源改造，削减燃煤 55 万 t。④多措并举治理散煤，削减燃煤 100 万 t。东城区、西城区实现无煤化，平房 6.3 万户采暖散煤通过“煤改电”削减；在朝阳、海淀、丰台、石景山四个区的城乡接合部实施“五个一批”加快城市化进程；全市农村实现炊事气化，在重点平原地区，结合新农村和城镇化建设，完成 25 万户电力、燃气和可再生能源清洁改造。

在配套政策制定方面：提出加大政府对燃煤设施改造和清洁能源发展的投入、完善清洁能源发展的财政补贴机制、发展价格杠杆作用、创新清洁能源发展等对策。

二、农村和城乡接合部“减煤换煤”、清洁采暖压减燃煤

为治理农村燃用散煤采暖造成的大气污染，2013 年 8 月，北京市在全国率先启动了农村地区“减煤换煤”工作。“减煤”就是通过“五个一批”和农户散煤采暖清洁能源改造，从根本上减少散煤燃用量。“换煤”就是将农户以前燃用的低价劣质烟煤更换为优质无烟煤，同时将炉具更换为能燃烧优质型煤的直燃炉具。

农村散煤使用量。根据调查统计，截至 2013 年采暖季结束，北京市在农村地区居住的冬季取暖的农村户籍住户（包括农民和居民）共 146 万户，每年燃用散煤 430 万 t（不含农村外来人口及工商企业用煤），成为冬季突出的大气污染问题。

“减煤换煤”工作部署。2013 年 8 月 6 日，市政府召开了“北京市农村地区减煤换煤清洁空气行动”工作会议，提出 2013—2017 年利用

四年时间，按照“五个一批”（城市化建设上楼一批、撤除违法建设减少一批、炊事气化解决一批、城市管网辐射一批、优质燃煤替代一批）的方式，每年依次按照任务总量的 20%、30%、30%、20%的比例完成农村 146 万户 430 万 t 的“减煤换煤”任务。2013 年 8 月 12 日，市政府办公厅同日印发两份文件《北京市 2013—2017 年加快压减燃煤和清洁能源建设工作方案》和《北京市 2013 年农村地区“减煤换煤、清洁空气”行动实施方案》，前者是对全市加快压减燃煤和清洁能源建设工作的总体方案，后者则是专门针对农村散煤燃烧污染治理的难点问题所提出的具体任务、方法和措施。2013 年 9 月 13 日，市政府印发《北京市 2013—2017 年清洁空气行动计划》，提出了“能源结构调整减排工程”任务，并且进一步提出了“力争完成农村散煤采暖清洁能源改造 20 万户”的任务。2014—2017 年，市政府逐年分解部署农村地区“减煤换煤”工作任务，市政府办公厅先后印发了《北京市 2014 年农村地区“减煤换煤、清洁空气”行动实施方案》《2015—2017 城乡接合部地区散煤三年整治行动方案》《2016 年北京市农村地区村庄“煤改清洁能源”和“减煤换煤”工作方案》《2017 年北京市农村地区村庄冬季清洁取暖工作方案》，每年部署全市农村地区“减煤”和“换煤”的工作任务及资金保障政策。

“换煤”完成情况。2013 年全市累计换煤到户量 29.7 万 t，其中优质块煤 11.1 万 t，优质型煤 16.3 万 t（其中蜂窝煤 2 万 t、球煤 14.3 万 t）；2014 年全市优质煤配送 40.8 万 t，2015 年优质煤配送 102.8 万 t，2016 年优质煤配送 128 万 t，2017 年优质煤配送 43 万 t。2013 年、2014 年、2015 年，更换炉具分别为 2.7 万台、9.3 万台、15.6 万台。

“减煤”完成情况。除了“换煤”以外，北京市还着力推进农村和城乡接合部居民散煤采暖改为清洁能源采暖。2013 年，全市完成 5.05 万户煤改清洁能源，其中农村地区 0.65 万户，另外 4.4 万户为核心区平房采暖“煤改电”；2014 年，完成 3.5 万户煤改清洁能源；2015 年，完成 8.49 万户煤改清洁能源工程；2016 年，完成 24.4 万户煤改清洁能源；2017 年，完成 39.9 万户煤改清洁能源。其中，农村地区完成 901 个村庄 36.9 万户煤改清洁能源，“改电”（空气源热泵、蓄热式电暖器）700 个村庄 27.2 万户，“改气”（管道天然气或液化天然气撬装站）201 个村庄 9.7 万户，同步完成 1 514 个村委会和村民公共活动场所散煤采暖清洁能源替代和 95 万 m^2 籽种农业设施散煤供暖清洁能源替代。此外，2013—2017 年，全市通过棚改拆迁等方式完成了 27.4 万户用煤压减，其中城镇地区 2.4 万户、农村地区 684 个村约 25 万户。

2013—2017 年，全市农村和城乡接合部地区共计完成了 81.34 万户散煤采暖清洁能源改造工程，加上城市地区“棚户区改造拆迁”27.4 万户上楼，实现了集中供暖。按照每户燃烧散煤 3 t 估算，全市 5 年共减少散煤 300 万 t 左右。

财政政策保障有力。在推进农村和城乡接合部优质煤替代工作中，北京市加大财政投入，对优质煤和炉具实施市区两级补贴，市财政按照 200 元/t 标准对 13 个区（县）实施奖励，各区（县）对优质煤销售企业加大补贴，补贴标准分别为 400 元/t（3 个区）、500 元/t（6 个区）、600 元/t（5 个区），使农户冬季不增加采暖负担。同时，更换优质煤燃用炉具的费用，市、区（县）和农户各承担 1/3。

2013—2017 年，北京市“减煤换煤”及“煤改清洁能源”市级财政投入资金共计约 81 亿元。其中，“减煤换煤”投入资金约 21 亿元，清洁能源取暖设备补贴约 58 亿元，市级电费补贴约 2 亿元（不含核心区）。

标准管理提升煤质。为了保证优质煤质量、控制燃烧排放，北京市还多次对 1998 年制定的强制性地方标准《低硫优质煤及制品》（DB11/097—1998）进行修订，2004 年 7 月 15 日第一次修订，标准名称改为《低硫煤及制品》（DB11/097—2004）；2013 年 8 月 27 日第二次修订；2014 年 6 月 25 日第三次修订，将含硫量降低到 0.4%。

三、超额完成压减燃煤任务、“无煤化”迈上新台阶

2013—2017 年，全市压减燃煤 1 833.4 万 t，超额完成压减燃煤 1 300 万 t 的计划任务（5 年压减燃煤量见表 4-12）。2017 年，城近郊六区和南部平原地区基本实现“无煤化”。其中，全市完成总容量 18 511 t/h 燃煤锅炉清洁能源改造，容量 10 t/h 及以下的燃煤锅炉基本“清零”，远郊新城建成区 35 t/h 及以下的燃煤锅炉全部淘汰，按使用单位计 99.8%的燃煤锅炉已淘汰，按容量计 95.8%的已淘汰；拆除燃煤茶浴炉、大灶 1 502 台；全市农村地区和朝阳、海淀、丰台、石景山四区城乡接合部累计完成了 1 564 个村 50 多万户散煤采暖改电、改气工程，全市农村全部实现了炊事能源燃气化。2015—2017 年，全市完成燃气锅炉低氮燃烧改造约 7 000 台，容量 23 000 t/h。

表 4-12　2013—2017 年北京市压减燃煤量统计

年份	压减燃煤/万 t	煤炭消费量/万 t	煤炭能耗占比/%
2013	250.7	2 019.2	23.3
2014	282.7	1 736.5	20.4
2015	571.3	1 165.2	13.7
2016	371.6	847.6	9.8
2017	357.1	490.5	5.7

2013—2017 年，北京市 5 年压减燃煤和清洁能源建设工作，使能源结构进一步优化，2017 年与 2012 年相比，煤炭消费量由 2 300 万 t 下降到 490 万 t，煤炭消费占比由 25%下降到 5.7%。北京市能源清洁度在 74 个全国大气污染治理重点城市中名列前茅。

第七节　燃煤控制区严准入防反弹

一、烟尘控制区管理制度

烟尘控制区是指为防治烟尘污染，按照法定程序划分的对排放烟尘的污染源加以严格控制的区域。通常以城市街道为区域单位，对区域内的各种锅炉、窑炉、茶炉和食堂大灶（简称“炉、窑、灶”）排放的烟气黑度，以及各种工业炉窑及生产设施排放的烟尘浓度进行控制，使其达到规定的标准。

建设烟尘控制区就是通过加强城市区域综合整治、消烟除尘控制点源污染、强化监督管理等一系列措施，防治大气污染。建设烟尘控制区是城市环境综合整治的重要内容，也是防治大气污染从点源治理向区域控制、综合整治转变的重要措施。

1987 年 7 月，国务院环境保护委员会颁发《城市烟尘控制区管理办法》。为了以清洁优美的环境迎接第十一届亚运会，市环保局组织城近郊区环保局和街道办事处、居委会，对所辖区的炉、窑、灶进行详查，并在部分地区开展建设烟尘控制达标区试点工作。1988 年 2 月，全国环保局长会议要求北京等全国 32 个重点城市于 1990 年成为烟尘控制达标城市，各种炉窑排放的 TSP 浓度达到 400 $\mu g/m^3$（标准状态下）以下，90%以上炉、窑、灶排放的烟气黑度、80%以上的窑炉及工业生产设施排放的烟尘浓度达到国家或地方规定的排放标准。为此，市政府决定用 3 年时间（1988—1990 年），将城近郊 8 个区的 93 个街道办事处、645.6 km^2 辖区范围建成烟尘控制区。1988 年，市环保局要求城近郊 8 个区三年之内（1988—1990 年）各种炉、窑、灶的烟气黑度达标率分别为 65%、80% 和 90%，各年的烟尘排放浓度达标率分别为 60%、70%和 80%。

1988—1990 年，各区环保局组织街道办事处及各单位，对当年建设的烟尘控制区炉、窑的运行状况逐个调查、登记、建档，并对烟尘不达标的单位发出限期治理通知书，加强监督、严格执法。1988 年，市环保局总结了西城区西长安街街道组织专职环保员、居委会信息员和辖区内单位成立协作组，实行“三级管理、四级监督”的经验，即由市、区县环保局、街乡镇环保员组成的三级环境管理，市、区县、街乡镇及所属居（家）村委会的义务环保信息员组成的四级监督，并在全市推广。城近郊 8 个区共成立了 544 个协作组，各单位互相检查、互相促进，共同帮助烟尘超标单位，研究治理方案，绝大多数单位积极治理，按期实现达标排放。各区县环保局组织专职、兼职环保监察员，深入各单位监督检查，对未按要求限期治理、仍冒黑烟和烟尘超标的单位依法处理。至 1990 年年底，城近郊区烟尘控制区覆盖率达到 100%。

1991 年 1 月，为了申办 2000 年奥运会，市环保局进一步加强烟尘监督管理，要求各区县环保局组织乡、镇、街道、居（家）委会的环保员对辖区烟尘污染进行定期和不定期的监督检查，纠正违章行为，市区在全部实现烟尘控制达标区的基础上，进一步巩固提高管理水平。远郊城镇烟尘控制区覆盖率达到 72.5%，1992 年提高到 90%。

1993 年年初，为确保国际奥委会考察团在京考察期间不冒黑烟，市环保局发出《关于确保不冒黑烟，部分单位限产、减产、停产的通报》，并与有关部门协商，要求北京化工二厂（电石炉）、北京沥青混凝土厂等 12 家单位的部分燃煤设备停产，北京轮胎厂、北京铜厂等单位限产、限时或低负荷运行。烟尘控制区检查验收重点放在体育场馆周围和主要交通干道两侧。为贯彻执行国家新颁布的《锅炉大气污染物排放标准》，市环保局重新核发了《炉窑及除尘设备许可证》，采用有效手段，使烟控区内 65%的炉、窑及远郊区、县城关镇烟控区 60%的炉、窑烟尘排放浓度达到 300 mg/m^3。

1994 年 6 月 1 日，为加强烟尘控制区管理，北京市实施《关于加强烟尘控制区管理的规定》和《北京市烟尘控制区考核办法》，多数企事业单位加强了烟尘控制，冒黑烟现象有所减少，但仍有一些单位未采取有效控制手段，炉、灶冒烟现象时有发生。通过对城近郊区 4 288 台锅炉进行监测，有 77%达到了烟尘排放浓度低于 300 mg/m^3 的标准，烟尘黑度达标率为 91%。7 月 6 日，市政府办公厅转发市环委会《关于进一步加强城市环境综合整治定量考核工作报告的通知》，明确进一步落实责任制，加大力量改进薄弱环节，提高环境综合整治考核成绩。

1995 年，《中华人民共和国大气污染防治法》重新修订，北京市将建设烟尘控制区与贯彻实施《中华人民共和国大气污染防治法》、改善城市环境质量紧密结合，要求三环路内采取限期停止原煤散烧，烟控区内煤堆、灰堆覆盖等措施，防治煤烟型污染。石景山、丰台、朝阳、海淀等区在烟尘控制区管理工作中，运用计算机和电子显示等先进手段，提高了科学化管理水平。7 月 5 日，市环保局印发了《关于执行〈北京市加强烟尘控制区管理的规定〉有关问题的补充说明》，对有关问题进行了补充说明，对未采取有效控制手段，少数炉、灶冒烟的单位给予黄牌警告。1995 年，城近郊区锅炉、窑炉烟尘达标率提高到 80%，远郊区城镇达到 70%。

1998 年，《北京市人民政府关于采取紧急措施控制北京大气污染的通告》要求“三环路以内所有餐饮业的炉灶和各单位的茶炉、大灶，凡是燃煤的，一律改用清洁燃料，并不准再建新的燃煤设施。1999 年 2 月 15 日以前凡处于具备使用管道燃气条件地区的单位，必须改用管道燃气；处于不具备使用管道燃气条件地区的单位和规划四环路以内工地、仓库的燃煤茶炉、大灶，一律改用液化石油气等清洁燃料”。

1999 年以后，烟尘控制区建设逐步转为燃煤设施改用清洁能源的“煤改电”“煤改气”等工作。

二、无燃煤区管理制度

1997 年 9 月，陕甘宁天然气进京，清洁燃料供应问题初步得到解决，北京市开始实施无燃煤区建设。无燃煤区即在城市中选择若干区域不准有燃煤设施：包括民用炉及采暖、工业、餐饮、洗浴等炉灶，均采用各种清洁燃料，如天然气、人工煤气、液化气、轻柴油、电等，不准使用渣油。

1998—2000 年，市政府先后划定 40 片燃气、热力管网条件相对较好的地区为无燃煤区（图 4-10），总面积为 105.39 km^2。其中城四区 17 片无燃煤区，总面积为 19.2 km^2，近郊区 23 片，总面积为 86.2 km^2。在 40 片无燃煤区内，共改造锅炉 1 764 台，占全市采暖炉总数的 11.3%，替代燃煤 110 万 t，锅炉热效率提高到 87.5%；改造茶浴炉 1 391 台，占总数的 13.9%，替代燃煤 5.56 万 t；改造炊事大灶 2 372 台，占总数的 8.3%，替代燃煤 3.66 万 t。共消纳天然气 2 亿 m^3、人工煤气 1.12 亿 m^3，替代燃煤约 124 万 t，平均每年少排放烟尘 3 691 t、SO_2 16 770 t、NO_x 3 602 t、CO 18 026 t。

图 4-10 北京市区建设无燃煤区示意图

40 片无燃煤区改用天然气，享受减免“四源费”，三年共投入资金 4.68 亿元。无燃煤区建成后，环境质量得到较大改善。

三、高污染燃料禁燃区管理制度

2013 年 9 月，北京市发布了《北京市 2013—2017 年清洁空气行动计划》，提出在2013年年底前，将城六区范围划为高污染燃料禁燃区。

2014年6月24日，市政府召开常务会议，决定在北京划定高污染燃料禁燃区：城六区、北京经济技术开发区、远郊区县10个新城建成区及全市市级以上开发区禁止使用原煤等高污染燃料。禁燃区内任何单位不得新建、扩建高污染燃料燃用设施，并按照由内到外的原则，逐渐实现禁燃。不得将其他燃料燃用设施改造为高污染燃料燃用设施。高污染燃料销售单位应按要求逐步取消禁燃区内销售网点，并提出高污染禁燃区计划建成时间（表4-13）。

表4-13　高污染燃料禁燃区计划建成时间

高污染燃料禁燃区	计划建成时间
北京经济技术开发区	2014年年底前
东城区、西城区	2015年年底前
石景山区	2017年年底前
朝阳区、海淀区、丰台区	2015年年底前实现无燃煤锅炉； 2017年辖区内开发区和四环路内区域建成禁燃区； 2020年年底前全境建成
远郊区县10个新城建成区	2017年40%的区域建成； 2020年80%的区域建成

同时，明确“现有的高污染燃料燃用设施，有关单位和个人应当按规定予以拆除或者改用电、天然气或其他清洁能源，对于逾期继续使用高污染燃料的单位，将依法依规进行处罚”。

2014—2017年，北京市扎实推进高污染燃料禁燃区建设，实施优惠政策并予以资金支持，促进了能源结构调整和燃煤污染治理。2014年，北京经济技术开发区基本建成无煤区；2015年，城市核心区基本实现无煤化；2017年，城六区基本完成10 t/h以上燃煤锅炉清洁能源改造，使大气环境质量得到极大的改善，彻底消除了燃煤带来的煤烟型污染。

第五章　工业污染防治调迁关停治

1984 年，北京市出台了第一个污染扰民企业搬迁优惠鼓励政策，1995 年出台了《北京市实施污染扰民企业搬迁办法》，一批工业企业被调整搬迁、关停和治理，大气、水、固体废物和噪声等污染大幅度降低。在搬迁调整的过程中，工业大气污染治理发挥了“半边天”的作用。引人注目的首钢搬迁问题争论的结果是石景山涉钢产能搬入唐山市曹妃甸，在 2010 年年底画上句号。2000—2013 年，北京市不断调整产业结构和布局，发展实施都市工业计划，一批“三高”企业被淘汰，但是也带来了 VOCs 污染问题。2014 年北京市开始疏解非首都功能，一般制造业被不断疏解，减少了工业污染源总量；“散乱污”企业被清理，有效地防止了治不胜治问题的反复发生；实施了清洁空气行动计划，一批继续保留的工业企业实行环保技术改造、提标升级。

第一节　结构布局调整转型治污

一、结构布局调整和政策鼓励

1983 年 7 月，中共中央、国务院对《北京城市建设总体规划方案》的批复明确了首都的城市性质，对北京市的工业发展方向提出了明确的要求：“今后北京不要再发展重工业，特别是不能再发展耗能多、耗水多、运输量大、占地大、污染扰民的工业，而应着重发展那些高精尖的、技术密集型的工业。”“对于污染严重、短期又难以治理的工厂企业，要坚决实行关停并转或迁移。”北京市以此为契机，开始了大规模的工业结构和产业布局调整。环境污染防治和产业结构调整、工业企业搬迁实现了有机结合。

1984 年，经北京市政府批准，市计委、市经委、市财政局等 7 个单位共同印发了《关于对污染扰民企业搬迁实行优惠政策的通知》；1985—1988 年，又先后作出了污染企业搬迁减免税、原址转让、搬迁资金审查程序等 5 项补充规定，支持企业搬迁。同时，北京市规定企业在迁建过程中进行技术改造，由上级部门或国家安排的专项资金结合搬迁资金一并使用，并向占用原址的单位收取搬迁补偿费；企业在迁建过程中，同时进行污染治理，可从环保基建投资和征收的排污费中适当给予补助；企业在停产搬迁过程中发生的搬迁费用可列入“营业外支出”等。

1993 年 10 月，国务院对《北京城市总体规划（1991—2010 年）》作出了八条批复，进一步明确了北京市的功能定位，明确要求：“突出首都的特点，发挥首都的优势，积极调整产业结构和用地布局，促进高新技术和第三产业的发展，努力实现经济效益、社会效益和环境效益的统一。”根据北京市水源、能源、用地的状况，国务院再次重申：“北京不要再发展重工业，特别是不能再发展那些耗能多、用水多、占地多、运输量大、污染扰民的工业。市区内现有的此类企业不得就地扩建，要加强环境整治和用地整治。”“对市区内现有的污染扰民项目，要进行产业调整或逐步外迁。”

1995 年，北京市经委、市计委、市城乡规划委等 6 个单位联合印发了《北京市实施污染扰民企业搬迁办法》（以下简称《办法》）。企业搬迁按照“五少两高”（能耗少、水耗少、物耗少、占地少、污染少和附加值高、技术密集程度高）的原则，实施“退二进三”“退四进二”（即地处城区三环路以内的企业推出第二产业，发展第三产业；搬迁企业退到四环路以外，发展高水平的第二产业）。调整工业结构和布局，逐步解决污染扰民的问题。同时，以高水平、高层次、高效益为原则，调整经济结构，逐步从“二三一”转为“三二一”的发展格局。

《办法》要求搬迁项目必须坚持体现产品结构调整、促进技术进步、提高经济增长质量和效益、确保国有资产保值增值的原则；搬迁企业可享受免征营业税、土地增值税、固定资产投资方向调节税政策，可享受土地出让金全额返还政策等，综合各种优惠政策，企业在搬迁过程中通过优惠政策享受到的资金约占转让总收入的50%。自此，北京市工业企业搬迁进入了与企业资产重组、企业产品结构调整、全市工业布局调整相结合的新阶段。

1999年5月，北京市重新修订了《北京市推进污染扰民企业搬迁加快产业结构调整实施办法》，对搬迁企业在资金使用上作出较大的调整。将搬迁企业转让收入只允许进行技术改造的规定改变为可以用于7种用途，调动了企业搬迁的积极性。

1999年12月6日，《北京工业布局调整规划》正式颁布实施，明确在3～5年内，启动市中心区内及周边地区134家企业的搬迁工作，加快规划市中心区内现有企业的搬迁调整；强调企业搬迁必须与所有制结构调整、发展非公有制经济、企业技术进步、首都环境保护和经济可持续发展等结合起来。

2000年8月，经北京市政府批准，市经委、市计委颁布实施了《北京市三四环路内工业企业搬迁实施方案》，计划用五年时间（1999—2004年），分期分批实施工业企业的有序调整搬迁，预计可腾出四环路以内的土地面积约500万m^2（表5-1），使四环路内工业企业占地面积从8.74%降到7%。通过搬迁，预计到2004年，规划市区四环路内工业企业的耗煤量比1998年减少23%，SO_2排放量减少5 100 t，烟尘排放量减少1 400 t，废水排放量减少3 000万t，废水中COD排放减少5 000 t。

2002年8月30日，北京市经委、市建委、市环保局、市质监局联合印发了《关于进一步严格控制本市水泥生产规模的通知》，要求现有的水泥生产规模控制在 800 万 t 以内，关闭所有立窑生产线。

表 5-1　2000—2004 年四环路内工业企业搬迁计划

年 份	启动搬迁企业/家	转让土地面积/万 m^2	备注
2000	20	117	重点三环路内
2001	29	113	
2002	22	108	
2003	20	98	
2004	25	106	
合 计	116	542	

2005 年 1 月，国务院对新修编的《北京城市总体规划（2004—2020 年）》作出批复，确定了“国家首都、世界城市、文化名城、宜居城市”的城市定位。产业结构调整为“都市国际化、经济服务化、区域一体化、产业轻型化”，按照“两轴—两带—多中心”的设想，重新规划城市发展布局。从调整工业布局向优化城市功能布局方向转变，从重点治理城市局部污染向全面改善城市环境转变。

2005 年，北京市发展改革委、市工促局、市科委、市环保局等部门制定发布了《北京市工业当前退出部分生产能力、工艺和产品目录（2005—2006）》，对排污企业提出了退出倒计时表，加快了东南郊工业区和石景山地区重点企业的调整搬迁步伐。当年 2 月，国家发展改革委正式批复了首钢搬迁方案。

2007 年 9 月 26 日，北京市工促局、市发展改革委、市环保局等 8 个部门联合印发了《北京市关于加快退出高污染、高耗能、高耗水工业企业的意见》，明确了“十一五”时期北京市重点退出的 14 个劣势行业。重点退出的行业包括小钢铁冶炼、小水泥、小造纸、小化工、小火电、小铸造、小印染、电镀、平板玻璃、制革、有色冶炼、焦炭、氯碱、采矿等。

2008 年年初，北京市规划研究部门提出了北京市中心城工业用地整体利用更新策略，认为北京市需要保留合理数量的工业用地：一是北京城市发展处于工业化中后期，第二产业仍为城市居民重要的就业渠道，容纳清洁、高端、高附加值的工业企业是非常有必要的；二是工业企业的生产环节外迁、研发销售总部留在城市中心区；三是中心城工业用地的保留与提高环境质量、减少能源消耗、建设宜居城市的目标是一致的。

2008 年 1 月 17 日，北京市财政局、市工业促进局等部门制定发布了《关于鼓励退出“高污染、高耗能、高耗水”企业奖励资金管理暂行办法》，依据关停企业节能、节水、减排贡献，再就业人员安置和企业净资产规模三项指标，确定给予一次性 50 万元、100 万元、150 万元、230 万元四个档次的奖励。

2008 年 10 月 12 日，北京市财政局、市环保局印发了《北京市区域污染减排奖励暂行办法》，按照“以奖代补”和“多减排、多奖励”等原则，对完成“十一五”减排责任书主要污染物（SO_2、COD）减排指标的区县政府和有关部门予以奖励，支持有关污染减排项目的实施。当年市财政拨付奖励资金 5 751 万元，对申请退出“三高”行业的 42 家企业给予 4 930 万元奖励；2009 年，共有 275 家企业申请退出“三高”行业，实现原址停产。

2012 年，经北京市政府同意，市经信委、市环保局联合印发了《北京市工业大气污染治理行动计划（2012—2020 年）》，具体细化工业大气污染治理措施，分解工业结构调整内容，对“十二五”计划提出的退出 1 200 家污染企业任务进行分解，落实到各年度，即 2013 年累计完成 450 家、2014 年累计完成 900 家、2015 年全面完成任务。

2013 年，国务院印发了《关于化解产能严重过剩矛盾的指导意见》，北京市认真执行国务院的要求，市经信委印发了《不符合首都功能定位的工业行业调整、生产工艺和设备退出指导目录（2013 年本）》，制定了 2013 年退出 200 家污染企业的任务目标，涉及建材、化工、家具、铸锻造等 11 个行业。

2014 年，根据习近平总书记“通过疏解北京非首都功能，调整经济结构和空间结构，走出一条内涵集约发展的新路子”的指示精神，北京市按照严格控制增量、有序疏解存量，继续推进产业结构调整，削减工业污染，进一步淘汰落后污染产能。市经信委、市环保局发布实施了《北京市工业污染行业、生产工艺调整退出及设备淘汰目录（2014 年本）》，关停退出的污染企业主要集中在铸造、锻造、电镀、砖瓦、石灰、石材、沥青防水卷材、建筑陶瓷、平板玻璃、家具、涂料、印染等 12 个高污染行业。

2015 年 6 月，北京市印发了《关于落实清洁空气行动计划进一步规范污染扰民企业搬迁政策有关事项的通知》，要求加快污染扰民企业的搬迁，以适应新时期疏解不符合首都城市功能定位的产业及治理大气污染的需要；同时，进一步明确了污染搬迁企业享受的优惠政策，促进产业结构优化和工业布局调整。

2016 年，北京市将“散乱污”企业治理工作、清理整治镇村产业小区和工业大院作为加快疏解非首都功能、优化首都发展布局、提升城市发展质量、推动京津冀协同发展的重要举措。2016 年 5 月，市政府印发了《关于集中开展清理整治违法违规排污及生产经营行为有关工作的通知》，开展了环境污染执法、整治无证无照违规经营、打击违法用地违法建设、安全生产整治 4 个专项行动。

2017 年，北京市将“散乱污”企业治理纳入“疏解整治促提升”专项行动，全面治理环保不达标、无证无照经营、违规经营、安全隐患严重的一般制造业和低端服务业企业。市经信委会同有关部门印发了《全面清理整治镇村产业小区和工业大院 2017 年工作方案》，明确了清理整治完成标准和各有关主体的责任分工。市经信委、市环保局对《北京市工业污染行业、生产工艺调整退出及设备淘汰目录（2014 年本）》进行了修订。修订后的 2017 年版《目录》加大了重点行业和生产工艺的调整退出力度，主要涉及化工、家具、印刷等领域与有机溶剂使用相关的产品生产和制造工艺；同时增加了部分国家明令淘汰的落后设备，包括部分电动机等。项目从155项增加到了172项。

截至2017年，北京市经济结构发生了明显变化，一、二、三产业比重由1994的5.9∶45.2∶48.9调整至2017年的0.4∶19∶80.6。

二、污染企业搬迁

自1984年起，北京市对污染扰民工厂、车间搬迁工作的申报和审批实现了制度化、程序化和规范化，并纳入每年的污染源限期治理工作计划，由市环保局与市经委、市计委、市市政管委共同研究、反复筛选，与主管工业局商定后，经北京市环境保护委员会（以下简称“市环委会”）研究确定，由市政府下达。市环保局与市经委、市计委、市市政管委联合组成工作小组，每年共同研究制定就地治理、停产、搬迁等限期治理计划；年中共同进行检查，协调解决存在的问题；年底会同各区县环保局检查验收，推动了工业污染源的限期治理和搬迁。市环保局与各工业局、总公司签订环境保护工作承包合同，保证了限期治理计划的落实；对不能按期完成任务的单位，依法予以处罚，并再次要求限期完成。

1972—1990年，北京市工业企业因污染关、停、并、转、迁的工厂、车间共324个，其中改产30个、产品下放29个、撤点49个、并点80个、搬迁136个（表5-2）。第一轻工业总公司北京火柴厂、玻璃四厂、玻璃六厂、燕京造纸厂、造纸五厂、大华陶瓷厂、钟表厂、制笔公司、酒精厂等企业，通过搬迁改造，彻底解决了污染扰民问题。

表5-2　1972—1990年北京市工业企业关、停、并、转、迁情况

年份	改产	产品下放	撤点	并点	搬迁	总计
1972	1	—	—	—	—	1
1973	2	—	—	1	—	3
1974	3	1	—	—	4	8
1975	5	3	2	—	3	13
1976	1	—	—	—	1	2
1977	—	—	—	—	—	—

年份	改产	产品下放	撤点	并点	搬迁	总计
1978	4	3	—	7	—	14
1979	5	8	3	24	2	42
1980	3	1	6	10	2	22
1981	3	1	6	9	15	34
1982	—	—	5	6	9	20
1983	1	1	6	11	2	21
1984	1	2	11	3	20	37
1985	1	9	6	7	14	37
1986	—	—	—	—	16	16
1987	—	—	1	2	16	19
1988	—	—	2	—	12	14
1989	—	—	—	—	10	10
1990	—	—	1	—	10	11
总计	30	29	49	80	136	324

注：不包括电镀、铸造、锻造、热处理厂点撤、并、迁情况。

1991 年，北京市完成了 57 个重点工业污染源的限期治理任务，其中第四羊毛衫厂、无线电三厂等 9 个重点工厂、车间停产或搬迁。丰盛印刷厂、展览路冷冻综合修理厂、三里河洗染厂共 3 个区属工业企业限期治理搬迁，彻底解决了居民反映强烈的污染问题。

1992 年，北京市完成了 74 个重点工业污染源的治理和搬迁任务，群众反映强烈的北京椿树整流器厂机加工车间、打包带钢厂等 12 个污染工厂、车间停产或搬迁。北京制浆造纸试验厂制浆和碱回收装置于当年 3 月 4 日停产，改用商品浆造纸。停产后每年可减排 COD 超 2 000 t，排放浓度由 1 万～7 万 mg/L 下降到 400 mg/L。

1993 年，北京市完成了 53 个重点工业污染源的治理和搬迁任务，其中群众反映强烈的轧辊厂铸钢车间等 8 个工厂和车间停产或搬迁，解决了污染扰民问题。北京轧辊厂位于广渠门外双井，铸钢车间的粉尘、噪声严重污染环境。1984 年，距工厂十几米的地方建起了一幢高层居民楼，居民入住后厂群矛盾日益紧张，工厂虽然采取了措施治理，但仍难以达到排放标准。该厂搬迁后，原址改建为办公用房、三产用房、居民宿舍、商业和写字楼，彻底解决了污染扰民问题。

1994 年，北京市共完成了 61 个重点工业污染源的限期治理和搬迁任务，超过了计划的 22%；群众反映强烈的首钢第一线材厂（西直门）、橡塑一厂（南线阁）和绝缘材料厂（南菜园）等 16 个工厂、车间停产或搬迁，彻底解决了污染扰民问题。

1995 年，北京市 72 个重点污染源得到治理，超额完成了市政府下达的限期治理计划，其中 22 个污染扰民严重的工厂、车间停产或搬迁。特钢南区炼钢车间和化工二厂电石炉的停产，消除了市区两大污染源。同年 3 月，经市经委批准，北京橡胶五厂水裤分厂和宜刚鞋业有限公司迁至通县次渠工业区的北京橡塑制品厂内。此次搬迁调整对于解决橡胶五厂长期亏损、发展三产起到了促进作用。同年 8 月 28 日，北京开关厂与大兴工业开发区签订了征地协议书，拟将北京开关厂整体搬迁至大兴县，实施高起点、新水平生产，原厂址进行土地开发。建材集团总公司“以土地开发带动结构调整”，将轻钢结构厂、建筑涂料厂整体向工业区搬迁，按照“边搬迁、边调试、边生产、边经营”的要求，做到了搬迁生产两不误。北京铜材厂环保搬迁和技术改造项目历时 10 年，于 1995 年 12 月 12 日通过了北京市经委的验收，总投资为 14 838 万元，年产铜及铜合金带材能力为 1 万 t。

1996 年，北京市完成了 56 个重点工业污染源的限期治理和搬迁任务，其中五建构件厂、日用搪瓷厂等 17 个污染扰民严重的工厂、车间已停产或搬迁。北京标准件模具厂原厂址位于居民区，新址迁至朝阳区东坝河太阳宫路，占地 1.37 hm^2，总投资 2 600 万元，新建生产车间及辅助设施 13 398 m^2，生产条件和环境得到了改善。同年 7 月 1 日，北京制药三厂开始停产搬迁，从海淀区北洼路迁至朝阳区三间房东路，占地 15 万 m^2，建设面积为 5 万 m^2，绿化面积为 4.6 万 m^2；新厂完全符合产品供应规范（GSP）要求，当年年底基本完成了搬迁。根据北京建材集团总公司“680”支柱工程规划的要求，北京市建筑五金装饰材料工业公司克服资金短缺、时间紧迫等困难，从 1996 年 3 月 29 日至 11 月 27 日，仅用 8 个月的时间，将建厂 37 年、占地 25 400 m^2，包括工业、商业和后勤管理部门的企业，从北京市海淀区复兴路 51 号院迁至丰台区郑常庄，圆满完成了搬迁任务。

1996 年，国务院印发了《国务院关于环境保护若干问题的决定》，明令取缔关停小造纸、小制革、小染料、土法炼汞、土法炼砷、土法炼焦、土法炼油、土法炼铅锌、土法炼硫、土法选金、土法农药、土法电镀、土法生产石棉制品、土法生产放射性制品、小漂染共 15 种重污染小企业，以及原国家经贸委、国家发展改革委限期淘汰和关闭的破坏资源、污染环境、产品质量低劣、技术装备落后、不符合安全生产条件的企业。根据国务院决定的要求，北京市界定范围内的企业有 23 家，界定范围以外污染严重的企业有 13 家。按行业划分为：造纸 8 家、制革 3 家、小化工 3 家、染料 2 家、选金 9 家、漂染 7 家、农药和电镀各 1 家、其他行业 2 家。截至 1996 年 9 月 30 日，北京市 36 家“十五小”企业全部关停。关停后减少废水排放量 165.64 万 t，削减 COD 2 300 t。

1997 年，北京市完成了市属限期治理达标项目 223 项，其中群众反映强烈的沥青混凝土厂等 15 个工厂、车间停产或搬迁；各区县完成了区县属及乡镇企业限期治理项目 239 个，均超额完成了 40%的治理达标任务。

1998 年，根据《国务院关于环境保护若干问题的决定》规定的“到 2000 年，全国所有工业污染源排放污染物要达到国家或地方规定的标准”的要求，北京市对 570 个中央、市属企业和 558 个区、县属及乡镇企业下达了限期治理通知，加大了限期治理力度，完成了 312 个污染源的治理，其中，北京叉车厂等 18 个污染扰民严重的工厂、车间停产搬迁。全市约有 73.6%的工业污染源完成了限期治理任务，为实现到 2000 年所有工业污染源达标排放奠定了基础。

1998 年 6 月，北京市环保局、市监察局、市乡镇企业局联合印发了

《关于认真做好北京市1998年取缔、关闭和停产15种污染严重企业工作的通知》，对有关停任务的13个区县进行检查的结果表明，北京市于1996年关停的36家“十五小”企业，其中转产18家、技术改造2家、转租9家、取缔停产7家，未发现死灰复燃的现象。

1999年，北京市工业污染企业排放达标率达到95.5%，完成了200多项工业污染源限期治理任务，北京第二印染厂等20个工厂、车间停产或搬迁。化工、首钢、建材、燕化等一批工业局、总公司实现了全系统污染企业的达标排放。北京铅笔厂有偿转让原厂址使用权，按照《北京市实施污染扰民企业搬迁办法》及相关政策实施搬迁改造。

1999年8月17日，北京市政府办公厅转发了市建委、市经委、市计委、市环保局、市技术监督局印发的《关于本市淘汰落后小玻璃厂小水泥厂实施意见》。至1999年年底，全市淘汰小立窑水泥生产线22条，压缩生产能力100万t，淘汰“小平拉”玻璃生产线25条。据统计，2013—2017年，全市以砖瓦、沥青防水材料、铸锻造、电镀、小家具、小化工等行业为重点，累计关停退出一般制造业污染企业1 992家。

2000年，北京市加快经济结构和布局的调整步伐，发展以知识经济为主的高新技术产业，淘汰工艺落后、资源浪费、污染严重的企业，计划将四环路内的100多家污染企业尽快迁出市区，从根本上解决工业污染问题。1991—2000年市属工业企业（车间）污染搬迁和限期治理完成情况见表5-3。

表5-3　1991—2000年市属工业企业（车间）污染搬迁和限期治理的情况

年份	计划数/家			完成数/家		
	小计	改并迁停	限期治理	小计	改并迁停	限期治理
1991	78	7	71	96	22	74
1992	65	16	49	134	15	119
1993	68	10	58	63	10	53
1994	78	21	57	77	16	61
1995	78	26	52	146	22	124

年份	计划数/家			完成数/家		
	小计	改并迁停	限期治理	小计	改并迁停	限期治理
1996	66	18	48	73	17	56
1997	400	18	382	477	15	462
1998	270	20	250	330	18	312
1999	262	22	240	220	20	200
2000	64	30	34	57	26	31
合计	1 429	188	1 241	1 673	181	1 492

至 2000 年年底，全市 5 000 家污染工业企业实现了达标排放，工业排放的 SO_2、烟尘、工业粉尘分别比 1996 年削减了 31%、53%、49%。但是，工业污染在全市污染中仍占有较大的比重，工业耗煤量占全市煤炭消耗总量的 75%以上，排放出的 SO_2、烟尘和工业粉尘分别占全市排放量的 72%、54.5%和 100%。

2001 年，北京市的工业企业开始全面落实《北京市工业布局调整规划》的停产、搬迁、调整、治理方案。首钢制定了 2002 年年底前减产 200 万 t 钢的具体方案；北京焦化厂 3 号、4 号焦炉停运工作年底前开始启动；北京化工实验厂启动了扰民搬迁及产品结构调整前期工作，全年完成了四环路内 29 家企业的搬迁任务；第七阶段控制大气污染通告也对远郊区县中小建材企业提出了关停调整的要求。

2002 年，北京焦化厂停产转型工作开始启动，3 号、4 号焦炉陆续退出生产运行。11 月，首钢特钢公司 50 t 电炉全面停产。同时，琉璃河水泥厂清理拆除了 4 条小窑生产线，南侧煤场进行了搬迁，房山区 5 个水泥厂、20 个石灰厂关停。

2003 年，北京市区东南郊一批企业陆续开始停产搬迁，郊区水泥立窑、石灰厂、黏土砖生产线、砂石场等基本按计划实行了关停整顿。北京市对化工、建材、冶炼等行业的 2 235 家中小企业进行了专项清理检查，其中 18 家按国家有关规定予以取缔、关停。现代化大气污染监控手段开始用于工业企业，建成了大型燃煤锅炉在线监测监控系统。

2004年，通过开展工业污染防治专项行动，北京市对群众反映强烈、环境污染较重的14家企业采取了整改或关停措施，督促28家重点污染企业制定了污染物排放总量削减方案并接受社会监督；颁布实施了《建材、冶金行业及其他工业炉窑大气污染物排放标准》。

2005年，北京市推进结构调整，工业污染治理不断深化。“十五”期间，市区迁出企业近百家，东南郊化工实验厂、染料厂和焦化厂等企业陆续开始调整搬迁；首钢调整搬迁工作已经启动，5号高炉关停；关停了郊区水泥立窑、石灰厂、砖瓦厂、砂石料场等粉尘污染严重的企业。

2006年，北京市关停了23条水泥立窑生产线、149家黏土砖厂等粉尘污染严重的企业，对190多家严重污染扰民企业进行了调整。北京焦化厂于7月15日全面停产，每年可减少煤炭消耗300万t，减少SO_2和烟粉尘排放 7 500 t 和 7 300 t，对东南郊地区大气环境质量改善做出了重要贡献。

2007年，燕山石化公司完成了苯酚、丙酮等有机废气的回收治理，化二股份有限公司实现了原址停产，有机化工厂搬迁有序推进。北京东方石油化工有限公司有机化工厂、北京化二股份有限公司搬迁项目正式启动，化二股份有限公司实现了原址停产、装置拆除；有机化工厂的主要生产装置搬迁至燕化公司现有厂区。北京首云铁矿、天利海化工厂等 24 家铸造、化工、水泥、造纸、印染等企业关停，一批污染较重的企业退出了北京市。

2008年，首钢宣布北京地区涉钢产业压产400万t工作正式启动；奥运会期间，东方化工厂、27家水泥生产企业、近140个混凝土搅拌站和首钢、燕山石化、18家冶金建材等重点污染企业采取了暂停生产或限产等措施，大气污染物排放量大幅减少。

2009年，北京市继续深化产业结构调整，推动工业污染治理。各有关区县政府和市经济信息化、发展改革、国土、商务、环保等部门，将治理污染与调结构有机结合，大力推进“高耗能、高污染、资源性”等产业的调整。11 家年产能 20 万 t 以下的水泥生产企业、19 家采矿企业、67 家石灰生产企业、22 家采石生产企业、32 家防水卷材生产企业、11 家化工企业、56 家铸造企业、7 家煤气发生炉使用单位等实现了原址停产。

2010 年，北京市关停了全部年产 20 万 t 以下的水泥厂和 66 家石灰生产企业，在全市范围内开展了沥青防水卷材生产线废气治理工作。

2012 年 7 月 9 日，北京鹿牌都市生活用品有限公司全面停产。北京鹿牌都市生活用品有限公司位于北京市昌平区南口镇，是生产“鹿牌”系列保温容器的集体所有制企业，创建于 1962 年。该公司建有 5 条生产线，年产保温容器 8 000 万只，职工总数为 3 000 多人，是世界最大的玻璃保温容器生产企业，年耗煤量超过 10 万 t，占整个昌平区年总耗煤量的 13%；年用水量为 70 万 t，被列为国控重点污染源企业。经初步核算，企业关停后可减少 SO_2 排放量 410 t、NO_x 排放量 698 t、烟粉尘排放量 309 t。同年，北京市还关停了朝阳区隆昌工业公司砖厂、北京市翔牌墙体材料有限公司、北京市西六建材有限责任公司、北京南火垡砖厂、北京市顺级砖厂、北京市北宅建材厂、北京市益筑建材厂等。

2013 年，北京市的污染企业调整退出了 288 家，涉及建材、化工、家具、铸锻造等 11 个行业。其中，建材行业中的建筑渣土烧结砖生产线全部关停；金隅顺发水泥、平谷水泥实现了停产，减少水泥产能 150 万 t，减少煤炭消耗 11 万 t，提前两年实现了“十二五”水泥产能压减目标，为水泥产能进一步压缩至 400 万 t 打下了良好的基础。通州、房山等区县污染企业的调整退出力度较大，成效较显著。

2014 年，北京市关停退出污染企业 375 家，主要集中在铸造、锻造、电镀、砖瓦、石灰、石材、沥青防水卷材、建筑陶瓷、平板玻璃、家具、涂料、印染共 12 个高污染行业。其中大兴区是关停退出企业大户，共关停退出企业 73 家。

2015年，有20余年历史的北京威克多制衣服装生产中心从北京大兴疏解，迁往河北衡水格雷服装创意产业园，北京只保留了总部和设计中心，成为实施京津冀协同发展战略以来第一个由北京整体搬迁到衡水的企业。

第二节　行业治理抓重点

20世纪60年代以前，北京市基本没有对工业生产中排放的废气和粉尘采取治理措施，这些废气和粉尘严重污染环境，群众反映强烈，厂群矛盾时有发生。

1972年，北京市“三废”治理办公室成立以后，对城区工业废气污染情况进行调查，发现位于居民区内的小化工厂、铅丝厂、铜管厂、电镀厂等，在生产过程中排放大量含酸、含苯等废气，周围居民反映强烈。为此，市政府决定进行限期治理、停产或搬迁。20世纪80年代，工业部门投资4.3亿元治理工业废气和粉尘，1981年与1990年相比，工业废气治理率由40%提高到87.7%；工业粉尘回收量由25万t增加到59万t，回收率由62.5%提高到89.4%。

20世纪90年代，根据国务院对北京城市总体规划的批复精神，通过调整产业结构、转变生产方式、技术改造等，从源头控制工业污染，取得了一定成效。北京市工业重点污染源日趋集中，工业废气污染源逐年减少。1997年，占全市工业废气等标污染负荷75%以上的企业有55家，1999年已减少到28家，2000年减至18家，主要集中在电力、钢铁、建材、化工等行业。北京奥运会筹办时期，北京市以化工、建材、石油化工、电力、冶金等行业为重点，对治理设施提标改造，取得了明显成效。一批先进治理技术在全国率先推广应用。

一、工业废气粉尘治理

（一）工业废气治理

1971 年 10 月 9 日，周恩来总理陪同埃塞俄比亚塞拉西皇帝参观北京石化总厂，看到胜利化工厂烟囱冒出浓浓的黄烟（NO_x）时，就指示厂领导："你们一定要想办法消灭黄烟。"当听到厂领导说准备把它烧掉时，周恩来总理严肃地说："烧掉是下策，放空跑掉是下下策，应该把它综合利用起来。"北京市从此开始了工业废气的治理。

地处居民稠密区的北京永外化工厂生产化工原料保险粉，由于设备泄漏，经常排放 SO_2 等有害废气，引起周围居民强烈不满。1972 年 9 月 23 日，60 多名居民冲入厂内，要求解决废气污染问题，工厂被迫停产治理，引起市政府及有关领导的重视。经治理，将原排空的 SO_2 循环利用，解决了污染问题。

北京温度计厂每月需用汞 1 t，因无治理措施，车间内空气中汞的平均质量浓度超过国家标准（0.01 mg/m^3）34.2 倍，每年约有 94.5 kg 汞排入周围空气中，严重危害工人及附近居民的身体健康。1961 年，该厂工人体检时，在 513 名职工中就有汞中毒者 112 人、汞吸收者 311 人，引起了各方重视。经工厂采取技术改造、加强管理等措施，汞污染明显减轻。1972 年，在市劳保所的帮助下，用充氯气的活性炭做吸附剂，净化不带油的含汞废气；用高锰酸钾溶液净化带油的含汞废气，净化后的废气含汞量低于国家排放标准。

1972 年，市"三废"治理办公室对城区工业废气污染情况进行调查，发现居民区内的和平里化工厂、北京铅丝厂、白纸坊铜管厂、北京电镀厂、北京照明器材厂、和平里电镀厂、东直门化工厂、第 23 中学校办工厂、东城电镀厂、东城器件一厂等，在生产中向大气排放含酸、含苯等废气，周围居民反映十分强烈。为此，市政府决定将其列为限期治理的重点。1973 年，东直门化工厂将有污染的钼酸铵车间迁往郊区并进行治理。1974 年，和平里化工厂将排放酸气的电瓶硫酸车间迁至通县永乐店农场并进行治理。其他各厂也分别采取了治理措施或停产、搬迁。

1973 年 8 月初，玉渊潭公社在钓鱼台国宾馆西侧 200 m 处土法生产磷肥，排放大量氟化氢气体，熏坏了附近的庄稼和树木，也严重污染了国宾馆周围环境。市“三废”治理办公室接到附近农民反映后，当即到现场调查处理，磷肥厂于 8 月 16 日停产。

1974 年 1 月，北京石化总厂胜利化工厂经反复试验研究，NO_x 处理装置建成投入运行，排放的废气中 NO_x 含量由处理前的 1 000～5 000 mg/m^3 降至 50 mg/m^3。东风化工厂硝酸车间每小时排出含 NO_x 0.2%的硝酸尾气 1.24 万 m^3，原采用 120 m 高的排气筒排入大气；经试验研究，于 1975 年建成尾气处理装置；后经多次改进，1978 年，尾气中的 NO_x 含量降到 0.05%以下，消灭了黄烟。北京电镀总厂酸洗工序排放大量含有 NO_x 的废气，污染环境。1978 年，该厂采用优质果壳粉制成柱状活性炭做吸附剂，获得成功，NO_x 净化率平均达 97%。1982 年，北京半导体器件五厂安装碱液喷淋净化塔处理 NO_x，净化率可达 92.2%，并在全市推广应用。

北京染料厂硫酸车间使用含硫铁矿砂焙烧生产硫酸，多次造成大范围污染农田的事故。1974 年夏，农民忍无可忍，砸了该车间的一些设施。1975 年起，该厂将生产硫酸的原料改为硫黄，并改革生产工艺，使 SO_2 转化率由过去的 87%提高到 99.7%，但每年仍向大气排放 SO_2 480 t，遇到设备大修及特殊天气时，仍可能发生尾气污染农田事件。为此，该厂增建了湍球塔提高净化效率，尾气经水洗和碱洗喷淋，SO_2 排放量降至 3 kg/h，基本消除了尾气的污染。

北京化工厂生产试剂氯化汞及小汞盐，并用水银电解法生产试剂氢氧化钾，对车间和周围环境污染严重，车间周围土壤中可见小汞珠，生产工人 3 次排汞后身体受损即须调离工作岗位。经反复试验研究，进行工艺改革，1976 年改用电渗析法生产氢氧化钾，1979 年停止了氯化汞及小汞盐的生产，从根本上消除了汞污染。

北京化工二厂生产烧碱，用石灰水处理淡氯气，因吸收效果不好，经常跑冒，危及工人身体健康。1976 年，该厂建成了碱液吸收装置，每年可生产 7 000 t 次氯酸钠，既消除了污染，还可增收 70 万元。

1976—1979 年，北京农药一厂、农药二厂、化工四厂、染料厂等对排放的氯气、氯化氢废气均采取了吸收措施。化工厂、化工实验厂采取碱洗措施处理 NO_x 废气，减少了对周围环境的污染。

1979 年，北京石化总厂东方红炼油厂污水处理厂在浮选池反应段顶安装钢罩，收集浮选池释放的有毒有害气体；采用含碱水或隔油池出水喷淋污水脱硫塔尾气，消除硫化物对大气的污染。化工污水处理厂每小时排放恶臭气体 5 180 m^3；1983 年，完成除臭设施建设，臭气经排气筒高空排放，但未根本解决对大气的污染问题。1986 年，污水处理厂进行改扩建，对原除臭设施进行改造，采用水吸收工艺去除淡臭气中易溶于水的氨、硫化氢等污染物，再由排气筒高空排放。1987 年，两套污水处理装置的曝气区安装了盖板，防止恶臭气体扩散。1988 年，污水处理厂采用日本大阪煤气公司焚烧工艺处理浓臭气，使臭气中的碳氢化合物氧化、分解，达到净化除臭的目的。1989 年，该厂建成除臭设施，将构筑物中的臭气密闭抽气高空排放，改善了污水处理厂及其周围的大气质量。

北京市建材化工厂在烧制石灰过程中，排放含有大量 CO_2 的窑气。1985 年，该厂投资 20 万元，建成年产 1 000 t 液体 CO_2 的生产线。1989 年 12 月，又建成年产 5 000 t 液体 CO_2 的生产线，变“废”为宝，既回收生产了液体 CO_2，又减轻了污染。

1990 年，市化工总公司从大局出发，对化工二厂的 3 台电石炉作出亚运会期间停产的决定。该厂厂长提出“堤内损失堤外补”，并投资 80 多万元建成氯气吸收塔，确保万无一失。

1981—1990 年北京市废气排放及治理情况见表 5-4。

表 5-4 1981—1990 年北京市废气排放及治理情况

年份	废气排放总量/亿 m^3（标准状态）	燃料燃烧排放/亿 m^3（标准状态）	经消烟除尘/亿 m^3（标准状态）	消烟除尘率/%	生产工艺排放/亿 m^3（标准状态）	经净化处理/亿 m^3（标准状态）	净化处理率/%	工业粉尘回收量/万 t	回收率/%
1981	2 049.9	1 404.0	898.6	64.0	645.8	258.3	40.0	25	62.5
1982	2 021.0	1 384.2	955.1	69.0	636.8	318.4	50.0	53	80.3
1983	2 157.6	1 477.8	1 123.2	76.0	679.8	407.9	59.9	34	82.9
1984	2 333.8	1 598.5	1 262.8	79.0	735.3	514.7	70.0	51	87.9
1985	2 411.2	1 651.5	1 387.3	84.0	759.7	607.8	80.0	53	93.0
1986	2 533.9	1 724.3	1 551.9	90.0	809.6	655.87	81.0	58	85.3
1987	2 665.8	1 865.8	1 585.9	85.0	799.9	714.8	89.3	51	85.0
1988	2 638.3	1 736.8	1 563.1	90.0	901.5	742.4	82.4	72	91.1
1989	2 703.1	1 887.6	1 698.8	90.0	872.7	741.9	85.0	57	87.7
1990	2 769.9	1 869.9	1 682.9	90.0	899.9	788.9	87.7	59	89.4

（二）工业粉尘治理

北京光明化工厂位于崇文区居民稠密区内，生产氧化铅时向大气排放大量铅尘，污染周围环境，危及附近居民身体健康，1972 年被列为限期治理重点。该厂安装了脉冲除尘器，1978 年又加装稀醋酸斜孔板净化吸收塔。治理后，车间内铅尘浓度由 2.05 mg/m^3 降至 0.10 mg/m^3，大大减轻了对环境的污染，每年还可回收 4～5 t 铅尘，重新用于生产。

北京有色金属熔炼厂位于广安门外居民区，每年熔炼铅 1 000～6 000 t，排放大量铅尘，厂周围 200～300 m 处测得大气中平均铅含量超过国家标准 8.7 倍。经检测，工厂周围居民和小学生中尿铅超过国家卫生标准的人数分别占受检人数的 37.3%和 35.5%。1973 年，市劳保所研究采用淋洗塔及文丘里除尘器两级净化装置，初步解决了居民区的铅尘污染。1979 年，该厂熔铅工序迁至通县牛堡屯并进行治理。

北京化工二厂电石炉每年排放约 5 000 t 粉尘和大量 CO 等废气，造成严重的环境污染和资源浪费。1980 年，该厂从国外引进空心电极、干法净化炉气和粉尘焚烧 3 套装置，国内配套以电石炉气为燃料的 10 t/h 蒸汽锅炉，实现了 4 号电石炉气密闭净化，减轻了对环境的污染，每年回收粉尘 1 300 t，回收的炉气折标准煤 6 000 t。

首钢公司烧结厂尘污染严重。1981 年，对一烧结车间 38 个生产岗位监测，年平均粉尘质量浓度为 99.6 mg/m^3，机尾 5 个烟囱每年累计排放粉尘 1.1 万 t，附近居民区大气环境降尘量曾高达 260 t/（km^2·月），比清洁对照区高出 50 余倍，严重危及工人及附近居民身体健康。1981—1983 年，对该车间进行大规模的综合治理，共安装 5 套除尘系统，使用新型电除尘器，对分散的扬尘点采用集中除尘。1983 年监测，92%的生产岗位粉尘质量浓度小于 10 mg/m^3。随后，二烧结车间也进行了改造治理，在产生粉尘的主要部位都安装了除尘系统。改造后主厂房岗位粉尘浓度达到卫生标准，外排粉尘浓度低于国家排放标准，每年可回收含铁粉尘 2 万 t。1989 年监测，烧结厂厂区环境降尘量降至 55.6 t/（km^2·月）。

北京日化二厂位于通县，每年由尾气塔排至大气的洗衣粉粉尘达 200 t，多次污染农田，赔偿农业损失 12.8 万元。1981 年，工厂安装旋风除尘器回收尾粉，使粉尘质量浓度由 1 600 mg/m^3 降至 96 mg/m^3，减轻了对环境的污染。

北京塑料二厂在生产人造革时，排放大量增塑剂烟雾，严重污染大气。1981 年 12 月，该厂研制成功静电集尘装置，投入运行后，净化效果达 98.6%，每年还可回收增塑剂 28.8 t，增加收入 7.2 万元。

北京焦化厂的炼焦炉在熄焦过程中，每小时产生水蒸气 7 000 m^3，夹带有焦炭尘、H_2S、SO_2、氨及酚类等多种污染物。1984 年开始，该厂对 1 号熄焦塔进行改造，塔上安装捕雾除尘装置，使熄焦蒸汽得以净化。1985 年下半年，2 号熄焦捕雾除尘装置建成，每年回收粉尘 2 000 t、水 12 万 t。1988 年，建设 3 号熄焦塔时，改造了塔的内部结构，除尘效率可达 70%以上。在 6 号焦炉建设时执行建设项目“三同时”制度，投资 2 200 万元，从德国引进压力熄焦设备，实现了密闭出焦、压力熄焦，推焦粉尘由焦炭 300 g/t 降至 1 g/t。

北京市建筑材料工业总公司于 1980—1989 年投资 1 600 万元，在全系统进行了以治理粉尘危害为重点的环境综合治理，取得了较好的效果。琉璃河水泥厂、燕山水泥厂、钢渣水泥厂、南口采石厂、制动密封材料厂和建材化工厂等6个企业达到尘毒治理要求，通过了市政府验收。全公司粉尘作业点的合格率由 1980 年的 23%提高到 1989 年的 78.5%。粉尘污染严重的北京琉璃河水泥厂 4 台矿渣烘干机每年向大气排放粉尘 3.4 万 t；1981 年，在烘干机尾部各安装 2 台旋风除尘器作为一级除尘、1 台电除尘器作为二级除尘。为处理回收的粉尘，新建一套综合利用系统，最后送入水泥磨选粉机，将细粉直接加入水泥，粗粉返回水泥磨，经粉磨后，加入水泥。该系统自 1982 年投入使用，至 1989 年共回收利用矿渣粉尘 18.2 万 t，不但减少了环境污染，而且创产值 276 万元。

经十几年研究和治理，北京市工业废气和粉尘治理初见成效。但至 1990 年年底，冶金、电力、建材等行业的尘污染仍很严重，高井电厂 3 根大烟囱仍然浓烟滚滚，被群众戏称为“三炷香”（图 5-1）；首钢公司炼钢厂、耐火材料厂以及建材行业的水泥厂等企业生产工艺中的污染仍很严重，无组织排放尚未引起重视。1996 年开始对高井电厂 3 根大烟囱进行技术改造，8 台锅炉加装了高效电除尘器，治理后 3 根烟囱再也不冒浓烟了（图 5-2）。

图 5-1　治理前“三炷香”

图 5-2　治理后不冒黑烟

1992 年，北京市完成了 30 个工业排尘治理项目，削减排尘量 3 869 t。

1993 年，工业部门对 100 个重点排尘大户采取控制措施，减少排尘 400 t。同年，为巩固提高烟尘控制水平，市环保局重新核发了《炉窑及除尘设备许可证》，各区、县采用多种手段，使原烟控区内 65%以上的炉、窑的烟尘排放浓度达到 300 mg/m^3 新标准。

1994 年，北京市治理工业粉尘，控制二次扬尘污染。100 个排尘大户采取多种措施，保证 70%排尘达标；重点废气污染源等标污染负荷比 1993 年削减 10%。

1995 年与 1990 年相比，工业粉尘排放量由 1990 年的 41 万 t 下降到 1995 年的 33.22 万 t，减少了 18.98%。

1996 年，石景山地区完成了 43 项环境治理工程，使石景山地区的粉尘排放量减少超 1 万 t。

1997 年，石景山地区经过三年的努力，已投资 2.88 亿元，完成了 78 项治理任务，减少粉尘 3.7 万 t。首钢公司投资 1.18 亿元，完成了 45 项污染治理工程。华北电管局投资 8 000 多万元，完成了第一热电厂和高井电厂的除尘器改造，安装了静电除尘器，高井电厂 1 号烟囱不再冒黑烟。

1998 年，加强了石景山区污染防治工作的组织协调。首钢公司投资 4 011 万元，完成了西十料厂等的粉尘治理，大大减少了粉尘的无组织排放。高井电厂完成 5 号至 8 号锅炉除尘器的改造。

2000 年，工业污染在全市污染中仍占有较大比重。工业耗煤量占全市煤炭消耗总量的 75%以上，排放的 SO_2、烟尘和工业粉尘分别占全市的 72%、54.5%和 100%。工业部门组织实施《北京市环境污染防治目标和对策（2003—2007 年）》各项措施，工业粉尘、烟尘、SO_2 排放量分别减少 2.9 万 t、1.5 万 t、2.8 万 t，分别削减 28%、26%、17%。以四环路内企业搬迁为重点，加速工业布局调整，2000 年完成北京造纸一厂等

20 家污染扰民企业的停产、搬迁。5 月底，全市所有工业污染企业实现达标排放。按照《北京市环境污染防治目标和对策（2003—2007 年）》要求，全市所有电厂的煤粉炉都要安装低氮燃烧器；燃用重油的锅炉使用全能脱硫增效剂。首钢总公司要完成焦化厂和烧结厂的粉尘治理；建材集团燕山水泥厂 4 座立窑要停产；国华北京热电厂新 3 号、4 号炉脱硫设施要与主体工程同时投产使用；建设石景山热电厂 4 号炉脱硫工程等。加大对乡镇工业企业的监管力度。严格执行国家产业政策规定，坚决关闭规模小、效益差、工艺落后的小水泥、小砖瓦、小煤窑、小玻璃、小轧钢，污染严重的砂石厂、石灰厂和水磨石厂须停产。2000 年淘汰 7 条小水泥生产线、17 条小玻璃生产线，并限期淘汰与首都功能不相适应的企业和产品。

二、电力行业污染治理

（一）燃煤机组治理

电力行业是北京市大气污染防治的五个重点行业之一。北京市着重从烟气除尘、脱硫、脱硝等方面推进火电企业污染治理，最后通过实施全行业“煤改气”彻底消除燃煤污染。

1995 年，市环保局协调京能热电股份有限公司完成 4 号机烟气除尘工程。高井电厂在电除尘器零部件 10 月才到货的情况下，昼夜奋战，终于在 1995 年年底按时完成了 7 号炉电除尘工程。

北京矿务局煤矸石热电厂是一家以燃烧劣质无烟煤为原料的发电厂，装机容量 2.4 万 kW。为使其锅炉排放烟尘和污水排放符合环保部门要求，该厂自筹资金 350 万元，连续对除尘及污水处理设备进行改造，经 1998 年 3 月市环保部门测试，烟尘浓度达到排放标准。

1998 年，高井电厂完成 5 号至 8 号锅炉除尘器的改造。至 1999 年，北京市所有燃煤电厂均实现了高效除尘。

图 5-3　燃煤热电厂布袋除尘器

2000 年，本市第一套电厂烟气脱硫装置——国华北京热电厂 2 号机组脱硫设施与主体工程同时投产。

2002 年，京能石景山热电厂 4 号机组脱硫工程建成投产。

2003 年，国华北京热电厂 1 号机组脱硫设施建成投产，成为国内第一家全部机组安装脱硫装置的热电联产企业。至此，全市所有电厂煤粉炉都安装了低氮燃烧器。

2005 年，燃煤电厂烟气脱硫项目纳入市政府奥运倒排期折子工程，全面加快推进。京能石景山热电厂 3 号机组脱硫工程建成投产。大唐高井热电厂 3 号至 6 号机组脱硫工程建成投产。

2006 年，北京市燃煤电厂全面完成烟气脱硫治理工程。各电厂均采用石灰石-石膏湿法脱硫工艺，脱硫效率达到 95%以上，每年可减少 SO_2 排放约 8 万 t。

图 5-4　大唐高井热电厂脱硫装置运行

图 5-5　2007 年大唐高井热电厂脱硝装置竣工

2005 年，北京市将燃煤电厂烟气脱硝纳入市政府奥运倒排期折子工程，率先在全国全面实施燃煤电厂烟气脱硝工程。2007 年，为推进电厂锅炉烟气 NO_x 治理，北京市修订了《锅炉大气污染物排放标准》，规定锅炉 NO_x 排放不超过 100 mg/m^3。同年 12 月，大唐高井热电厂 1～8 号机组脱硝工程建成并投产，成为全国首家进行老机组全厂烟气脱硝改造的电厂，NO_x 排放低于 100 mg/m^3。2008 年，国华北京热电厂 2 号机组、华能北京热电厂 4 台燃煤机组、京能石景山热电厂 2 号和 4 号机组脱硝工程相继建成并投产。

2008 年 6 月，北京市全面完成了所有燃煤电厂烟气脱硝治理工程。除国华电厂外，各电厂均采用了 SCR（选择性催化还原）工艺，脱硝效率达到 80%以上，每年可减少 NO_x 排放约 4 万 t，有力地保障了 2008 年北京奥运会期间的空气质量。

（二）燃气热电中心

为贯彻落实国务院《大气污染防治行动计划》治理燃煤污染的工作任务，优化调整能源结构，切实减排大气污染物，按《北京市人民政府批转市发展改革委关于加快构建本市安全高效低碳城市供热体系有关问题的通知》（京政发〔2010〕30 号），北京市在“十二五”期间，按照“两扩两迁，先建后拆”原则，在城区的东、南、西、北 4 个方位建设 4 个燃气热电中心。具体措施为：扩建华能热电厂形成东南热电中心；扩建草桥热电厂形成西南热电中心；统筹三热关停和一热拆迁，在高安屯新建东北热电中心；统筹高井热电厂改造和石景山热电厂搬迁，在高井地区新建西北热电中心。

计划建设的四大热电中心包括：东南、西南、东北和西北热电中心及相关市政配套工程，总投资约 367 亿元，新建 35 万 kW 级燃气热电机组 14 台，替代现有燃煤机组 15 台，新投产装机约 613 万 kW，关停燃煤装机 200 万 kW，全市总装机规模 1 000 万 kW，新投产燃气供热能力 8 600 万 m^2，替代燃煤供热能力 6 000 万 m^2。市政配套工程新建燃气管线约 101 km。新建热力管线约 60 km，新建中水管线约 16 km，新建电力线路约 148 km、220 kV 变电站 4 座。另外，市政配套管线建设涉及新建道路 29 条。四大燃气热电中心建成后，北京市将关闭大唐高井、京能石热、国华一热、华能热电 4 座燃煤热电厂，减少煤炭消耗

920 万 t，彻底改变能源结构。

至 2017 年 11 月，四大燃气热电中心建成。各中心的建设情况如下。

东南燃气热电中心位于朝阳区高碑店地区，由华能北京热电厂扩建而成。华能北京热电厂是以热定电、热电联产的热电厂。一期工程 4 台燃煤机组于 1999 年 6 月全部投产，装机总容量 770 MW（2×165 MW + 2×220 MW）。2003 年，一期工程完成了后置机改造工程，使全厂最大发电能力达到 845 MW。2011 年，东南热电中心华能二期工程开工建设，在原有厂区范围内扩建 1 套 F 级燃气-蒸汽联合循环二拖一供热抽凝/背压机组，包括 2 台 9F 级燃气轮发电机组、2 台余热锅炉和 1 台蒸汽轮发电机组，建设规模为 2×306.9 MW（燃机）+1×309.62 MW（汽机），可替代神华国华国际电力股份有限公司北京热电分公司（简称“一热”）2×200 MW 燃煤机组搬迁后的 CBD 地区部分供热负荷。二期工程已于 2011 年 12 月投产发电供热。

西南燃气热电中心位于丰台区草桥地区，由北京草桥热电厂扩建而成。一期工程为北京京桥热电有限责任公司投资建设的燃气供热工程，共建设 4 台单台容量为 116 MW 的燃气热水锅炉，供热能力为 464 MW，于 2004 年年底开工建设，2008 年 3 月投产运营。北京草桥燃气联合循环热电厂二期工程建设 1 套 2×300 MW 级燃气蒸汽联合循环抽凝式供热机组，包括 9F 级燃气轮发电机组、余热锅炉和蒸汽轮发电机组。工程于 2011 年 3 月开工，2013 年 2 月投产发电供热。二期工程建成后，新增清洁能源供热面积 1 200 万 m^2，可以替代厂区周围 10 km 范围内 161 座“小锅炉”，保障城南 50 万户居民供暖。

东北燃气热电中心位于朝阳区，统筹一热拆迁和三热关停，在高安屯新建。东北燃气热电中心总装机容量为 1 800 MW，供热能力为 1 254 MW，供热面积约 2 500 万 m^2，由北京能源投资（集团）有限公司（简称“京能集团”）和神华国华北京燃气热电有限公司分别投资建设和运营管理 2 台 350 MW 级燃气热电联产机组，水、电、气、热等外部市政按照 4 台机组统一规划设计。2013 年 4 月，由京能集团子公司——京能高安屯燃气热电有限责任公司建设的京能燃气热电厂工程开工建设，新建 1 套 9F 级燃气-蒸汽联合循环二拖一发电供热机组，包括 2 台 F 级燃气轮机、2 台燃气轮发电机、2 台余热锅炉、1 台蒸汽轮机和 1 台蒸汽轮发电机，总装机容量为 845 MW，供热能力为 596 MW，供热面积约 1 200 万 m^2，设计年发电设备利用小时为 4 500 小时，发电量约 38 亿 kW·h/a，供热能力约 618 万 GJ/a，该工程于 2014 年 12 月投运。2013 年 9 月，由神华国华北京燃气热电有限公司建设的神华北京国华燃气热电项目正式开工，建设 1 套 F 级燃机组成的二拖一燃气-蒸汽联合循环热电联产机组，包括 2 台 F 级燃气轮机、2 台燃气轮发电机、2 台余热锅炉、1 台蒸汽轮机和 1 台蒸汽轮发电机，总装机容量为 950.98 MW，供热能力为 658 MW，供热面积约 1 300 万 m^2，该工程于 2015 年 8 月投运。东北燃气热电中心建成后，一热原有 2×200 MW 燃煤机组已关停并进行拆迁。

西北燃气热电中心位于石景山高井，在四大燃气热电中心中规模最大。2011 年 1 月，北京市发展改革委以京发改〔2011〕115 号文件同意开展北京市西北热电中心燃气热电联产前期工作。2011 年 4 月 1 日，市政府印发《北京市清洁空气行动计划（2011—2015 年）大气污染控制措施》，要求“对现有燃煤电厂实施清洁能源改造，2014 年年底前建成西北热电中心，替代京能热电公司、大唐北京高井电厂燃煤机组”。按照北京市的规划，西北燃气热电中心于 2012 年 6 月开工，分为京能京西和大唐高井两座燃气电厂进行建设，由京能集团和大唐国际各承建 3 台 350 MW 9F 级燃气轮机组，分别替代石景山热电厂和高井燃煤热电厂。其中，北京京能热电股份有限公司（原石景山热电厂）原有 4×220 MW 燃煤热电联产机组的年发电量超 50 亿 kW·h，供热量为 1 200 万 GJ，年平均燃煤量为 320 万 t，是首都西部最大的集中供热热源；大唐国际高井热电厂原有 6×100 MW 燃煤热电联产机组，年发电量为 48 亿 kW·h，供热量为 800 万 GJ，年平均燃煤量为 230 万 t。西北燃气热电中心建成后，原燃煤机组将被拆除，实现压减燃煤 550 万 t，发电能力达 270 万 kW，年发电量达 120 亿 kW·h，占北京全社会用电量的 1/8；供热能力达 3 600 万 m^2，从石景山、海淀到西城，可为北京西部地区 40 万用户和居民提供供热保障。2014 年 10 月，京能集团北京京西燃气热电有限公司的燃气-蒸气联合循环发电机组全部建成投产，年发电为 58.81 亿 kW·h，供热量为 883 MW，可保证 1 800 万 m^2、20 万户居民的供热；由大唐国际发电股份有限公司建设的高井燃气热电厂也于 2014 年 10 月投运，年发电为 57.90 亿 kW·h，供热量为 974 MW，供热面积达 1 800 万 m^2，替代高井燃煤热电厂的全部供热面积和五里坨生态建设区 226.3 万 m^2 的热负荷以及部分规划热负荷。项目建成后，高井热电厂燃煤机组于 2014 年 7 月关停，京能热电厂燃煤机组于 2015 年 4 月关停。

至 2017 年 11 月，四大燃气热电中心全部建成投运，关停了国华、京能、高井等 3 座燃煤电厂，全市只剩下 1 座燃煤电厂（华能一期），2017 年 3 月供暖结束后停机备用。

三、建材行业污染治理

1990 年 3 月，北京市燕山水泥厂投资 85 万元，完成电收尘治理工程，收尘率达 97.2%，使烟气排放浓度由 5 000 mg/m^3（标准状态）降到 142 mg/m^3（标准状态），低于地方排放标准。

1994 年，北京水泥厂投产后，投入环保资金 1 700 万元，更新环保设备，实现达标排放。

1996 年，北京市门窗公司、北京市防火装备厂、北京市龙凤山砂石厂、北京市五金科研实验厂等进行锅炉脱硫治理，增加 13 台脱硫收尘器，脱硫效果良好。

1997 年，北京市琉璃河水泥厂、北京市燕山水泥厂、北京市木材厂、北京市光华木材厂、北京市建材制品总厂、北京市陶瓷厂等 16 个单位取得北京市环保局颁发的排污许可证。全系统工业锅炉 155 台，烟尘排放达标率为 97.4%；工业窑炉 66 座，烟尘排放达标率为 83.3%。烟尘去除率为 87.5%，工业粉尘去除率为 96.1%，SO_2 去除率为 3.9%。

2001 年年底，市经委和北京金隅集团制定实施建材行业 2002 年削减污染的具体方案，关闭 5 个水泥厂、10 个石灰（灰粉）厂。怀柔县青山建材股份有限公司全部停产。

2002—2006 年，北京市的水泥工业产业结构发生较大调整，污染排放严重的企业纷纷停产，有些工艺落后的企业进行了升级改造，又新建了一些新型干法水泥生产线，水泥生产厂由 2002 年的 32 家变为 2006 年的 28 家，其中 11 家为粉磨站，17 家为水泥熟料生产企业，年产水泥 1 230 万 t。据北京市混凝土协会统计，到 2006 年年底，已查明的搅拌站共有 177 家，年生产能力达 6 500 万 m^3，实际产量接近 5 000 万 m^3（这个产量包含构件厂）。全行业年产量达 30 万 m^3 以上的混凝土企业有 41 家，产量占全行业产量的 56.82%；年产量 50 万 m^3 以上的混凝土企业 20 家，产量占全行业产量的 38.69%；年产量 100 万 m^3 以上的混凝土企业 6 家，产量占全行业产量的 17.56%。

2006 年，北京市水泥及制品企业共排放粉尘 71 595.7 t，其中有组织排放量为 7 459.6 t，无组织排放量为 64 136.1 t。混凝土搅拌站及构件厂粉尘排放总量为 3 620.4 t；年产量小于 30 万 m^3 的小规模搅拌站较多，共有 136 家，数量占到 76.84%，其年混凝土生产量约占全市的 43.18%，而粉尘排放量却占到 71.56%（表 5-5）。其余 52 家重点建材企业的粉尘排放总量为 20 614.44 t。

2007 年 1 月 1 日，北京市的水泥及制品企业开始执行北京市《冶金建材行业及其他工业炉窑大气污染物排放标准》（DB11/237—2004）中的第Ⅱ时段排放标准，要求 NO_x 排放浓度低于 500 mg/m^3。北京市水泥生产企业的 NO_x 排放浓度大多处于达标线上下的水平。

表 5-5　2006 年混凝土及构件生产企业排放情况

年产规模/万 m^3	企业数/家	产量份额/%	控制效率/%	排放量/（t/a）			排放份额/%
				TSP	PM_{10}	$PM_{2.5}$	
＞100	6	17.56	90	105.36	25.39	6.32	2.91
50～100	14	21.13	70	380.34	91.66	22.82	10.51
30～50	21	18.13	50	543.90	131.08	32.635	15.02
＜30	136	43.18	0	2 590.80	624.38	155.45	71.56
合计	177	100.0	—	3 620.4	872.51	217.23	100.0

2009 年，市工业促进局印发《关于北京市“高污染、高耗能、高耗水”小水泥企业有序退出的实施意见的通知》，加快淘汰落后水泥生产能力，有序退出“三高”小水泥企业。至 2010 年年底，全市水泥企业由 2005 年的 33 家减少到 10 家，年产水泥在 1 000 万 t 左右。

2012 年 12 月，北京市第一条水泥窑烟气脱硝工程——北京太行前景水泥有限公司水泥窑烟气脱硝工程投入试运行。该工程是《北京市清洁空气行动计划（2011—2015 年）大气污染控制措施》中的重点任务。北京太行前景水泥有限公司拥有 1 条日产 3 200 t 熟料新型干法水泥生产线，采用选择性非催化还原（SNCR）脱硝技术。据初步测算，脱硝效率达到 50%～60%，NO_x 排放浓度控制在 350 mg/m^3（标准状态）以下，每年可实现 NO_x 减排 1 000 t。

2012 年，北京立马水泥有限公司、北京水泥厂有限责任公司、北京太行前景水泥有限公司、北京市琉璃河水泥有限公司、北京强联水泥有限公司等水泥企业完成物料储库密闭化改造，总库容达 700 000 m^3。

2013 年，北京市琉璃河水泥有限公司、北京水泥厂有限责任公司、北京兴发水泥有限公司、北京强联水泥有限公司、北京立马水泥有限公司等水泥企业完成烟气脱硝工程。

四、化工行业污染治理

1990 年，市化工局制定“八五”期间环境保护工作规划，提出以治理污染求发展的方针，结合技术改造和污染物排放总量控制，以清洁工艺取代落后旧工艺，提高装备水平和综合效益，减少污染。规划目标是：1995 年万元产值排污量与 1990 年相比下降 50%，废渣排放量下降 50%，烟尘排放量下降 70%。

1992 年，北京化工八厂硼砂、硼酸装置停产。

1993 年，北京橡胶八厂和北京市橡胶制品设计研究院分别从天桥和关东店迁至北京市化学建材厂。

1994 年 12 月，乙烯工程的烯烃装置建成投产，北京化工二厂运行了 35 年的电石炉停产拆除，每年减少废气排放 6 400 万 m^3、粉尘 5 000 t、废渣 6 万 t，占地 120 亩的排渣场改为他用。同年，北京橡塑制品厂利用世界银行贷款引进再生胶的动态油法硫化技术和设备，减少大量含硫废气排放。

1995 年，北京化工四厂采用低压铑法液相循环新工艺和丁辛醇重油造气技术，消除传统生产工艺的大量废气、烟尘和炉渣；北京东方化工厂石脑油裂解装置与环氧乙烷、乙二醇装置，北京有机化工厂 EVA 装置，北京化工四厂丁醇、辛醇装置等，都选用国际上先进的清洁工艺，并配套建设污水纯氧曝气、厌氧深井曝气、废碱液流化床锅炉焚烧、COD 分析控制等 24 套工艺先进、设备可靠、控制水平高的污染源治理装置和设施，在工业总产值增加的情况下，污染物排放量有所下降。北京橡胶塑料制品厂从广安门、北京制桶厂从右安门外迁至通州次渠工业小区，并引进再生胶脱硫设备和制桶流水线，解决了废气和喷漆污染问题。

1995 年与 1994 年相比，北京化学工业总产值增长了 13%，COD 排放量由每年的 14 060 t 下降为 13 437 t，下降了 7.5%；万元产值 COD 排放量由 25.56 kg 下降为 19.56 kg，下降了 23%。1991—1995 年，化工行业实施以清洁生产为特征的技术改造项目 30 个，完成污染源治理项目 215 个，综合利用“三废”93 万 t，创产值 2.18 亿元。“八五”期间环境保护工作规划目标全部实现。

1996 年，北化精细化学品有限公司（北京化工厂）增塑剂生产装置停产。同年，北京东方化工厂对环氧乙烷的尾气使用催化焚烧装置，回收二氧化碳 15 000 t/a（精制后供食品工业应用）。同年，该厂对火炬液使用冷冻压缩装置，回收火炬液 6 t/d，基本消灭了大火炬，使乙烯装置的油耗达到国内先进水平。

1997 年，北京化工二厂苯酐生产装置停产。

1998 年，三环路以内最后一个化工企业——北京乳胶厂完成搬迁、改造，迁到五环路以外的通州区次渠，三环路以内的化工企业全部完成搬迁。1991—1998 年，化工公司工业总产值增长 38.5%，万元产值排污量由 65 kg 降到 19.56 kg，下降了 70%，砷、铅、石棉绒、多氯联苯等污染彻底根除；废物综合利用累计 150.6 万 t，创造产值 3.231 7 亿元（表 5-6）。

表 5-6　1991—1998 年化工行业污染治理资金投入统计

年份	资金投入/万元	治理项目/个
1991—1995	57 000	215
1996	2 008	33
1997	2 431	36
1998	2 500	35

2000 年以后，随着北京工业结构和布局的调整，北京染料厂、化工实验厂、北京氧气厂等企业逐步转型或停止生产。

五、石油化工行业污染治理

1991年，燕化公司大气中除总烃无考核指标外，其余指标均符合《工业企业设计卫生标准》；生活区大气中除个别监测点的硫化氢超标外，其余指标均达到了国家二类二级标准。

1992年，燕化公司在30万t/a乙烯改建工程和炼油厂改扩建工程中认真执行“三同时”，以削减排污总量为主线，落实污染源全面达标工作。

1993年，燕化公司成为国家环保局清洁生产审计工作首批试点企业。1994—1997年，燕化公司每年组织2～3套生产装置进行清洁生产审计，共产生291个方案，其中大多数方案属于无费、低费、较易实现实施方案，采取源头管理、小改小革等措施，取得2 178.37万元的经济效益，每年可削减废气排放量3 305.9 t。

1994年，燕化公司环保部门对所有生产装置进行了大气污染源调查并编制了《燕化公司1994—2000年大气污染治理规划》。燕化公司采用轻型铝制内浮顶技术，完成8个储罐改造任务，每年可减少苯、对二甲苯等物料损耗913.33 t，获经济效益417.5万元。1994—1997年，在轻质油罐和液化气储罐中推广凉隔热胶和HD控温漆，共完成135台，涂覆面积达7.10万m^2，降低了罐内油品气相饱和的蒸气压，减少油品挥发和烃类污染。据测试，1995年仅油漆系数改变即可减少约94 t轻质油品消耗；用高压射流清洗罐车技术取代用蒸汽蒸煮清洗槽车，解决了槽车清洗过程中的大气污染。

1997年，燕化公司加快火炬气治理。1997年8月，化工一厂火炬气回收系统投入使用，每小时回收火炬气5 000 m^3。1998年5月31日，炼油厂火炬气回收系统投用，火炬气回收率由原来不足50%提高到99%，一年可代替燃油约2.5万t。橡胶厂火炬经回收处理后大部分成为民用液化气，少部分作为锅炉燃料。1998年，化工二厂火炬于大检修后熄灭。

1998 年共回收利用火炬气 5.61 万 t，比 1997 年多回收 2.57 万 t。回收的火炬气替代燃料油约 5 万 t，折合经济效益约 5 000 多万元。

1999 年 12 月，燕化公司水煤浆锅炉示范工程第三热电站建成。该工程既能单独烧油，又能单独烧浆，还能油浆混烧，目的是通过用水煤浆燃料替代重油，进行水煤浆的炉内燃烧脱硫。经多次改造实验，水煤浆锅炉烟气脱硫系统于 2003 年建成。经检测，脱硫系统的锅炉烟气 SO_2、烟尘等各项指标均达到北京市《锅炉污染物综合排放标准》（DB11/139—2000），2005 年 4 月通过了市环保局的验收。

2003 年 7 月，燕化公司在装油站台安装油气回收装置，使挥发气排放浓度明显降低，不仅减少了环境污染，还取得了明显的经济效益。按每年 100 万 t 汽油装车量、装车损失约为 2.5 kg/t，油气回收率为 95%计算，价值 665 万元。此外，每年还可为炼油厂回收 90 号汽油 2 375 t。

2007 年，燕化公司对年产 16 万 t 的一苯酚生产装置进行改造，回收其中的异丙苯等有机物，其余进入催化氧化系统进行处理，实现了尾气达标排放，每年可减少 VOCs 排放 172.6 t。

2012 年，为杜绝跑冒滴漏，燕化公司开展大规模的检测无泄漏活动，每年对 170 万个静密封点进行一次检测修复，大部分装置达到了无泄漏装置标准，泄漏率降到 0.05‰，有效地减轻了泄漏物挥发造成的油烃气污染。

2014 年，燕化公司采用活性炭纤维吸附法+活性炭罐吸附工艺，对化工七厂苯乙烯罐区的异味进行治理，处理能力为 3 000 m^3/h（标准状态）。通过废气处理装置，对挥发性有机废气进行收集和输送，减少有毒有害气体排放，消除异味，改善厂区空气质量，有效保护职工的身体健康。

2017 年，为了实现尾气达标排放，燕化公司对顺丁橡胶后处理尾气采用催化燃烧技术进行改造，项目设计风量 70 000 m^3/h（标准状态）。

顺丁橡胶后处理尾气进入洗涤塔，通过水的喷淋洗涤，脱除废气中的大部分胶粉及油雾。洗涤后的废气进入冷凝单元，从冷凝单元排出的废气，与储液池废气混合，加入其他气体使废气总烃浓度满足催化氧化反应器的进气要求。经过催化反应，使废气中的有机物与氧气发生氧化反应，生成 H_2O 和 CO_2。

第三节　首钢最终搬迁

首都钢铁公司前身为石景山钢铁厂，1966 年改名首都钢铁公司（以下简称“首钢”)。1979 年，首钢作为改革试点，实行全员承包制、扩大经营权，生产规模不断扩大，为北京的经济发展做出了重要贡献。但是，首钢属于大型钢铁企业，原材料消耗大，耗能、耗水多，排污量大，随着企业规模的不断扩大，对环境的污染日益严重。

一、扩产和污染

1983 年 1 月，首钢向冶金部和市计委、市经委报送“15 年内总量翻两番”的规划，提出 1995 年首钢厂区的钢产量从 150 万 t 增加到 300 万 t，但建二座 120 t 转炉、1.7 m 大轧机的设计规模，实际产量达 500 万 t。因此，市环保局和市规划局一致认为，年产 500 万 t 规模的大型钢铁企业建在首都市区的上风向、水源上游是不合理的，必然会对北京市造成严重的污染。

1992 年 2 月，首钢向有关部门上报《首钢北京地区“八五”挖潜改造规划》，提出“八五”期间要改扩建 3 座高炉等设施，“九五”期间还要进一步挖潜。2 月 11 日，针对首钢提出的扩产规划，市环保局向市计委报告：大量监测数据表明，首钢的发展对石景山区的环境带来难以承受的影响，严重威胁居民的身体健康。同时指出，多年来首钢以技改名义进行扩建，不依法执行国家环境保护有关规定：在年产 300 万 t 产能扩产项目的环境影响报告书中承诺的卢沟桥钢渣山搬迁、总厂污水处理厂扩建改造、焦炉煤气脱硫以及拆除第一炼钢厂、试验厂、初轧厂等重大措施均未实施；第二炼钢厂投产四年多，不能给环保部门提供现场环境监测采样的条件。市环保局明确提出：当务之急是严格控制首钢的发展规模，正确处理保护环境与发展生产的关系，否则将会加剧首都的环境污染，影响北京市申办奥运会。同年 9 月 26 日，市政府副秘书长召开会议，研究首钢 1 000 万 t 扩建问题。根据会议要求，市环保局向市政府报送了《关于首钢扩建工程环境问题的报告》并陈述：国务院环委会《行动起来，进一步改善首都环境质量，为申办奥运会创造良好环境的决定》要求“北京市和各单位必须严格按照城市总体规划要求，合理布局，严格控制在市区特别是水源上游、城市上风向发展污染企业”，首钢处于北京的上风向、水源上游，紧邻居民区，距市中心仅 16.3 km，且北部环山，污染物不易扩散。如进一步扩大规模，即使采取治理措施，污染总量仍会增加，必将给市区环境带来污染，甚至会影响申办 2000 年奥运会。市环保局表示，首钢扩建到年钢产量 1 000 万 t 的规模是不适宜的。最终，首钢 1 000 万 t 项目没有启动。

1993 年 2 月，在北京市第十届人民代表大会第二次会议上，人大代表联名提出《关于限期北京钢厂迁厂或转产问题的议案》。同年 10 月，国务院批复《北京城市总体规划（1991—2010 年）》时再次重申：“今后北京不要再发展重工业，特别是不能再发展那些能耗多、用水多、占地多、运输量大、污染扰民的工业，而应发展那些高精尖的、技术密集型的工业。”

1994 年，首钢在石景山地区的钢产量已由 1989 年的 386 万 t 增至 1994 年的 828 万 t，列全国钢铁企业第一位。首钢的污染问题引起人大代表、政协委员以及广大群众的关注。同年 10 月，市政府成立石景山大气污染治理领导小组，由市长助理任组长，成员有市环保局、首钢及石景山区政府领导，主要负责研究解决石景山地区的污染治理问题。

1995 年 2 月，北京市第十届人民代表大会第三次会议上，高德贵等 10 名市人大代表提交了《关于加强石景山地区环境污染治理的议案》，交由市政府专门研究办理。同年 5 月 12 日，市领导到首钢现场办公，首钢提出希望上马“2 160 mm”的热轧板的项目，将现有的一半产能转型为高附加值产品，以解决未来的生存空间。为此，根据国家环保局意见，北京市环保局牵头组织考察“2160 项目”，认为“首钢在现有规模上任何一点扩张，都会造成和居民生活空间的直接冲突”，不同意上马“2160 项目”。该项目成为首钢第一个在环保审批环节被否决的扩产项目。8 月，为建设北京西客站，污染严重的特钢公司南区（即原北京钢厂）全面停产，迁至石景山区，进一步加剧了石景山区的污染。

首钢在扩大钢铁生产规模的同时，虽然也采取了相应的治理措施，并取得了一定成效，但钢铁行业毕竟是能耗、水耗高的重工业，加之环保欠账较多，给石景山区带来严重污染。《石景山地区大气环境质量分析及污染控制对策研究》表明，1991—1995 年，首钢本部 TSP 5 年均值为 684 $\mu g/m^3$ 且呈逐年加重趋势，石景山为 502 $\mu g/m^3$，分别比城近郊区的平均值（363 $\mu g/m^3$）高出 88%、38%；位于首钢本部东南的白庙地区 5 年均值高达 2 617 $\mu g/m^3$，如此高的浓度已经对人体健康造成严重威胁。首钢本部 5 年降尘量平均高达 43.4 t/（km^2·月）、石景山区为 33.5 t/（km^2·月），分别比城近郊区的 19.3 t/（km^2·月）高出 125%和 60%，白庙地区高达 60 t/（km^2·月）。首钢本部 CO 年均浓度为 3.0 mg/m^3，较高的点位在首钢 4 号高炉附近，达到 4.0 mg/m^3，污染明显高于石景山区。首钢本部硫酸盐化速率达到 1.83 mg/（dm^2·d），比石景山区环境高 1 倍余，比城近郊区高 1～1.5 倍。非采暖期时，城近郊区和石景山区硫酸盐化速率大幅度下降至 0.5 mg/（dm^2·d）以下，但首钢本部的污染水平仍居高不下，5 年非采暖期平均值高达 1.38 mg/（dm^2·d）。石景山已经成为北京市大气污染最严重的地区，而首钢本部更是成了大气污染的中心。

二、治理环境污染

1990—1994 年，首钢对 1 号焦炉和 3 号焦炉进行改造，安装和调试了焦侧除尘系统，做到了高效、可靠、稳定、达标。除尘率达到 98%以上，外排烟尘达到国家排放标准，不仅环境效益明显，而且每年可节约电费 196 万元，回收粉尘 736.78 t，价值 4.42 万元。

1995 年，根据国家和北京市政府的要求，同时从自身生存发展的需要出发，首钢确定了“质量、品种、效益、环境”的发展方针，加大了环境治理工作力度，明确了达标排放、总量控制、综合治理、规范管理的具体标准，重点加强炼铁、烧结、焦化、炼钢等主要污染源的治理工作，改善厂区环境质量。

1996 年，首钢投资 73.85 万元，完成了首钢特殊钢公司炼钢二厂 7 号电炉除尘系统改造工程。改造后，烟尘捕集率从 50%提高到 90%以上，通过了环保验收。同时，停产拆除一批污染较重的设备，完成了皮带供料系统除尘等 60 个环保项目。

1997 年，首钢投资 2 948 万元，对炼铁厂 3 号高炉料仓进行治理，引进年处理 120 万 t 钢渣的生产线，钢渣利用率达到 95%；完成反焦返矿除尘系统等 45 个治理项目。

1998 年，首钢环保投资达 1.33 亿元，完成 20 个项目，解决了西石料厂无组织排放粉尘问题，完善了 3 号高炉料仓除尘、一线材厂和红冶钢厂污水治理、烧结厂余热利用等项目。

据统计，1995—1998 年，首钢投资 4.21 亿元，完成环保治理项目 156 个，污染物排放综合合格率达到 95.1%，33 个厂矿达到冶金部清洁工厂标准（表 5-7、表 5-8）。但是，厂区污染仍居高不下，降尘为 39.4 t/（km^2·月），TSP 为 0.49 mg/m^3，SO_2 为 0.093 mg/m^3。

表 5-7 1991—1998 年首钢废气、粉尘排放及处理情况

年份	废气产生量/万 m^3	废气处理率/%	粉尘排放量/t	粉尘回收率/%
1991	9 122 308.43	94.31	13 892.00	95.61
1992	9 283 629.92	94.78	14 100.00	93.76
1993	10 372 497.33	93.18	17 001.00	94.96
1994	11 998 916.58	92.24	14 469.00	95.62
1995	12 468 815.07	96.01	15 997.00	96.39
1996	12 660 103.00	97.40	15 305.83	96.59
1997	12 896 146.00	97.08	12 944.94	92.71
1998	12 986 657.00	98.19	10 860.94	94.27

表 5-8 1991—1998 年首钢本部大气环境质量监测数据

年份	SO_2/（mg/m^3）	NO_x/（mg/m^3）	CO/（mg/m^3）	TSP/（mg/m^3）	降尘量/［t/（km^2·月）］
1991	0.076	0.062	3.5	0.653	49.30
1992	0.072	0.073	3.1	0.572	39.30
1993	0.115	0.069	2.4	0.726	40.30
1994	0.094	0.078	2.9	0.683	45.90
1995	0.093	0.068	3.1	0.786	43.50
1996	0.096	0.084	3.5	0.847	42.30
1997	0.111	0.084	3.5	0.669	41.60
1998	0.093	0.094	3.7	0.494	39.40

1999 年，首钢投资 29 188 万元，对 1 号焦炉熄焦进行改造。2001 年年初投入运行，年减少熄焦过程中粉尘排放 38.3 t，不仅保护了环境，还节约了能源。

首钢焦化厂曾有 5 座焦炉，年产焦炭 190.5 万 t。焦炉是钢铁企业的主要污染源之一，其中焦炉装煤产生的烟尘约占烟尘产生量的 60%。2000 年，首钢投资 1 096 万元，对 1 号焦炉装煤除尘进行治理。项目投入运行后，治理效果显著，经北京市环保监测中心测试，除尘器除尘效率达到 97.1%，焦炉炉顶的岗位环境改善明显。

2001 年，为解决高炉难以控制的开堵铁口的无组织烟尘排放问题，

首钢投资 2 000 万元，引进无锡东方工业环保公司出铁口移动式顶吸水冷除尘罩的新技术，对 2 号高炉炉前除尘系统进行治理。2002 年，项目竣工投入运行后，每年可削减烟尘超 500 t。

三、压产还是搬迁

1996 年 5 月，全国人大常委会环境保护法执法检查组对北京市进行检查，全国人大常委会委员、环境与资源委员会主任委员曲格平指出："北京搬迁城区污染企业工作取得了较大进展，但控制重工业增长工作则成效不大。重工业不断扩大的结果，对下一步调整产业结构和布局，改善环境造成了更多困难。""首钢不要追求规模、追求数量，要调整产品结构，在质量、品种、效益和改善环境上下功夫。"7 月，在八届全国人大常委会第二十次会议上，王丙乾副委员长在《关于环境保护法执法检查情况的报告》中三次提到首钢，他说："北京的石景山区是大气污染的重灾区，特别是一些污染大户，如首钢、石景山发电厂对城市环境质量恶化有着很大影响。"他建议："北京市要按照国务院的要求，不要再发展重工业，特别是不能再发展那些能耗多、用水多、占地多、运输量大、污染扰民的工业。对于冶金、化工、建材等要严格控制发展。"

1997 年 3 月，全国政协委员梁从诫在全国政协八届五次会议上提出《首钢停止 2160 工程并部分逐步迁出北京的提案》，他提出："首钢不但不能再增加产能，还要逐步迁出北京。"同年 6 月，全国政协办公厅向中共中央办公厅、国务院办公厅报送了政协全国委员会经济委员会《关于加快治理步伐，迅速改变首都环境污染现状的建议》，提出："首钢应结合技术改造，大力治理污染，严格控制规模，限制产量，并按照环保要求组织生产和治理。建议国务院有关部门和北京市进行研究，制定规划，在不久的将来，将首钢搬迁转移。"这是国家层面首次提出首钢搬离首都的建议。

1998 年 2 月，市人大代表提出《关于加快特钢公司（西区）污染治理的议案》。12 月 16 日，北京市发布控制大气污染紧急措施，首钢的污染状况再次引起关注。

1999 年，科技部会同北京市政府组织开展的“北京市大气污染控制对策研究”中“石景山工业排放对市区的影响研究”专题得出新的结论：其污染远非到玉泉路为止，其影响可东至天安门、前门一带，冬季远至朝阳区；在特殊气象条件下，对车公庄、海淀一带的影响可以达到 49.5 $\mu g/m^3$，也可使前门、天安门一带 PM_{10} 增加 26 $\mu g/m^3$；首钢排放的 PM_{10} 占石景山区其他各种污染源总排放量的 50%。同年 1 月，在北京市第十一届人大第一次会议上，65 名人大代表联名提出 5 件治理大气污染问题议案，其中有议案指出：首钢对大气和水的污染必将“影响北京城市化的进程，影响 2008 年奥运会的申办”。首钢减产被提上日程。

2001 年 7 月 22 日，国家环保总局科技顾问委员会在北京新大都饭店召开《首钢“十五”期间钢铁改造总体方案》（环境部分）论证会，北京大学环境学院的一名教授认为：“即便首钢目前一些环保指标达标了，也不意味着就不排放污染物了，达标是在一定限度内排放。此外，如果按照首钢现在钢年产量 800 万 t 算，维持 800 万 t 生产需要运输的矿石、矿粉、焦炭等大量物流就达到 4 000 万 t，运输过程中也将产生很大污染。”论证会后不久，全国政协副主席钱伟长在写给北京市政府《关于解决北京市空气污染和地下水位下降问题的建议》的信中，概括了几位专家的建议，他指出：“现在北京市的上空有个黑盖，黑盖的中心就是石景山，到了晚上就往市里移，往下沉。钢铁厂的炼焦炉在炼焦过程中由于需要往焦炭上喷水，大量的酚进入水中，废水渗入地下，严重污染了地下水。酚的毒性很大，饮用受酚污染的水后会影响人的寿命。解决这一问题的唯一办法，是把首钢有污染的项目全部搬迁出去。”这封信通过梁从诫转给北京市市长。梁从诫在信中附言：“9 月 6 日您在政协论坛闭幕会上演讲阐述‘绿色奥运’理念，在谈到首钢时，仍然只提限产不提搬迁。我完全赞同钱老的建议，解决首钢对大气和水的污染（还有交通负荷）问题的唯一办法，是把首钢有污染的项目全部搬迁出去。”

2002 年 4 月 5 日，全国政协副主席胡启立带领由全国政协人口资源环境委员会和北京市政协组成的调研组就进一步改善北京大气环境进行调研，明确提出：首钢一方面应抓紧切实落实当前压缩钢产量计划，另一方面应下决心搬迁。从长远观点看，首都不宜炼钢，长痛不如短痛。8 月 20 日—9 月 15 日，国家经济贸易委员会、中国工程院联合组织了“首钢总公司技术创新院士行”大型活动。会议期间，16 位中国工程院院士、11 位专家和国家、市有关部门的同志对首钢的“十五”规划展开了激烈的辩论。钢铁部门专家认为：“只要通过‘压产’就能解决现在困扰首都的污染问题，整体搬迁的代价和成本过于高昂。”首钢董事长在这次活动开幕式上表示：“首钢实行整体搬迁的方案基本是不可行的。”他分析了首钢整体搬迁的三大严重问题，认为首钢整体搬迁方案基本不可行。他说：“十五”期间通过压缩 200 万 t 钢产量，进一步加快环境治理力度，首钢给周边带来的污染问题是完全可以解决的。环保领域院士和专家都坚持“污染严重，必须减产直至搬迁”。会上，市环保局局长作了题为《北京市大气污染控制与首钢发展的思考》的报告，他指出：尽管自 1999 年以来，北京市投资 300 多亿元治理环境污染，大气质量显著改善，但是 TSP、PM_{10} 的污染水平并没有明显改善，特别是 $PM_{2.5}$ 污染严重。2000 年测得首钢生产过程中排放尘的粒度分布，$PM_{2.5}$ 与 PM_{10} 的比为 0.73；PM_{10} 与 TSP 的比为 0.67；在全市工业尘排放中，首钢占 1/3，对大气浓度的贡献率占 1/2，应是控制的重点。此次活动的总结报告中，在“关于首钢钢铁业结构调整”部分中，提出三种不同方案，供首钢及北京市领导决策：一是原地进行重点技术改造，“十一五”后保留 400 万 t；二是建设冷轧、涂层等冷加工设备，将热加工全部迁出；三是将首钢整体迁出石景山区。大多数专家认为第一方案是一个比较稳妥与可行的方案。但是，个别环保领域院士和专家对此提出了修改意见。市环保局也向市政府专题报告，认为从首都性质和功能看，市区乃至北京地区不宜进行钢铁生产。

2002年11月，首钢落实《北京市“十五”时期环境保护规划》要求，特殊钢公司50 t、15 t电炉提前停产。至此，北京市自1956年以来用电弧炉废钢炼钢铸锭的历史结束。

2003年2月20日，首钢第一炼钢厂关闭，3座转炉全部停炉。4月28日和5月20日，国家环保总局局长解振华先后两次写信给国务院副总理曾培炎汇报工作，他提出：不宜在首钢发展改造钢铁业，应当下决心逐步搬迁首钢涉钢产业，从现在起不再在北京建涉钢项目。这是国家环保总局第一次正式提出“搬迁首钢涉钢产业”的意见。6月1日，中共北京市委召开专题会议，听取首钢关于2003—2008年压产、环境治理和结构调整发展规划的汇报，会议作出了首钢压缩北京地区钢铁业生产规模的总体安排：2003年压缩钢产量200万t，2007年年底再压缩200万t;抓紧推进在北京石景山老厂区建设冷轧生产线和在首钢河北迁安矿区建设热轧项目的前期工作。8月1日，继第一次首钢环境问题论证会议的两年后，在北京新大都饭店再次举行首钢环境问题会议“首钢涉钢系统搬迁评估会”。参加会议的有首钢总公司、中国国际工程咨询公司、国家发展改革委、国家环保总局、北京市人民政府、国务院发展研究中心学术委员会、河北省发展改革委、唐山市发展改革委、唐山钢铁股份有限公司等单位的领导人员、冶金专家、环保专家，讨论的核心议题是首钢到底是留在首都还是迁离首都。会议内容围绕三个问题展开：第一，首钢提出2003年和2007年分别压缩200万t，将这400万t生产能力转移到河北迁安地区，在北京石景山地区建设冷轧薄板生产线。2003—2008年实施结构调整和环境治理的发展规划。环保专家反对这个方案，认为首钢是北京的主要污染源，坚持凡是涉及“钢铁”二字的所有企业和附属配套系统都必须全部搬出北京。不解决首钢的污染问题，北京的大气就得不到质的改变。第二，首钢认为自身一直对环保问题非常重视，首钢在治理污染方面的投资占总投资的30%，是钢铁行业中环境达标企业的样板，是花园式的企业。环保专家坚决否定了首钢的这种认识。环保专家承认首钢在钢铁行业中是绿化最好的达标企业，是环境治理的样板，但是其污染物排放总量叠加起来，北京的整体空气质量就不达标了。凭着首钢现有的技术手段，只能治理地面上的环境污染，却治理不了空气中的环境污染。唯一的出路就是将涉钢系统迁出北京。第三，首钢再次列举日本东京也举办了世界奥运会，但日本政府并没有让东京附近最大的钢铁联合企业新日铁搬迁，首钢为什么要搬出北京？环保专家们认为：首钢不是新日铁，北京不是东京，地理和气候等环境不同，不可类比。首钢距北京市中心仅 16.3 km，而东京距最近的钢铁企业也有 80 多 km，并且没有山峦阻隔，焦化厂、炼铁厂和炼钢厂升起的烟云不会聚集成黑盖子，而是升入高空随风散去。会议双方针锋相对、互不相让，一时陷入僵局。环保专家要求首钢在这次论证会上就要作出明确答复。首钢管理层临时召开了紧急会议，对形势进行了认真分析。最后，首钢领导班子明确表态："如果国家没有决定我们首钢搬迁，我们将进一步加大环境治理力度；如果国家决定首钢搬迁，我们接受搬迁!"

2001 年 7 月，北京成功申办 2008 年奥运会。2001—2008 年，为全力办好有特色、高水平的奥运会、兑现申办奥运会的环境承诺，根据国家下达的主要污染物总量控制指标，北京市对首钢的环保要求也从达标排放逐步变为总量控制，要求污染物排放总量逐年削减，首钢先后改造升级了烧结机烟气除尘、高炉炉前除尘、高炉和焦化机上料除尘、炼钢二次除尘、燃煤机组脱硫、除尘大气污染治理设施，完成了厂区废水综合治理项目。

四、涉钢系统减产搬迁

2003 年 8 月，首钢向国务院报送《搬迁曹妃甸的报告》，报告中表达了愿意主动搬迁的立场和姿态，并表示："一是搬迁经费由首钢自己来筹集，二是搬迁将不占国家一分耕地，三是首钢这样一个在国际和国内都享有很高声誉的老企业应该得到国家的扶持和保护。”国务院将这份报告批转国家发展改革委负责研究。8 月 10 日，国家发展改革委副主任到首钢传达重要信息：“如果首钢同意搬迁到河北曹妃甸的话，国家决定给首钢支持。”首钢很快作出了肯定答复。2003 年 9 月 15 日、10 月 22 日和 2004 年 5 月 8 日，北京市政府先后三次向国家发展改革委报送《关于首钢实施压产、结构调整和环境治理方案》。其间，国家发展改革委委托中国国际工程咨询公司对首钢涉钢系统搬迁方案进行了评估，并在有关方面意见基本一致的基础上，正式上报国务院。

2005 年 1 月 12 日，国务院总理温家宝主持召开国务院常务会议，讨论并原则通过《北京城市总体规划（2004—2020 年）》。规划第 51 条提出：“调整工业用地比例，搬迁改造传统工业。加快实施首钢、通惠河南岸化工区及垡头等地区的传统工业搬迁及产业结构调整。”

2005 年 2 月 18 日，国家发展改革委报请国务院批准，正式批复《关于首钢实施搬迁、结构调整和环境治理方案》，同意首钢实施压产、搬迁、结构调整和环境治理，在河北省唐山地区曹妃甸建设一个具有国际先进水平的钢铁联合企业作为首钢搬迁的载体，在北京建设 150 万 t 冷轧薄板项目。备受国内外关注的“首钢搬迁”问题终于有了明确答案。我国前所未有的、规模最大的、最系统的城市特大型企业搬迁工程正式启动。2 月 25 日，王岐山市长主持召开第七十四次市长办公会，要求市规划委员会根据《北京市总体规划（2004—2020 年）》，抓紧编制石景山区控制性详细规划，特别是首钢 7 km^2 土地上的利用规划。

2005 年 6 月 30 日上午 8 时，首钢炼铁厂 5 号高炉停产，标志着首钢北京地区涉钢系统压产、搬迁工作正式启动。7 月 7 日上午 9 时 30 分，“首钢五号高炉停产仪式”在首钢文化馆举行，国家有关部门有关负责人、北京市分管领导及市有关部门负责人、石景山区政府负责人、首都 30 多家媒体的记者以及首钢干部职工代表共计上千人参加停产仪式。5 号高炉建于 1958 年，是中华人民共和国成立后首钢建设的第一座大型高炉。到此次停产为止，5 号高炉累计产铁近 3 000 万 t。8 月 18 日，国务院副总理曾培炎在首钢总公司上报的《首钢搬迁调整进展情况的汇报》上作出批示："首钢搬迁调整涉及面广，请发展改革委牵头协调。"

2006 年 3 月 28 日，北京市第十二届人大常委会第二十六次会议听取了市政府所作的《关于首钢搬迁及新项目建设情况的报告》。5 月 9 日，首钢集团焦化厂 2 号焦炉正式停产退役，这标志着首钢集团北京地区搬迁又迈出实质性一步。2 号焦炉是首钢集团最早的一座焦炉，2 号焦炉于 1964 年 12 月 1 日投产，已连续生产 42 年，累计生产焦炭 649 万 t。

2007 年 3 月 12 日，首钢京唐钢铁联合有限公司钢铁厂在河北省唐山市曹妃甸正式开工建设。8 月 11 日，王岐山到首钢调研时说："首钢压产搬迁是北京承办奥运的承诺，更重要的是体现北京市新的定位，调整产业结构，达到节能降耗减排的要求，这是大局的需要。"

2008 年 1 月 5 日，燃烧了 35 年 2 个月、年产值超过 50 亿元的 4 号高炉停产。当日，首钢举行新闻发布会，承诺从 2007 年 12 月 31 日开始压缩产量 400 万 t，2008 年按 420 万 t 组织生产。这是首钢自搬迁调整方案批复以来停产规模最大、关闭设备最多、涉及面最广的一项前所未有的系统工程。按照压产计划，2008 年第一季度末，炼铁厂 2 号高炉、两台烧结机和第三炼钢厂停产。2008 年 5 月，总投资 64 亿元、产能 150 万 t 的首钢冷轧薄板生产线在北京市顺义区全面投产，这是首钢实施压产、搬迁、结构调整和环境治理方案中第一个竣工的重大项目，也是首钢在北京唯一保留的钢铁精品项目。它的投产标志着首钢搬迁调整获得重大阶段性成果。同年第三季度（奥运会期间），在 4 号高炉、2 号高炉已停产的基础上，每月按 20 万 t 钢组织生产（1 号高炉单炉生产，烧结机保留两台生产），产量压缩至平日的 30%以下。2008 年，首钢北京地区烟尘、粉尘、SO_2 排放量下降了 50%；其中第三季度（奥运会期间）各项污染物排放量下降 70%以上。而到了减产搬迁的最后阶段，即

2008 年第三季度末至 2010 年年底，保持两座高炉（1 号、3 号高炉）和四台烧结机生产。2009 年 5 月 21 日，首钢京唐钢铁联合有限责任公司 1 号高炉点火开炉。2010 年 12 月 21 日，首钢高速线材厂的传动铁链停止了转动，至此，首钢石景山钢铁主流程实现安全、稳定、经济、准时停产。23 天后举行隆重的停产仪式，市领导为首钢颁发“功勋首钢”纪念牌，记录拥有 91 年历史的首钢石景山钢铁产能全面停产。

第四节　清洁空气计划环保技改

工业是北京市经济的重要组成部分，2012 年，工业占全市生产总值的比重为 18.4%。2012 年 9 月—2013 年 8 月开展的 $PM_{2.5}$ 来源解析结果表明，在本地污染贡献中，工业生产排放占到了 18.1%，工业污染治理仍是防治大气污染的重要方面。

北京市工业污染防治主要包括三方面：一是严控增量，对不符合首都功能定位的工业企业，不再批准建设；二是产业结构调整，调整退出现有的高污染产业，淘汰污染工艺和设备；三是末端深化污染治理，也就是环保技改工程。对符合首都功能定位的产业以及为保障城市运行和居民生活暂时需要保留的工业企业，通过实施环保技改工程，采用先进的生产工艺、环保技术和管理手段，全面提升企业技术、装备和管理能力，降低污染物排放浓度、排放总量和单位产品的污染物排放量，达到国内领先、国际一流的工业污染防治水平。

一、任务来源

2013 年 9 月，市政府印发《北京市 2013—2017 年清洁空气行动计划》（以下简称“清空计划”），要求开展末端污染治理减排工程。按照“清空计划”提出的重点任务分解措施要求，市环保局会同发改、财政、经信等部门，推进工业排污单位实施环保技术改造，促进产业升级和污染减排。

按照“标准引领，政策支持，技术领先，注重实效”的总体思路，发挥政府引导、企业责任主体作用，北京市以未来一段时期需要保留的企业为治理改造重点，以影响空气质量的主要污染物减排为主要目标，每年实施百项环保技改工程，推进工业污染防治，达到国际先进水平。

二、奖励资金管理办法

2014 年 8 月 20 日，市财政局、市环保局、市经济和信息化委、市发展改革委联合印发《北京市大气污染防治技术改造项目奖励资金管理办法》（京财经一〔2014〕1782 号），对开展大气污染防治环保技术改造工程的单位进行资金奖励。

1．奖励范围

该办法资金支持范围重点为贯彻落实“清空计划”的项目，优先支持北京市鼓励发展的战略性新兴产业的环保技改项目，具体范围包括：VOCs 治理领域、NO_x 治理领域、SO_2、烟粉尘及其他有毒污染物治理领域和其他重点环保技改项目。

2．奖励标准

单个项目总投资 3 000 万元以下，由市级排污费专项资金、市级节能减排及环境保护专项资金安排以奖代补资金。为确保企业履行达标排放的法定责任，鼓励企业开展深度治理、加大减排力度，对照污染物排放标准，根据环保技改项目环境效益不同，实行差别化的以奖代补资金支持比例：采用先进的污染防治技术，改造后治理对象（污染物）排放浓度低于现行环保标准限值的 50%（含），且污染物去除效率大于 20% 的，按项目总投资的 30%给予资金奖励；采用成熟可行的污染防治技术，改造后治理对象（污染物）排放浓度低于现行环保标准限值的 90%但高于 50%，且污染物去除效率大于 20%的，按项目总投资的 25%给予资金奖励；改造后治理对象（污染物）排放浓度仍高于现行环保标准限值的90%（含）的，或污染物去除效率低于20%（含）的，不给予资金支持。

三、项目实施情况

2014—2017 年，北京市启动实施了 496 个大气污染防治环保技改项目。

2014 年，北京市启动实施大气污染防治环保技改项目 116 个。其中，北京燕山石化橡胶尾气治理一期工程、北京福田戴姆勒汽车公司二工厂水性漆替代油性漆、北京曲美家具公司下属4家工厂水性漆替代油性漆、中国南车集团二七车辆厂水性漆替代油性漆等项目当年竣工投运。

2015 年，北京市启动实施大气污染防治环保技改项目 144 个，加上 2014 年续建项目，当年共完成 148 项。

2016 年，北京市启动实施大气污染防治环保技改项目 115 个。为保障环保技改项目实效、加强项目全过程管理，市环保局委托第三方机构（北京节能环保中心中标承担）组成项目核查组，检查环保技改项目 147 项（含往年实施项目）。

2017 年，北京市启动实施大气污染防治环保技改项目 121 个，完成 103 项。主要治理行业为石化、汽车制造、印刷、家具制造等。按污染物分类，VOCs 治理 93 项、NO_x 治理 16 项、烟粉尘治理 9 项、异味治理 1 项和废气综合治理 2 项。

四、项目资金奖励情况

自 2014 年起，北京市对治理 VOCs、NO_x、SO_2、烟粉尘及其他有毒污染物等的大气环保技改项目进行资金奖励。

2014 年，申报奖励资金的环保技改项目涉及海淀、昌平、丰台、房山、通州、朝阳、怀柔和石景山等 8 个区，包含 VOCs、颗粒物减排、工业废水深度治理、大型燃气锅炉脱硝治理等 19 家项目单位、21 个项目。申报总投资 41 504.32 万元，审定总投资 37 356.95 万元，批复奖励资金 11 494.48 万元，各项污染物年减排量约 6 920.31 t。此外，中国石油化工股份有限公司北京燕山分公司 2014 年申报 29 个，审定总投资 29 413.21 万元，批复奖励资金 9 054 万元。其中 26 个项目于 2015 年年底完成项目验收，合计共减排 VOCs 11 716.06 t/a。

2015 年，申报奖励资金的环保技改项目涉及石景山、房山、大兴、西城、东城、海淀、昌平、丰台、朝阳、通州、顺义、怀柔、密云、门头沟和平谷等 15 个区，包含 VOCs 减排、粉尘治理、NO_x 减排、殡葬大气治理和其他等 5 大类，项目申报总投资 71 589.58 万元，奖励资金 17 643.17 万元。经统计，可实现年减排粉尘 53 756.96 t、NO_x 1 246.14 t、VOCs 1 556.77 t、硫化物 47.19 t、NH_3 53.26 t。

2016 年，申报奖励资金的环保技改项目涉及东城、西城、朝阳、海淀、丰台、石景山、房山、通州、大兴、昌平、平谷、怀柔、密云共 13 个区和北京经济技术开发区，包括 40 个大气环保技改项目。项目类别及基本情况如下：

①VOCs 治理主要涉及汽车制造、家具制造、印刷、工业涂装等行业，实施的 14 个技改项目预计年 VOCs 减排量约 1 042 t，获得奖励资金 3 744 万元。

②NO_x 减排项目以电站锅炉、集中供热锅炉低氮燃烧器改造为主，采用国际先进的低氮燃烧设备进行改造，并为今后修订北京市《锅炉大气污染物排放标准》提供大量的相关数据，实施的 22 个项目每年减排 NO_x 590 t 左右，获得奖励资金 2 034 万元。

③粉尘治理技改项目 1 个，涉及建材行业，以控制物料的无组织排放为主，有效减少无组织排放，年减排颗粒物约 1.15 t，项目获得奖励资金 43 万元。

④在国有大型餐饮企业开展油烟治理试点，探索最佳实用性技术，为在更大范围内全面开展餐饮油烟治理提供借鉴，为将来制定餐饮油烟

排放标准积累相关技术和监测数据，获得奖励资金 20 万元。

⑤能源清洁化改造项目 1 项，年减排颗粒物 76.15 t、SO_2 39 t、NO_x 13 t，获得奖励资金 83 万元。

⑥建筑陶瓷废气治理技改项目 1 个，年减排氟化物 3.48 t，获得奖励资金 273 万元。

2017 年，申报奖励资金的环保技改项目涉及东城、西城、朝阳、海淀、丰台、门头沟、房山、通州、顺义、大兴、昌平、平谷、怀柔、密云、延庆共 15 个区和北京经济技术开发区，包括 54 个大气环保技改项目（另有 19 个工业废水改造项目），项目类别包含 VOCs 减排、NO_x 减排、粉尘治理、有毒污染物治理和其他废气综合治理以及工业废水深度治理，项目申报总投资 65 505.96 万元，奖励资金支持 10 195 万元。初步计算可以实现 VOCs 年减排量 1 846 t，颗粒物年减排量 20 487 t、NO_x 年减排量 507 t。

2014—2017 年北京市清洁空气计划环保技改项目污染减排情况见表 5-9。

表 5-9　2014—2017 年北京市清洁空气计划环保技改项目减排量估算

单位：t/a

年份	VOCs	NO_x	颗粒物	NH_3	SO_2	氟化物
2014	共计 6 920.31 t 另外，燕山石化减排 VOCs 11 716.06 t/a					—
2015	1 556.77	1 246.14	53 756.96	53.26	47.19	—
2016	1 042	603	76.15	—	39	3.48
2017	1 846	507	20 487	—	—	—

第六章 机动车污染防治车油并举

1949 年，北京市仅有各种机动车 2 300 辆，汽车尾气污染不明显。1971 年机动车数量为 2.5 万辆。改革开放以后，机动车数量逐年增加，1990 年达 40 万辆。20 世纪七八十年代的监测结果表明，北京市在用汽车单车排放的 CO 和 HC 比发达国家高 20～30 倍，NO_x 高 1～2 倍。道路中心与人行道大气中的 CO、NO_x 常年超标，主要路口污染尤为严重。加强机动车排放污染控制被提上议事日程。20 世纪 90 年代中后期，小汽车开始进入家庭，1997 年北京市突破百万辆，成为全国机动车保有量最多的城市，接近全国的 1/10。北京市机动车排放对环境的污染日益凸显。

1989 年，北京市成立了防治机动车排气污染领导小组，颁布《北京市防治机动车排气污染管理办法》(第 8 号政府令)，开展汽车尾气初检、年检、路检、入户抽检等工作，北京市防治机动车排放污染工作逐渐步入正轨。20 世纪末，北京市机动车保有量迅猛增长，机动车尾气排放对大气污染的贡献率越来越高，成为大气污染的重要来源。为此，市政府采取一系列措施，加大机动车污染治理力度。

1989—2017 年，北京市在机动车大幅增加的情况下，实施了一系列机动车污染治理和管理制度、措施、标准，机动车排放污染有所削减，为改善空气质量发挥了重要作用。第一，建立了国内最为先进和齐全的地方机动车排放体系。1998 年 7 月，率先于全国发布相当于欧 I 的轻型汽车排气污染物排放标准，引领我国机动车排放污染控制技术升级，逐步与国外先进标准接轨。1998—2017 年，北京市制定、修订发布了 16 项地方机动车污染物排放标准，是全国制定机动车污染排放标准最多的城市，地方标准与国家标准共同形成了最齐全的全市机动车污染防治标准体系。第二，坚持从源头控制新车排放污染。严格新车环保准入，实施新车达标环保目录管理、注册登记目录核查和排放控制装置核查制度，对执行不同级别标准的车辆核发星级不同的环保标志等。第三，强化在用车的污染减排和达标监管。强制近 20 万辆化油器汽油小客车提标改造治理、对城市柴油车车队推进清洁燃料更新和尾气治理，实施在用车定期排放和抽查检测制度，持续推进黄标车老旧车淘汰更新。第四，车油并举、油品先行。率先于全国淘汰含铅汽油、推进油品低硫化。1998 年 1 月 1 日全市推广无铅汽油后，制定实施车用汽油、柴油地方标准，或提前执行国家车用油品标准，为车辆稳定达标提供可靠油品支撑。第五，实施公共交通优先、抑制小汽车使用的系列措施。不断加大公共交通设施建设，大力倡导绿色出行，制定实施小客车总量调控政策，实施限购，减少燃油车增加速度，制定实施机动车停车管理条例，实施工作日高峰时段限行政策等。

第一节 健全机构加强领导

一、协调机构

（一）北京市防治机动车排气污染领导小组

1989 年 3 月，市政府成立北京市防治机动车排气污染领导小组，主要负责协调汽车生产、使用、维修、排气、监测、科研、油品等方面的工作。领导小组组长由副市长陆宇澄担任，副组长由市市政管委、市计委、市科委、市环保局、市公安局公安交通管理局（以下简称“市交管局”）等 5 个单位领导担任；小组成员单位有市汽车工业总公司、市交通运输总公司、市公共交通总公司、市财政局、市经委、市政府法制办、市汽车维修管理处等。办公室设在市环保局。此后，各区、县、局、总公司也相继成立了防治机动车排气污染领导小组及办公室，形成全市汽车尾气污染防治工作的组织网络。

1993 年 5 月，北京市防治机动车排气污染领导小组进行了调整，副市长李润五任组长，副组长增加了市经委、市政府法制办单位的领导；成员单位有市财政局、市交通局、市出租汽车管理局、市公交总公司、市交通局汽修处、市技术监督局质量处、武警总部运输处、总后交通运输部车辆管理局等。办公室设在市环保局。

1996 年 3 月，由于市领导工作变动，北京市防治机动车排气污染领导小组进行了调整、增补，第三届领导小组组长由副市长李润五担任，副组长增加了市技术监督局的领导；成员单位有市财政局、市物价局、北京进出口商品检验局、市环保局、市出租汽车管理局、市交通局、市石油公司、市汽车工业总公司、北内集团、市公交总公司、总后交通运输部车辆管理局、武警总部运输处等。办公室设在市环保局，主任由市环保局副局长兼任，副主任由市市政管委环境处、市公安交通管理局车管所领导和市环保局副总工程师担任。

1996 年 7 月 25 日，北京市防治机动车排气污染领导小组组长调整为阳安江副市长。副组长单位及小组成员、办公室主任等未做调整，直至 1998 年 5 月。

1999 年 2 月，市政府印发《北京市人民政府关于议事协调机构和临时机构设置与调整有关事项的通知》，决定撤销北京市防治机动车排气污染领导小组，相关工作由市环保局、市交管局承担。

（二）防治尘污染（汽车尾气）领导小组

1991 年 2 月底，中央正式批准北京申办 2000 年奥运会。同年 6 月，市环委会第 13 次会议通过《全市人民动员起来，开展以防治尘和汽车尾气污染为中心的综合整治，为申办奥运会创造良好环境的决定》，决定成立北京市防治尘污染（汽车尾气）领导小组，直至 1993 年第一次申办奥运会工作结束。

（三）发展低污染机动车领导小组

1997 年 2 月，为控制汽车尾气污染，经市政府批准，北京市成立发展低污染机动车领导小组，市长助理、市市政管委主任郑一军担任组长，主要协调科研单位、企业和有关部门，研究开发电动汽车和天然气等代用燃料车。

（四）天然气工程领导小组

1997 年 3 月 7 日，为加强全市天然气工程建设和发展工作的综合协调，市政府成立天然气工程领导小组，常务副市长张百发担任组长，副组长由市市政管委、市计委、市规划委、市建委、市经委、市公用局等部门的负责人担任。成员单位由市环保局、市规划院、市规划局、市财政局、市劳动局、各区区长、市技术监督局、市公用局、人民银行等 18 家单位组成。领导小组办公室设在市公用局，主要负责协调出租车、公交车使用液化石油气及天然气改造。

（五）天然气协调推进办公室

1998 年 5 月，北京市成立天然气协调推进办公室，由副市长汪光焘负责，市科委主任、市市政管委主任协助。成员由市市政管委、市科委、市环保局、市公用局和市公交总公司等有关部门组成。工作重点是制定机动车使用天然气工作方案和计划。

（六）北京市黄标车淘汰和建设货运“绿色车队”工作领导小组

2009 年年初，市政府成立北京市黄标车淘汰和建设货运“绿色车队”工作领导小组，副市长黄卫担任组长，市政府副秘书长周正宇担任副组长，成员由各有关部门和各区县政府主要负责人组成；办公室设在市环保局。市环保局牵头负责黄标车淘汰，市交通委负责“绿色车队”组建工作，并制定了淘汰黄标车的鼓励政策和设立补助资金联合服务窗口的相关办法。

（七）北京市老旧机动车更新淘汰工作协调小组

2011 年 7 月，市政府成立北京市老旧机动车更新淘汰工作协调小组，负责统筹协调和布置相关工作。协调小组组长由市政府分管副市长担任；成员单位包括市发展改革委、市经济信息化委、市财政局、市环保局、市交通委、市商务委、市国资委、市工商局、市金融局、市交管局和各区县政府。协调小组下设办公室，办公室设在市环保局，负责监督指导第三方交易办理平台日常工作。

二、市级排放监管机构

（一）北京市防治机动车排气污染领导小组办公室

1989 年 3 月，市政府成立北京市防治机动车排气污染领导小组，办公室设在市环保局（简称“尾气办”），由市环保局大气处管理。主要负责制定和组织实施全市机动车排气污染治理规划、净化方案，及日常尾气抽测、数据统计分析上报等工作。2000 年，与市环保局大气处合并。

（二）北京市机动车尾气排放监测大队

1997 年，根据新修订的《北京市防治机动车排气污染管理办法》，市环保监测中心在汽车排气监测组的基础上，组建了北京市机动车尾气排放监测大队，主要负责北京市机动车尾气初检、年检、路检、入户抽检的技术指导和质量控制等工作。

1998 年，根据中央国家机关机构改革方案，将机动车尾气防治工作由公安部划归国家环保总局管理。市政府决定，将机动车检测场的尾气排放检测的管理工作由市交管局划归市环保局。为此，市环保局委托市环保监测中心负责管理各机动车检测场的尾气排放检测工作的技术指导和质量控制，具体工作由北京市机动车尾气排放监测大队负责，市环保局负责监督管理。

2003 年 5 月，机动车尾气排放监测大队业务由市环保局直接管理，人事、财务关系等仍由市环保监测中心负责。

（三）北京市控制机动车污染联合执法办公室

2000 年 3 月，经市政府批准，市环保局和市公安交通管理局联合成立北京市控制机动车污染联合执法办公室。办公室设在市环保局，负责执法工作的日常管理和协调。联合执法办公室下设东城、西城、崇文、宣武、朝阳、海淀、丰台、石景山、昌平、顺义等 10 个执法分队，分布在 13 个路检点，负责抽测上路行驶机动车的尾气排放情况，对尾气排放严重超标的车辆暂扣牌证并限期治理。

（四）北京市机动车排放管理中心

2004 年 1 月，经市机构编制委员会办公室（以下简称“市编办”）批准，成立北京市机动车尾气排放管理中心。主要职责：受市环保局委托，负责机动车排放检测的监督管理、机动车环保标志的发放管理、会同有关部门开展机动车尾气排放的道路检查等。

2008 年 6 月，北京市机动车尾气排放管理中心更名为北京市机动车排放管理中心。各区县环保局也相继成立了机动车排放管理站，初步建立起集市、区县两级监管机构和以机动车排放实验室、机动车网络监管系统、激光遥感检测和道路污染评估系统为一体的高科技监管网络，其中网络监管系统可以对机动车排放污染检测进行实时、全方位监管。

（五）机动车排放管理处

2005 年 7 月，经市编办批准，市环保局设置机动车尾气排放管理处。

主要职责：拟订控制机动车排放污染防治规划、机动车排放污染控制阶段性目标和措施，拟订北京市机动车污染防治标准等并组织实施；组织开展北京市机动车污染形势综合分析研究、负责机动车达标排放的相关行政许可工作、对机动车排放污染防治实施监督管理、监督指导区县机动车排放污染防治工作等。2008 年 6 月，机动车尾气排放管理处更名为机动车排放管理处。

三、区（县）机动车排放管理站

2008 年，经市编办批准，全市新增机动车排放管理编制 734 人。根据机动车污染防治工作需要，市环保局将编制分配到各区县环保局。各区县相继成立了机动车排放管理站，负责辖区内机动车排放监管及相关工作。2010 年 6 月，北京市组建新的东城区、西城区，原城四区环保局机动车排放管理站合并为东城区机动车排放管理站、西城区机动车排放管理站。

四、驻京解放军、武警部队车管机构

驻京解放军、武警部队各大单位的车管部门是本单位机动车排放污染监管的责任机构，分别负责本单位机动车分类建档、排污登记、维护保养及尾气治理相关工作的宣传、监管工作。

第二节　机动车排放占比逐步升高

一、保有量全国领先

20 世纪 90 年代以后，北京市机动车保有量快速增长，年平均增长率超过 15%。其中，1994—1995 年、1996—1997 年的年增长率超过了 20%。1997 年，北京市机动车保有量突破 100 万辆，2003 年突破 200 万辆，2007 年突破 300 万辆，2009 年突破 400 万辆，截至 2017 年年底，北京市机动车保有量已达到 590.9 万辆（表 6-1）。北京市机动车保有量

从中华人民共和国成立时的 2 300 辆到 100 万辆，用了 48 年时间；从 100 万辆到 200 万辆，用了 6 年 6 个月；从 200 万辆到 300 万辆，用了 3 年 7 个月；从 300 万辆到 400 万辆，用了 2 年 7 个月；从 400 万辆到 500 万辆，仅用了 2 年 1 个月。2010 年 12 月，北京市政府正式发布《北京市小客车数量调控暂行规定》，对小客车的总量施行年度控制，机动车保有量快速增长势头才逐步得到遏制，但机动车保有量仍居全国之首。

表 6-1　1949—2017 年北京市机动车保有量统计

年份	保有量/万辆	年份	保有量/万辆
1949	0.23	2003	212.4
1970	2.5	2004	229.6
1990	38.6	2005	258.3
1991	42.0	2006	287.6
1992	47.3	2007	312.8
1993	56.4	2008	350.4
1994	66.4	2009	401.9
1995	80.4	2010	484.6
1996	90.1	2011	498.3
1997	114.6	2012	520.0
1998	130.7	2013	543.7
1999	139.2	2014	559.1
2000	150.7	2015	561.0
2001	169.8	2016	571.7
2002	189.9	2017	590.9

二、机动车排放对环境的影响

20 世纪 90 年代，由于机动车保有量增速过快，单车污染物排放量又很高，机动车排放成为北京市大气污染的重要来源。市区主要交通干线和路口的 CO 和 NO_x 浓度常年超过国家标准，超标范围逐步由城区向三环以外区域扩展。同时，臭氧超标频率及持续时间继续增加。据清华大学等单位承担的“北京市机动车排气污染控制管理规划及实施方案”课题分析，机动车排放对交通干线附近区域的 NO_x 浓度有着决定性的影响，规划市区全年机动车 NO_x 浓度分担率占 2/3，采暖季占一半以上，非采暖季占 4/5，交通环境机动车污染的分担率明显高于市区平均值。1999 年 5—8 月，臭氧浓度超过二级标准的比例近 40%，超过三级标准的比例近 20%；7 月 23—29 日一周内，由于持续高温、高辐射，市区平均臭氧最高小时浓度有 4 天超过 100 ppb，定陵、车公庄和奥体中心子站臭氧浓度超过 200 ppb，直接威胁人民群众的身体健康。

图 6-1　20 世纪 90 年代行驶在北京街头的汽车

1990—1998 年，机动车保有量从 38.6 万辆增加到 130.7 万辆，增长约 2.4 倍。大气中与机动车相关的 NO_x 年均质量浓度由 98 μg/m³ 增加到 152 μg/m³，增加了 55%。CO 年均质量浓度由 2.8 mg/m³ 增加到 3.3 mg/m³，增加了 17.9%（表 6-2、图 6-2）。

表 6-2　与机动车相关的空气中污染物年均质量浓度变化

年份	NO_x 年均质量浓度/（μg/m³）	CO 年均质量浓度/（mg/m³）
1990	98	2.8
1991	109	2.9
1992	119	3.0
1993	109	2.6
1994	120	2.6
1995	122	2.7
1996	117	2.8
1997	133	3.0
1998	152	3.3

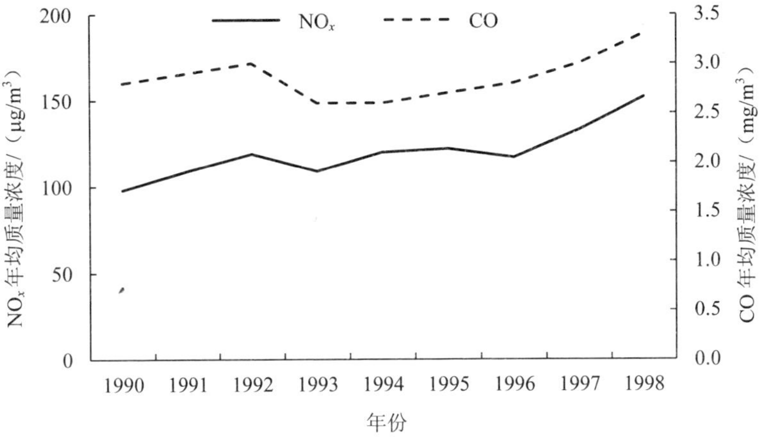

图 6-2 1990—1998 年 NO_x 和 CO 年均质量浓度变化示意图

《北京市环境统计手册》表明，2010—2017 年机动车（不含非道路移动机械）NO_x 排放占比逐年升高（图 6-3）。机动车排放的 VOCs 也占有相当的比例，2017 年大气污染源排放清单表明，机动车 VOCs 排放占比为 1/3，其中小客车占八成。

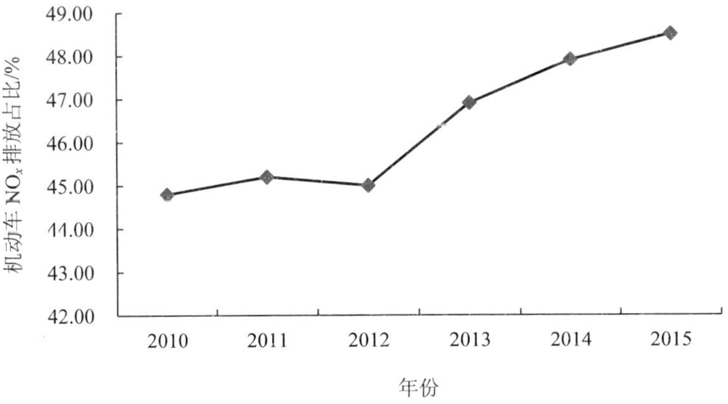

图 6-3 2010—2015 年北京市机动车 NO_x 排放占比年际变化示意图

随着北京市机动车的快速增长和固定燃烧源污染得到有效治理，机动车和非道路移动机械排放的各种污染物量占比呈增长趋势。2016 年，北京市移动源排放的 NO_x 占全市 NO_x 排放总量的 75%；2017 年，占全市 NO_x 排放总量的 80%。

2017 年北京市 $PM_{2.5}$ 来源解析表明，本地大气 $PM_{2.5}$ 的来源中，机动车占比已达 45%。机动车排放污染已成为影响大气环境质量的主要来源。

第三节　新车标准与国际逐步接轨

一、新车排放标准管准入

1983年9月，国家发布《汽油车怠速污染物排放标准》（GB 3842—83）、《柴油车自由加速烟度排放标准》（GB 3843—83）及《汽车柴油机全负荷烟度排放标准》（GB 3844—83）。自此，汽车尾气污染防治初步有标准可依。

1985 年 12 月 13 日，北京市人民政府第 50 次市长办公会讨论同意市环保局、市公安局提出的“控制汽车尾气管理办法及实施计划”，决定从 1986 年 1 月 1 日起，凡新车上牌照时，必须检测尾气，超过标准的一律不准上牌照。

1988 年 7 月 7 日，北京市人大常委会通过《北京市实施〈中华人民共和国大气污染防治法〉条例》，其中第三十条规定“生产、销售和大修保养出厂的机动车船发动机，其污染物的排放必须符合国家和本市规定的排放标准；不符合标准的，不准出厂和销售”。

1989 年，北京市政府颁布的《北京市防治机动车排气污染管理办法》明确规定：凡制造、维修机动车、车用发动机和从国外进口机动车，其污染物排放不得超过国家和本市规定的污染物排放标准；排放污染物超过排放标准的机动车、车用发动机和不合格的排气净化装置，不准投产。

经销外地生产的新型机动车、车用发动机，经营单位必须将该产品的有关污染物排放的技术资料报市环境保护局审核，排放污染物超过排放标准的，不准在本市销售。

1992 年，北京市防治机动车排气污染领导小组办公室指派检测人员到汽车制造厂，采取怠速法进行抽查，现场办公解决问题，落实市政府提出的新车必须达到排放标准的要求。环保部门对出厂新车建立定期检查制度，规定年产超过 3 000 辆的汽车制造厂，每月检查一次；不足 3 000 辆的，每年至少检查 4 次。全年市、区县环保部门共抽测了 72 个厂（次）的 1 268 辆新车，达标率为 92%。

1994 年，对在京生产、销售的机动车实行排放污染物申报登记制度，对发动机工况法测试试验台进行了认证。市环保局向全国各汽车制造、改装、组装厂发出公告，要求报送污染物排放工况法测试结果，经审核，符合排放标准取得《机动车排放污染物合格证》后，方可在京销售。全年抽检出厂新车 696 辆，达标率为 94%。

1998 年 8 月，北京市在全国率先制定发布了控制新车排放相当于欧Ⅰ标准、国内最严格的地方强制性排放标准《轻型汽车排气污染物排放标准》（DB11/105—1998），于 1999 年 1 月 1 日起在全市实施，即第一阶段标准（国Ⅰ或京Ⅰ标准）。1998 年 10 月，依据《北京市防治机动车排气污染管理办法》的有关规定，市环保局印发《关于对新车排放污染情况进行申报的通知》，要求各汽车制造厂、经销商或代理商，从 1999 年 1 月 1 日起在京销售的车辆，必须满足国家和北京市相应的排放标准；必须提前向市环保局申报销售新车排放污染物情况，经环保审核、排放污染物符合标准的车型方可在京销售，办理车辆注册登记手续。

1999 年 1 月 1 日，汪光焘副市长为神龙汽车公司富康牌小客车贴上了北京市第一张绿色环保标志（一星）。京Ⅰ标准的实施，极大地促进机动车污染控制技术革新。为达到新标准，轻型汽油车必须采用闭环电控喷油技术，同时安装三元催化转化净化器，单车污染物排放量削减

80%以上，改写了中国机动车无尾气排放控制装置、污染物直接排放的历史。同年3月4日，市政府发布《关于本市第二阶段控制大气污染措施的通告》，规定“继续严格执行《北京市轻型汽车排气污染物排放标准》，购买机动车须经尾气排放监测和市环保部门确认达标之后，方可予以办理牌照”。8月，市环保局印发通知，重申制造厂或代理商必须就在京销售新车进行排污情况申报，并补充了新的申报要求。在实行轻型汽油车排气污染新标准基础上，2000年，对重型汽油车、柴油车、农用车、摩托车也开始实施严格的机动车排放标准。

从1999年开始，北京市开展新车排放一致性研究，市环保局委托汽车产品检测机构，对企业下线合格车辆的排放状况进行抽检，以监督汽车制造厂产品排放质量的一致性水平。

2002年8月，经国务院批准，北京市提前于2003年1月1日执行国家轻型汽车和重型柴油车第二阶段排放标准，不符合标准的，不允许在京销售，不允许在京上牌照。

2004年9月1日，北京市实施重型汽油车和摩托车新车第二阶段排放标准。12月，市环保局组织，对各汽车制造企业在京销售的新车（发动机）的排放状况和排放一致性水平进行抽测，范围基本覆盖了北京市场销售的国产轻型汽车、重型汽车装用柴油机的主流车（机）型。

2005年5月，新车（机）排放一致性抽查试验结果表明，轻型汽油车的合格率为100%，轻型柴油车的合格率为50%，重型车用柴油机的合格率为92%。通过大规模开展新车（机）生产一致性检查，基本摸清了在京销售新车（机）的排放状况和生产一致性控制情况，掌握了北京市场销售车辆的排放状况和新车排放达标情况，促进了汽车制造企业严格管理，提高了产品质量。同年9月，市环保局开通了“北京市符合规定排放标准的机动车车型认定网上申报许可系统”。

2005年12月，经国务院批准，北京市提前于2006年12月1日执行国家轻型汽车第三阶段（轻型柴油车执行国Ⅳ）排放标准。

2006 年 11 月，市环保局印发了《关于实施国Ⅲ机动车排放标准有关事项的通知》，要求自 2006 年 12 月 1 日起，北京市停止销售未安装车载排放诊断系统（OBD）的国Ⅲ轻型汽车。

2008 年 2 月，市环保局、市质监局、市交管局联合印发了《关于北京市实施国家第四阶段机动车污染物排放标准的公告》（京环发〔2008〕34 号），要求自 2008 年 3 月 1 日起，对在京销售和注册的轻型点燃式发动机汽车实施国家排放标准《轻型汽车污染物排放限值及测量方法（中国Ⅲ、Ⅳ阶段）》（GB 18352.3—2005）中的第四阶段排放控制要求；自 2008 年 7 月 1 日起，对在京销售和注册的公交、环卫、邮政使用的重型压燃式发动机汽车和重型气体燃料点燃式发动机汽车，实施国家排放标准《车用压燃式、气体燃料点燃式发动机与汽车排气污染物排放限值及测量方法》（GB 17691—2005）中的第四阶段排放控制要求，安装监测控制 NO_x 排放的车载排放诊断系统（OBD）；不符合标准规定的机动车，市环保局不予发布达标车型目录，市交管局不予办理车辆注册登记手续。市环保局印发了《关于实施国家第四阶段机动车排放标准有关问题的通知》（京环发〔2008〕35 号）和《关于轻型汽油车实施国家第四阶段机动车排放标准有关问题的通知》（京环发〔2008〕57 号），对实施中的具体问题以及环保目录有效期、环保一致性和在用车符合性自查与抽查等作了说明。

2009 年，北京市机动车排放管理中心国Ⅳ排放实验室建成并投入使用后，依据监督检查职权，对在北京市销售、注册登记的新车开展生产一致性及在用车符合性检查，查处超标车型（图 6-4）。

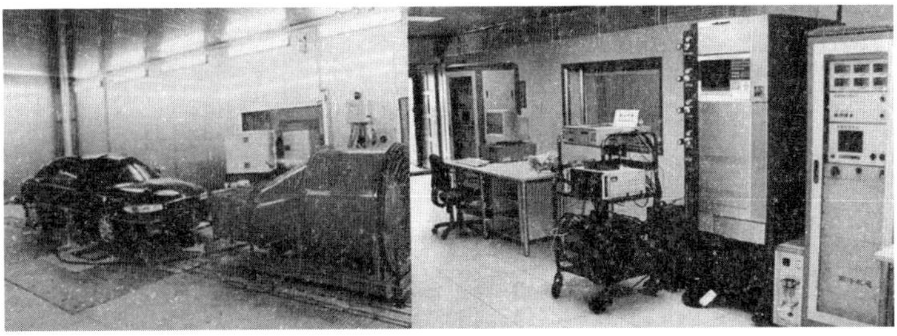

图 6-4　北京市机动车排放管理中心国Ⅳ排放实验室

2013 年 1 月 21 日，市环保局、市质监局、市交管局联合发布了《关于北京市实施第五阶段机动车排放标准的公告》（京环发〔2013〕8 号），规定自 2013 年 2 月 1 日起，北京市对新增轻型汽油车实施《轻型汽车（点燃式）污染物排放限值及测量方法（北京Ⅴ阶段）》（DB11/946—2013），对新增公交、环卫用途的重型柴油车实施《车用压燃式、气体燃料点燃式发动机与汽车排气污染物排放限值及测量方法（中国Ⅲ、Ⅳ、Ⅴ阶段）》（GB 17691—2005）中的第五阶段排放控制要求。

2015 年 5 月 25 日，市环保局、市质监局、市交管局联合发布了《关于实施重型柴油车第五阶段排放标准的公告》（2015 年 第 8 号），规定自 2015 年 6 月 1 日起，北京市对重型柴油车全面实施《车用压燃式、气体燃料点燃式发动机与汽车排气污染物排放限值及测量方法（中国Ⅲ、Ⅳ、Ⅴ阶段）》（GB 17691—2005）中第五阶段排放控制要求，北京市成为全国首个全面实施国Ⅴ阶段机动车排放标准的城市。预计实施第五阶段标准后，新车单车 NO_x 排放量可削减 40%左右。

二、新车车型目录管理

1998 年，北京市实施严格的新车环保申报审核准入制度：市环保局建立准予在京销售的环保车型目录，未列入环保车型目录的车辆不予发放北京牌照。1998 年 10 月，市环保局发布《关于对新车排放污染情况进行申报的通知》（以下简称《通知》），告知各汽车制造厂和经销商，依据《北京市防治机动车排气污染管理办法》的有关规定，1999 年以后在京销售的车辆必须满足国家和北京市相应的排放标准；同时要求汽车制造厂或代理商必须提前向北京市环境保护局申报销售新车排放污染物情况。经环保审核，对排放污染物符合标准的车型发布环保目录，拥有环保目录的车型方可在京销售和办理车辆注册登记手续。申报资料包括：申请在京销售新车的申请报告，拟在京销售各车型的排放污染物检测报告，承担排放治理工作的在京特约维修站名单，排放控制系统维护保养、使用说明以及排放控制系统及净化装置位置示意图。其中要求车辆排放检测报告必须由国家环保局或北京市环保局认可的检测机构出具；同类车型的申报最少要提交3辆样车的排放检测报告。环保部门抽查车辆排放的数据可以作为申报车辆数据使用；北京市环保局每年12月底向社会公布下一年符合排放标准、准许在北京市场销售的车型名录。《通知》中还规定市环保局将对准予在京销售的车辆进行定期和不定期抽查，检查的主要方法有目测检查、双怠速排放检查、工况法抽检。1998年12月23日，市环保局发布了符合新标准、准许在京销售的《第一批排放合格车型目录》。

1999年8月，市环保局发文重申制造厂或代理商必须就在京销售新车进行排放污染情况申报，又对申报补充了新的要求。

1999—2001年，市环保局先后发布了3个规范汽车制造厂和经销商环保车型申报工作的文件，逐步完善了北京市的机动车环保目录申报审核制度。每年公布下一年度符合排放标准、准许在京销售的车型名录。同时，全面实行了机动车环保标志管理，无环保标志的车辆一律不得上路行驶。2001年10月，市环保局印发了《关于调整在京销售机动车申报环保目录有关事项的通知》，对申报及目录管理有关事项进行了调整。

2005年9月，市环保局启动了北京市符合规定排放标准的机动车车型认定网上申报许可系统。2006年9月，市环保局发布了《北京市环境保护局关于开展网上申报北京环保车型目录工作的通知》，要求自2006年9月起，对北京环保车型目录实施网络监控，以加强对审批程序的监督，确保行政管理部门依法行政。网上申报北京环保车型目录不收取任何费用。

实施严格的环保申报审核准入制度以后，凡在京销售的机动车，制造厂或经销商均需向市环保局报送污染防治装置明细和排放检测报告等材料；由市环保局进行审核批准并发布《排放合格车型目录》；由市工商局、市交管局紧密配合，严格控制新车的初检关。凡未列入市环保局《排放合格车型目录》的车辆，市工商局不予进行销售的认证审核，市交管局不予初审、核发牌照，进一步从源头有效控制新增机动车的排放污染。

三、环保标志管理

1998 年 12 月 16 日，市政府发布的《北京市人民政府关于采取紧急措施控制北京大气污染的通告》规定："自 1999 年 1 月 1 日起，凡符合《北京市轻型汽车排气污染物排放标准》的机动车及使用合格清洁燃料的机动车，由市环保局负责颁发绿色环保标志，并贴在指定部位。"同时，"当大气质量超过警报限值时，市政府将根据情况决定停驶部分未贴绿色环保标志的机动车，由市公安交通管理局督促实施"。1998 年 12 月 30 日，市环保局印发了《关于发放机动车"绿色环保标志"的通知》，决定自 1999 年 1 月 1 日起，根据车辆达到的排放标准限值水平发放不同的环保标志。对符合国 I 排放标准的轻型汽油车发放绿色环保标志，每年进行一次排放检测；对以往注册登记的、不能达到国 I 标准的汽油车和尚未达到国III排放标准的柴油车，同时符合相应排放标准的，则发放黄色环保标志，每半年进行一次检测；在北京大气污染浓度达到警报限值时，"绿色环保标志"车辆不受交通限制。1999 年 1 月 1 日，汪光焘副市长为神龙汽车公司富康牌小客车贴上了北京市第一张绿色环保标志（一星）（图 6-5）。1999 年，市、区县环保局为 6 万多辆符合新标准的机动车发放了一星绿色环保标志。2001 年，市政府发布的第六阶段控制大气污染措施通告重申在全市实行机动车环保标志管理。

图 6-5　1999 年 1 月 1 日汪光焘副市长粘贴北京市第一张绿色环保标志

鉴于 1999—2000 年对 18 万多辆化油器小客车进行过治理改造的历史情况，并且北京市的实验已经证明 CO 和 HC 减排可以达到 70%、NO_x 减排可以达到 30%的事实，2003 年，市环保局印发通知，规定车况良好、经有关汽车生产厂特约维修站等治理单位认定、具备治理改造条件的 19 座以下的黄标汽油客车，采用闭环电喷或电控补气加三效催化器技术路线改造后，经指定检测场检验合格，可以换发无星绿色环保标志。这是一次特例，不是对新注册登记的车辆而是对改造治理后的在用车发放绿色环保标志。

2004 年 4 月 1 日，北京市启用新版机动车环保标志，采取了二维码防伪措施，并对绿色环保车辆和高排放车辆的界定进行了相应修改。

2006 年，北京市开始执行轻型汽油车和重型柴油车国Ⅲ排放标准，市环保局委托市机动车尾气排放管理中心（以下简称“机动车中心”）负责机动车环保标志的印制、保存、发放及统计分析等工作，并规定：凡按照《北京市在用柴油车排放治理实施技术指南》要求，采取治理措施，经指定检测场检验，颗粒物排放达到或接近国Ⅳ标准的柴油车，可以换发绿色环保标志，以鼓励黄标柴油车治理，减少颗粒物和黑烟污染。

2007 年 8 月，市环保局印发了《关于进一步加强机动车环保标志管理的通知》，要求新车注册时，按车辆达到的排放标准和排放控制技术，核发相应的环保标志，并根据车辆定期排放检验结果换发有效标志。经检验符合北京市现行机动车排放标准的车辆，按其出厂排放对应的标准等级核发相应的环保标志。

2009 年 1 月 4 日，环保标志升级为环保信息卡，卡内嵌有电子芯片。车主经信息登记后，领取“电子绿标”，方可上线检测车辆，检测结果写入环保信息卡，每 6 年更换一次。

2010 年 1 月，北京市对纯电动车发放电动车专用环保标志，标志颜色为蓝色。

2013 年 3 月，北京市对达到京Ⅴ标准（第一阶段）的轻型汽油车发放第五阶段专用环保标志，标志颜色为蓝色。

北京市机动车环保标志有效期见表 6-3，样式见图 6-6、图 6-7。

表 6-3　北京市机动车环保标志有效期一览表

标志种类	有效期
黄色环保标志	注册登记 1 年后 6 个月
无星绿色环保标志	12 个月
一星绿色环保标志	12 个月
二星绿色环保标志	12 个月
三星绿色环保标志	注册登记 6 年内：24 个月； 注册登记 6 年以上：12 个月
四星绿色环保标志	注册登记 6 年内：24 个月； 注册登记 6 年以上：12 个月
蓝色环保标志	注册登记 6 年内：24 个月； 注册登记 6 年以上：12 个月

注：①车辆按照注册登记月份，定期检验合格后换发相应的环保标志；

②符合下列条件之一的绿色环保标志车辆，经检验合格核发有效期 6 个月的绿色环保标志：

a. 使用 5 年以上的营运载客汽车；b. 使用 10 年以上的载货汽车和大型、中型非营运载客汽车；c. 使用 15 年以上的小型、微型非营运载客汽车。

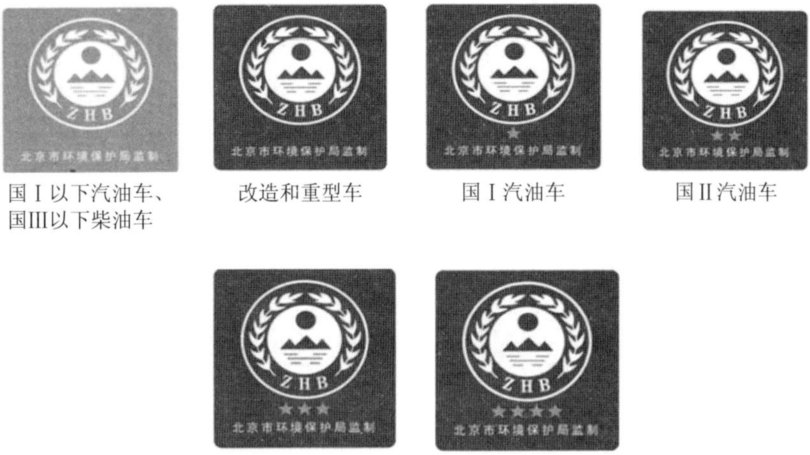

国Ⅰ以下汽油车、国Ⅲ以下柴油车　改造和重型车　国Ⅰ汽油车　国Ⅱ汽油车

国Ⅲ汽油车　国Ⅳ汽油车

图 6-6　北京市机动车黄色环保标志和绿色环保标志样式

图 6-7　北京市机动车蓝色环保标志样式

2017 年 11 月，为落实《关于进一步规范排放检验加强机动车环境监督管理工作的通知》（国环规大气〔2016〕2 号）的有关规定，按照国务院及北京市委、市政府关于“放管服”改革的有关要求，北京市停止核发机动车环保标志。

四、鼓励推广新能源汽车

北京市将推广使用新能源汽车、减少燃油和私家车污染增长作为调整优化机动车结构、推进交通运输领域污染减排的重大战略。

2014—2017年，北京市先后出台了《北京市电动汽车推广应用行动计划（2014—2017年）》《北京市示范应用新能源小客车管理办法》《北京市新能源汽车推广应用实施方案（2016—2020年）》《北京市电动汽车充电基础设施专项规划（2016—2020年）》《北京市“十三五”时期加快新能源汽车发展的指导意见》《关于进一步加强电动汽车充电基础设施建设和管理的实施意见》《中央财政充电基础设施建设运营奖补资金使用工作方案（2016—2020年）》等政策性文件，建立健全纯电动专用车和客车市级补贴、新能源车不限行、纯电动物流车优先核发货运车辆通行证等鼓励政策，积极推广应用纯电动汽车，鼓励个人购买纯电动小客车等。2017年，北京市新能源和清洁能源汽车应用规模累计达到20万辆。

第四节　在用车排放检测和治理

一、在用车尾气排放检测

1998年施行的《北京市防治机动车排气污染管理办法》规定：各级公安交通管理机关在对机动车进行初次检测、年度检测和道路行驶中的检测（以下简称“初检”“年检”“路检”）时，应根据《中华人民共和国道路交通管理条例》的有关规定，对机动车排放污染物的状况进行检测和监督管理。机动车的使用单位和个人，必须按照公安交通管理机关规定的时间，到指定地点接受车辆检测，并在规定期限内妥善保管公安交通管理机关核发的《检测记录单》。车辆初检时排放污染物不符合排放标准的，不予核发车辆牌照；年检不符合排放标准的，不予核发年检合格证。公安交通管理机关和市环境保护局应当加强对机动车的路检，路检时，对排放污染物超过排放标准的，由公安交通管理机关依法对机动车驾驶员处以警告、20 元以下罚款或者吊扣一个月以下驾驶证的处罚，由市或者区、县环境保护局责令限期治理或者限期安装排气净化装置。环境保护部门对制造、维修和在用的机动车、车用发动机、排气净化装置，应进行抽查检测。

1998 年 12 月 16 日，《北京市人民政府关于采取紧急措施控制北京大气污染的通告》第七条规定：对尾气排放超标的机动车，由公安交通管理部门暂扣行驶证和车辆号牌 1 个月；出租汽车尾气排放超标的，依据《北京市出租汽车管理条例》等有关法规及本规定，由出租汽车管理部门同时暂扣营运证件，并要求车辆所有者限期治理。

1999 年 4 月 1 日，北京市实施《汽油车双怠速污染物排放标准》，对在用汽油车的排放检测由单点怠速法改为双点怠速法，在一定程度上防止出现通过简单调整怠速螺钉降低怠速转速以检测达标，而检测后又调高怠速转速实际超标的假达标现象。

2001 年 1 月 1 日，《北京市实施〈中华人民共和国大气污染防治法〉办法》专章对机动车排放检测进行了规定：未按照规定进行污染物排放检测的机动车，或者经检测排放污染物不符合规定排放标准的机动车，不予进行安全性能检测。市和区、县环境保护行政主管部门可以在机动车停放地对在用机动车污染物排放状况进行抽测，并可以在公安交通管理部门的配合下对行驶中的机动车污染物排放状况进行抽测。

2002 年 3 月 1 日，市环保局和市交管局首先在 10 家机动车检测场对使用 10 年以上社会车辆和 5 年以上出租车辆的尾气排放检测执行简易工况标准。自 2002 年 10 月 1 日起，执行简易工况法的车辆扩大到所有黄标小型客车、货车。

2003 年 3 月 1 日开始，北京市轻型车尾气排放检测全面实施简易工况标准（图 6-8），全市共有 175 条简易工况法检测线投入使用。

图 6-8　2003 年 3 月 1 日起北京市各检测场尾气检测执行简易工况标准

2004 年 10 月 22 日，北京市第十二届人大常委会第十五次会议通过了《北京市实施〈中华人民共和国道路交通安全法〉办法》，第十三条明确规定：机动车安全技术检验，除符合国家机动车安全技术标准外，还应当符合国家和本市环境保护标准；不符合标准的，不予办理相应登记或者不予核发检验合格标志。

二、进京外埠车辆环保管理

1990 年，经市政府批准，市环保局、市交管局联合发布了《关于加强机动车排气污染监督管理的通告》和《关于控制机动车冒黑烟的通知》。在北京亚运会期间，采取限制外地车辆进京、严格管理等措施，使汽车尾气污染明显缓解。

1991 年 1 月 1 日起，北京市对尾气排放超过北京地方标准的外地机动车不予核发进京证。

1998 年 12 月 16 日，《关于采取紧急措施控制北京大气污染的通告》第八条规定：自 1999 年 1 月 1 日起，对尾气排放超过本市标准的外地机动车，不发进京证。对无进京证进入本市的外地机动车，依据《北京市道路交通管理规定》予以处罚。为此，12 月 24 日，市环保局印发了《关于对进京路口进京车辆进行尾气排放检测的通知》和《关于对外地驻京单位、长途客运和旅游客运车辆进行尾气排放检测的通知》，要求各区县环保局自 1999 年 1 月 1 日起，依据 1994 年北京市地方机动车排放标准，对进京车辆进行检测，合格的发放排放检测合格证；要求省际长途客运和旅游客运车辆以及外省驻京单位在京 3 个月以上的车辆，必须 3 个月进行 1 次排放检测，合格的发放排放检测合格证，有效期为 3 个月。

1999 年 1 月 27 日，市环保局、市交通局、市工商局、市交管局联合发布了《关于进京路口机动车尾气检测有关规定的通告》，要求所有外埠进京车辆经尾气排放检测合格后，方予办理进京通行证。

2002 年 9 月 1 日，市交管局印发了《关于进一步加大对机动车尾气排放监督检查的通知》，要求交通管理部门配合环保部门，做好机动车尾气排放检测工作，自 9 月 16 日起，对外地进京车辆尾气排放坚持 24 小时检测。

2009 年 3 月 27 日，环境保护部印发了《关于转发〈北京市人民政府关于发布本市第十五阶段控制大气污染措施的通告〉的通知》，要求所有进京机动车，须持有车辆注册登记地的地级市以上环保部门核发的进京机动车排放合格证和环保合格标志。为做好华北区域空气污染联防联控，5 月 8 日，环境保护部印发了《关于进一步做好进京机动车环保合格标志管理的通知》，自 9 月 1 日起无环保标志的外埠车辆不得进入北京市。

为有效减少外埠过境重型柴油车排放污染，2017 年 2 月 15 日起，北京市对外埠的国Ⅰ、国Ⅱ排放标准轻型汽油车，实施五环路（不含）以内道路工作日限行；9 月 21 日起，禁止外埠国Ⅲ标准载货车进入六环内行驶。

三、在用车改造治理

（一）小客车改造治理

1991 年，市防治机动车排气污染领导小组办公室印发了《关于在用汽油车必须安装曲轴箱强制通风装置的通知》，要求在用汽油车限年底前必须安装曲轴箱强制通风装置。同年 10 月 31 日，市环保局、市交管局在《北京日报》发布通告，明确指出：凡未安装曲轴箱通风装置（PCV 阀）的汽油车，不予通过年检。据统计，全年共为汽油车安装 PCV 阀 4 万多个。

1993 年，市环保局组织对汽车尾气净化装置进行筛选，允许 15 种净化器在京试销一年，待观察效果后，再正式许可在京销售；安装 PCV 阀和净化器 850 多个。

1995 年，为防止伪劣汽车排气净化产品进入北京市场，市环保局对在京销售的净化器进行审查，先发放试用证。试用一年后，经用户证明其产品性能稳定、可靠、有效，再发放合格证。

1996 年，市环保局实行机动车净化产品审批制度。经审查，准许在京销售使用的机动车净化产品有 9 种，试用产品 13 种。

1997 年，市环保局组织 4 次专家论证会，从几十种机动车排气净化产品中筛选出 12 种三元催化转化净化器，作为强制安装的选择；并要求选定的 12 个生产厂家提交净化器质量承诺书，确保净化器有效使用 2 年或 5 万 km。同时，燃油蒸发防治技术也在部分车型上安装使用。

1998 年 12 月 12 日，市交通局、市环保局联合发布了《关于加强汽车维修企业对维修车辆进行尾气检测工作的通告》，要求维修企业必须是一类、二类维修企业，有专人维修，经培训考试合格，持证上岗；维修质量必须保证 1 年或行驶 2 万 km 尾气达标排放。同年 12 月 16 日，市政府发布的《关于采取紧急措施控制北京大气污染的通告》第十一条规定：在京销售机动车的汽车制造厂家，必须按照国家规定设置机动车尾气治理厂点，承担机动车尾气治理任务。凡行驶 2 年或 5 万 km 以内的尾气排放超标的机动车，均由该车制造厂家负责安装尾气净化装置。对拒不承担尾气治理任务的汽车制造厂，由市环保局收回其机动车排气合格证，停止其在京销售机动车。12 月 21 日，市环保局据此印发了《关于汽车制造厂加强在用车改造的通知》，要求各汽车制造厂制订改造计划和方案，并报市环保局备案。

1999 年，市环保局印发了《关于在用车治理改造安装净化装置的通知》，自 1 月 1 日起，不再认定机动车尾气治理厂家，使用的净化装置由汽车制造企业选择确定，报市环保局备案；净化产品要保证在机动车正常行驶情况下，2 年或行驶 5 万 km 内排放达标；不符合规定的产品，市环保局将依据有关法规进行处罚，停止其使用或在京销售；凡尾气排放超标的机动车，应到市交管局审批的汽车制造厂指定的特约维修站，或一类、二类维修企业进行维修治理或安装净化装置。同时，经专家论证，在用汽油车采用电控补气加三效催化器技术，能够大幅度削减在用车排放的 CO、HC 和 NO_x，因此市环保部门建议用于汽油车改造。

1999 年 3 月，市政府发布第二阶段控制大气污染措施的通告，要求在京销售机动车的汽车制造厂家，要在 3 月底前确定其生产的在用车尾气治理方案，并保证尾气净化产品供应。1995 年 1 月 1 日以后领取牌照并具备治理条件的轻型小客车，采取安装电喷或电控补气加三效催化器等净化装置，达到国 I 标准的车辆发给绿色环保标志；未进行治理或不能达到国 I 标准的车辆，2000 年起一律不予年检。对 1995 年以前领取牌照、不具备治理条件的化油器类车辆，要强制安装真空延时阀，并在 2000 年 1 月 1 日后增加尾气年检次数（图 6-9）。1999 年 7 月，市环保局、市交通局、市交管局联合发布了《关于对具备治理条件的轻型小客车执行新的尾气排放标准的通告》，要求各汽车制造厂根据要求，对本厂生产的采用化油器式燃油供给系统的在用车，进行加装电控补气加三元催化转化器改造，并按照每种车型改造 3 辆的标准，进行工况法和耐久性排放试验，测试结果符合 DB11/105—1998 标准后，报市环保局备案。1999 年，北京市共改造治理轻型小客车近 12 万辆；2000 年，治理轻型小客车 6.1 万辆，累计治理轻型小客车 18.1 万辆。在用车改造治理并非一帆风顺，引起了多起小客车车主不服尾气治理通告提起行政复议和诉讼案。

图 6-9　丰台大众维修站进行尾气净化器的安装

案例一：1999 年年底，车主姚某不服北京市环保局尾气办公室拒绝其私家车（京 CQ####，桑塔纳 2000 型化油器轿车）参加尾气复检、致使其私家车不能通过车辆年检的行为，依法申请行政复议。申请人要求市环保局准许其私家车参加尾气复检，并要求国家环保总局对市环保局关于尾气规定的合理性一并进行审查。

国家环保总局对姚某复议申请书、北京市环保局复议答辩书进行审理，于 1999 年 12 月 13 日对姚某行政复议案作出复议决定：

（1）北京市环保局指定的尾气治理复检点，对申请人已经采取治理措施的汽车申请参加复检的，应准允参加复检；检测应按照新的排放标准规定的方法进行。根据《北京市防治机动车排气污染管理办法》的规定，净化器制造厂或者代理商应当向北京市环保局和用户提供按照规定排放标准和检测方法进行检测的结果报告，作为该净化器在正常情况下能够稳定达标的技术证明。姚某作为购买、安装净化器的客户，有权利要求该净化器的制造厂或代理商提供净化装置在正常情况下能够稳定达标的证明材料。

（2）市环保局、市交通局、市交管局发布的《关于对具备治理条件的轻型小客车执行新的尾气排放标准的通告》（京环保气字〔1999〕513号）是根据北京市人民政府《关于发布本市第二阶段控制大气污染措施的通告》（京政发〔1999〕8 号）第十条的规定制定的，市环保局 513号通告与市政府 8 号通告的基本精神相同。因此，对于申请人要求国家环保总局纠正市环保局 513 号通告的复议请求不予支持。

2000 年 1 月 20 日，市环保局尾气办电话告知姚某，可将其汽车提交尾气复检。但是，姚某未提交车辆参加尾气复检。

2000 年 2 月，姚某以前述理由将北京市环保局诉至海淀区人民法院，海淀区人民法院裁定不予受理；姚某不服，上诉至市第一中级人民法院。2000 年 8 月 9 日，市第一中级人民法院作出二审终审裁定：驳回上诉，维持海淀区人民法院裁定。

案例二：1999 年 12 月 31 日、2000 年 2 月 28 日，国家环保总局分别对秦某某（大众捷达化油器小轿车）、刘某某（大众捷达化油器小轿车）不服北京市环保局尾气办公室拒绝其私家车参加尾气复检、致使其私家车不能通过车辆年检的行为行政复议案作出复议决定，申请复议案由和复议决定基本与姚某案类似。

2000 年 3 月 14 日，刘某某收到国家环保总局复议决定书后，到市环保局确认的尾气治理复检点进行复检。复检点工作人员经外观检查，发现该车未采取一汽大众汽车有限公司确定的治理方案进行治理，未予进行尾气排放检测。刘某某认为市环保局拒绝执行具有法律效力的行政复议决定书，故向法院提起行政诉讼，要求按本市地方标准 DB11/044—1999 限值进行年检；并请求法院作出市环保局、市交通局、市交管局 1999 年 7 月 7 日联合发布的《关于对具备治理条件的轻型小客车执行新的尾气排放标准的通告》有关内容违法的判决。2000 年 12 月 20 日，海淀区人民法院依法作出《行政判决书》，驳回刘某某的诉讼请求。刘某某不服，又向市第一中级人民法院提起上诉。2001 年 6 月 21 日，市第一中级人民法院行政庭公开进行审理，裁定撤销北京市海淀区人民法院的行政判决，驳回刘某某的上诉。

2001 年 9 月 1 日，根据国家环保总局、国家经贸委、公安部和国家工商总局《关于限期停止生产销售化油器类轿车及 5 座客车的通知》要求，北京吉普汽车有限公司、北京汽车摩托车联合制造公司和北京中华汽车制造有限公司 3 个企业生产的 19 种车型停止生产和销售。

2002 年，北京市强化黄标车监管，对黄标车及使用 10 年以上的老旧车辆采用简易工况法进行尾气排放年检。

2003 年，市环保局两次委托汽车检测机构评估电控补气加三效催化器技术改造对在用车的减排效果，先后对桑塔纳、富康、捷达、夏利、奥拓等主要车型的改造效果进行评估试验，证明化油器类车辆可以采用电控补气加三效催化器技术改造，从 5 种车型、17 辆样车各行驶 2 万～4 万 km 的测试结果看，改造后各项污染物排放量均有明显下降，CO、HC 降幅在 70%以上，NO_x 降幅在 30%以上。

（二）城市车队治理改造

北京市通过提高新车排放标准、淘汰置换、使用清洁燃料、加装尾气净化装置以及推广新能源电动汽车等措施，对保障城市运营及社会服务的城市车队（公交、出租、环卫、邮政、渣土等车辆）持续推进尾气污染治理。

图 6-10 压缩天然气（CNG）公交车

1997 年 2 月，北京市成立发展低污染机动车领导小组，加速出租车、公交车双燃料改造。从 1997 年开始，市区逐步淘汰“冒烟”柴油公交车，9 月 10 日，第一批使用压缩天然气燃料的公交车投入使用。1999 年年底，在长安街上行驶的 300 辆柴油公交车全部调出市区。

1999 年，全市 21 666 辆出租车和公交、邮政、环卫车辆改为双燃料车，300 辆纯天然气公交车在长安街上行驶。2000 年，天然气公交车达到 1 300 辆。至 2001 年，北京市天然气公交车达到 1 630 辆，累计建成 86 座清洁燃料加气站。

2002 年起，市政府要求市公交总公司更新车辆时，必须采购排放标准比正在执行的北京市地方机动车排放标准更严格的车辆。

2003 年年底，在三环路上行驶的 660 辆老旧公交柴油车置换为符合绿色环保标志要求的车辆。

2005 年，市科委、市环保局和市公交总公司等联合组织了电动公交车运行示范车队、混合动力柴油公交车运行示范车队建设。同年，2 700 辆天然气公交车投入运营，淘汰更新老旧柴油公交车 4 000 辆。

2006 年 6 月 22 日，首条使用液态氢的燃料电池公共汽车示范线开通（图 6-11）。同年 7 月，市环保局完成了柴油车排放改造治理可行性研究，评估了氧化型催化转化器（DOC）、部分流式颗粒物过滤器（PDPF）和壁流式颗粒物过滤器（WFDPF）等三类产品的特性、适用条件、减排效果、装车使用的维护保养等。当年淘汰更新 2 000 多辆老旧公交车，累计更新老旧公交车近万辆。

图 6-11　液态氢燃料电池公共汽车示范线

2007 年，市环保局组织实施了柴油车改造治理示范项目，扩大了试验样本，在公交、环卫、邮政、渣土车等 100 辆柴油车上进行批量改造的中期试验。结果表明，采用后处理方式对在用柴油车进行治理，颗粒物削减效果显著，削减率在 80%以上的壁流式颗粒物过滤器为适应产品，治理后车辆排放的颗粒物可达到或接近国Ⅳ标准。为规范柴油车改造治理工作，市环保局印发了《北京市柴油车颗粒物排放治理技术指南》和《北京市柴油车颗粒物后处理产品评价方法实施细则》等，凡按照治理技术指南要求，采取治理措施，并经指定检测场检验，颗粒物排放达到或接近国Ⅳ标准的柴油车，可换发绿色环保标志。全年更新淘汰老旧公交车 2 580 辆，邮政黄标车 800 多辆。

2005—2007 年，全市共投入纯电动公交车和环卫汽车 130 辆、混合动力公交车和环卫汽车 870 辆，制定并发布了电动汽车办理环保手续的有关规定，并对电动汽车发放专用蓝色环保标志。

2008 年 7 月，全市更新公交车 2 349 辆，完成了 6 000 多辆旅游、长途客运及城市配送业务的黄标车淘汰或治理工作，加装了壁流式颗粒物过滤器。朝阳门—杨闸西（22.95 km）北京快速公交（BRT）2 号线、安立路—宏福小区（16 km）北京快速公交（BRT）3 号线两条大容量快速公交开通，均使用了燃气汽车。

2009 年，北京市组建了城市货运绿色车队，622 家运输公司共购置绿标柴油车 2 042 辆。

2010 年，北京市天然气公交车达 3 281 辆；达到第三阶段和第四阶段排放标准的柴油公交车分别为 6 213 辆和 8 467 辆；达到第五阶段排放标准示范应用的柴油公交车 727 辆。

2015 年，北京市进一步调整客运车辆结构，郊区客运和旅游客运等各行业国Ⅲ排放标准以下的 14 864 辆车全部退出运营市场，新增及更新纯电动、天然气、混合动力等清洁新能源车辆 2 488 辆，占郊区客运车辆总数的 62%。同时，北京市大力发展新能源和清洁能源旅游车，新增燃气清洁能源客车 99 辆、纯电动旅游客车 370 辆。

出租车改造治理方面，1998 年 11 月，第一批 70 辆使用液化石油气的出租车改造完成并投入运营。1999 年，北京市运营的出租车、污染物排放量高的微型面包车共 1.4 万辆全部淘汰，其中 4 000 辆在首钢销毁回炉炼钢。

2000 年，1 万辆出租车更新改造为双燃料车，累计更新改造双燃料出租车 2.47 万辆。

2005 年，市交通局组织采购更新了 600 辆单一气体燃料（LPG）出租车；达到使用年限的出租车更新为排放达国Ⅲ标准的小客车，全年共淘汰老旧出租车 3.5 万辆。

2006 年，完成 1.3 万辆老旧出租车更新淘汰，累计更新 5 万辆。2007 年，更新淘汰出租车 6 600 辆。2008 年，更新出租车 2 941 辆。2010 年，更新的出租车提前执行国Ⅳ排放标准。

2015 年，北京市发布了《关于对出租汽车提前报废或更新实施相关鼓励政策的通知》。截至 2017 年 11 月底，全市已累计对 3 400 辆提前报废、更新的出租车予以补贴。

2016—2017 年，对使用三元催化器 2 年以上的 5 万多辆出租车更换了三元催化器；积极推广新能源和清洁能源出租车的应用，全市天然气、纯电动及混合动力的出租车数量超过 7 000 辆。

第五节　淘汰黄标车老旧车优化结构

1998 年 12 月，北京市实施控制大气污染紧急措施，加大对污染严重的“面的”的治理力度，完成了北京市出租车的第一次因环保要求的大规模更新。12 月底，4 800 辆报废的“黄面的”和进口老旧小轿车在首钢第二炼钢厂回炉炼钢，从而拉开了淘汰黄标车的序幕（图 6-12）。1999 年，3 万多辆超过使用年限的车辆报废，其中“黄面的”1.4 万辆。

2000 年，国家经贸委、国家计委、公安部、国家环保总局联合印发了《关于调整汽车报废标准若干规定的通知》，放宽了机动车的报废年限，其中轿车使用年限由 10 年延长到 15 年，环保和安全检查达标仍可继续使用；大中型客车使用 10 年后，检测合格可延长使用 10 年。调整后的汽车报废标准在一定程度上延缓了北京市黄标车的淘汰进度。

图 6-12 在首钢第二炼钢厂内等待报废回炉炼钢的“黄面的”

2004 年，北京市淘汰（报废、注销、转出）老旧机动车约 12 万辆。

2009 年 1 月 16 日，市政府办公厅印发了《北京市进一步加快淘汰黄标车工作实施方案的通知》。同年 2 月 5 日，市财政局、市环保局联合发布了《关于印发〈北京市鼓励黄标车提前淘汰补助资金管理办法〉的通知》，对提前淘汰的黄标车，按照车型和使用年限分别给予一定的资金补助。同年 7 月，财政部、商务部、中宣部、发展改革委、工信部、公安部、环保部、交通部、工商总局、质检总局联合印发了《汽车以旧换新实施办法》，据此，市环保局、市商务委员会和市财政局联合印发了《关于做好实施国家汽车以旧换新与本市黄标车淘汰政策衔接工作的通知》，制定了《北京市“黄标车”淘汰与国家汽车以旧换新政策衔接有关问题的说明》，指导开展汽车以旧换新办理工作。同年 10 月，市政府办公厅发布了《关于做好本市家电和汽车以旧换新工作的通知》，对淘汰黄标车的鼓励政策、设立淘汰黄标车补助资金联合服务窗口和支持“绿色车队”等政策提出了具体要求。2009 年，全市共淘汰和改造黄标车 10.6 万辆，其中报废 4.44 万辆，其余车辆转到京外。

2010 年 6 月，财政部、商务部、环境保护部印发了《关于延长实施汽车以旧换新政策的通知》，延长了汽车以旧换新政策的实施期限。为此，北京市印发了《关于延长实施汽车以旧换新政策及其与北京市“黄标车”淘汰鼓励政策衔接有关事项的通知》，要求执行财政部等十部委《关于印发〈汽车以旧换新实施办法〉的通知》、财政部和商务部《关于调整汽车以旧换新补贴标准有关事项的通知》和《关于允许汽车以旧换新补贴与车辆购置税减征政策同时享受的通知》的相关规定，推动黄标车的淘汰工作。2010 年，全市淘汰更新黄标车 50 372 辆，1998 年 12 月—2010 年 2 月累计淘汰黄标车 31.08 万辆（图 6-13）。

图 6-13　淘汰黄标车

2013 年和 2015 年，北京市先后实施了两个阶段促进老旧机动车淘汰更新方案，提高了报废车辆的补助标准，对符合条件提前报废车主给予资金补助。2016 年，北京市出台了国Ⅰ、国Ⅱ排放标准轻型汽油车五环路内（不含）工作日限行政策，并配套出台了《北京市促进高排放老旧机动车淘汰更新方案》；2017 年 9 月，实施了《北京市促进高排放老旧柴油货运车淘汰方案》，对提前淘汰国Ⅲ排放标准的货车给予 3 500～10 万元的补助，促进了老旧货运车辆的更新淘汰。2013—2017 年，全市淘汰黄标车及老旧机动车 216.7 万辆。

第六节　油品质量先行提升

机动车污染排放防治与油品质量紧密相关。经过充分论证，北京市确定了先油后车的控制思路，重点协调解决以下问题：一是保证油品供应，协调国家有关部门及石化行业，保证北京的油品供应；二是开展对车辆影响的试验论证，经多方试验，证明无铅汽油可以满足在用车的正常使用，不会产生发动机的过度磨损。北京市自 1997 年 6 月 1 日起，在全国率先推广使用无铅汽油，先在城八区推广使用，逐步在全市推广，到 1998 年 1 月 1 日全市全面禁止使用含铅汽油，改用无铅汽油。无铅汽油的推广使用为1999年北京市执行严格的机动车第一阶段排放标准、促进闭环电喷加三效催化转化器现代排放控制技术在我国汽车生产中的应用和普及奠定了基础。在强制推广使用无铅汽油、提前执行机动车第一阶段排放标准后，为了进一步改善空气质量，市政府开始有计划、有步骤、逐阶段地加严新车排放标准；与此同时，配套出台了与汽车排放标准相适应的地方车用燃油标准，提高了油品质量，降低了车用燃油中不利于减少污染物排放量的组分，在全市推广使用低硫汽油、柴油；为保障市售燃油质量，市政府责成有关管理部门加大对车用燃油的供应、运输、销售等流通渠道的监管，加强全市加油站、油库的规范化管理，加大对市场销售燃油质量的抽查、检测力度，实现了对北京市内车用燃油质量的全面控制，提高了市场销售的油品质量，确保机动车各阶段排放标准的顺利实施。

一、淘汰含铅汽油

1993 年前，北京仅有首汽新源里内部加油站等几家加油站提供 93 号和 97 号无铅汽油，主要供应国宾车队。1993 年后，由于进口轿车数量增加，其净化器要求使用高标号汽油或无铅汽油。一些成品油经营单位开始销售 93 号和 97 号无铅汽油。

1995 年 8 月 29 日，第八届全国人大常委会第十五次会议通过了《关于修改〈中华人民共和国大气污染防治法〉的决定》，其中第三十八条规定：国家鼓励、支持生产和使用高标号的无铅汽油，限制生产和使用含铅汽油。国务院有关主管部门应当制定规划，逐步减少含铅汽油的产量，直至停止含铅汽油的生产和使用。至 1995 年年底，全市共有 52 家成品油批发企业、723 个加油站，其中有 6 家企业批发和销售无铅汽油，无铅汽油加油站有 24 个。全市无铅汽油年销售量约为 7 万 t，占总销量的 4.5%。

1996 年 3 月，市环保局会同国家科委、国家环保局、机械部汽车司、石化总公司、清华大学经济管理学院、中国环科院大气所、中石化研究院、长春汽车研究所等单位，开展了“我国实行汽油无铅化问题的研究”。研究认为北京市已具备推广使用无铅汽油的条件。5 月 19—28 日，全国人大常委会副委员长王丙乾对北京市环保法律法规的执行情况进行检查时，也要求北京市大力推广无铅汽油，努力控制机动车排气污染。1996 年，北京市全年销售无铅汽油 7 万 t，有 4 000～10 000 辆在用车使用无铅汽油。

1997 年 4 月 4 日，国家环保局召开了淘汰车用含铅汽油第一次会议，国家计委、国家经贸委、国家科委、财政部、国家税务总局、公安部、机械部、中国石化总公司、中国石油天然气公司和北京市环保局等单位出席会议，会上确定：北京市作为我国推行车用汽油无铅化的首选城市，为其他城市推行汽油无铅化提供经验。会后，国家淘汰车用含铅汽油协调小组印发了《关于限期禁止生产、销售和使用含铅汽油的通知》，要求 1998 年前，京、津、沪、穗等 8 个城市实现汽油无铅化；到 2000 年完全禁止生产、销售和使用含铅汽油。4 月 21 日，市环保局、市计委、市商委、市工商局、市技术监督局联合发布了《关于在北京地区禁止销售含铅汽油改售无铅汽油的通告》，在全国率先实施推广无铅汽油工作，要求 6 月 1 日起，城近郊八个区内的加油站禁止销售含铅汽油，改售无铅汽油。汽油中铅含量标准由 0.013 mg/L 降低到 0.005 mg/L（即无铅汽油）。4 月 29 日，市政府办公厅印发了《关于禁止销售含铅汽油改售无铅汽油的通知》，规定：从 1997 年 6 月 1 日起，位于东城区、西城区、崇文区、宣武区、朝阳区、海淀区、丰台区、石景山区的加油站（含各单位自行管理使用的加油站）停止销售含铅汽油，改售无铅汽油。从 1998 年 1 月 1 日起，全市范围内的所有加油站（含各单位自行管理使用的加油站）停止销售含铅汽油，改售无铅汽油；成品油批发销售单位不得向本市批发销售含铅汽油。1997 年 5 月 5 日，市环保局召开了新闻通报会，通报北京市推广使用无铅汽油工作部署，并接受了中央电视台和北京电视台记者的采访。5 月 6 日，市政府在国家计委礼堂召开了“北京市防治汽车污染暨推广无铅汽油大会”（图 6-14），阳安江副市长就推广使用无铅汽油工作进行部署；国务院及中央有关部门、驻京部队、武警和北京市有关方面的负责同志约 1 000 人出席了会议。

图 6-14　1997 年 5 月 6 日北京市召开防治汽车污染暨推广无铅汽油大会

会后，解放军总后勤部要求总后门头沟油库所属城区的 8 个加油站从 6 月 1 日起停止供应 70 号汽油，改用 90 号无铅汽油。5 月 13 日，市环保局印发了《关于对全市加油站改售无铅汽油下达限期治理通知书的通知》，要求各区县环保局按照市政府京政办发〔1997〕17 号文件的精神，对辖区内的加油站进行有效的监督管理。城八区环保局对辖区内的加油站发放限期通知书 298 份，并多次检查无铅汽油的置换工作和进油情况。5 月 23 日，市计委、市商委召开了城八区加油站和成品油批发经营单位参加的动员大会，提出被认可的 59 家成品油批发经营单位名单，要求经销单位与加油站原则上按地域分片，以保证无铅汽油供应的主渠道作用。6 月 1 日，城八区全部使用无铅汽油。市环保局、市出租汽车管理局联合印发了《关于加强出租汽车排气污染监督管理的通知》，安排各出租汽车公司认真进行自检，如实上报汽车尾气排放情况。9 月 2 日，市环保局向市政府报送了《关于北京市城八区推广无铅汽油的工作报告》。9 月 17 日，阳安江副市长在市环保局上报的《关于北京市城八区推广无铅汽油的工作报告》上批示：北京市环保局等部门通力合作，在城八区推广无铅汽油的工作进展顺利，成绩显著，值得表扬，希望认真总结，并做好在全市推广无铅化的准备工作（图 6-15）。

图 6-15　1997 年 6 月阳安江副市长检查改用无铅汽油情况

城八区加油站停止销售含铅汽油以后，市环保局将工作重点转移到了远郊区县。1997 年 10 月 31 日，昌平县 66 个加油站全部改售无铅汽油。11 月 25 日，市政府发布了《关于修改〈北京市防治机动车排气污染管理办法〉的决定》(1997 年第 8 号令)，明确规定：加油站必须销售无铅汽油，禁止销售含铅汽油。至 12 月底，10 个远郊区县的 552 个加油站也全部实现汽油无铅化。

二、推进燃油低硫清洁化

硫是原油中的天然成分，需要在炼制过程中经过严格的脱硫处理才能消除。燃油中硫的含量对发动机的污染物排放以及车辆污染物排放控制系统有一定的影响，例如：会导致汽油车催化器的起燃时间延迟、起燃温度提高和转化效率下降；同时还会损坏闭环控制系统中的氧传感器；对于车载诊断系统（OBD），硫的存在可能会使催化器转化效率降低，或者氧传感器“中毒”，这些都会导致 OBD 过早显示故障提示，并使车辆进入“跛回”状态；会导致柴油车颗粒物的排放量增加；硫以及硫的化合物会使 NO_x 催化转化器“中毒”，类似于铅会使三效催化转化器“中毒”一样；此外，硫还会对发动机造成腐蚀，使柴油机润滑油酸化。因此，硫的含量是影响车辆排放和耐久性的重要因素，降低汽油、柴油中的硫含量是实施严格排放标准的前提和必要条件。

汽油清净剂的主要作用就是消除喷油头的堵塞现象以及消除缸内积碳，但清净剂必须与油品质量相适应，否则不但起不到清净作用，还会严重危害火花塞，造成“失火”现象，并引起 OBD 报警。因此，汽油中添加一定比例的清净剂是电控燃油喷射系统正常工作、减少污染物排放的保障性措施。

因此，北京市在实施先进的机动车排放标准的同时，也制定和实施了与之相适应的车用燃油标准，并提出了添加汽油清净剂的环保要求。

1．公交推广使用低硫柴油

鉴于硫含量对柴油车颗粒物排放有较大的影响，市政府在 2002 年就开始推广和鼓励使用低硫燃油。首先协调北京地区的炼油企业，改进炼油工艺，生产低硫燃油；然后以市公交总公司为试点推行使用硫含量低于 0.035%的低硫柴油。公交系统是北京市柴油车使用大户，并且拥有内部加油站，也是政府出资、管理的国有企业，便于掌控和管理；另外，配合公交系统新购置的 100 辆达到国Ⅲ标准的柴油车的试运行，为北京市推广使用低硫燃油开了先例，也改变了国内炼油企业生产高硫柴油的传统工艺。

公交系统使用低硫柴油的时间比全市执行市售低硫柴油（0.035%）标准的最后期限（2005 年 7 月 1 日）提前了 3 年。

2．汽油标准增加必须添加清净剂的要求

2004 年 4 月，市政府公布了第十阶段控制大气污染措施，要求车用汽油添加清净剂的工作应在储油库完成，是强制性措施。同年 6 月，《车用汽油》（DB11/238—2004）地方标准发布，并于 2004 年 10 月 1 日开始实施。标准规定：满足第二阶段汽车排放标准车辆所使用的市售汽油中必须加入能有效清除积碳的清净剂；为便于监督管理，要求添加清净剂应在储油库完成，同时要求汽油销售部门（储油库）将入库汽油加入清净剂的品牌、批号、时间、地点、数量（计量）等信息，上报市环保行政主管部门备案。该标准成为我国第一个在油品标准中添加清净剂的强制性标准。

北京市逐步加严油品标准，2012 年 5 月、2017 年 1 月先后制定实施了北京市第五阶段、第六阶段汽油、柴油标准。

为实现车辆排放达标，绝大部分国Ⅳ及以上排放标准的重型柴油车都选择性地安装了催化还原系统（SCR 系统），必须要定期添加车用尿素溶液，才能确保系统的正常工作，减少 NO_x 排放。为此，2017 年 9 月，市环保局、市商委、市质监局、市工商局联合印发了《关于做好柴油车用尿素供应服务保障工作的通知》（京环发〔2017〕24 号），要求各成品油经营企业重视柴油车用尿素供应体系建设，做好尿素加注站建设规划；制定柴油车用尿素货源组织供应、车辆加注及加注站建设等工作方案，在全市加油站内供应柴油车用尿素，以满足市场供应需求。北京市车用油品、尿素溶液标准制定、修订情况见表 6-4。

表 6-4　北京市车用油品、尿素溶液标准

序号	标准名称	标准编号	发布日期	实施日期	备注
1	车用汽油	DB11/238—2004	2004年6月15日	2004年10月1日	第二阶段：执行表 1 限值
2	车用柴油	DB11/239—2004	2004年6月15日	2004年10月1日	第二阶段：执行表 1 限值
3	车用汽油	DB11/238—2004	2004年6月15日	2005年7月1日	第三阶段：执行表 2 限值
4	车用柴油	DB11/239—2004	2004年6月15日	2005年7月1日	第三阶段：执行表 2 限值
5	车用汽油	DB11/238—2007	2007年7月4日	2008年1月1日	—
6	车用柴油	DB11/239—2007	2007年7月4日	2008年1月1日	—
7	车用尿素溶液	DB11/552—2008	2008年5月28日	2008年7月1日	—
8	车用汽油	DB11/238—2012	2012年5月7日	2012年5月31日	—
9	车用柴油	DB11/239—2012	2012年5月7日	2012年5月31日	—
10	车用汽油	DB11/238—2016	2016年10月20日	2017年1月1日	—
11	车用柴油	DB11/239—2016	2016年10月20日	2017年1月1日	—

加强油品质量监管，2013—2016 年，北京市共检测加油站 266 座（次），查处油品清净剂超标加油站 10 座，罚款 33 万元，油品合格率由原来的 40.6%提高到了 94.2%。

第七节　发展公交抑制小汽车

随着小客车进入家庭进程的加快，北京城市交通拥堵问题日益严重，单纯依靠增加交通供给已不能从根本上解决这一问题。2001 年申奥成功时，北京市常住人口已达 1 300 多万且呈逐年增加趋势，机动车也随之增长，道路越修越多，仍不能满足需求。

北京的交通发展和国内外大城市的经验表明，解决城市交通问题，尤其是特大型国际城市的交通问题，必须充分发挥公共交通的重要作用，建设“公交都市”，为广大群众提供快捷、安全、方便、舒适的公交服务，使广大群众愿意乘公交、更多乘公交。

多年来，北京市坚持实施公交优先发展战略，并通过对小客车采取限行、限购措施，限制、减少私家车出行比例，缓解交通压力。

一、建立完善的公交保障体系

在北京城市客运交通紧张的状况下，由于地铁具有占地面积少、运力大、速度快、时间准、无污染等显著特点，优先发展轨道交通成为首选，市委、市政府从提升轨道交通在城市客运出行量所占的份额着眼，规划加快轨道交通建设，构建奥运交通保障体系。

2002 年，北京市制定颁布了《北京市奥运行动规划交通建设与管理专项规划》，提出要加快轨道交通、城市道路、高速公路、城市对外交通以及现代化交通运营体系建设，为保障和促进北京市经济社会及城市发展提供充分的交通条件，为奥运会提供一流的城市交通服务。

2003 年，北京市成立了交通委员会，研究和推进北京市交通可持续发展、科学发展的道路。2005 年，市政府颁布了《北京交通发展纲要（2004—2020）》（简称《纲要》），明确提出两个“坚定不移”，一是坚定不移地加快城市空间与功能布局调整，控制市区建成区的土地开发强度与建设规模；二是坚定不移地加快城市交通结构优化调整，尽快确立公共客运在城市日常通勤出行中的主导地位。通过大力发展公共交通、采取交通需求管理政策措施，引导小汽车合理发展和有节制地使用，使城市交通进入健康发展的轨道。

2006 年 12 月，北京市发布了《关于优先发展公共交通的意见》，提出“两定四优先”政策。即确定公共交通在城市可持续发展中的重要战略地位，交通问题与土地、能源、环保等一系列的问题紧密相关，如果交通不能可持续发展，城市发展会受到很多制约；确定公共交通的社会公益性，将原来更多地要靠市场化、竞争来运作的公共交通系统，明确作为城市必须要提供的公共服务，让老百姓能够更多地享受到改革发展的成果，鼓励更多的人选择公共交通，让交通走入比较健康的发展道路。基于“两定”的基础，确定设施用地优先、投资安排优先、路权分配优先、财税扶持优先政策。

2008 年北京奥运会以后，改善环境对交通发展也提出了更高的要求，市民对公共交通优先的认识有了很大提高。北京市提出了以建设“人文交通、科技交通、绿色交通”为特征的新北京交通体系目标。

2009 年 7 月，市政府印发了《北京市建设人文交通科技交通绿色交通行动计划（2009—2015 年）》，提出坚持优先发展公共交通战略，着力推进“公交城市”建设。全方位深化优先发展公共交通政策措施，以方便广大市民出行、最大限度减少路网交通负荷为目标，推进以轨道交通为骨干、地面公交为主体、步行和自行车等多种交通方式协调运转的绿色出行系统建设，实现交通与城市和谐发展。确立轨道交通在城市公共客运系统中的骨干地位，发挥其引导与支撑城市空间结构优化调整的作用。充分发挥地面公交的主体作用，构建以快线网为骨架、普线网为基础、支线网为补充，覆盖中心城、新城、乡镇的公共（电）汽车服务网络。

至2011年年底，北京市轨道交通运营里程达到372 km。在确保运营安全的前提下，北京市依靠科技和管理，缩短高峰时期轨道交通线路特别是主要线路的发车间隔，“十一五”期间先后18次缩短发车间隔；同时扩大列车编组，提高运力，一定程度上缓解了乘车拥挤的情况。

按照“市区减少重复，边缘扩大覆盖”的原则和以快线网为骨架、普线网为基础、支线网为补充的三级公共交通网络的思路，优化地面公交线网，提高运行速度。调整公交线路793条，覆盖范围进一步扩大，解决了720个小区的居民出行问题。南中轴路、朝阳路、安立路3条大容量快速公交线路建成，公交专用道里程达到294 km。

公交专用道、大容量快速公交与轨道交通形成公共交通快速网络雏形，公交路权优先提高了营运速度。2011年5月24日，我国第一条在城市快速路上施划的公交专用道——京通快速路主路高峰时段公交专用道启用，公交车平均速度由原来的24 km/h提高到52 km/h，沿线地面公交线路日均客运量提高8%，一定程度上缓解了地铁八通线高峰时段的压力，断面最大满载率下降10%。

同时，为延伸公交服务，陆续开通连接天通苑、回龙观、通州等大型居住区与重点功能区的57组社区通勤快车，日均客运量达3.6万人次。为方便市民“最后一千米”出行，开通服务重点地区和地铁站点衔接的15条“袖珍公交”线路，日均客运量达3.5万人次，改善了重点地区和地铁站点周边的公交微循环。针对保障性住房等新建小区、有路无车的新建道路、不具备通行大型公交车辆的道路，围绕地铁接驳、干线公交换乘、短途购物等需求，2010年起，北京市通过区县政府属地管理体制，发动乡镇、街道、居（家）委会开展微循环线路需求调研，并针对客流集中区域开通一批微循环线路。配合每年轨道新线开通，结合新线各相关站点周边交通现状及存在问题，对出行不便地区制定公交接驳方案，优化调整周边公交线路、站位，保证市民能够方便、快捷地换乘轨道交通。

“十一五”期间，以北京奥运会、残奥会为契机，突破了一大批交通关键技术，建成了一批信息化、智能化应用系统，全市公共交通科技实现了跨越式发展。

2012年6月，市政府印发了《关于建设公交城市提升公共交通服务能力的意见》，明确建设公交城市、提升公共交通服务能力的总体思路和主要目标，提出编制专项规划、优化公交线网、加快设施建设、提高科技信息化水平、提高公共交通运营效率和服务水平等五大任务，要求从严格落实公交用地优先、切实保障公交路权优先、继续保持投资安排优先、继续坚持财税扶持优先等方面提供政策保障，并进一步明确市政府各部门及相关研究部门、交通企业的职责分工和工作机制。北京轨道交通先后14次缩短最小运营间隔，部分骨干线路实现国际先进水平的2分钟间隔运营，并实施既有线路运力提高和消隐改造工程。全年轨道交通日均客运量达673万人次。全市近1/3的公交线路完成优化调整，开通“袖珍公交”和社区通勤快车，公共电汽车线路和覆盖面大幅增加。建设改造公交场站35处，更新国Ⅳ标准公交车8 178辆、新能源公交车1 360辆。全年公共电汽车日均客运量达1 394万人次。

2013年7月，北京市成立由主管副市长牵头的市轨道交通运营安全领导小组，陆续开通定制公交、快速直达专线、休闲旅游专线和节假日专线等多样化服务，为广大乘客提供更为安全、快捷、舒适、环保、优质优价的多样化公交服务。

2014年，《北京市公交都市创建实施方案》获交通运输部批复。市政府印发《关于加快公共交通发展 提高服务和管理水平的意见》，将提升地面公交运行效率、强化轨道交通运营保障、改善绿色出行条件作为提高公共交通发展水平的工作重点，提出优化地面公交和完善轨道交通乘车环境、提高公共交通换乘效率与科技信息服务水平及做好特定群体乘车服务工作是提高公共交通服务水平的工作任务；严格落实加强公共交通企业管理、保障公共交通乘车秩序、保障公共交通路权优先、做好社会车辆引导是提高公共交通管理水平的重要保证。

2015 年，北京市发布并实施公交专用道地方标准《公交专用车道设置规范》，成为全国首个发布公交专用道地方标准的城市，首次提出各等级道路，包含承担城市交通功能的高速公路施划公交专用道的条件及专用道延伸至路口的设置方法。对专用道运行效果的监测表明，公交专用道的施划不仅有效保障公共电汽车运行速度和吸引力的提升；同时对专用道沿线客流增长，缓解轨道交通压力，实施“递远递减”加价、试点“低峰优惠”等措施，使部分高断面客流得到了一定程度的缓解，在缩短居民出行时间等方面发挥了重要作用。

“十二五”期间，北京市继续实施公交优先发展战略，推进公交都市建设，公共交通投资占市级交通基础设施投资的比重达到 75.7%，轨道交通运营线路达到 18 条、554 km，最高日客运量突破 1 100 万人次。同时，优化调整地面公交线网，建成阜石路大容量快速公交线路，在京通快速路、京开高速施划公交专用道，开通定制班车等多样化公交线路。出行结构进一步优化，公共交通出行比例提高到 50%。实施公共交通票制票价改革，建立公交票价动态调整机制。

2016 年 7 月，北京市发布《北京市“十三五”时期交通发展建设规划》。规划提出，把推动公交都市建设作为实施公交优先发展战略的重要载体，充分发挥公共交通对城市功能疏解和布局优化调整的引导作用，实现城市公共资源利用效率与城市交通承载力的科学匹配。在提高公共交通保障能力的基础上，进一步优化供给结构，切实提升服务供给侧的质量和效率，全面构建适应经济社会发展和公众出行需求、与城市功能和城市形象相匹配的现代化公共交通体系。

2016 年 12 月，北京市提出构建公共交通“两个 1 000 km”目标，即建设 1 000 km 轨道交通网络、1 000 km 中心城公交专用道。同时把握地铁基本成网的变化，以地铁为基点，优化地面公交系统，打通与地铁接驳的“最后一千米”，形成地上、地下有机衔接的公共交通一张网。

2017 年，北京市提出继续坚持公交优先发展战略不动摇，继续推进全国公交都市创建工作，将交通建设用地、资金、路权等有限资源进一步向公交、地铁、自行车、步行等绿色出行方式倾斜。轨道交通方面，全市轨道交通网络效应显现，有力地提升了公共交通承载能力，公交都市创建成效明显。

截至 2017 年年底，全市轨道交通运营线路 22 条，年客运量 37.8 亿人次。地面公交服务更加多样便捷，公交路权优先大幅提升，公交服务多样化、多层次、精准化效果初显，有力支撑地面快速线网形成。地面公共电汽车 25 624 辆，其中新能源、清洁能源车辆同比增加 3 955 辆。地面公共电汽车线路 886 条，运营线路里程 19 290 km，年客运量 33.6 亿人次。定制公交、高铁快巴、旅游专线等多样化公交线路总数达到 318 条，日客运量 2.9 万人。1978—2017 年北京城市公共交通发展情况见表 6-5。

表 6-5　1978—2017 年北京城市公共交通发展情况

年份	公共交通运营线路/km			公共交通运营车辆/辆			公共交通客运量/万人次		
	总长度	公共电汽车	轨道交通	总数	公共电汽车	轨道交通	总人数	公共电汽车	轨道交通
1978	1 427	1 403	24	2 743	2 627	116	172 559	169 465	3 094
1980	1 479	1 455	24	3 113	3 001	112	236 998	231 477	5 521
1985	2 312	2 272	40	4 583	4 398	185	335 227	321 264	13 963
1990	2 654	2 614	40	5 160	4 857	303	334 673	296 495	38 178
1995	4 538	4 497	42	5 367	4 984	383	371 579	315 777	55 802
2000	15 639	15 585	54	14 191	13 604	587	406 691	363 213	43 478
2005	18 328	18 214	114	19 471	18 503	968	517 769	449 793	67 976
2010	19 079	18 743	336	24 011	21 548	2 463	689 789	505 144	184 645
2015	20 740	20 186	554	28 329	23 287	5 042	738 384	406 003	332 381
2017	19 898	19 290	608	30 966	25 624	5 342	713 396	335 595	377 801

公共交通服务网络多网融合，形成“一环、三横、八放射”的地面公交快速通勤网络，与轨道交通线网共同形成公共交通快速通勤网络。创新地面公交多样化服务，针对新需求、利用新技术，开通商务班车、快速直达专线、节假日专线、休闲旅游专线、高铁快巴和其他服务专线，丰富地面公交服务产品，提升服务水平和形象面貌，有效带动市民私家车出行向公共交通出行的转变。

“都市公交”逐步向“公交都市”转变，“公交都市”创建取得示范成效，为“公交都市”持续建设发展打下了坚实基础，有力地保障了城市交通系统高效、可靠运转，在缓解城市交通拥堵、方便市民通勤和日常出行等方面发挥了重要的作用。“公交都市”从更深、更广的层次上支撑引导城市发展、提升城市综合管理水平、促进城市节能减排和大气污染治理，对城市可持续发展具有重要意义。

二、机动车限行、限购

1998 年 12 月 16 日，市政府发布的《关于采取紧急措施控制北京大气污染的通告》规定：重新规划四环路内货运机动车禁止行驶的线路方案，扩大货运机动车白天禁行范围。将原有三环路内货运机动车白天禁行的范围扩大到四环路以内，以减少货运机动车（主要是柴油车）排放的 PM_{10} 对市区环境的污染。

1999 年 3 月，市环保局印发《关于对超标率高的车辆加强尾气检测实施交通管制的通知》，自 4 月 1 日起，北京 212 和 2020 吉普系列、微型旅行车、货运机动车和 20 座以上的柴油客车，必须到指定地点进行尾气检测。检测合格的由交管部门发放《尾气合格通行证》，方可进入三环路内行驶；不合格车辆，不准进入三环路内行驶。同年 9 月，市政府实施第三阶段大气污染控制措施，要求市交管局制定过境车辆不准进入四环路内行驶、禁止农用运输车和拖拉机进入市区的有关规定，并组织实施。

2000 年 11 月 1 日，北京市空气污染指数连续 3 天超过四级以上，四环路内除贴有绿色环保标志的车辆、使用压缩天然气或液化石油气的车辆和执行社会保障任务的车辆外，其余车辆一律实行单双号行驶。

2003 年 9 月 1 日起，北京市限制黄标小客车白天在二环路（含主辅路）范围内行驶。2004 年起，限制此类车在三环路范围内行驶。

图 6-16　黄标车限行后在东四十条路口竖立的禁行标志

2007 年，货运车辆限行范围扩大到五环路，除持有专门通行证的车辆之外，北京市货车只能在夜间 11 时、外地货车在夜间 12 时至次日早 6 时之间进入五环路以内。

同年 8 月 17—20 日，“好运北京”体育赛事期间，经国务院批准，市政府决定在每天的 6—24 时，实行机动车单日单号牌行驶、双日双号牌行驶等管理措施，停驶部分机动车，重点测试机动车尾气排放对空气质量的影响、机动车出行对道路交通运行状况的影响，以及北京市公共交通在机动车出行大幅度削减情况下的运营保障能力。

2007 年 10 月，北京市人民政府和国家环保总局联合河北省、山西省、内蒙古自治区、天津市、山东省制定了《第 29 届奥运会北京空气质量保障措施》；2008 年 6 月 19 日，市政府发布了《关于 2008 年北京奥运会残奥会期间对本市机动车采取临时交通管理措施的通告》，规定北京奥运会举办期间，对机动车（含临时号牌车辆）采取临时交通管理措施：持黄色环保标志及试验车号牌的车辆，禁止在北京市行政区域内的道路行驶；其他机动车按车牌尾号实行单号单日、双号双日行驶。据测算，奥运会期间，日均削减机动车 195 万辆以上，主要污染物浓度总体下降 50%左右，与机动车相关的各项污染物削减 46%～57%。

2008 年 10 月 11 日，是北京市机动车执行工作日按车牌尾号每周限行一天规定的首个限行工作日，近 80 万辆车辆停驶。

2009 年 1 月 1 日，除保障城市生产生活和运行的车辆外，运输渣土等各类黄标车全天禁止在五环路以内道路（含五环路）行驶；同年 10 月 1 日起，黄标车禁止在六环路以内道路（含六环路）行驶。

2010 年 12 月 23 日，为控制机动车的过快增长，市政府公布了《北京市小客车数量调控暂行规定》，对小客车总量实行年度控制，每月 26 日以无偿摇号方式分配车辆指标，对购车人和外地车牌提出了具体要求。

2014 年 4 月 11 日，北京市在黄标车六环路内限行的基础上，不断严格限行政策，每天 6—24 时，禁止载货汽车和专项作业车进入北京市六环（不含）内道路行驶。

2015 年 12 月 20 日，全市对黄标车实行禁行，北京成为全国第一个基本解决黄标车排放污染的城市。

2016 年 11 月 21 日，北京市制定了关于对国 I 及国 II 排放标准轻型汽油车采取交通管理措施的政策。

2017 年 9 月 25 日，北京市发布了《北京经济技术开发区货运车排放监管示范区建设工作方案》，限制示范区内国III排放标准重型柴油车使用，确保国IV及以上重型柴油车达标使用。

[编者注：本节参考《北京改革开放实录》(二) 北京市交通委员会《北京城市公交优先战略的确立与实施》一文] (执笔：毕保磊；统稿：陈燕波；审稿：容军，由顾家橙摘编和补充。)

第七章　扬尘控制清洁城市

北京秋冬季干旱、降水少，春季时有西北大风，极易产生本地扬沙、扬尘；加之城市建筑施工面积巨大，高峰年开复工面积达到 1 亿 m^2 以上，道路施工“开膛破肚”，车辆装载带泥、遗撒。这些都是造成北京市历史上大气中颗粒物浓度居高不下的根本原因。控制扬尘污染是北京市大气防治的重要工作。北京市将施工、道路、裸露地作为控制扬尘污染的重点领域，采取绿化、作业管理、技术治理、执法检查等措施，在扬尘治理上取得了一定效果。1991 年，北京市降尘领导小组在堆煤场、市政施工、机关大院、公园开展除尘试点，为全市大规模推广除尘工作积累经验。1992 年，市政府提出了“十不”要求：黄土不露天、泥土不流失，运输不抛洒、车轮不带泥，垃圾不暴露、堆场不飞扬，施工不扬尘、尾气不超标，工业不排尘、烟囱不冒烟。当年实现二环路的“黄土不露天”，1993 年基本实现三环路内“黄土不露天”。

2001 年 4 月，市扬尘污染联合检查办公室由市市政管委改设在市环保局。市环保局牵头负责全市扬尘污染控制的协调和监督检查工作；市建委负责建筑和市政施工工地的扬尘控制管理；市市政管委负责运输车辆遗撒和道路扬尘的控制管理；市国土房管局负责拆迁工地的扬尘控制管理；首绿办、市园林局负责裸露地面绿化；水利局负责采石（砂）场与河道有关的治理工作；市监察局负责各行政管理部门行政效能监察。这种组织机制把防尘重点由建筑工地、道路清扫、运输遗撒扬尘控制，扩大到城市及周边地区的大范围、全方位的扬尘污染治理，建立了各负其责的管理机制。

到 2000 年年底，经过实施五个阶段控制大气污染措施，SO_2、NO_x、CO 等污染物浓度明显下降，但颗粒物浓度仍居高不下，甚至春季略有上升。2000 年，北京市空气污染指数超过二级的天数共 189 天，其中 170 天的首要污染物是可吸入颗粒物（PM_{10}），占超标总天数的 90%。扬尘治理面临挑战。

2001—2005 年，北京市继续以控制颗粒物污染为重点，城镇地区的裸露地面铺装绿化，严格施工工地环保管理，继续扩大道路冲水、机扫面积。加强郊区水源涵养林、水土保护林、防护林、防风固沙林网建设，加强天然林保护，实施生态环境综合治理工程；深山区加强小流域综合治理，浅山区营造风景林，发展节水高效的生态农业。

到 2010 年，通过采取积极有效措施防治扬尘污染，城近郊区降尘量从 1991 年的 18.7 t/（km^2·月）降至 2010 年的 11.5 t/（km^2·月），下降了 38.5%。但是，由于北京特有的地理和气候条件、人口众多带来的环境污染以及扬尘颗粒物来源广泛、形成机理复杂等诸多因素，北京市颗粒物污染仍然比较严重。北京市 PM_{10} 年均浓度值为 121 $\mu g/m^3$，超过《环境空气质量标准》（GB 3095—1996）年均浓度标准限值（100 $\mu g/m^3$）的 21%。

2010—2015 年，北京市通过建立健全扬尘管理制度和法规，不断提高城市扬尘管理水平。针对道路扬尘，修定完成了《城市道路清扫保洁质量与作业要求》（DB11/T 353—2014）和《城市道路路面尘土残存量检测方法》（DB11/T 1204—2015）；针对施工扬尘，修定完成了《预拌混凝土绿色生产管理规程》（DB11/642—2014）、《绿色施工管理规程》（DB11/513—2015）和《北京市建设工程施工现场管理办法》（市政府 2014 年第 247 号令）。2014 年 3 月 1 日，正式实施的《北京市大气污染防治条例》设置了“扬尘污染防治”专章，要求进行房屋建筑、市政基础设施施工、河道整治、建筑物拆除、物料运输和堆放、园林绿化等活动，应当采取措施，防止产生扬尘污染。通过实施一系列防治扬尘的管理法规制度和措施，北京市城近郊区降尘量从 2010 年的 11.5 t/（km^2·月）降至 2015 年的 7.1 t/（km^2·月），下降了 38.3%，PM_{10} 浓度从 2010 年的 121 μg/m^3 降至 2015 年的 102 μg/m^3。

第一节　建筑施工扬尘治理重在管

一、施工扬尘控制

1998 年 12 月，《北京市人民政府关于采取紧急措施控制北京大气污染措施的通告》要求：加强对施工工地的扬尘管理。工地要采取围挡、路面硬化、洒水、密闭运输、防治料堆扬尘等措施。对环保未达标的工地，要限期整改，逾期仍未达标的，由市建委责令其停工整顿。

1999 年，北京市要求在京从事运输的单位和个人执行市有关部门颁布的《关于禁止车辆泄漏遗撒防止扬尘污染的通告》，办理运输车辆准运证，签订防止车辆运输遗撒、泄漏的责任书。

2000 年 3 月，北京市政府发布的《关于发布本市第四阶段控制大气污染措施的通知》中规定：所有工地必须达到国家及本市规定的环保标准。市建委要继续加强建筑工地和道路施工工地的扬尘控制。施工企业必须在工地周边设置围挡，并采取有效措施防尘，严禁在车行道上堆放施工弃土。市市政管委要监督拆违防尘工作。市国土资源和房屋管理局要继续组织对拆迁工地的扬尘治理。拆迁工地要随拆随清运渣土，随拆随洒水，拆迁后立即采取防治扬尘的有效措施。拆迁后 3 个月内不能施工的工地要进行简易绿化；对超过 1 年的拆而未建、征而未用又不进行围挡及绿化的闲置土地，由各区、县政府收回，划归园林部门作为城市绿地，由市建委负责监督实施。环保部门要会同上述部门对环保未达标的工地限期整改，对逾期仍未达标的，依法责令其停工整顿。

2000 年 11 月，市建委、市市政管委、市环保局联合成立了市扬尘污染联合检查办公室，负责扬尘污染的监督检查工作，办公室设在市市政管委。2001 年 4 月，市扬尘污染联合检查办公室改设在市环保局。

2001 年 4 月 5 日，北京市人民政府发布了《北京市建设工程施工现场管理办法》（以下简称《办法》），自 2001 年 5 月 1 日起施行。《办法》规定了施工单位应当按照规定采取防治扬尘污染的有效措施，所需费用列入建设工程造价。建设工程施工现场主要道路必须进行硬化处理。建设工程施工现场土方集中存放的，应当采取覆盖或者固化措施。建设工程施工现场应当有专人负责保洁工作，配备相应的洒水设备，及时洒水清扫，减少扬尘污染。对建设工程施工现场中的办公区和生活区，应当进行绿化和美化。热水锅炉、炊事炉灶等必须使用清洁燃料。水泥等可能产生尘污染的建筑材料应当在库房内存放或者严密遮盖。四环路以内的建设工程施工现场，混凝土浇筑量超过 100 m^3 以上的工程，应当使用预拌混凝土。建设工程施工现场设置搅拌机的，必须配备降尘防尘装置。搅拌机前台及运输车辆清洗处应当设置沉淀池。清洗搅拌机和运输车辆的污水，未经沉淀处理不得直接排入城市排水设施和河道。车辆运输砂石、土方、渣土和垃圾的，按照《北京市人民政府关于禁止车辆运输泄漏遗撒的规定》，采取措施防止车辆运输泄漏遗撒。

2003 年，商务部、公安部、建设部和交通部等部门联合下发了《关于限期禁止在城市城区现场搅拌混凝土的通知》，其中明确指出：北京等 124 个城市城区从 2003 年 12 月 31 日起禁止现场搅拌混凝土，其他省（自治区）辖市从 2005 年 12 月 31 日起禁止现场搅拌混凝土。

2006 年，北京市针对大规模城市建设和奥运工程全面展开的情况，要求各施工单位按照《关于颁发〈北京市建设工程施工现场环境保护标准〉的通知》要求做到“五个 100%”，即工地沙土 100%覆盖、工地路面 100%硬化（图 7-1）、出工地车辆 100%冲洗车轮、拆迁 100%洒水压尘（图 7-2）、暂不开发处 100%绿化。工程建设单位要对其工程项目施工扬尘污染控制负总责，对施工过程实施全方位监督，督促施工单位严格控制扬尘污染。自 2006 年 4 月 1 日起，四环路内的建筑工程全部使用预拌砂浆。4 月 23 日，市建委制定了《北京市建设工程施工现场扬尘污染防治现场检查标准实施细则》，作为全市建筑工程施工现场扬尘污染防治工作的统一标准。

图 7-1　市城建一公司某工地加强施工工地扬尘管理

图 7-2　某拆迁工地洒水压尘措施

2008年，为落实《第29届奥运会北京空气质量保障措施》和《关于本市第十四阶段控制大气污染措施的通告》，实现全市工地“五个100%”要求，切实控制建设工程施工现场扬尘污染，确保奥运期间和2008年全年空气质量目标的实现，市建设、环保、城管执法等部门制定了《2008年北京市建设工程施工现场扬尘污染治理工作方案》（京建施〔2008〕121号）。施工单位要制定施工现场扬尘污染控制工作制度，建立项目经理负责的扬尘防治工作自我保障体系，奥运期间24小时值班，加强内部管理，严格监督检查，设立扬尘管理员，时时检查，每天验收，全面落实“五个100%”的要求。各施工工地要制定专项管理措施，进行必要的物资储备，全面覆盖施工现场沙土，切实采取洒水、在工地出入口设置车辆冲洗设施等环保措施。在大风、沙尘等不利气象条件下要合理安排施工内容，停止所有土方工程、石材切割、拆除工程和建筑渣土运输等施工作业，并进行覆盖、洒水降尘。

2008年，市住建委首次制定《绿色施工管理规程》（DB11/513—2008），2015年进行修订。规程主要规定有：施工现场主要道路应根据用途进行硬化处理，土方应集中堆放。裸露的场地和集中堆放的土方应采取覆盖、固化或绿化等措施。施工现场大门口应设置冲洗车辆设施。施工现场易的飞扬、细颗粒散体材料应密闭存放。遇有四级以上大风天气，不得进行土方回填、转运以及其他可能产生扬尘污染的施工。施工现场办公区和生活区的裸露场地应进行绿化、美化。施工现场材料存放区、加工区及大模板存放场地应平整坚实。建筑拆除工程施工时应采取有效的降尘措施。规划市区范围内的施工现场，混凝土浇筑量超过100 m^3以上的工程应当使用预拌混凝土；施工现场应采用预拌砂浆。施工现场进行机械剔凿作业时，作业面局部应遮挡、掩盖或采取水淋等降尘措施。市政道路施工铣刨作业时，应采用冲洗等措施控制扬尘污染。无机料拌合应采用预拌进场，碾压过程中要洒水降尘。施工现场应建立封闭式垃圾站。建筑物内施工垃圾的清运必须采用相应容器或管道运输，严禁凌空抛掷。

2009 年，北京市严格执行《绿色施工管理规程》，对混凝土搅拌站进行治理和整合，保留的搅拌站必须达到绿色生产标准，中心城区和新城地区范围内的所有工程，以及其他区域所有政府投资建设工程，禁止现场搅拌砂浆。五环路以内区域的道路维修和绿化维护等工程，施工产生的土石方必须采用袋装收集。严格执行渣土运输车辆全密闭技术标准。认真落实《加强建筑垃圾道路遗撒防治工作指导意见》（京政容发〔2009〕110 号），健全各部门联动执法协调机制，建立渣土运输车辆道路遗撒车载监控系统，定期组织检查，加大处罚力度。

2010 年 4 月 13 日，市住建委印发了《关于在全市建设工程施工现场开展扬尘污染专项治理行动的通知》，市扬尘办印发了《关于开展 2010 年扬尘污染控制专项行动工作的通知》，推进施工现场全面达到“五个 100%”，并要求各区县建委以《北京市建设工程施工现场扬尘污染防治现场检查标准实施细则》为参考标准对辖区工地开展扬尘污染治理达标检查验收，填写《2010 年北京市施工现场扬尘治理达标验收表》，按要求及时反馈达标检查验收的进展情况。

2015 年，依据相关法律法规，有关部门制定了《关于建设工程施工工地扬尘排污收费标准的通知》《关于建设工程施工工地扬尘排污费征收有关工作的通知》等扬尘排污收费征收细则，运用经济手段促进扬尘污染控制。同时引入先进技术，实现施工扬尘“标本兼治”。全市对 5 000 m^2 以上的建筑施工工地、混凝土搅拌站安装视频监控系统，已有 1 713 个符合文件要求的建筑施工工地安装了视频监控系统，155 个具有预拌混凝土专业承包资质的搅拌站安装了视频监控系统。要求全市建筑面积在 3 000 m^2 以上的施工工地必须安装高效洗轮设施，并确保工地车辆有效清洗，洗轮机等冲洗设施有效使用率达到 100%；对不具备高效洗轮机安装条件的施工现场出入口，施工单位应设置冲洗车辆设施和沉淀池，杜绝出入工地车辆的车轮、槽帮带泥上路。

2017年，市区两级住房城乡建设、交通、水务、园林绿化等部门对各类施工工地落实扬尘污染控制“五个100%”要求情况进行持续检查督促。严格落实《2017—2018年秋冬季建设系统施工现场扬尘治理攻坚行动方案》，除重大民生工程和重点项目外，采暖季期间，全市道路工程、水利工程等土石方作业和房屋拆迁工程全部停止施工。2017年10月底前，全市房屋建筑及市政基础设施工程施工现场禁止使用高排放非道路移动机械。同时，加大施工现场扬尘治理执法力度，加大扬尘污染惩戒力度，通过专项行动和日常监督检查，督促参建各方落实企业主体责任。全年共计开展施工现场扬尘执法29 396次，合格28 278次，达标率为96%。

二、混凝土搅拌站扬尘粉尘治理

北京市最早的混凝土搅拌站建于1982年。1982—1995年是混凝土搅拌站缓慢发展时期，1995年全市只有24家搅拌站。1995年以前，北京市的搅拌站多是小型简易搅拌站，骨料露天堆放，骨料斜斗输送机和搅拌机都没有扬尘控制措施，虽然粉料筒仓安装了简易除尘器，但是筒仓还有一个排气管。1995年以后，搅拌站陆续将简易搅拌站升级为搅拌楼，即对搅拌机进行全封闭，采用半封闭斜皮带输送骨料，在粉料筒仓安装了震动式滤袋除尘器，但是震动容易导致除尘器泄漏。

1996—2010年是搅拌站快速发展时期，《北京市第八阶段控制大气污染措施》要求规划市区、北京市经开区自2002年5月开始，凡浇筑混凝土量大于100 m^3的施工现场必须使用预拌混凝土，远郊区县城关镇地区施工现场预拌混凝土使用率要达到80%以上。全市2010年搅拌站数量达到165家。2000年以来，随着北京市的快速发展和建设，全市出现了65家无资质搅拌站，搅拌站数量接近230家。

2009年，北京市首次制定《预拌混凝土生产管理规程》(DB11/642—2009)，要求现有预拌混凝土企业应建封闭式料场（三面墙）；搅拌主机、筒仓应使用集尘设施除尘，滤芯等易损装置应定期保养或更换；筒仓除吹灰管及除尘器出口外，不得再有通向大气的出口。

2014 年，北京市修订《预拌混凝土绿色生产管理规程》（DB11/642—2009），要求预拌混凝土企业应采用封闭式骨料堆场，骨料堆场应与配料机构一起封闭；单个粉料仓除尘器的过滤面积不小于 24 m^2。《北京市 2013—2017 年清洁空气行动计划重点任务分解 2014 年工作措施》要求 2014 年年底前各区县基本清理、整顿和退出无手续、无资质的搅拌站。当年北京市住建委已按要求清退了 34 家无资质搅拌站，清退比例超过了 50%。

2017 年，根据《北京市 2013—2017 年清洁空气行动计划》的要求，全市 155 家混凝土搅拌站安装了视频监控系统，继续加强对混凝土搅拌站建设的管控；市住房城乡建设委抓紧落实压缩全市混凝土搅拌站生产规模任务，及时协调查处无行政许可的混凝土搅拌站的关停工作，督促责任单位落实；印发了《关于开展 2017 年度北京市地方标准〈预拌混凝土绿色生产管理规程〉执行情况专项执法检查的通知》，开展搅拌站《预拌混凝土绿色生产管理规程》标准的专项检查。

第二节　道路扬尘治理防撒保洁

一、渣土运输管理

北京市对渣土运输实施车辆资质管理。建立健全达标车辆台账，修订完善并实施北京市地方标准《建筑垃圾运输车辆技术要求》，严格密闭要求，增加安装卫星定位系统等措施。监督施工单位使用规范渣土运输车，并将使用情况纳入施工企业资质管理。采取路检夜查、卫星定位跟踪等措施，加强对重点地区、重点路段渣土运输的执法监管，严厉打击无资质、标识不全的运输车辆，杜绝道路遗撒。

1996 年 8 月，北京市人民政府第 13 号令发布《关于禁止车辆泄漏遗撒防止扬尘污染的通告》，禁止车辆泄漏遗撒。

2006 年 7 月 28 日，市环保局、市公安局、市建委、市市政管委、市城管综合执法局联合印发了《关于加强渣土砂石运输车辆环保监管的通告》，进一步加强对渣土砂石运输车辆尾气排放和道路遗撒的管理。

为贯彻落实《北京市 2013—2017 年清洁空气行动计划》，自 2013 年年底起，市政市容委、市住建委、市交管局、市城管执法局、市交通委加强渣土运输规范化管理，实施资质管理与备案工作，要求从事建筑垃圾运输的企业注册资金在 300 万元以上，车辆必须自有且符合北京市地方标准，将建筑垃圾运输企业经营许可作为运输企业申办《建筑垃圾、土方、砂石运输车辆准运许可》的前置条件。

2014 年 3 月 12 日，北京市发布了地方标准《建筑垃圾运输车辆标识、监控和密闭技术要求》（DB11/T1077—2014），明确要求在北京市从事渣土运输的车辆必须符合地方标准，新购车辆尾气排放必须满足国Ⅳ标准，改造车辆尾气排放符合国Ⅲ标准，车辆必须安装卫星定位系统、车箱密封。至 2014 年年底，所有渣土运输车辆均完成了更新改造，提前 1 年完成了渣土车结构调整任务。全市 457 家渣土运输企业取得了《建筑垃圾运输企业经营许可》，涉及车辆 4 216 辆，获得许可的企业和车辆信息在北京市城市管理部门外网进行公示。

2017 年，全力推进建筑垃圾运输车辆更新改造，开展渣土运输专项整治，4 216 辆渣土运输车辆均纳入平台监控范围。城市管理、住建、交通、环保、城管、交管局和公安局治安管理等 7 部门组成执法督导组，每年定期开展督导检查，对发现的违规运输渣土行为一律严惩并倒追源头工地责任。

二、道路清扫保洁

1999 年，《北京市人民政府关于发布本市第二阶段控制大气污染措施的通告》（京政发〔1999〕8 号）要求 1999 年 9 月底前完成朝阳区、海淀区、丰台区和石景山区城乡接合部的土路（砂石路）的扬尘整治工作。

1999—2000 年，北京市人民政府第三阶段、第四阶段控制大气污染措施的通告要求高碑店污水处理厂在 2000 年建设 1 座泵站、26 个取水点，将处理后的废水用于城市绿化浇灌和冲刷路面；增加 20 部洒水车和 20 部改进型清扫车，以减少道路扬尘，组织监督增加喷雾压尘和道路冲刷面积。2000 年，市区冲刷和喷雾压尘道路面积达到 2 000 万 m^2、城近郊区车行道面积 3 230 万 m^2。2000 年，完成高碑店污水处理厂 30 万 t 再生水回用工程，经过处理的 10 万 t 再生水作为天坛、龙潭湖、陶然亭、大观园 4 个公园的水源，满足了绿地用水、市政道路喷洒、防尘和园林绿化等需要。

2003 年，在第九阶段控制大气污染措施中，提出了进一步提高全市城市道路机扫面积，加强洒水压尘，制定沙尘天气扬尘污染控制预案，在出现沙尘天气后要立即组织冲刷和清扫。

2005 年，在第十一阶段控制大气污染措施中，提出了机扫率的要求，市区机扫率达到 77%，郊区机扫率达到 30%。

2006 年，市区车行道机扫率和冲洗率分别达到 85%和 80%，郊区车行道机扫率达到 45%。

2006 年 8 月 1 日，为了对北京市城市道路清扫保洁进行科学、统一、规范的质量管理，北京市环境卫生设计科学研究所编制的《城市道路清扫保洁质量标准》（DB11/T353—2006）正式实施。

2007 年，市市政管委组织推行道路清扫保洁新工艺，在城市重要道路采取吸尘、洒水、清扫一体化的作业方式，提高道路清洁度。11 月 26 日，北京市环境卫生设计科学研究所主编的《城市道路清扫保洁质量与评价标准》通过专家审核。标准规定，要组织开展城市道路清扫保洁质量检查并定期公布相关情况。

2008 年，北京市以奥运空气质量保障为契机，要求奥运期间环卫作业单位每天要对城市主干道、次干道、重要支路和其他为奥运会提供服务保障的道路进行吸扫和冲刷作业，市市政管委和各区县政府要组织进行监督检查。

奥运后借鉴了奥运期间的经验，逐步提高组合式清洗新工艺的比例和应用范围，日清扫街道面积由2007年的11 741万m^2提高到2012年的14 346万m^2。

《北京市2013—2017年清洁空气行动计划》(京政发〔2013〕27号）提出严格控制道路扬尘污染，市市政市容委大力推广“吸、扫、冲、收”清扫保洁新工艺，增加作业频次，切实降低道路积尘负荷。

2013—2017年，北京市先后印发《关于增加全市城市道路尘土残存量检测数量的通知》《关于强化城市道路机械清洗作业的通知》《关于开展城市道路清扫保洁等级划分工作的通知》《关于加强城市道路机械冲洗作业开展用水量考评工作的通知》，组织环卫作业单位加大次干道机械清洗作业频次，由原来的“每日冲刷，隔天洗地”提高到“每日冲刷，每日洗地”，增加了冬季洗地作业，进一步提高了重点道路机械冲洗作业频次和尘土残存量检测力度。

同时，加大检查、考核力度，定期向社会公布环境卫生干净指数。市交通委、各区县政府减少道路开挖面积，缩短裸露时间，开挖道路分段封闭施工，及时修复破损道路。市园林绿化局加强道路两侧绿化，减少裸露地面。市水务局牵头抓好《北京市加快污水处理和再生水利用设施建设三年行动方案》的落实，提高再生水供应量。市市政市容委、市水务局等部门研究再生水冲洗道路的保障机制，加快配套管网和加水站点建设，实现城市主干道基本每日再生水冲洗。

到2017年，全市城市道路机扫率、新工艺作业覆盖率分别达89%和88%以上；城市道路一级、二级、三级清扫保洁实施分级管理和作业，重点道路每日冲洗2次以上。再生水冲洗范围扩展到中心城区和远郊区县建成区的次干路及以上道路，正常作业条件下使用量每日达到30万m^3。

第三节　裸地整治“黄土不露天”

1986—1990 年，北京市结合市政建设，绿化、美化了北中轴路、北四环路、北辰路、东厢等 30 多条道路。综合整治了二环路、三环路，扩大绿化面积 140 hm^2，基本实现了主要干道乔灌花草结合，做到了四季常青，并建成了 20 个景点，面积达 76 hm^2。为迎接 1990 年亚运会及申办 2000 年奥运会，自 1988 年开始，园林绿化部门组织各区、县、街道、居委会开展绿化及铺装；城乡接合部把降尘工作纳入“文明村”建设活动。北京市环境卫生管理局（以下简称“市环卫局”）增加水冲和机扫路面 1 300 万 m^2。北京市市政工程局（以下简称“市政局”）在西厢道路工程建设中，完成了 18 万 m^2 路面填平补齐铺装任务。北京市园林局（以下简称“市园林局”）所属的 10 个公园对裸露地面进行了绿化和铺装。市机械工业管理局、市汽车工业总公司、航空航天部和中国人民解放军环境保护领导小组办公室（以下简称“全军环办”）等部门也分别建立了高标准的绿化、美化、环境综合整治样板。至 1990 年，全市已有 605 条街巷，32 个小区，14 个城乡接合部，182 个机关、大院、单位和 11 个公园做到了“黄土不露天”。郊区大力开展植树造林、防风治沙等生态建设工程。城近郊区降尘量从 1981 年的 33.7 t/（km^2·月）降至 1990 年的 21.8 t/（km^2·月），下降了 35.3%。

1991 年，北京市成立了防治尘污染领导小组及其办公室。在防治尘污染工作中，坚持条块结合，治标与治本相结合，科研、监测与管理结合，抓重点、带全面。按照黄土不露天、泥土不流失，工业不排尘、烟囱不冒烟，运输不抛洒、车轮不带泥，垃圾不暴露、堆物不飞扬，施工不扬尘、尾气不超标等“十不”要求，建设降尘示范区。各区、县政府，市属委、办、局和中央、部队在京单位也积累了防治降尘的经验。西城区厂桥街道总结了“四不”“六个一点儿”经验，即“不推、不等、不靠、不要”，立足于靠自己，通过“区里给一点儿，自己出一点儿，居委会干一点儿，受益单位拿一点儿，施工单位贡献一点儿，职能部门支援一点儿”，解决经费的来源。

一、中小学操场整治

2001 年 12 月 12 日，市计委召集专门会议，研究第七阶段控制大气污染措施中“30 所学校操场扬尘治理工作”资金补助问题。

2002 年 2 月 25 日，市计委、市教委、市财政局、市环保局、市体委等部门联合召开会议，部署城近郊八个区中小学操场的扬尘治理工作。会议要求城八区在试点的基础上，结合城市规划和中小学布局，对需要整治的中小学操场做出规划和改造方案；工程所需资金以自筹为主，市计划、财政等有关部门给予适当补助。5 月 13 日，市计委、市教委、市财政局、市环保局、市体育局联合发布了《关于加强学校操场整治项目管理有关问题的通知》，明确了学校操场整治工作的基本原则、整治范围、管理分工、审批程序及资金的使用管理等。7 月 10 日，市财政局发出了《关于印发北京市中小学校裸露操场整治补助资金管理办法的通知》。管理办法包括补助原则和范围、补助标准、拨付程序及渠道、监督管理等内容。文件下发后，272 所学校裸露操场的整治任务得到分解，81 所学校开始实施。

二、裸露地农地治理

北京市郊区裸露地表风沙危害主要包括两部分。一是永定河、潮白河、大沙河、康庄、南口地区（简称“三河两滩”）重点危害区有近 20 万亩北京本土的主要沙尘源，1999 年北京市沙化土地监测结果可以证明；二是季节性裸露农田。从土地用途上分，以上两类地区均属于农用地。

2000 年，全市整治裸地面积 2 100 hm^2。

2002—2006 年，北京市对“三河两滩”地区实施“播草盖沙”工程，对季节性裸露农田实施“生物覆盖”和保护性耕作技术，增加地表覆盖面积，有效抑制农田扬沙，减少了水土流失。

2010 年，推广保护性耕作 19.4 万 hm^2，生物覆盖 12 万 hm^2，同时加大秸秆禁烧的检查力度，基本实现了秸秆全面禁烧。

（一）“播草盖沙”工程

2002 年，北京市政府正式开始实施“播草盖沙”工程。该工程可明显减弱地表风速；有效降低沙化土地的风蚀量；能在一定程度上改变土壤颗粒组成；在浮尘天气下，播草能有效减轻 PM_{10} 和 TSP 的污染，使 TSP 浓度减小 10%～56.52%，PM_{10} 浓度减小 3%～30.77%，且这种效应随风速的增大而增大。

截至 2006 年，北京市实施“播草盖沙”工程 21 万亩，其中朝阳区 4 000 亩、海淀区 3 500 亩、丰台区 9 000 亩、房山区 18 000 亩、门头沟区 2000 亩、大兴区 34 000 亩、通州区 20 000 亩、顺义区 29 000 亩、昌平区 22 500 亩、平谷区 11 500 亩、怀柔区 11 000 亩、密云县 14 000 亩、延庆县 22 500 亩、共青林场 9 000 亩。

（二）“生物覆盖”工程

2002 年，北京市政府正式开始实施“生物覆盖”工程。

截至 2008 年，全市农田覆盖面积 313.34 万亩，覆盖率 90.05%；其中生物覆盖率为 51.79%，京承高速公路都市农业走廊及奥运场馆周边基本实现了“无裸露、无撂荒、无闲置”。2008 年，北京市率先在全国实施生态作物补贴政策。2010 年年底，北京市的农田基本实现了“无裸露”。

（三）推广保护性耕作技术

北京市保护性耕作推广始于 1996 年夏玉米免耕覆盖种植。随着小麦机收水平的逐年提高，小麦秸秆不断增加，农民为播种下茬玉米，不得不将小麦秸秆焚烧掉。大量焚烧小麦秸秆不仅造成了严重的空气污染，而且对首都机场航班起降和公路交通安全产生了很大影响。为了解决郊区在“三夏”期间大量焚烧小麦秸秆的问题，1996 年，以首都机场为中心，环半径 15 km 以内定为禁烧区，开始实施小麦秸秆禁烧。通过重点推广夏玉米免耕覆盖播种技术和加强对小麦秸秆禁烧的检查，禁烧区内实现了全面禁烧的目标。

1998 年，市领导提出“决不把硝烟带入 21 世纪”的口号。农业、环保、公安、财政等部门联合，以夏季玉米免耕覆盖播种技术为手段，于 2000 年实现了小麦秸秆全面禁烧目标。

2002 年开始试验春季和秋季保护性耕作示范，2006 年进入全面实施阶段。2006 年 5 月，农业部和北京市政府举行了“北京市全面实施保护性耕作项目”启动仪式；市农委印发了《关于加快发展机械化保护性耕作的通知》，将发展机械化保护性耕作纳入各级政府农业和农村经济发展总体规划，加大机械化保护性耕作的研究和推广。

到 2008 年年底，北京市机械化保护性耕作面积达到 282.2 万亩，其中春季完成 110.8 万亩，占播种面积的 85%；夏季完成 93.6 万亩，占播种面积的 97%；秋季完成 77.8 万亩，占播种面积的 83.8%，实现了项目确定的目标。农作物秸秆连续十年实现全面禁烧，成为全国唯一全面实施保护性耕作的省级示范市。

2010 年，北京市累计推广冬小麦、玉米和豆类等保护性耕作技术 389 万亩，在全国率先实现全面实施保护性耕作的目标。

第四节　城乡绿化生态防尘

1992 年，北京市 18 个区县共整治了 2 287 条街巷、27 个小区，道路铺装面积 311 万 m^2，绿化 460 万 m^2。

1997 年，北京建成区绿地面积为 16 500 hm^2，城市绿化覆盖率达到 33.4%，人均公共绿地面积为 7.1 m^2。郊区累计人工造林 173.6 万亩、飞播造林 306.6 万亩、封山育林 129.4 万亩，林木覆盖率达到 38.3%。大兴和房山永定河沿岸及延庆康庄、密云白河等重点风沙危害区开展了防沙治沙试验和绿化治理工程，综合治理沙荒地 53.5 万亩，营造防沙治沙片林 37.6 万亩，使风沙危害区的环境面貌得到了有效改善。

1998 年，北京市城市的绿化覆盖率为 34.9%，人均公共绿地面积为 8.18 m^2，林木覆盖率达到 41%。

1999 年，北京市对市区的机关、团体、部队、企事业单位、个体工商户实行绿化“门前三包”及居住小区、庭院绿化责任制；对没有拆迁任务的地块先实施绿化，对无法绿化的裸露地面铺装水泥方砖或透气砖等防治尘污染。

2000 年，北京市组织完成了“五河十路”7 000 hm^2 的绿化通道工程任务，重点建设了京石路、京开路、京津塘路、京沈路和京张路等 5 条公路两侧的绿化带。全市林木覆盖率由 1998 年的 41%增加到 2001 年的 44%，城市绿化覆盖率由 1998 年的 34.9%提高到 2001 年的 38.6%。完成了规划三环路和四环路以内已建成道路的铺装和绿化。

2001 年，按照北京市人民政府关于“门前三包”责任制和《北京市城市绿化条例》等有关规定，对市区的机关、团体、部队、企事业单位、个体工商户实行“门前三包”及居住小区、庭院绿化责任制。城八区政府负责划定责任区，任务落实到每个单位、每个庭院和每个责任人，落实到马路道边的每一个地块，并签订绿化责任书。对无法绿化的裸露地面要进行铺装，鼓励铺装孔型露草砖，不留死角。林木覆盖率提高到 44%，城市绿化覆盖率提高到 38.8%。

2002 年，城市绿化覆盖率达到 40.6%，人均公共绿地面积达到 10 m^2。

2005—2010 年，全市林木绿化率由 2005 年的 50.5%提高到 2010 年的 53%，密云县、延庆县被命名为国家级生态县，全市累计创建郊区环境优美乡镇 123 个（其中国家级环境优美乡镇 57 个）、生态村 1 204 个（其中国家级生态村 2 个）。

2010 年 3 月 1 日，《北京市绿化条例》（以下简称《条例》）修订施行。《条例》适用范围由城市建成区扩大到北京市全部行政区域，首次打破原有的绿化工作城乡二元结构，提出“大绿化”理念，实现了城乡绿化政策、法制、标准的统一化，并明确了农民应享受的绿化权益。增加了生态公益林补偿、绿化隔离地区建设、农村绿化等乡村绿化内容，实现了城市与农村的均衡统一发展。首次把村委会的绿化管理、养护职责写入《条例》，明确规定了村民委员会或村集体经济组织应当组织村民参加村庄绿化建设，组织村民对荒山、荒沟、荒丘、荒滩和村庄周围的空地、村庄内的闲置土地进行绿化，支持村民对住宅庭院和周边空地进行绿化美化，村民房前屋后种植的树木收益归种植者所有。

2012 年，城郊地区加快推进大型公园绿地建设，完善 10 处郊野公园配套设施建设并对外开放，全面建成开放 11 个新城滨河森林公园，完成南海子郊野公园二期绿化建设 8 800.5 亩，开展北京市绿道建设试点 50 km。依托京津风沙源治理、太行山绿化和“三北”防护林建设工程，北京市山区完成人工造林 6.93 万亩、爆破造林 1 万亩、封山育林 37.3 万亩，并完成彩色树种造林 2 万亩。完成林木抚育 60 万亩、低效林改造 10 万亩、碳汇营造林 2 600 亩。

2013—2017 年，北京市开展规划建绿、多元增绿、精细管绿，大力拓展城市绿色空间。全市新增城市绿化面积 695 hm^2，远郊区完成营造林任务 133.3 万亩；累计建成 10 个湿地公园和 10 个湿地保护小区，努力提高环境承载能力。

至 2017 年年底，北京城市绿化覆盖率达到 48.4%，森林覆盖率达到 43%，林木覆盖率达到 61%。

第五节　持续开展扬尘控制科研

1981—1984 年，北京市环境保护科学研究所（以下简称“市环保所”）和北京大学地球物理系共同协作，开展了“北京市市区尘污染状况及其控制途径研究”。研究表明，除工业粉尘外，大气中的尘主要来自燃煤烟尘和地面扬尘。在采暖期，尘污染中烟尘约占 64.5%，地面扬尘约占 35.5%；而在非采暖期，地面扬尘约占 63.6%，燃煤烟尘约占 36.4%，为改变以往单纯治理燃煤烟尘而忽视地面扬尘的污染防治和管理方式起到了指导作用。

1983—1985 年，为了控制尘的污染，市园林所开展了绿化环境效应综合评价研究。研究表明，城市绿化对改善城市气候环境、防治风沙、净化大气环境、减少 SO_2 和烟尘均有明显作用。

1989 年，市环保所对建筑工地扬尘污染状况的调查表明，施工扬尘是北京市空气中 TSP 的主要来源之一。施工现场 TSP 平均浓度超过国家大气环境质量二级标准 2.4 倍；对施工现场路面进行硬化处理、道路洒水与清扫保洁，工地扬尘可减少 31%；用商品混凝土代替现场搅拌混凝土，可使工地扬尘降低 24%，据此提出了对裸露地面铺装或绿化等尘污染防治对策。该研究成果为北京市加强施工工地管理、减少施工扬尘发挥了作用。

2000—2001 年，北京市环境保护科学研究院（以下简称“市环科院”）和北京市散装水泥办公室共同承担了“北京市水泥使用过程中粉尘排放的分析研究”课题。该课题提出了推广散装水泥和预拌混凝土是水泥使用过程粉尘排放的最佳控制措施，符合清洁生产工艺和环境可持续发展战略。该课题采用工况模拟、实际测试和分析估算的方法，确定出水泥使用过程中各操作环节的粉尘排放系数，进而得出粉尘排放量。

2002—2004 年，市环科院与中国农业科学院土壤肥料研究所共同承担了“城区建筑裸土固化新材料引进及筛选”项目。该项目是科技部“首都圈（环北京）防沙治沙应急技术开发研究与示范”项目中四个共性研究课题之一，旨在通过筛选国内外用于裸土固化方面的新材料，采用世界先进技术，尽快从城市内的城区解决对北京环境影响大、控制比较难的扬尘污染。裸土固化新材料不仅可用于城市建筑裸土，还可以用于城市周边大面积的农田、农村裸土道路、沙荒地绿化、生态恢复、水土流失治理及军事。

2003—2005年，市环科院、清华大学和北京工业大学共同承担了北京市科技计划项目“北京市空气质量达标战略研究”第四课题“北京市大气环境 PM_{10} 和 O_3 污染控制技术应用研究”。该课题完成了《北京市移动源排放清单与污染治理技术方案研究》《道路无组织扬尘排放清单与治理技术方案研究》《施工无组织扬尘排放清单与治理技术方案研究》《工业料堆无组织扬尘排放清单与治理技术方案研究》《工业工艺无组织扬尘排放清单与治理技术方案研究》《成片裸地土壤尘、重点氨源排放清单与治理技术方案研究》等6份与尘污染控制有关的研究报告。开发了2种类型、4种型号的工地运输车辆的清洗装置；与工程兵研究所合作开发了1种铰接式钢板路面；筛选了国内外60种裸土固化新材料，合作开发了秸秆、木纤维生态型覆盖剂和喷洒装备，以及黑色地膜和喷洒装置；与美国通用水务公司合作进行了柏油道路抑尘剂效果试验。获得了3项实用技术专利，制定了建设工地和交通扬尘污染2个评估方法。

2004—2005年，市环科院承担了市环保局课题“北京市排污收费工作部分行业污染当量值、排放量计算方法、排污系数研究”。该课题采用施工现场监测实验的方法获得计算排放量所需的各种参数，建立了四维通量法等施工扬尘量计算模型和方法，得到了北京市施工扬尘排放因子。基于上述研究成果，提出了根据建设工程的建筑面积（市政工程为施工面积）、施工期和采取的扬尘防治措施，采用物料衡算法来计算和核定实际施工扬尘排放量，施工扬尘排放量包括基本排放量和可控排放量。2005 年 8 月 3 日，国家环保总局批复了《关于北京市施工工地扬尘排放量计算方法的复函》。江苏、河北、大连、太原、深圳等省市先后参照北京市施工扬尘排污费征收方案开展施工扬尘排污收费工作。

2007—2010 年，市环科院、市劳保所和呼和浩特市环境保护研究所等共同承担了国家环保公益项目“典型城市扬尘污染特征和防治技术途径研究”。该项目的研究重点是根据我国北方城市（如呼和浩特市、北京市、廊坊市等）的实际情况，建立一套适用于我国北方城市扬尘排放因子的定量估算方法，摸清我国北方城市的扬尘源、起尘规律、影响因素、影响范围、污染特征，分析各类扬尘减排技术的控制效果和费用，最终提出针对北方典型城市扬尘的行之有效的综合防治技术途径。

2009—2010 年，市环科院承担了北京市环保局“城市重点地区大气颗粒物污染源治理研究”课题。该项目针对不同的扬尘污染源，开展了系统的、有计划的研究和示范工作，包括继续对城市道路和重点地区的施工现场进行评估，量化描述道路和施工扬尘的排放情况，研究使用高效冲洗车辆和吸扫式保洁办法，并研究封闭拆迁的可行性，选择试点区域；开展施工现场车辆清洗对策研究；以控制遗撒为主要目的，制定《北京渣土运输车辆环保技术规范》《北京市商品混凝土运输车辆环保技术规范》；研究北京道路路基外未硬化地面尘土对道路的污染规律及控制对策，为削减路面一次性尘土污染提供理论和技术依据；开展农业耕作尘排放因子的研究，探讨适合北京地区的农业耕作尘控制技术对策；开展北京非铺装道路现状调查，制定北京市非铺装道路扬尘排放清单，开展污染控制对策研究；开展北京风蚀扬尘排放现状调查。

2010 年，为控制北京市建筑施工扬尘排放，规范施工活动中扬尘控制技术，促进绿色施工，改善环境空气质量，根据《中华人民共和国大气污染防治法》和北京市相关法律规定，市环科院承担了《建筑施工扬尘污染控制标准》的制定。标准征求意见稿规定了北京市建筑施工扬尘排放限值、控制技术要求和检测方法，控制项目包括扬尘不透光率、施工降尘量、道路积尘负荷、临界摩擦风速和TSP浓度等5项。

2010年，为落实《“科技北京”行动计划（2009—2012年）》中研发建筑施工扬尘防治技术和装备，推行绿色施工的要求，全面提升北京建筑施工扬尘控制水平，使施工扬尘污染控制工作更有针对性和有效性，市环科院承担了北京市环保局“建筑施工扬尘治理技术示范”项目。根据施工扬尘污染特征和国内外施工扬尘治理技术筛选结果，对以下4项治理技术进行了示范：①滚轴转轮式洗轮机；②渣土车密闭式顶盖；③道路清扫保洁车辆；④地坪无尘研磨机。根据各单项施工扬尘治理技术的特点，分别开展了治理技术控制效果评估方法研究，对各项示范工程进行了现场评估，最终得到了一组施工扬尘治理技术控制效率推荐值和与之对应的评估方法技术库。

2011年，市环科院承担了北京市环保局“道路扬尘与积尘负荷检测方法研究”项目。该项目用降尘、尘负荷和移动式路面扬尘测试设备3种方法对北京市典型道路扬尘进行检测，获得了不同方法的检测数据并对道路扬尘排放状况进行了分析，得出了不同检测方法的优缺点，为道路扬尘检测和管理提供了技术储备。建立了移动式路面尘负荷监测系统，完成了北京市典型道路路面尘负荷的监测工作，得出路面尘负荷的时空分布规律。

2014年，市环科院承担了北京市环保局“建设工程施工扬尘排污收费研究”项目。该项目开展了施工扬尘排放因子测试和控制措施评估，建立了北京市施工工地扬尘收费方法和依据，成果用于《关于建设工程施工工地扬尘排污收费标准的通知》（京发改〔2015〕265号）。

第八章　控制挥发性有机物污染新课题

挥发性有机物（VOCs）是以气态存在于环境空气中的有机化合物的总称，其危害主要表现在两个方面：一是 VOCs 中 70%以上是有毒空气污染物（Air Toxics），直接对人体健康造成不可逆的危害；二是 VOCs 是生成二次污染物 $PM_{2.5}$ 和 O_3 的前体污染物。

VOCs 人为污染源主要是有机化学制品生产、炼油和石化工业工艺废气，溶剂使用装置（工业涂装、印刷、家具制造、汽车修理）和溶剂使用活动（建筑、市政设施涂装，农药施用），移动源（以汽油为燃料的小汽车等），油品的“储、运、销”过程，居民生活喷雾类生活用品和服务业（服装干洗、餐饮）等面源排放。近年的研究表明，VOCs 作为二次的 $PM_{2.5}$ 和 O_3 形成的关键前体物，是复合型大气污染的重要诱因。防治 VOCs 污染不仅直接保护人体健康，也是降低北京市乃至京津冀区域大气二次污染物 $PM_{2.5}$ 浓度、遏制北京地区 O_3 污染的必要和基本手段。

20 世纪七八十年代，北京市化工企业排放有机废气引起的扰民问题十分突出。通过调整、搬迁、关停、治理，有效解决了厂群纠纷，减轻了对企业周边居民的健康危害。

北京市实施了控制大气污染 16 个阶段措施，启动了 VOCs 治理。2003 年，北京市首次制定发布有关油品“储、运、销”的三项地方排放标准（《储油库油气排放控制和限值》《油罐车油气排放控制和检测规范》《加油站油气排放控制和限值》），在全国率先启动了汽油蒸气回收和治理试点。2006 年，市政府对化工二厂、有机化工厂、北京焦化厂等排放 VOCs 的重点污染企业实施搬迁改造或停产转型。2007 年，北京市制定发布了《炼油与石油化学工业大气污染物排放标准》《大气污染物综合排放标准》，从此，北京炼油与石油化学工业有机废气治理和 10 个有机溶剂使用装置典型行业治理有标可依。2008 年北京奥运会前夕，北京市完成了储油库、加油站和油罐车的第一轮油气回收和治理工程，基本完成了服装干洗机封闭化的更新换代。2007—2009 年，北京市开展了 VOCs 污染源普查，从而为北京市进一步实施 VOCs 污染源治理环境决策和控制奠定了科学基础。

2010 年 5 月 11 日，国务院办公厅印发了《环境保护部等部门关于推进大气污染联防联控工作改善区域空气质量指导意见的通知》，从国家层面上提出了开展 VOCs 的污染防治，将排放 VOCs 的污染源与排放 SO_2、NO_x、颗粒物等的污染源一并列为改善大气环境质量的重点污染源。北京市针对重点 VOCs 污染行业的排放特点，完成了污染治理技术的筛选与评估，推荐了汽车制造、包装印刷、家具制造、半导体及电子、汽修等重点 VOCs 污染行业的控制技术。

2012 年，除了按照国家要求实施 SO_2、NO_x 两项主要大气污染物总量控制外，北京市将工业源 VOCs 排放总量纳入总量控制计划，《北京市 2013—2017 年清洁空气行动计划》将工业源 VOCs 总量纳入区县政府绩效考核体系。2013 年，初步完成了北京市 2012 年 VOCs 污染源排放清单的编制工作。

2014—2017 年，北京市更新了 VOCs 排放标准体系，制定发布了《工业涂装工序大气污染物排放标准》《印刷业挥发性有机物排放标准》《木质家具制造业大气污染物排放标准》《炼油与石油化学工业大气污染物排放标准》《汽车维修业大气污染物排放标准》《汽车整车制造业（涂装工序）大气污染物排放标准》《有机化学品制造业大气污染物排放标准》等。2015 年 11 月，北京市制定了《挥发性有机物排污费征收细则》，拟对从事石油化工、汽车制造、电子、印刷、家具制造 5 个行业的排污单位征收 VOCs 排污费，但是并未真正实施。2014—2017 年，北京市滚动实施 4 批“百项”环保技改工程，共计完成 496 项，大气污染防治技改治理工程对燕山石化公司以及汽车、家具、印刷、电子等重点行业实施 VOCs 治理，减排 VOCs 2.3 万 t。2017 年 4 月，北京市、天津市、河北省分别发布了各地的地方标准《建筑类涂料与胶粘剂挥发性有机化合物含量限值标准》，联合启动了建筑行业涂装活动污染减排。

第一节　污染源普查

一、概述

（一）普查背景

为持续改善空气质量，北京市从 1998 年以来相继实施了 16 个阶段的大气污染控制措施，通过阶段性、持续性和强化的大气污染控制措施，环境空气质量逐年得到改善，但随着机动车数量的增加和各类污染源结构的变化，$PM_{2.5}$ 浓度居高不下、O_3 污染有逐渐加重的趋势，大气污染呈现复合型的特点，主要表现在能见度低（$PM_{2.5}$ 浓度高）、大气氧化性强（意味着形成光化学烟雾危险性增强），国外经验表明必须控制 VOCs 的排放。因此，在治理 PM_{10} 污染的同时，需要对 $PM_{2.5}$、O_3 的污染开展治理，系统性削减 VOCs 的排放提到战略地位。

（二）普查时点和范围

1．普查时点

2007 年 12 月 31 日。时期资料：2007 年度。

2．普查范围

通过调研国内外 VOCs 污染源的相关文献和资料，结合北京市相关行业企业现状，确定纳入普查范围内的 VOCs 污染源如表 8-1 所示。

表 8-1　普查范围内的 VOCs 污染源

污染源类别			分类细化	VOCs 产生来源
人为源	固定源	固定燃烧源	电厂锅炉	燃料未完全燃烧
			工业锅炉	
			民用采暖锅炉和茶浴炉	
		炼油及石化	炼油及石化企业（燕化和东方石化）	有机废气排放及生产过程中 VOCs 的无组织排放
		溶剂使用装置和活动	常规工业表面涂装	涂装工艺过程中溶剂使用挥发造成的排放
			机动车表面涂装	
			大型设备表面涂装	
			金属家具表面涂装	
			塑料零件表面涂装	
			轮胎及橡胶制品	生产过程中有机溶剂使用（稀释、萃取、清洗、施胶）挥发造成的排放
			化学品制造	
			医药制造	
			半导体及电子设备制造业	
			人造板生产和家具制造	
			印刷和包装印刷	
			建筑外涂装和内部装修	涂料、胶黏剂等物质使用挥发造成的排放
			市政、道路、园林设施维护	
			胶黏剂使用	
		服务业	干洗	干洗剂的泄漏和挥发
			汽车维修	喷漆时油漆中溶剂挥发
			医院	消毒剂的挥发
		油品的储、运、销	原油和石油制品的储存、运输和销售	油品的泄漏和挥发
		农药使用	农业、林业、园林植保过程中的农药使用	农药使用过程中溶剂挥发

污染源类别			分类细化	VOCs 产生来源
人为源	移动源	移动源	机动车	机动车燃料系统的汽油蒸发；排放的尾气中未燃烧的 HC
			非道路用机械发动机	柴油，挥发较少
			火车、飞机	航空煤油挥发和燃烧不充分，内燃机车柴油挥发较少
天然源		植物源	—	乔木叶排放

固定燃烧源：固定燃烧源包括燃烧各类化石燃料的各种锅炉和 VOCs 排放量较大的窑炉。需要调查的内容包括燃料类型、燃料使用量和污染物净化设备的使用情况。

炼油及石化：炼油是指将原油加工为石油制品的过程，其中真空蒸馏、催化裂解、脱硫和沥青吹制是排放 VOCs 的主要工艺过程；石油化工排放 VOCs 的典型工艺是中段乙烯工艺及其下游纤维、树脂和橡胶制造过程的合成尾气有组织排放以及阀门和管件泄漏无组织排放。

溶剂使用装置和活动：在工艺装置中，以稀释、萃取、清洗、黏合为功能的溶剂，最终相变为气态挥发排放，典型工艺过程主要有各类涂装工艺、清洗工艺、萃取工艺和胶黏工艺等。溶剂使用活动造成的 VOCs 排放主要是指非工业工艺的室外各类与建筑和市政工程涂装、粉刷有关的溶剂使用活动产生的 VOCs 排放，主要过程包括建筑表面涂装、建筑物内部装修和道路、市政、园林设施的防腐涂装等。

服务业：主要指医院、干洗、汽车维修等行业产生的 VOCs 排放。

油品的储、运、销：原油和成品油的运输中的发油、装卸、加注过程，产生了液体蒸发和液面空气过饱和的现象，从而排放 VOCs。

农药使用：主要是指农业、林业、园林生产过程中的农药使用造成的 VOCs 排放。

移动源：移动源包括机动车的燃料挥发、尾气排放造成的 VOCs 排放和非道路用机械（包括施工机械、农业机械等）、火车、飞机产生的 VOCs 排放。需要调查的内容包括机动车类型、发动机类型、采用的净化技术等。

植物源：主要是指乔木叶子生长过程中VOCs的排放。

固定燃烧源，油品的储、运、销，炼油及石化和移动源等4类源之前有比较好的研究基础，该普查在原有成果的基础上进行修正、完善；溶剂使用装置和活动、服务业、农药使用和植物源等4类源基本没有开展过研究，是该普查的重点。其他污染源（餐饮、污水处理厂、垃圾填埋场）由于产生VOCs排放的机理比较复杂，缺乏研究基础，暂不纳入普查范围。

（三）普查指标

该普查依据国内现有监测方法和监测条件，结合各类源排放特点和排放规律确定各类污染源普查所涵盖的VOCs种类。

对固定燃烧源，炼油及石化，油品的储、运、销等污染源，以排放的非甲烷总烃（NMHC）量作为计算的指标；对移动源，采用非甲烷类挥发性有机物（NMVOCs）作为该类源排放量计算的指标；对溶剂使用装置和活动、服务业、农药使用等污染源，以挥发性有机溶剂使用量作为排放量计算的指标，并对各类挥发性有机溶剂的成分进行分析细化；对植物源，采用NMVOCs作为该类源进行排放量计算的指标。

二、普查组织和实施

（一）组织

该普查是第一次全面系统地调查和研究北京市属地范围内的VOCs污染源排放情况的普查，污染源类型众多，而且涉及多个行业。为了加强领导，促进研究工作的顺利实施，按照“全市统一领导、部门分工协作、各方共同参与”的原则组织实施VOCs污染源的普查工作。

全市VOCs污染源普查工作由北京市污染源普查领导小组统一领导；市环保局牵头，负责组织拟定普查方案，监督普查方案实施，进行普查项目验收；领导小组其他成员单位和相关单位参与编制和审议污染源普查方案，并按照各自职责协调提供相关数据。

工业污染源、生活污染源的普查工作由北京市污染源普查领导小组办公室组织实施，市环科院负责编制北京市 VOCs 污染源普查表，随国家污染源普查表同时下发，同时填报。各区县普查机构、普查指导员和普查员负责指导、协助企业开展工业 VOCs 污染源和生活 VOCs 污染源的普查工作。其他专项 VOCs 污染源的调查工作由市环科院具体执行，组织相关大学、科研院所等研究单位共同完成相关专项调查和研究工作。

（二）实施步骤和进度

该普查分 3 个阶段进行，分别为前期准备阶段、正式普查阶段和总结阶段。

1．前期准备阶段

通过查阅国内外 VOCs 污染源的相关文献和资料，借鉴国内外现有研究成果，结合北京市相关行业企业现状，确定北京市 VOCs 污染源分类、纳入普查范围内的 VOCs 污染源和开展专项研究的 VOCs 污染源。

选取典型企业，对重点 VOCs 污染源企业（汽车制造、包装印刷、涂料生产、家具制造、人造板生产等）进行了实地调查，确定各类源拟采用的 VOCs 排放量估算方法和各类源活动水平的获取途径。

完成了北京市 VOCs 污染源普查表（工业 VOCs 污染源和生活 VOCs 污染源）和北京市 VOCs 污染源普查技术规定的编制。北京市 VOCs 污染源普查表包括工业源 13 张表和生活源 3 张表：《京污普表 1-1 机动车制造企业和汽车修理厂普查表》《京污普表 1-2 印刷和包装印刷企业普查表》《京污普表 1-3 家具制造企业普查表》《京污普表 1-4 人造板制造企业普查表》《京污普表 1-5 轮胎及其他橡胶制品企业普查表》《京污普表 1-6 塑料制品生产企业普查表》《京污普表 1-7 化学制品制造企业普查表》《京污普表1-8 半导体及电子产品制造企业普查表》《京污普表 1-9

医药制造企业普查表》《京污普表1-10 制酒企业普查表》《京污普表 1-11 有机化学原料制造企业普查表》《京污普表 1-12 工业涂装企业普查表》《京污普表 1-13 工业污染源涂料（油漆）、胶黏剂、有机溶剂使用情况普查表》《京污普表 2-1 汽车、摩托车维护与保养服务业普查表》《京污普表 2-2 干洗服务业普查表》《京污普表 2-3 医院普查表》。

在国家污染源普查培训的同时，对市级和区县级普查指导员和普查员开展了 VOCs 污染源普查培训，以保证 VOCs 普查的顺利进行。培训目的是让普查指导员和普查员了解及掌握 VOCs 的基本概念、VOCs 普查的范围、VOCs 普查表的填报方法和注意事项。

2．正式普查阶段

组织填报 VOCs 污染源普查表。在国家污染源清查的基础上，按照与国家污染源普查相同的技术路线和统一要求，随国家污染源普查表一起下发已经编制备案的北京市各个行业 VOCs 普查表，组织区县普查机构开展 VOCs 普查报表填报工作，填报对象是 VOCs 普查表包含的行业范围内的工业企业和生活源。

完成普查数据的审核、录入和汇总工作。区县普查机构对填报的表格进行审核，对需要补充的内容填写完整。将数据录入普查软件并完成数据汇总。时间进度为 2008 年 5—6 月。

对工业源和生活源普查数据进行分析、整理，建立工业源和生活源普查数据库。

开展植物源、炼油及石化行业污染源等专项研究工作。确定参与专项研究的成员单位，完成各专项研究的技术方案。

对已提交的 VOCs 污染源普查表进行多次审核和整改，并完成各区县 VOCs 普查现场核查工作。

3．总结阶段

完成植物源、炼油及石化行业污染源等专项研究工作，编写专项研究报告。

收集整理 VOCs 普查和专项调查中各类排放源排放量，估算所需活动水平数据与资料。

汇总各类 VOCs 污染源排放清单，建立全市 VOCs 污染源数据库。

将所有污染源普查工作的数据汇总，形成 VOCs 污染源普查总体报告。

三、普查成果

北京市 VOCs 污染源普查是以国家污染源普查为契机，首次在城市范围内开展针对 VOCs 污染源的普查，通过该普查，掌握了北京市主要 VOCs 污染源的总体情况，同时以该普查为基础建立的北京市 VOCs 排放清单和 VOCs 污染源数据库，对此后的科研和 VOCs 污染源管理发挥了不可替代的重要作用。

通过普查与专项调查相结合的方式获取固定燃烧源、炼油及石化、油品储运销、农药使用、溶剂使用活动、移动源、植物源（以上是专项调查）以及溶剂使用装置、服务业（以上是结合国家污染源普查开展北京市 VOCs 普查）的活动水平相关数据，同时结合大量国内外资料以及相关实验数据得到排放因子或排放系数，计算得到各个污染源类别的 VOCs 排放量，建立了第一份北京市 VOCs 污染源排放清单（表 8-2）。

表 8-2　2007 年北京市 VOCs 污染源排放清单

污染源类别			排放量/t	所占比例/%
人为源	固定源	固定燃烧源	29 829	8.3
		炼油及石化	29 772	8.3
		溶剂使用装置	51 859	14.4
		溶剂使用活动	25 775	7.2
		服务业	5 019	1.4
		油品的储、运、销	12 137	3.4
		农药使用	1 532	0.4
		小计	155 923	43.4

污染源类别			排放量/t	所占比例/%
人为源	移动源	机动车	111 733	31.1
		非道路用机械发动机	7 085	2.0
		火车、飞机	859	0.2
		小计	119 677	33.3
	合　计		275 600	76.7
天然源	植物源		83 500	23.3
总　计			359 100	100.0

2007 年，普查范围内的 8 类 VOCs 污染源排放总量达 359 100 t，其中人为源排放量为 275 600 t，占总排放量的 76.7%，天然源排放量为 83 500 t，占总排放量的 23.3%。人为源中排放量最大的为机动车，占人为源排放量的 40.5%，其次为溶剂使用装置，占人为源排放量的 18.8%。

普查结果表明，在工业领域，VOCs 排放主要来源于石油化工、机械制造、包装印刷、汽车制造、家具制造、电子及汽修等行业。

房山区工业 VOCs 排放量最大，这主要与该区域大型石化企业的排放有关；其次为朝阳区，该地区主要为化工行业；紧接着为石景山区、海淀区；延庆县工业 VOCs 排放量最少。

通过该普查，比较系统地研究、掌握了各类 VOCs 污染源的排放特征、治理设施现状和空间分布情况，建立了城市尺度 VOCs 污染源排放清单编制技术方法，并在此基础上完成了北京市 2007 年 VOCs 污染源排放清单和基础信息数据库，为北京市编制“十二五”环境保护规划、《北京市 2013—2017 年清洁空气行动计划》和制订 VOCs 减排计划提供了数据基础。

第二节　工业 VOCs 治理

北京市于 20 世纪 70 年代开始进行 VOCs 治理，主要治理工业企业的有机废气。最初以解决群众投诉为目的，对重点企业进行治理；1998

年实施控制大气污染防治措施以后，通过企业搬迁、关停等措施进行治理；在奥运筹备阶段，建设各类污染源的排放标准体系，以治标为主；2012 年编制了《北京市 2013—2017 年清洁空气行动计划》，对 VOCs 进行系统治理，明确目标、措施和对策，削减排放总量。

一、早期治理企业有机废气

1975 年 9 月 30 日，国务院副总理李先念对北京军区空军机关某幼儿园等单位反映的印铁制罐厂三车间排放含苯废气、影响居民和儿童健康的人民来信批示，要求调查处理。当年 10 月，北京市决定投资 150 万元，新建设 4 500 m^2 厂房，将印铁制罐生产线迁出市区，在新厂房安装活性炭吸附设备治理含苯废气。原车间于 1976 年 5 月停产。

北京电线厂生产漆包线时使用绝缘漆，以甲苯、二甲苯做溶剂，烘烤过程中每月有超过 10 t 溶剂排入大气环境，严重污染周边环境。1976 年，北京电线厂在北京工业大学的协助下，采用催化燃烧方法，将挥发的溶剂引入催化燃烧装置，产生的热能作为涂漆烘干的热源替代电能，有机废气去除率达 97%，节电 60%。此后北京绝缘材料厂亦采用此法治理。

北京助剂二厂生产低压聚乙烯时，排放乙烯废气，使周围菜田的作物有时只开花不结果，有的黄瓜长到手指长就熟了，茄子长到红枣大就掉了。为此，该厂连续 9 年对农业损失赔款。1979 年，工厂安装了尾气回收气柜，消除了污染。

北京化工二厂在生产聚氯乙烯时，工人必须下到聚合釜中清釜，釜中含有的氯乙烯单体是致癌物质，严重危害工人身体健康。该厂通过多次试验，研制成功了聚合釜的涂布不沾壁技术，使聚合釜由过去的每釜必清改为 300 釜一清，每年可从工艺上减少 260 t 氯乙烯单体的排放，既改善了工人的劳动条件，又减轻了对周围大气的污染。1982 年，该厂建成聚合浆料真空汽提塔，使聚氯乙烯树脂中的氯乙烯单体含量由 400 ppm 降至 10 ppm 以下，生产岗位大气中的氯乙烯浓度也下降了 90%

以上。不但提高了产品质量，使产品升级，而且减少了生产聚氯乙烯产品过程中的污染，每年还可回收氯乙烯单体 650 t。

北京奥克兰建筑防水材料公司年产氧化沥青 1 万 t，生产中排放含有强致癌物苯并[*a*]芘和恶臭的沥青尾气 2 640 万 m^3，严重污染厂区及附近大气环境。1984 年，该公司投资 274 万元改革工艺，以塔式连续氧化工艺代替釜式间歇氧化工艺，使尾气排放减少 35%；从尾气中回收 3 000 t 馏出油为燃料；采用 850℃以上高温焚烧法处理尾气，使 3,4-苯并[*a*]芘分解，并消除了恶臭。经测试，处理后的尾气中苯并[*a*]芘含量由 10 g/m^3 降至 40 $\mu g/m^3$ 以下（中国尚无苯并[*a*]芘排放标准，美国排放标准为 100 $\mu g/m^3$）。

北京环宇电器公司在生产电机时，浸漆工序排放苯乙烯废气，严重污染环境。1989 年，该公司与中国科学院生态环境研究中心合作，研制成功气流换向净化器治理苯乙烯废气，采用催化燃烧技术，使用蜂窝陶瓷换热器及催化剂，净化率超过 95%，处理后废气排放口苯乙烯质量浓度为 15.8 mg/m^3，达到国家排放标准。

1991 年，北京化工实验厂甲醛尾气年排放 1 614 万 m^3（标准状态下），污染十分严重。该厂投资 21 万元，建成了甲醛尾气焚烧炉，充分利用废气，不仅减少了污染，每年还可生产蒸汽 21 200 t，年净增效益 20.7 万元。

二、实施控制大气污染阶段措施试点治理

2001 年，北京炼焦化学厂 3 号、4 号焦炉停运工作年底前开始启动，北京化工实验厂启动了扰民搬迁及产品结构调整前期工作。北京市四环路内企业全年按计划完成搬迁 29 家。进一步加大工业污染源监督检查力度，全年对 230 多家重点企业的废气排放情况进行抽查，超标单位被责令限期治理。

2003 年，搬迁污染扰民企业 29 家。北京染料厂、北京炼焦化学厂、北京啤酒朝日有限公司等企业陆续进入停产搬迁程序。

“十五”期间市区迁出近百家企业，东南郊化工实验厂、染料厂和焦化厂等企业陆续开始调整搬迁；首钢调整搬迁工作已经启动。这些行业的企业大多排放 VOCs 及其他有毒污染物。

北京奥运筹备期间，制定完善了有关 VOCs 的地方排放标准，意在加快治理步伐。

2007 年 1 月 2 日，经市政府批准，市环保局和市质监局联合发布了《炼油与石油化工工业大气污染物排放标准》（DB11/447—2007）。该标准第 5.4 条对生产工艺单元排放的有机工艺尾气提出控制和处理技术措施及排放限值：有机工艺尾气应回收利用，不能（或者不能完全）回收利用的，应采用锅炉、工业炉窑、焚烧炉、火炬等予以焚烧，或采用吸收、吸附、冷凝等非焚烧方式予以处理，其排放气筒中的 VOCs 排放浓度（按非甲烷总烃）不得超过限值 20 mg/m^3（焚烧）或者 100 mg/m^3（非焚烧处理）。第 5.5 条规定了特定工艺排气设施尾气中 9 种及其他有机物气态污染物、有毒污染的特定排放限值。第 6 条规定了设备与管线组件的泄漏标准、检测、认定、修复要求（LDAR），第 7 第、第 8 条、第 9 条分别规定了挥发性有机液体储运，废水收集、处理、储存设施和厂界的 VOCs、有毒污染物的排放控制技术措施、浓度限值。2007 年 10 月 31 日，市环保局和市质监局联合发布了《大气污染物综合排放标准》（DB11/501—2007）。该标准除了规定一般污染源排放要求外，还特别规定了 10 类典型 VOCs 污染源排放控制要求以及应遵循的技术与管理规定、监测相关事项。该标准的表 2 和表 3 针对汽车制造涂装、汽车维修保养、金属铸造、半导体及电子产品制造、人造板与木制家具制造、印刷、制鞋与皮革制品加工、涂料油墨和黏合剂生产、医药与农药制造、服装干洗等 10 类典型 VOCs 污染源，规定了 VOCs 有组织排放浓度限值和总量排放限值（总量排放限值适用于汽车制造涂装和服装干洗的

VOCs 排放总量控制）。应注意，这些行业的排气筒 VOCs 排放速率、厂界 VOCs 无组织排放浓度以及其他大气污染物排放控制，仍需要执行“一般污染源排放要求”。该标准中的金属铸造于 2012 年，印刷业、木制家具制造（含地板）、汽车制造涂装工艺、汽车维修保养业于 2015 年被新的排放标准替代，不再执行大气污染物综合排放标准。针对有机溶剂无组织逸散较为突出的特点，该标准对有机溶剂使用工艺通用控制要求以及其他一些技术与管理要求进行了规定，要求设置密闭排气系统，将 VOCs 无组织逸散变为有组织排放进行控制；虽然有时有组织排放的 VOCs 浓度很低（如车间通风），但如果初始排放量（按 NMHC 计）大于等于 1 kg/h，仍需要安装净化设备，净化效率不低于 90%。在监测方面，规定了汽车涂装、服装干洗的 VOCs 排放总量核算方法。

由于环保部门的监测、执法能力有限，两项标准并没有及时得到很好的贯彻执行，直到 2013 年实施清洁空气行动计划，要求全市对 VOCs 排放实行总量控制，环境执法中才对 VOCs 排放源进行检查和超标处罚。

2008 年，有机化工厂、化工二厂停产；环保部门对全市服装干洗、汽车维修、印刷、家具制造和餐饮等企业加强执法检查，推动了 VOCs 污染治理。

2010—2011 年，市环保局组织完成了“北京市 VOCs 污染治理技术筛选评估研究”工作，针对北京市重点 VOCs 污染行业的排放特点，完成了污染治理技术筛选与评估，提出了汽车制造、包装印刷、家具制造、半导体及电子、汽修等重点 VOCs 污染行业的推荐控制技术。

2011 年，根据 VOCs 污染源管理及总量减排工作的需要，在整合 2007 年 VOCs 污染源普查、排污申报、环境统计及年度污染源专项调查等数据的基础上，完成了北京市 2012 年 VOCs 污染源排放清单的编制工作，为《北京市 2013—2017 年清洁空气行动计划》奠定了基础。

2012 年，东方化工厂正式停产，实现 VOCs 减排 5 000 t/a。

三、清洁空气行动计划环保技改系统治理

2013 年 9 月，北京市人民政府印发了《北京市 2013—2017 年清洁空气行动计划》，将 VOCs 减排正式纳入市政府清洁空气行动计划及区县政府绩效考核体系。市环保局组织市环科院开展了《北京市工业污染源挥发性有机物（VOCs）总量减排核算细则（试行）》的编制工作，依据 VOCs 减排工作的需求，制定了 VOCs 重点污染行业总量减排的核算原则、核算方法和核算方式。

《北京市 2013—2017 年清洁空气行动计划》首次对 VOCs 治理提出了系统性治理目标、措施和对策。

1．治理目标

自 2013 年起，各区县重点行业 VOCs 排放每年减少 10%左右；2017 年与 2012 年相比，累计减排 50%左右。

2．源头控制、严格准入

严格执行建设项目环境保护条例，实施污染物排放总量控制，将 VOCs 排放总量指标作为建设项目环境影响评价审批的前置条件，对新增 VOCs 排放项目，实施“减二增一”的削减量替代审批制度，市发展改革委严格落实节能评估审查制度。

3．治理对象和技术措施

在汽车制造、包装印刷、家具制造、机械电子等重点行业，推广使用先进的涂装工艺技术，优化喷漆工艺与设备；深化涂装有机废气治理，溶剂型涂料涂装工序必须密闭作业，配备有机废气高效收集和回收净化设施，有机废气收集率逐步达到 90%以上，确保达标排放；推进其他溶剂使用工艺 VOCs 治理。督促餐饮企业和单位食堂安装高效油烟净化设施、达标排放、定期清洗烟道，确保油烟净化设施正常使用率不低于 95%。

4．清洁生产、推广低挥发性涂料

提高低 VOCs 含量涂料的使用比例，新建机动车制造涂装项目达到 80%以上，其中小型乘用车单位涂装面积的 VOCs 排放量控制在 35 g/m^2 以下；家具制造及其他工业涂装项目达到 50%以上；包装印刷业必须使用符合环保要求的油墨。严格执行相关行业 VOCs 排放标准、清洁生产评价指标和环境工程技术规范。落实国家有关含有机溶剂产品限值标准和有机溶剂使用申报的制度。加强 VOCs 面源污染控制，推广使用水性涂料，鼓励生产、销售和使用通过环境标志产品认证的低毒、低挥发性的涂料、油墨、胶黏剂、建筑板材、家具、干洗剂等产品。

5．完善排放标准体系

进一步严格排放限值，明确单位产品污染物排放限额、无组织排放控制等措施要求。按照《北京市 2013—2017 年清洁空气行动计划》的要求，2013—2017 年，北京市制定、修订并发布了防水卷材、印刷业、木质家具制造业、工业涂装、汽车整车制造、汽车维修业、有机化学品制造业的大气污染物排放标准，完善了工业 VOCs 治理标准体系。从 2014 年开始，市环保局会同市发展改革委、市财政局、市经济和信息化局，按照“标准引领、政策支持、技术领先、注重实效”的总体思路，对北京市需要保留而又有污染减排潜力的工业企业治理设施进行了技术升级改造，每年安排百项环保技改项目，有效地促进了产业升级和 VOCs 减排。2014—2017 年，北京市炼油石化、涂装、印刷、家具、电子等行业共完成了 496 个大气污染治理项目升级改造，测算 VOCs 减排量 2.3 万 t，对符合财政资金奖励规定的 166 个项目奖励资金 48 058 万元。

第三节　成品油“储运销”收和治

一、油气回收治理工程

汽油在流通过程中经多次储运销环节，释放到空气中的油气属于挥发性有机化合物，具有一定毒性，污染环境，影响空气质量，危害人体健康。轻质油的毒性比重质油的毒性小，但轻质油挥发性大，往往在空气中的浓度比重质油高。油气在一定的气候条件和阳光作用下发生化学反应，会形成光化学烟雾，影响人和牲畜的肺部功能，破坏植物叶面组织，影响树木和农作物生长，还会对一些材料造成损坏，如使橡胶开裂甚至解体。同时，光化学烟雾随空气流动可能造成更大范围的环境污染。油气排放将造成大量的油品损耗，浪费资源，同时由于油气的闪点低，混合气爆炸极限范围广，也给加油站带来潜在的火灾、爆炸等安全问题。大量的加油站坐落在北京市市区，加之地理气候环境等特点，空气湿度小、流通差，导致油气经常在城市底层空间徘徊，很难散去。

2000 年 10 月，北京市控制大气污染第五阶段措施提出，年 10 万 t 以上的储油库或油罐区要安装油气回收装置。2003 年，北京市颁布实施了《储油库油气排放控制和限值》（DB11/206—2003）、《油罐车油气排放控制和检测规范》（DB11/207—2003）和《加油站油气排放控制和限值》（DB11/208—2003）3 项地方标准，10 月 1 日实施。标准实施后，部分加油站完成了一阶段的技术改造，部分油罐车完成了下装油改造。2006 年，北京市开展了油气回收试点工作。

从 2007 年起，市政府将储油库、油罐车、加油站油气回收治理工程列为北京市第十三阶段、第十四阶段防治大气污染措施、奥运倒排期工程重要项目、奥运空气质量保障措施重点工作之一。同年 4 月，市环保局、市安监局、市质监局联合发布了《关于开展成品油储运系统油气排放污染治理和做好防爆等相关工作的通知》，标志着北京市油气回收治理工程正式启动。储油库、油罐车、加油站油气回收治理流程原理见图 8-1。加油站、油罐车、储油库的油气回收治理改造涉及消防（包括安全距离）、安全运输、安全生产、计量、规划、建设等问题，需要工程动土，由于汽油易爆，不同于普通工程，并且要保证在整改过程中不影响加油站正常使用。在改造工程中，市政府要求整改单位汇总治理方案，一并报相关部门审批，要求多部门统一规划、联合审批，保质、保量地完成治理任务。

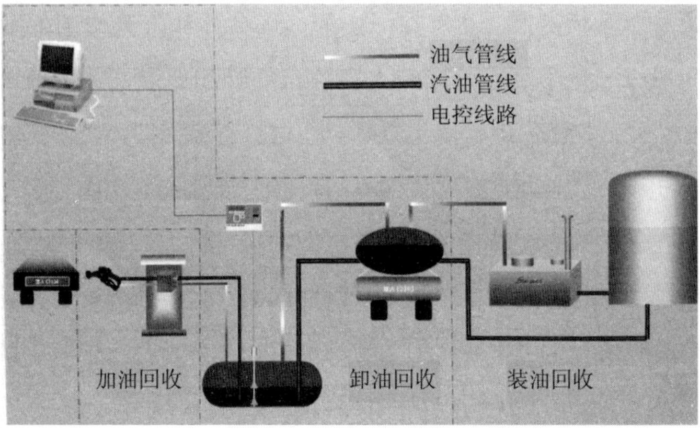

图 8-1　储油库、油罐车、加油站油气回收治理流程原理

为了完成油气回收治理改造工作，北京市制定了技术措施和经济政策。主要是：①在环保验收技术细则方面，市环保局在研究完善已有加油站、储油库、油罐车油气排放控制 3 项地方标准的基础上，制定了《加油站油气回收系统验收检测实施细则》和《储油库和加油站油气处理装置非甲烷总烃验收检测实施细则》，并对验收检测相关事项作出规定。②在技术示范方面，市环保局组织编制了《油气回收治理工程技术指南》，并率先组织中石化北京分公司开展 1 座储油库、5 个加油站和 20 辆油罐车的油气回收系统示范工程，为推动全面治理改造工程顺利开展提供了样板。③在资金方面，出台了资金补贴政策，促进油气回收治理

工作。根据市财政局和市环保局联合印发的《关于对开展油气回收治理给予奖励补助的通知》（京财经〔2007〕3162 号），补贴范围为全市社会零散加油站、油罐车和非经营性加油站；补贴原则为财政按照不超过治理费用的 30%补助；补助标准为每条汽油回收型加油枪给予补助 0.6 万元，每套加油站后处理装置给予补助 6 万元，每辆油罐车给予补助 1.5 万元。

2007 年 4 月—2008 年 6 月底，历时 15 个月，完成了治理任务。全市 1 462 座加油站中，除已关停的 197 座之外，应治理的 1 265 座全部完成了治理，完成率达 100%；329 座距离民用建筑 50 m 范围内的加油站全部安装了油气回收后处理装置，完成率达 100%；52 座油库中，列入治理计划的有 38 座，100%完成了治理，其他 14 座油库停止使用；1 387 辆油罐车中，361 辆停运或改变用途，需要治理的 1 026 辆全部完成了治理，完成率为 100%。

2010 年，北京市对 2003 年颁布的 3 项标准进行了修订。与 2003 年标准相比，《储油库油气排放控制和限值》（DB11/206—2010）对油气排放控制要求、检测方法和设备的内容作了修改，进一步严格规定了油气处理装置排放限值；《油罐车油气排放控制和限值》（DB11/207—2010）增加了油罐车油气回收系统负压下密闭性检测和油气回收阀检测等内容，对油气排放控制要求、检测方法和设备的内容作了修改，对油罐车做密闭性检测时压力变化限值等内容作了修改；《加油站油气排放控制和限值》（DB11/208—2010）增加了在线监控系统和油气排放处理装置的内容，对油气排放控制要求、检测方法和设备的内容作了扩充，进一步严格规定了油气处理装置排放限值。

油气回收治理把防治机动车污染从关注机动车本身拓展到了与机动车有关的更大领域，是北京市防治机动车污染的一项新举措。开展油气回收治理，不仅大量减少了 VOCs 的排放，而且将回收的油气再凝结为汽油，全市每年回收的油气经过处理，可还原成 2 万 t 汽油，价值超过 1.5 亿元，还提高了加油站和储油库的安全性。

二、油气回收监管情况

随着全市油气回收治理工程的完成，北京市成品油密闭储运系统已经建立。为确保油气回收系统达标运行，市环保局和各区县环保局在治理检测验收的基础上，建立了日常的监管制度，对辖区内的加油站、储油库进行不定期的检查。奥运期间增加检查频次，经检查不合格的，一律停止使用。此外，对已经列入关停计划的加油站、储油库和油罐车，环保部门会同各区县政府和各有关部门采取有效措施，确保其停止使用。

为确保油气回收设施能够正常达标使用，市环保局先后印发了多个相关监管文件，如《关于进一步做好油气回收治理工作的通知》《关于对油气回收系统加强监管的通知》《关于油气回收治理验收检测相关事项的通知》《关于进一步加强对油气回收系统监管的通知》《关于加强加油站储油库和油罐车油气回收系统管理的通知》《关于加强机动车排放监管工作的通知》等。制定监管办法，落实监管责任，主要采取日常辖区监管与重点时间、重点区域全市联动的监管方式，确保每月对所有加油储油设施、油气回收设施使用情况进行检查，并开展经常性监督抽测。主要做法如下。

1．组建监管队伍

北京市油气回收监管工作实施市、区县两级监管体系，市、区县两级各自组建了油气回收监管队伍。在北京市机动车排放管理中心专门成立了油气油品科，受市环保局委托，负责北京市加油储油设施油气排放的统一监管工作；在各区县机动车排放管理站设立了油气监管组，专职负责对辖区内油气排放的执法监管工作。对油气回收监管人员进行监管、监测和多方位的培训，确保对油气回收系统的有利监管。

2．全面监管

北京市统一规范了油气回收日常监督检查表、油气回收台账、月报汇报制度，通过日常检查、专项检查、上门培训和抽查（测）等监管方式，实时掌握全市加油站油气回收设备动态。同时，按照加油站分布情况，依照属地管理的原则，向各区县明确了年度监管任务，并制定了区县油气回收监管工作考核办法，进行全方位管理。

3．全面监测

为了能够准确检查加油站油气排放是否达标，市环保局分别给区县配备了加油站气液比、密闭性和液阻测试设备，手持式和台式油气浓度测试设备以及油气回收监测车。各区县在全面监管的基础上，利用下发的油气回收检测设备和车辆，开展加油站抽测工作。

4．严格执法

为加强执法力度，市环保局和各区县环保局对不正常使用油气回收装置的储油库和加油站进行行政处罚。通过行政处罚，加油站越来越重视油气回收工作，非常有利于监管工作的开展，保障了油气回收治理效果。

5．企业进行年检和自检

按照相关标准要求，企业须进行年检，即企业在检测报告有效期内，聘请具有资质的社会检测机构进行油气回收检测，取得新的检测报告。通过监管人员对企业的督促，强化企业年检和自检制度，一定程度上油气保证了回收效果。

近些年，通过创新监管模式，采取“两监管，一自保”方式，量化任务目标，不断提高监管水平，确保油气回收设施稳定运行，市、区县两级环保部门每年对加油站、储油库、油罐车油气回收装置运行情况检测的次数不低于 3 万次。

2013—2017 年，全市共检查加油站、储油库和油罐车油气回收装置 16.79 万次，对 643 家不正常使用油气回收装置的储油设施单位进行了行政处罚，共处罚款 1 898.8 万元。

2017 年，北京市对年销售汽油量大于 5 000 t（含）的加油站完成了油气回收在线监控改造工程；油气回收设施运行合格率已达 90%以上，有效减少了 VOCs 的排放。

第四节　生活服务业防控面源

一、服装干洗业 VOCs 治理

（一）治理背景

用化学溶剂对衣物进行洗涤，以去除衣物上污渍的洗涤方式称为干洗。目前普遍采用的化学溶剂主要是四氯乙烯溶剂（占 70%～80%）和碳氢类溶剂（即石油溶剂，占 20%～30%）。这些挥发性有机溶剂不仅自身有一定的毒性、危害人体健康，而且会与 NO_x 在光照下形成二次污染物 O_3。

1999 年 4 月召开了北京地区洗染行业座谈会，与会代表提出了“首都作为国际化大都市要跟上时代步伐，在洗涤业治污上走在前面，给全国带个头”的期望。1999 年 8 月，中国轻工业机械总公司等 6 家单位联合签名提出了《关于在北京地区治理洗染业（干洗）污染的建议》，报送给市环保局、市政府和国家环保总局。

2001 年，为了进一步推动北京地区洗衣行业环保工作的进程，中国轻工机械协会、中国轻工业机械总公司又组织召开了北京地区洗衣行业环保工作座谈会。会上各方代表联合签名倡议：确保到 2005 年，在北京城区范围内不再使用开启式干洗机，要用全新的行业形象、美好的环境支持北京申办 2008 年奥运会。

2002 年 5 月，市环保局组织召开了洗衣行业环保工作研讨会，对《北京市干洗污染情况调查与防治对策报告》进行了讨论。

2007 年 5 月 11 日，商务部、国家工商管理总局、国家环保总局联合发布了《洗染业管理办法》（2007 年第 5 号令），有力地加快了北京市服装干洗业 VOCs 治理步伐。

《洗染业管理办法》第四条规定：新建或改建、扩建洗染店应当使用具有净化回收干洗溶剂功能的全封闭式干洗机。逐步淘汰开启式干洗机。现有洗染店使用开启式干洗机的，必须进行改装，增加压缩机制冷回收系统，强制回收干洗溶剂；使用开启式石油衍生溶剂干洗机和烘干机的，还须配备防火、防爆的安全装置。按照干洗溶剂向环境的挥发排放量大小可分为分体式干洗机、开启式干洗机、封闭式干洗机和炭吸附封闭式干洗机。

分体式干洗机：洗涤和烘干分别在两个机器内完成。这是最早期的开启式干洗机，即第一代干洗机。洗涤脱液后的潮湿衣物从洗涤机械取出、放入烘干机内的过程，就有一些有害气体挥发到大气中。在烘干机内烘干的过程中，又要排出大量有害气体，污染环境。目前国内使用的大部分石油干洗机都属于这种类型。

开启式干洗机：洗涤和烘干在一个机器内完成，且有回收系统和蒸馏系统，减少了第一个过程的污染。但其烘干和除臭过程中，采用的是水冷回收，回收不彻底，在打开装卸门之前，通过吸入新鲜空气，排出机器内干洗溶剂气体混合物（即有害气体），污染环境。这是第二代干洗机。

封闭式干洗机：在开启式干洗机的基础上，在烘干和除臭过程中，采用了制冷回收系统，回收较彻底，机器内的气体和工作场所的气体不进行交换，基本上没有外排废气。这是第三代干洗机。第四代干洗机比第三代干洗机更进步之处在于在排气口处增加了一个炭吸附罐。

经市政府批准，2007 年 10 月 31 日，市环保局和市质监局联合发布了北京市强制性地方标准《大气污染物综合排放标准》，2008 年 1 月 1 日起实施。该标准的表 2 规定了服装干洗的 VOCs 排放标准：指标为“单位产品有机溶剂损耗量”，总量排放限值为“20 g/kg 干衣物”。该标准是基于轻工行业《四氯乙烯干洗机》（QB/T 2326—2004）密闭型先进机型的评价标准而确定的强制性排放限值，与欧盟《有机溶剂使用装置和活动挥发性有机物排放限值》（1999/13/EC）所规定的服装干洗机排放标准一致。

（二）治理部署

2008年，北京市干洗企业共计1 273家，其中采用开启式干洗机的企业有456家。

根据《北京市人民政府关于发布本市第十五阶段控制大气污染措施的通告》（京政发〔2008〕38号）、《北京市人民政府办公厅关于分解实施第十五阶段控制大气污染措施任务的通知》（京政办发〔2008〕51号）文件精神，2009年4月3日，北京市商务委员会、北京市环境保护局、北京市工商行政管理局印发了《北京市服装干洗行业开启式干洗机更换改造工作实施方案》（京商务交字〔2009〕12号）。2009年6月1日，北京市财政局、北京市商务委员会发布了《北京市服装干洗行业开启式干洗机更新改造补助资金管理办法》（京财经一〔2009〕1009号）。

治理内容主要包括：①更换或改造的工作对象主要是2009年5月1日以前领取工商营业执照的服装干洗经营单位（含个体经营者）。未领取工商营业执照的干洗经营单位将统一由工商部门依法查处。②已有工商营业执照但未办理环评审批、验收手续或已有环评审批手续但使用开启式服装干洗机的单位应配合商务、工商等部门，对辖区内服装干洗行业进行调查摸底，建立服装干洗行业台账。对使用开启式干洗机或未经环保审批的服装干洗经营单位（含个体经营者）下达限期整改通知，提出限期整改要求。对符合审批条件的，按要求为其补办环评审批和验收手续；对不符合审批条件的，依据《无照经营查处取缔办法》有关规定移送工商管理部门。对在规定期限内未完成限期治理要求的，各单位可依据《建设项目环境保护管理条例》第二十八条予以处理。自2009年5月1日起，北京市严格了对干洗经营单位的审批，对洗衣设施设在居民楼内或第二层以上为居住功能的综合楼内，使用开启式干洗机，选用的干洗机不满足《大气污染物综合排放标准》（DB11/501—2007），没有质量监督部门授权的监测机构出具的检测报告，单位产品有机溶剂损耗量总量排放限值超过 20 g/kg 干衣物的，不得办理环评审批手续。

（三）治理成果

2009 年 5 月，北京市以东城区、西城区、崇文区、宣武区 4 个区作为试点进行调查摸底。城四区共有干洗店 452 家（含收衣店），其中开启式干洗机 120 台。有 87 台干洗机符合环评审批条件，33 台不符合；120 台开启式干洗机中，47 台完成了更新。

2009 年年底，城四区开启式干洗机全部完成封闭式更新。

2010 年，北京市继续在其他区县推广开启式干洗机更新为密闭式干洗机，完成了 144 台开启式干洗机更新。

二、餐饮业油烟治理

20 世纪 90 年代以来，随着北京市餐饮服务业的蓬勃发展，餐饮油烟扰民问题逐渐凸显，群众信访也日益增多，一般是通过解决信访的方式进行执法管理。

2001 年 1 月 1 日开始施行的《北京市实施〈中华人民共和国大气污染防治法〉办法》第三十二条明确提出：饮食服务业经营者必须采取措施防治油烟污染，排放的油烟污染物不得超过规定的排放标准。居民住宅楼的底层不再安排产生油烟污染的饮食服务业经营场所；不得将居民住宅楼中的住宅用作产生油烟污染的饮食服务业经营场所。

2001 年 11 月 12 日，国家环保总局发布了《饮食业油烟排放标准（试行）》（GB 18483—2001），自 2002 年 1 月 1 日起实施。该标准规定了饮食业经营单位的油烟统一排放质量浓度限值（2.0 mg/m^3）以及按照规模的油烟最低净化效率。

2002 年起，北京市以国家排放标准为依据，开始全面开展餐饮油烟污染治理。在市环保局的组织下，由各区县环保局对饮食业单位实施治理，同时对辖区内餐饮单位开展油烟污染执法检查。

2003年，市环保局组织全市环保监察人员，利用1周时间对各区县辖区内群众反映比较集中的餐饮业油烟环境污染问题进行专项检查，共检查193家。

2004年，市环保局开展餐饮业油烟治理抽查验收工作，承担了10个区县的验收，共抽查114家，并配合媒体对存在油烟污染的餐馆进行了曝光。

2008年，市环保局联合市商务局、市工商局和市消防局印发了《北京市餐饮油烟治理工作实施方案》。对全市所有餐饮单位提出“100%安装油烟净化设施、所有油烟净化设施100%维护保养一次、油烟排放管道100%清理一次”的“3个100%”要求，并与市商务局、市工商局、市消防局组成联合检查组进行检查，对区县油烟治理工作进行督查。

奥运会筹备“冲刺期”，市环保监察队又进行了集中执法检查，90%以上的重点餐饮单位都能按照“3个100%”的要求安装净化设施并进行维护保养和管道清洗，以确保奥运会期间餐饮油烟达标排放。

2009年，市环保局联合区县环保局共同开展油烟治理专项执法检查活动，共出动3 583人次，检查了5 690家餐饮单位，对其中340家不合格单位下达了限期整改通知书并已完成治理；对情节严重的68家同时实施了行政处罚，处罚金额总计8万多元。将群众重复投诉的23个案件进行重点回访、排查和追踪。经治理，油烟排放全部达标，环境问题得到了妥善解决。

2010年，根据群众对餐饮油烟反映强烈的情况，市环保局组织开展了子站周边餐饮油烟专项执法检查，对油烟净化设施不开启、不正常运行、油烟超标排放等环境违法行为进行严格处罚。

2012年，市环保局联合市商委制定下发了《关于联合开展全市餐饮行业专项执法检查的通知》，对重点地区的餐饮执法检查分别制定细化方案；5—10 月组织各区县环保局，联合工商、城管等部门集中开展餐饮油烟和露天烧烤专项执法检查，共对 201 家违法企业进行限期整改，对 155 家违法企业进行处罚，处罚金额达 122 万元，取缔露天烧烤摊点 201 个，将 22 家无工商营业执照的餐饮企业移送相关部门处理；现场发放各类宣传材料 4 700 余份。

2013 年 6—9 月，以全市品牌和连锁餐饮企业、国家特级（一级）酒家、各省（自治区、直辖市）驻京办餐饮企业、大型企事业单位食堂、餐饮街、度假村、无照经营和从事露天烧烤的中小餐饮企业等为重点，在全市开展了餐饮行业专项执法检查，共检查餐饮企业 6 000 余家，限期整改 245 家，处罚 300 余起，处罚金额 150 多万元。

为落实《北京市 2013—2017 年清洁空气行动计划》，2013 年，北京市进一步加强了源头新增餐饮污染源排放管控。严格落实《北京市新增产业的禁止和限制目录（2015 年版）》，在城六区限制新建经营场所使用面积低于 60 m^2 的餐饮企业，加强证照衔接，在工商登记环节制发《致餐饮服务经营者的告知书》，开展环保法律法规宣传，提高餐饮企业自律意识，发动全社会的力量共同督促餐饮企业达标守法。市环保监察总队联合市消防、市城管等部门从 2013 年 10 月起在全市开展餐饮油烟污染专项整治，督促餐饮企业和单位食堂安装高效油烟净化设施、达标排放、定期清洗烟道，确保油烟净化设施正常使用率不低于 95%。

2014—2016 年，北京市环科院依托国家环保公益专项“餐饮业挥发性有机物和颗粒物排放特征及污染控制对策研究”，开展现有餐饮油烟净化设备 VOCs 去除效果评估。加强在册餐饮企业管控。北京、天津、河北共同发布《京津冀三地餐饮业关于绿色餐饮、光盘行动的共同倡议书》，引导餐饮企业提高环保意识；开展地方标准《餐饮业大气污染物排放标准》编制，制定发布实施配套的《餐饮业　颗粒物的测定　手工称重法》；加大执法检查，对存在未安装、不正常使用餐饮油烟净化设施或未采取其他油烟净化措施而超标排放的餐饮企业依法处罚。据统计，北京市城区在册餐饮企业数量约 3.7 万家，近九成餐饮企业安装了油烟净化设施。

2017 年，市环保局对全市餐饮业业态分布及排放水平进行新一轮调研，7 月 21 日向市政府报送《关于本市餐饮油烟排放情况初步分析和下一步工作思路的报告》。9 月 1 日，市环保局印发《中央环保督察反馈北京市餐饮油烟污染扰民多发问题整改落实工作方案》，要求各相关部门及各区按照“行业指导、属地监管、企业主责”的原则，从强化源头管控、加大执法检查力度、加强行业管理和宣传引导等方面加强餐饮油烟问题整改落实。市环保局组织市商务委、市食品药品监管局、市工商局、市城管执法局等部门进行会商，建立沟通反馈机制，加大监督检查力度。12 月 28 日，市政府批准市环保局和市质监局报送的强制性地方标准《餐饮业大气污染物排放标准》（DB11/1488—2018），于 2018 年 1 月 8 日正式发布实施。

三、推进建筑涂料低污染化

VOCs 排放来源包括机动车、固定源和城市面源。根据研究分析，2015 年，北京市城市面源中，建筑用涂料和胶黏剂使用过程中排放的 VOCs 为 1.1 万 t，占城市面源的 13%左右。

为了降低建筑类涂料与胶黏剂使用过程中 VOCs 的排放，北京市环保局、天津市环保局、河北省环保厅会同北京市质量技术监督局、天津市市场和质量监督管理委员会、河北省质量技术监督局共同组织制定完全相同的地方标准《建筑类涂料与胶黏剂挥发性有机化合物含量限值标准》，在京津冀区域内适用。

2017 年 4 月 12 日，北京市质量技术监督局发布北京市强制性地方标准《建筑类涂料与胶粘剂挥发性有机化合物含量限值标准》（DB11/3 005—2017），自 2017 年 9 月 1 日起实施。天津市、河北省也分别发布各自的地方标准。标准规定了外墙涂料、内墙涂料、防水涂料、地坪涂料、建筑防腐涂料、溶剂型胶黏剂、水基型胶黏剂、本体型胶黏剂的 VOCs 含量限值、检验方法、检验规则等技术要求。据标准编制说明，该标准实施后，北京市可以减少建筑类涂料和胶黏剂 VOCs 排放量20%以上。

2018 年 3 月，北京市人民政府办公厅印发的《北京市蓝天保卫战 2018 年行动计划》对标准的实施进行部署。2018 年 9 月 15 日，北京市人民政府印发《北京市打赢蓝天保卫战三年行动计划》，在“加强面源污染治理，推进生活和农业污染排放减量化” 部分提出：“以建筑装饰、餐饮、汽修等行业为重点，加强生活领域污染治理”。按照“源头管控、溯源追责”的原则，严格执行本市建筑类涂料和胶黏剂挥发性有机化合物含量限值标准。

按照《中华人民共和国大气污染防治法》第一百零三条规定，生产、销售 VOCs 含量不符合质量标准或者要求的原材料和产品的，由县级以上地方人民政府质量监督、工商行政管理部门按照职责责令改正，没收原材料、产品和违法所得，并处货值金额一倍以上三倍以下的罚款。

市质监局、市工商局等部门组织加强生产、销售领域建筑类涂料和胶黏剂产品检测，自 2018 年 9 月起，每月对生产企业、超市、建材市场进行抽检抽查，曝光不符合标准要求的产品及其生产企业、销售场所。市住房城乡建设、交通、城市管理、铁路等部门和单位按职责分工组织在全市房屋建设和维修、市政道路桥梁建设和维护、城市环境综合整治、铁路维护等各类工程中，将使用低 VOCs 含量建筑类涂料和胶黏剂的有关要求作为招标文件内容及相应评标因素；同时，率先在政府投资的建设工程中自行或委托社会化监测机构进行抽检、检查，鼓励社会投资的建设工程主动委托社会化监测机构进行抽检，确保使用达标产品。市住房城乡建设委等行业主管部门要将抽检发现不达标产品的生产企业名单反馈至质监、工商部门；质监、工商部门定期向社会公开曝光，对出现 2 个以上批次产品抽检超标的，依法追溯生产企业责任。

第九章　空气重污染应急

1998—2010年，北京市经过16个阶段的大气污染综合治理，以及2011—2012年的大气污染治理，大气环境质量显著改善。但是，由于大气污染物排放总量仍然超过环境容量，在极端不利的气象条件下，北京市连续几天出现大气中污染物浓度快速上升、大气环境受到严重污染的情况，这就是空气重污染现象。虽然《北京市实施〈中华人民共和国大气污染防治法〉办法》第九条第二款规定“在大气受到严重污染，可能发生危害人体健康和安全的紧急情况下，市人民政府应当及时发布大气污染公告，采取强制性应急措施，包括责令排污单位停产、部分停产、部分机动车停驶。责令排污单位停产、部分停产的措施”，但是2012年以前，北京市应对空气重污染过程所采取的措施主要是加大环境执法检查力度，由于没有对实施以上法规条款作出具体的操作性规定，因此没有采取制度性空气重污染应急管理和减排措施。

2012年2月，环境保护部修订发布了新的国家标准《环境空气质量标准》（GB 3095—2012），并于2月配套发布了环境保护行业标准《环境空气质量指数（AQI）技术规定》（HJ 633—2012），将空气质量指数类别分为优、良、轻度污染、中度污染、重度污染和严重污染共六个级别。2012年10月，根据《北京市实施〈中华人民共和国大气污染防治法〉办法》《北京市2012—2020年大气污染防治措施》，北京市人民政府印发了《关于北京市空气重污染日应急方案（暂行）的通知》，从此，北京市应对空气重污染有了制度规定。为落实国务院《大气污染行动计划》，2013 年 9 月，《北京市 2013—2017 年清洁空气行动计划》印发实施，2013 年 10 月，北京市对空气重污染应急方案进行了第一次修订，市政府印发了《北京市空气重污染应急预案（试行）》，至 2017 年又进行了 3 次修订。北京市按照预警级别不同，采取了公众健康提示、倡导绿色出行、部分工业企业限产或停产、施工工地停止相关作业工艺、部分机动车限行等措施，积极应对空气重污染过程，一定程度上缓解了重污染的程度和持续时间。

第一节 指挥体系全市统一

北京市人民政府负责全市空气重污染环境监测预警和应急处置工作的组织领导。2014 年 1 月 21 日，北京市成立了空气重污染应急指挥部（以下简称“应急指挥部”），统一领导、组织协调和指导全市空气重污染的应对工作。

北京市空气重污染应急指挥部在市应急委的统一领导下开展工作，总指挥由市政府常务副市长担任，副总指挥由市政府分管环保工作的副市长和副秘书长担任（常务副市长分管环保工作时，副总指挥由分管副秘书长担任）；成员单位由市有关部门、各区政府和北京经济技术开发区管委会组成。

应急指挥部办公室设在市环保局，承担日常事务工作，办公室主任由市环保局局长担任。市有关部门负责对本行业空气重污染应急措施的组织实施和督促检查。各区政府和北京经济技术开发区管委会要按照属地管理原则，履行空气重污染应急主体责任，细化分解任务，严格组织实施。

应急指挥部各成员单位按照《北京市空气重污染应急预案》的总体要求，结合部门或辖区实际，认真制定空气重污染应急分预案，并向社会公布实施。市相关部门同时制定空气重污染预警期间停产限产企业名单和保障民生、城市正常运行、重大活动的企业及建设项目名单，并定期更新。列入停产限产名单的企业要按照“一厂一策”的原则制定应急预案。

应急指挥部各成员单位要建立完善的应急值守制度，保证应急值守系统顺畅。黄色预警时，各成员单位保持备班备勤；橙色预警时，各成员单位加强在岗值守；红色预警时，各成员单位全天（含节假日）值守。红色预警期间，指挥部办公室可抽调有关成员单位人员联合办公，开展应急指挥、协调调度、检查督查等工作。

应急指挥部各成员单位同时制定督查工作方案，督促本行业、本辖区应急措施的落实。各街道（乡镇）强化属地监管职能，组织辖区执法力量，有针对性地开展现场执法检查，发现问题及时督促整改。市政府督查室、市环保局要加强对应急措施落实情况的督促检查。对因工作不力、效率低下、履职缺位等导致应急措施未有效落实的，依据相关规定追究有关单位和人员的责任。

《北京市空气重污染应急预案（2017 年修订）》规定的应急指挥部成员单位职责如下。

1．市交通委

（1）按照《应急预案》要求编制本部门空气重污染应急分预案，细化分解任务，空气重污染发生时负责组织实施；

（2）会同市公安局公安交通管理局制定《关于应对空气重污染采取临时交通管理措施的通告》；

（3）负责及时组织公共交通运输保障；

（4）按照不同预警级别措施要求，负责落实部分高污染排放车辆停驶等措施；

（5）对分预案措施落实情况进行督查。

2．市公安局公安交通管理局

（1）按照《应急预案》要求编制本部门空气重污染应急分预案，细化分解任务，空气重污染发生时负责组织实施；

（2）建立备案名单管理制度，做好对停驶公务车辆和不适用限行措施的社会保障车辆的相关备案工作；

（3）按照《应急预案》要求，通过北京交通广播、电子显示屏等媒介及时向公众告知空气重污染期间采取的交通管理措施，负责国Ⅰ和国Ⅱ排放标准轻型汽油车（含驾校教练车）禁止上路行驶、机动车单双号行驶的监管执法工作，加大对违反规定上路行驶车辆的检查执法力度；

（4）协助市交通委制定《关于应对空气重污染采取临时交通管理措施的通告》；

（5）对分预案措施落实情况进行督查。

3．市经济信息化委

（1）按照《应急预案》要求编制本部门空气重污染应急分预案，细化分解任务，空气重污染发生时负责组织实施；

（2）制定空气重污染预警期间保障民生和城市正常运行的企业名单，以及空气重污染预警期间制造业企业停产限产名单，并组织制定"一厂一策"应急预案，会同相关部门指导各区政府和北京经济技术开发区管委会制定相应区级名单；

（3）按照《应急预案》要求，组织制造业大气污染物排放重点企业落实停产限产措施；

（4）对分预案措施落实情况进行督查。

4．市住房城乡建设委

（1）按照《应急预案》要求编制本部门空气重污染应急分预案，细化分解任务，空气重污染发生时负责组织实施；

（2）制定空气重污染预警期间保障民生和城市正常运行的建设项目名单，会同相关部门指导各区政府和北京经济技术开发区管委会制定相应区级名单；

（3）按照《应急预案》要求，组织落实建筑工地扬尘控制措施；组织落实停止室外建筑工地喷涂粉刷、护坡喷浆、建筑拆除、切割、土石方等施工作业；组织落实工地建筑垃圾、渣土、砂石运输等重型车辆禁止上路行驶措施；

（4）对分预案措施落实情况进行督查。

5．市水务局

（1）按照《应急预案》要求编制本部门空气重污染应急分预案，细化分解任务，空气重污染发生时负责组织实施；

（2）制定空气重污染预警期间保障民生和城市正常运行的水务建设项目名单，会同相关部门指导各区政府和北京经济技术开发区管委会制定相应区级名单；

（3）按照《应急预案》要求，组织落实水务建设项目停止室外建筑工地喷涂粉刷、护坡喷浆、建筑拆除、切割、土石方等施工作业；配合落实工地建筑垃圾、渣土、砂石运输等重型车辆禁止上路行驶措施；

（4）对分预案措施落实情况进行督查。

6．市园林绿化局

（1）按照《应急预案》要求编制本部门空气重污染应急分预案，细化分解任务，空气重污染发生时负责组织实施；

（2）制定空气重污染预警期间保障民生和重大活动的园林绿化建设项目名单，会同相关部门指导各区政府和北京经济技术开发区管委会制定相应区级名单；

（3）按照《应急预案》要求，组织落实园林绿化建设项目停止室外建筑工地喷涂粉刷、护坡喷浆、建筑拆除、切割、土石方等施工作业；配合落实工地建筑垃圾、渣土、砂石运输等重型车辆禁止上路行驶措施；

（4）对分预案措施落实情况进行督查。

7．市城市管理委

（1）按照《应急预案》要求编制本部门空气重污染应急分预案，细化分解任务，空气重污染发生时负责组织实施；

（2）按照《应急预案》要求，增加道路清扫保洁频次，配合落实工地建筑垃圾、渣土、砂石运输等重型车辆禁止上路行驶措施；

（3）对分预案措施落实情况进行督查。

8．市城管执法局

（1）按照《应急预案》要求编制本部门空气重污染应急分预案，细化分解任务，空气重污染发生时负责组织实施；

（2）按照《应急预案》要求，组织开展施工扬尘、道路遗撒、露天烧烤和焚烧以及无照售煤等违法行为的执法检查，会同有关部门对建筑垃圾、渣土、砂石运输等重型车辆停运情况进行检查；

（3）对分预案措施落实情况进行督查。

9．市教委

（1）按照《应急预案》要求编制本部门空气重污染应急分预案，细化分解任务，空气重污染发生时负责组织实施；

（2）加强对在校学生空气重污染健康防护知识的宣传，按照《应急预案》要求，会同各区教育主管部门组织中小学、幼儿园减少或停止户外课程和活动，采取弹性教学或停课等防护措施；

（3）对分预案措施落实情况进行督查。

10．市卫生计生委

（1）按照《应急预案》要求编制本部门空气重污染应急分预案，细化分解任务，空气重污染发生时负责组织实施；

（2）组织开展空气重污染健康防护知识的宣传，负责组织医疗卫生机构做好相关疾病患者的诊疗和应急值守工作；

（3）对分预案措施落实情况进行督查。

11. 市气象局

（1）按照《应急预案》要求编制本部门空气重污染应急分预案，空气重污染发生时负责组织实施；

（2）向指挥部及相关部门提供气象监测预报信息，与市环保局共同进行空气重污染会商预报。

12. 市国资委

（1）按照《应急预案》要求编制本部门空气重污染应急分预案，配合行业主管部门督促有关市属国有企业制定空气重污染应急分预案；

（2）配合行业主管部门，督促有关市属国有企业制定和落实“一厂一策”应急预案。

13. 市烟花办（设在市公安局治安管理总队）

（1）按照《应急预案》要求编制烟花爆竹禁放方案，细化分解任务，空气重污染发生时负责组织实施；

（2）负责协调市安全监管局开展烟花爆竹销售管理，负责通知市安全监管局及时组织停止配送、销售烟花爆竹，负责通知公安部门加强巡逻检查，及时发现和制止违法违规燃放烟花爆竹的行为。

14. 市政府督查室

（1）按照《应急预案》要求编制督查分预案，空气重污染发生时负责组织实施；

（2）按照《应急预案》要求，负责督查各成员单位职责落实情况。

15. 市委宣传部

（1）按照《应急预案》要求编制宣传分预案，空气重污染发生时负责组织实施；

（2）按照《应急预案》要求，配合做好预警信息发布，负责组织媒体宣传、舆情引导等工作。

16. 市公安局警务航空总队

按照《应急预案》要求编制分预案，负责空中巡视，对环境污染违法行为进行取证。

17. 各区政府

（1）按照《应急预案》要求编制本区空气重污染应急分预案，细化分解任务，并组织区属相关部门、各街道（乡镇）制定应急预案；

（2）完善本区预警发布程序，根据辖区空气质量监测预报情况，发布本区范围内空气重污染预警信息；

（3）加强对社会公众空气重污染健康防护知识的宣传，组织落实辖区中小学和幼儿园弹性教学或停课、机动车限行、施工工地停工、道路清扫保洁、制造业企业停产限产、禁放禁烧等各项应急措施；

（4）制定本辖区保障民生、城市正常运行、重大活动的企业和建设项目名单，以及空气重污染预警期间制造业企业停产限产名单并动态更新；

（5）组织开展分预案宣传、培训、演练和应急值守工作；

（6）对分预案措施落实情况进行督查。

第二节 预案修订不断严格

一、空气重污染应急预案制定、修订过程

为最大限度地减缓污染物积累，保护公众健康，北京市先后5次制定、修订完善空气重污染应急预案，逐步严格预警级别标准，加大应急减排措施力度。

2012年10月，北京市政府印发了《关于北京市空气重污染日应急方案（暂行）的通知》，这是北京市首次制定发布空气重污染应急预案，当时称为应急方案，包括空气质量监测与预报、空气质量信息发布、空气重污染日分级、空气重污染日应急措施以及组织保障五个部分。根据空气质量指数（AQI）范围，北京市将空气重污染日分为三级：①重度污染日，一个或多个区域24小时空气质量指数（AQI）在201和300之间；

②严重污染日，一个或多个区域 24 小时空气质量指数（AQI）在 300 以上 500 以下；③极重污染日，一个或多个区域 24 小时空气质量指数（AQI）达到 500。方案规定：根据空气质量预报结果，分级采取相应的污染应急措施，包括健康防护措施、建议性污染减排措施、强制性污染减排措施。

2013 年 10 月，北京市委常委会在讨论研究《北京市空气重污染应急预案（试行）》时，强调要坚持以人为本，在空气重污染发生时，采取更加严格的应急措施，尽量减缓污染程度，切实保护人民群众身体健康；要坚决贯彻中央决策部署，尽最大力量带头做好污染减排工作，高标准严要求抓好空气重污染应急的组织落实；要继续开展 $PM_{2.5}$ 成因研究，科学地分析空气污染物来源，制定有效的防治措施等。2013 年 10 月 21 日，北京市人民政府印发了《北京市空气重污染应急预案（试行）》[简称“应急预案（2013 年版）”]，《北京市空气重污染日应急方案（暂行）》（京政发〔2012〕34 号）即行废止，这是第一次修订空气重污染应急预案。应急预案（2013 年版）包括监测预报、预警应急、落实保障三个方面共七项内容，即空气质量监测与预报、空气重污染预警分级、空气重污染应急措施、预警发布与解除、组织保障、督查考核和社会监督。

根据《环境空气质量指数（AQI）技术规定》（HJ 633—2012）分级方法，空气质量指数（AQI）在 201 和 300 之间为重度污染；在 301 和 500 之间为严重污染。此次预案的修订综合考虑了预报的空气污染程度和持续时间，降低了预警门槛，严格了预警级别标准，将空气重污染分为 4 个预警级别，由轻到重依次为预警四级、预警三级、预警二级、预警一级，分别用蓝颜色、黄颜色、橙颜色、红颜色标示，预警一级（红色）为最高级别：

（1）预警四级（蓝色），预测未来 1 天出现重度污染；

（2）预警三级（黄色），预测未来 1 天出现严重污染或持续 3 天出现重度污染；

（3）预警二级（橙色），预测未来持续 3 天交替出现重度污染或严重污染；

（4）预警一级（红色），预测未来持续 3 天出现严重污染。

按照“预警级别越高，应急措施越严格、范围越大”的原则，应急预案（2013 年版）规定了健康防护提醒、建议性减排、强制性减排三类措施。

2015 年 3 月 16 日，北京市人民政府印发了《北京市空气重污染应急预案》[简称“应急预案（2015 年版）”]，这是北京市第二次修订应急预案。应急预案（2015 年版）主要在预警分级、强化措施、提前启动、落实责任及社会监督等方面进行了补充修改和完善。一是综合考虑污染程度和持续时间等因素，进一步提高了预警分级的科学性。二是按照“加严措施、提高效果”的思路，对强制性应急措施进行了调整和完善；加大了部分机动车限行措施力度（纯电动汽车除外），扩大了部分工业企业停产、限产措施的范围，严格了施工工地停工措施，扩大了停工范围。三是依据“预警提前启动、措施提前实施”的原则，针对红色、橙色的高预警级别，新增“提前 24 小时向社会发布”的规定。

2016 年，北京市认真落实环境保护部“四统一”（统一预报、统一标准、统一响应、统一联动）要求，总结近年来全市空气重污染应急工作经验，针对应急预案实施中反映出的问题，按照总体措施力度不减、重点措施细化加强、局部措施优化调整的原则，第三次对应急预案进行了修订。2016 年 11 月 12 日，北京市人民政府印发了《北京市空气重污染应急预案（2016 年修订）》[简称“应急预案（2016 年修订）”]，于 12 月 15 日开始实施。应急预案（2016 年修订）主要内容包括：一是考虑污染物单日高浓度因素，北京与河北、天津统一了预警分级标准。二是加强了机动车污染减排力度，按照优先削减高污染排放车的原则，橙色预警时，实施全市国Ⅰ、国Ⅱ排放标准汽油车及建筑垃圾、渣土、砂石运输车辆禁行的应急措施；红色预警在橙色预警的基础上，全市其他车辆实行单双号行驶（纯电动汽车除外）。三是采用差别化的应急措施，综合考虑地区空气质量差异、学校教学条件以及学生停课涉及的家长看护、教学安排等多方面因素，将统一停课措施调整为由市、区教育主管部门根据属地实际情况，指导中小学、幼儿园采取弹性教学或停课的防护措施。四是因地制宜地细化停产停工措施，以污染减排力度不降为原则，按照“正面清单、负面工序”的思路，使工业企业应急措施更加精细化、更有针对性，尽可能地减少重污染预警对社会生产、生活的影响。

2017 年，北京市对《北京市空气重污染应急预案（2016 年修订）》进行了修订，发布了《北京市空气重污染应急预案（2017 年修订）》，这是北京市第四次修订应急预案。

二、空气重污染应急预案（2017 年修订）

为进一步完善空气重污染应急机制，不断提高环境管理精细化水平，切实减缓污染程度、保护公众健康，按照京津冀及周边地区大气污染防治协作小组的统一要求，结合北京市的实际，在对 2016 年应急预案补充完善的基础上，2017 年 9 月 11 日，北京市人民政府印发了《北京市空气重污染应急预案（2017 年修订）》，于 9 月 11 日起实施。

《北京市空气重污染应急预案（2017 年修订）》重点在三个方面进行了补充修订：一是采用环境保护部要求的京津冀统一预警分级标准；二是按照环保部统一时间，启动预警和解除；三是严格了蓝色预警和黄色预警的措施，在蓝色预警措施中增加了道路清扫保洁作业、停止喷涂粉刷、护坡喷浆施工作业等强制性措施，在黄色预警强制性措施中增加了停止土石方施工作业措施。为保证应急措施减排的实效性，有关部门还更新了应急停工的施工工地名单、应急停限产的工业企业名单。

（一）预警分级

根据《环境空气质量指数（AQI）技术规定（试行）》（HJ 633—2012）的分级方法，按照环境保护部关于统一京津冀及周边地区城市重污染天气预警分级标准的有关规定，依据空气质量预测结果，综合考虑空气污染程度和持续时间，将空气重污染预警由轻到重依次分为蓝色预警、黄色预警、橙色预警和红色预警 4 个级别。

（1）蓝色预警：预测全市空气质量指数 AQI（24 小时均值，下同）＞200 将持续 1 天（24 小时），且未达到高级别预警条件时。

（2）黄色预警：预测全市空气质量指数 AQI＞200 将持续 2 天（48 小时）及以上，且未达到高级别预警条件时。

（3）橙色预警：预测全市空气质量指数 AQI＞200 将持续 3 天（72 小时）及以上，且预测日均值＞300，且未达到高级别预警条件时。

（4）红色预警：预测全市空气质量指数 AQI＞200 将持续 4 天（96 小时）及以上，且预测日均值＞300 将持续 2 天（48 小时）及以上时；或预测全市空气质量指数 AQI 达到 500 时。

（二）预警启动

1．预警发布

橙色预警、红色预警由市空气重污染应急指挥部办公室（以下简称“指挥部办公室”）向市应急办提出发布预警建议，由市应急办分别报市应急委主任、市空气重污染应急指挥部（以下简称“指挥部”）总指挥批准后组织发布，由指挥部办公室下达预警及响应措施指令。蓝色预警、黄色预警由指挥部办公室主任批准，由指挥部办公室组织发布并下达预警及响应措施指令。预警原则上提前 24 小时发布；接到环境保护部发布的区域应急联动启动预警信息时，按照预警信息要求及时启动相应级别的预警，开展区域应急联动。

市指挥部办公室、市委宣传部、市突发事件预警信息发布中心要及时通过电视、广播、报纸、网络、手机等多种渠道发布预警信息，方便公众及时了解预警情况，加强自身健康防护。

2．预警调整

市空气重污染应急指挥部办公室可根据污染程度变化和最新预测

结果，提出预警调整建议，按预警发布程序报批后，适时提高或降低预警级别。

3. 预警解除

当预测或监测空气质量改善到轻度污染及以下级别，且将持续 36 小时以上，或接到环境保护部发布的区域应急联动解除预警信息时，解除预警。预警按期解除时，不再另行报批，由指挥部办公室直接发布解除指令。

（三）应急响应措施

市空气重污染应急指挥部各成员单位在接到预警及响应措施指令后，立即组织开展应对工作，进行督促检查，并及时向指挥部办公室报告应急措施的落实情况。市有关部门加强对本行业应急措施实施的组织管理。各区政府按照属地管理原则组织本辖区街道（乡镇）和区属相关部门严格落实应急措施。

应急措施本着预警级别越高、措施越严的原则，由三个层次组成：一是告知公众可采取的健康防护引导措施；二是建议社会公众参与的倡导性减排措施；三是强制性应急减排措施。

北京市空气重污染应急措施按照预警级别，在保障城市主要功能正常运行的前提下，最大限度地减少污染物排放，保护群众身体健康。例如，蓝色预警时，采取的健康防护引导措施为：儿童、老年人和呼吸道、心脑血管疾病及其他慢性疾病患者减少户外活动；中小学、幼儿园减少户外活动。倡议性减排措施包括：公众尽量乘坐公共交通工具出行，减少机动车上路行驶；驻车时及时熄火，减少车辆原地怠速运行时间；加大对施工工地、裸露地面、物料堆放等场所实施扬尘控制措施的力度；加强道路清扫保洁，减少交通扬尘污染；拒绝露天烧烤。强制性减排措施包括：在保障城市正常运行的前提下，在常规作业的基础上，对重点道路每日增加 1 次清扫保洁作业；停止室外建筑工地喷涂粉刷、护坡喷浆施工作业。启动红色预警时，采取“六停一冲”的最高级别应急措施，即中小学和幼儿园停课、部分工业企业停产限产、施工工地停工、机动车单双号行驶、停止燃放烟花爆竹、停止露天烧烤，加大道路清扫保洁频次。针对老旧机动车的污染排放量较大、相对于新车“以一当十”的排放特点，北京市按照重污染期间优先削减高排放源的原则，着重加强了对高排放老旧机动车的减排力度，增加了从橙色预警起实施全市国Ⅰ、国Ⅱ排放标准汽油车禁行的应急措施；红色预警时，升级为国Ⅰ、国Ⅱ排放标准汽油车禁行，国Ⅲ及以上排放标准机动车（含驾校教练车）实行单双号行驶（纯电动汽车除外）。

同时，为确保措施的有效落实，市、区有关部门加强了预警期间的执法检查，特别是加大了对企业停产限产、施工工地扬尘管控、渣土运输车辆遗撒、机动车限行、露天焚烧、违法使用经营性燃煤及劣质散煤等行为的执法检查力度，发现环境违法行为依法从严处罚。

第三节　空气重污染应急响应

一、空气重污染应急预警的启动

2013—2017年，北京市共启动空气重污染应急预警70次，其中蓝色预警34次、黄色预警23次、橙色预警10次、红色预警3次（表9-1）。

表9-1　2013—2017年北京市空气重污染应急预警启动情况

年份	蓝色预警		黄色预警		橙色预警		红色预警		合计	
	次数	天数	次数	天数	次数	天数	次数	天数	次数	天数
2013	4	4	0	0	0	0	0	0	4	4
2014	11	11	5	10	2	9	0	0	18	30
2015	8	9	7	20	2	5	2	7	19	41
2016	6	6	7	16	3	8	1	6	17	36
2017	5	5	4	6	3	15	0	0	12	26
合计	34	35	23	52	10	37	3	13	70	137

2013 年，北京市实际发生空气重污染 58 天，共发布蓝色预警 4 次 4 天。

2014 年，北京市实际发生空气重污染 47 天，共启动预警 18 次 30 天。其中，蓝色预警 11 次 11 天，黄色预警 5 次 10 天，橙色预警 2 次 9 天。

2015 年，北京市实际发生空气重污染 46 天，共启动应急预警 19 次 41 天。其中，蓝色预警 8 次 9 天，黄色预警 7 次 20 天，橙色预警 2 次 5 天，红色预警 2 次 7 天。

2016 年，北京市实际发生空气重污染 39 天，共启动应急预警 17 次 36 天。其中，蓝色预警 6 次 6 天，黄色预警 7 次 16 天，橙色预警 3 次 8 天，红色预警 1 次 6 天。

2017 年，北京市实际发生空气重污染 23 天，共启动应急预警 12 次 26 天。其中，蓝色预警 5 次 5 天，黄色预警 4 次 6 天，橙色预警 3 次 15 天。

从以上数据可以看出，北京市在 2014—2016 年 3 年间显著增加了启动空气重污染应急预警的次数、天数、级别，不断加大了应急响应措施的力度，充分发挥了应急减排措施的“削峰”减排作用，这对于促进北京市空气重污染天数逐步减少具有不可替代的作用。

2013—2017 年，北京市实施空气重污染应急响应的级别及日期见表 9-2～表 9-6。

表 9-2　2013 年北京市空气重污染应急响应级别及日期

序号	预警级别	响应日期	持续天数
1	蓝色	10 月 28 日	1
2	蓝色	11 月 1 日	1
3	蓝色	11 月 23 日	1
4	蓝色	12 月 24 日	1

表 9-3　2014 年北京市空气重污染应急响应级别及日期

序号	预警级别	响应日期	备注
1	蓝色	1 月 16 日	
2	蓝色	1 月 22 日	
3	蓝色	2 月 14 日	
4	蓝色	2 月 15 日	
5	黄色	2 月 20 日 12 时—2 月 21 日 12 时	
6	橙色	2 月 21 日 12 时—2 月 26 日 24 时	2 月 21 日 12 时由黄色升级为橙色
7	黄色	3 月 24 日 15 时—3 月 28 日 12 时	
8	蓝色	4 月 14 日	
9	蓝色	4 月 24 日	
10	黄色	10 月 8 日 17 时—10 月 9 日 13 时	
11	橙色	10 月 9 日 13 时—10 月 11 日 20 时	
12	蓝色	10 月 18 日	
13	蓝色	10 月 24 日 10—17 时	
14	黄色	10 月 24 日 17 时—10 月 26 日 8 时	10 月 24 日 17 时由蓝色转为黄色
15	蓝色	10 月 30 日 17 时	
16	蓝色	11 月 19 日 15 时	
17	黄色	11 月 25 日 16 时—1 月 27 日 9 时	
18	蓝色	11 月 29 日 8 时	

表 9-4　2015 年北京市空气重污染应急响应级别及日期

序号	预警级别	响应日期	备注
1	黄色	1 月 10 日 17 时—1 月 16 日 9 时	
2	黄色	1 月 24 日 12 时—1 月 26 日 14 时	
3	黄色	2 月 13 日 20 时—2 月 16 日 12 时	
4	蓝色	3 月 5 日 18 时—3 月 8 日	
5	蓝色	3 月 17 日 18 时—3 月 19 日	
6	蓝色	4 月 10 日 10 时—4 月 11 日	
7	黄色	10 月 5 日 19 时—10 月 7 日 21 时	
8	蓝色	10 月 16 日 14 时—10 月 17 日	
9	蓝色	11 月 3 日 18 时—11 月 4 日	
10	黄色	11 月 13 日 8 时—11 月 15 日 21 时	
11	黄色	11 月 27 日 14 时—11 月 29 日 10 时	

序号	预警级别	响应日期	备注
12	橙色	11月29日10时—12月1日24时	11月29日10时由黄色转为橙色
13	橙色	12月5日17时—12月7日18时	
14	红色	12月7日18时—12月10日12时	12月7日18时由橙色转为红色
15	蓝色	12月12日21时	
16	红色	12月19日7时—12月22日24时	
17	蓝色	12月24日	
18	黄色	12月25日11时—12月26日16时	
19	蓝色	12月28日22时	

表9-5　2016年北京市空气重污染应急响应级别及日期

序号	预警级别	响应日期	备注
1	黄色	2015年12月31日18时—2016年1月3日22时	跨年预警响应
2	黄色	3月2日19时—3月4日24时	
3	黄色	3月16日14时—3月18日15时	
4	蓝色	4月30日16时—5月1日	
5	黄色	10月2日8时—10月3日17时	
6	蓝色	10月13日16时—10月14日15时	
7	黄色	10月14日15时30分—10月16日17时	10月14日15时由蓝色升级为黄色
8	蓝色	11月9日18时—11月10日	
9	黄色	10月18日17时30分—10月20日7时	
10	黄色	11月2日17时—11月5日24时	
11	橙色	11月17日0时—11月19日9时	
12	蓝色	11月26日10时—11月27日	
13	橙色	12月2日0时—12月4日24时	
14	蓝色	12月11日12时—12月12日	
15	红色	12月16日20时—12月21日24时	
16	蓝色	12月24日21时—12月25日	
17	橙色	2016年12月30日0时—2017年1月7日20时	跨年预警响应

表 9-6　2017 年北京市空气重污染应急响应级别及日期

序号	预警级别	响应日期	备注
1	橙色	2016 年 12 月 30 日 0 时—2017 年 1 月 7 日 20 时	跨年预警响应
2	黄色	1 月 16 日 0 时—1 月 17 日 20 时	
3	蓝色	1 月 25 日 16 时	
4	蓝色	2 月 3 日 17 时	
5	黄色	2 月 14 日 10 时—2 月 16 日 11 时	
6	蓝色	3 月 19 日 9 时	
7	黄色	4 月 3 日 0 时—4 月 3 日 15 时	
8	橙色	4 月 3 日 15 时—4 月 7 日 12 时	
9	黄色	10 月 26 日 14 时—10 月 28 日 7 时 30 分	
10	橙色	11 月 4 日 0 时—11 月 8 日 0 时	
11	蓝色	11 月 20 日 15 时 30 分—11 月 21 日	
12	蓝色	12 月 28 日 18 时—12 月 30 日	

二、空气重污染应急响应案例

以 2016 年 12 月 16 日 20 时—12 月 21 日 24 时红色预警应急响应为例。

2016 年 12 月，我国中东部地区出现大范围、区域性重污染过程，受不利扩散气象条件、区域污染和本地污染积累等影响，12 月 16—21 日，北京市出现持续空气重污染。按照环境保护部《关于切实做好 2016 年 12 月 16 日至 21 日空气重污染过程应对工作的函》的要求，根据《北京市空气重污染应急预案（2016 年修订）》，北京市于 2016 年 12 月 15 日中午提前 32 小时发布了空气重污染红色预警：全市于 2016 年 12 月 16 日 20 时—12 月 21 日 24 时实施空气重污染红色预警应急响应措施。

本次实施红色预警应急响应期间，全市采取机动车单双号行驶、工业企业停限产、施工工地停工等应急减排措施。同时，北京市积极协调周边省市，协同应对，动员全社会共同减排。应急措施效果评估初步测算表明，由于此次红色预警期间实施了机动车限行、企业停限产、工地停工、加强道路保洁、错峰调休等措施，全市大气主要污染物实现了较大幅度的减排，其中 SO_2、NO_x、$PM_{2.5}$、VOCs 排放量分别削减了约 6.4%、33.0%、46.7%、27.4%，平均削减 30%左右。同时，12 月 16—21 日全市实际 $PM_{2.5}$ 平均浓度约为 305 μg/m^3，与未采取应急措施的模拟数值相比，平均下降了约 23%。主要采取了以下措施。

1. 全力落实各项应急响应措施

各有关部门落实的应急减排措施有：①市公安交管局组织实施了机动车单双号行驶、国Ⅰ和国Ⅱ轻型汽油车禁行，建筑垃圾、渣土、砂石运输车等重型车辆禁止上路行驶的措施，执行率超过 97%；②市经信委、市国资委、各区政府组织全市约 2 500 多家工业企业停限产；③市住建委、市水务局、市园林局组织全市 4 100 多个施工工地停止室外施工作业；④市城市管理委组织出动超 34 万人次、作业车辆约 2.5 万余车次，对重点道路每日增加 1 次以上清扫保洁；积极协调电网增加外调电力等，保障城市正常有序运转，尽最大可能降低实施预警对社会生活带来的影响；⑤市教委组织采取措施确保学校“停课不停学”，组织小学、幼儿园、少年宫及校外教育机构停课，以及中学（含初中、高中、中等职业学校）实行弹性教学；⑥市交通委组织日均增发地面公交约 7 100 余车次、加开轨道交通临列近 100 列，保障市民绿色出行。

2. 深入开展环境督查和执法

①市政府督查室、市监察局、市环保局开展市级联合督查，现场督查应急措施落实情况。市教委、市经信委、市环保局、市住建委、市烟花办等部门，以及各区政府也派出多个督查检查组，确保停驶、停限产、停工、停课、停放、停烧和道路清扫保洁等措施落实到位。全市共组织 3 000 多个督查检查组，督查检查应急减排措施的落实情况。②全市环保、城管、公安交管等行政执法部门全部在岗在勤、昼夜连续检查执法，共检查重点排污点位 1.3 万余个次，现场查处和整改各类问题 1 400 余起。督查检查表明，全市应急预警启动及时、指令传达顺畅、应急措施

落实到位，但也发现少量露天烧烤和露天焚烧、未使用清洁能源、裸地渣土料堆未苫盖等精细化管理不到位问题，发现的违法问题均当场制止并依法处理。

3．京津冀及周边区域联动应急

环境保护部及早研判空气质量形势，印发了《关于切实做好 2016 年 12 月 16 日至 21 日空气重污染过程应对工作的函》，要求各地全力做好应急工作，并组织 13 个督查组，对各地应对措施情况进行督查。京津冀及周边地区大气污染防治协作小组办公室充分发挥作用，会同周边省市启动实施空气重污染预警。京、津、冀、晋、鲁、豫六省市共 55 个城市发布了预警，其中红色预警城市 28 个、橙色预警城市 20 个。

第十章　区域大气污染联防联控

由于大气的流动性，污染源排放的污染物随大气环流不断传输、迁移、转化，一个城市的空气质量不仅与本地污染源排放有关，还会受到周边地域污染物排放传输的影响。在气象有利于污染物传输、上风向排放量大于本地排放量的情况下，区域污染传输的影响就更为明显，因此，必须在更大范围内的城市之间联合开展区域尺度的大气污染共同治理，才能有效改善区域和城市的大气环境质量。北京市为簸箕形地形，北向、西北向和西向三面环山，总体不利于空气污染物的扩散，又位于华北平原西南和东南气象传输通道的末端，受区域污染传输影响明显。

为改善北京市及周边地区的大气环境质量，在环境保护部等部门的组织下，开展了区域污染形成、传输和转化机理的科学研究，制定和实施了区域联合防控措施，成功地开展了 2008 年第 29 届北京奥运会、2014 年亚太经济合作组织（APEC）峰会、2015 年抗战胜利 70 周年大阅兵等国家重大活动的区域空气质量保障工作。2013 年 9 月，环境保护部等六部门印发《京津冀及周边地区落实大气污染防治行动计划实施细则》，同时，由北京市牵头成立京津冀及周边地区大气污染防治协作小组，在国家有关部门的支持下，京津冀及周边地区人民政府不断完善了区域大气污染联防联控工作机制，开展大气污染联合防治，有效地改善了区域空气质量，实现了《大气污染防治行动计划》确定的目标。京津冀及周边地区大气污染联合治理为全国开展区域污染防治提供了有益经验。

第一节　奥运会空气质量天天达标

2008年第29届北京奥运会空气质量保障工作是我国首次为保障国家重大活动而采取的跨省级行政区且成功实施的区域空气质量保障案例。在科学研究的基础上，经过深入论证，国家有关部门和京津冀及周边政府制定了科学合理、切实可行的区域空气质量保障方案措施，实施效果明显，为我国推行区域大气污染治理进行了有益的探索。

一、奥运空气质量保障措施的制定

1.《第29届奥运会北京空气质量保障措施》

2005—2007年，北京市环保局和北京大学环境学院、中科院大气所等科研单位开展了“北京与周边地区大气污染物输送、转化及北京空气质量目标研究”，建立了比较完整、系统、先进的观测方案和观测网，建立了区域空气模型，研究得出“细粒子（$PM_{2.5}$）和臭氧（O_3）前体物等为区域传输控制特征污染物，西南和东南方向为华北地区夏季区域污染传输主要通道”等科学结论。课题组提出了2008年北京奥运会空气质量保证方案中的周边控制方案和区域空气质量综合控制政策建议。

区域环保合作是筹办北京奥运会过程中开展大气污染防治的一个亮点。经国务院批准，2006年11月，国家环保总局和北京、天津、河北、山西、内蒙古等5省（区、市）成立北京2008年奥运会空气质量保障工作协调小组；12月26日，协调小组召开第一次会议，华北5省（区、市）空气质量保障机制正式启动，之后，山东省加入。协调小组共召开6次协调会，组织落实奥运保障措施。6省（区、市）积极响应、广泛参与，开展区域污染减排，为奥运空气质量保障做出了积极贡献。经国务院批准，2007年10月，国家环保总局和北京、天津、河北、山西、内蒙古、山东等6省（区、市）共同印发了《第29届奥运会北京空气质量保障措施》，进一步实施跨区域污染防治。2008 年 6 月 11 日，北京市人民政府、公安部、交通运输部、环境保护部联合印发《2008 年北京奥运会残奥会期间北京市交通保障方案》。北京市本地车辆、外地车辆进出京均要受到限制。为应对极端不利气象条件下的空气污染问题，2008 年 7 月 28 日，环保部和北京、天津、河北联合印发了《北京奥运会残奥会期间极端不利气象条件下空气污染控制应急措施》，明确奥运期间空气质量保障工作的污染应急减排项目和要求。

2.《2008 年北京奥运会残奥会期间本市空气质量保障措施》

2007 年，北京市组织清华大学等科研院所开展了“2008 年北京奥运会残奥会期间本市空气质量保障措施研究”，对北京奥运会空气质量保障需求、北京市大气污染现状和特征、华北地区污染现状和特征、大气污染物传输对北京的影响等方面，进行了全面的科学分析论证，提出了 2008 年北京奥运会残奥会北京空气质量保障措施的初步方案。在“好运北京”体育赛事综合测试赛赛事相对集中的 2007 年 8 月 17—20 日（4 天），采取单双号限行措施，以监测停驶部分机动车对北京市空气质量的改善情况，检验交通保障能力，保障措施得到了测试验证，为修改提供了依据。

2008 年 4 月 4 日，北京市人民政府发布《2008 年北京奥运会残奥会期间本市空气质量保障措施》，要求采取进一步严格的控制措施，保障奥运会空气质量；奥运会前除继续实施阶段性大气污染控制措施、落实奥运倒排期治理工程外，还要从加强城市环境综合整治入手，全面控制扬尘排放，同时要求各重点企业相应制定奥运会临时工作方案；奥运会期间，以控制机动车、重点企业、建筑工地、加油站、餐饮业等污染源排放为主，各区县、各有关部门、各相关企事业单位以及广大市民，落实奥运会期间的施工工地停止重污染作业、重点污染企业和燃煤设施停限产减排、机动车限行、停止喷涂喷绘等措施。

二、奥运空气质量保障措施的区域联动实施

《第29届奥运会北京空气质量保障措施》分为奥运会筹备阶段和奥运会举办阶段两部分措施。按照两个阶段要求，6省（区、市）在奥运会前实施了综合治理措施，为保障奥运空气质量奠定了扎实的基础。奥运期间，6省（区、市）在燃煤、机动车、工业、施工扬尘污染排放等方面进一步采取控制措施，为保障奥运期间北京良好的空气质量起到关键性作用。空气质量监测预测预报为保障决策发挥了科学支撑作用。北京市会同中国科学院、北京大学、清华大学等科研单位知名专家，成立空气质量监测预测预报领导小组，形成以地面常规监测为主，以铁塔观测、激光雷达、卫星遥感反演等先进科技手段为补充的区域大气立体监测网络。同时，采用多模式集合预报方式，建立并运行区域空气质量预报预警系统，为及时启动空气污染控制应急监管预案和科学决策提供科学依据。

2008年8月7日下午，北京市大气湿度增加、温度升高、风速减小，大气污染物扩散条件不利，PM_{10}浓度有所抬升，预计8月8日、9日两天大气污染物总体扩散条件与7日类似，北京市大气中污染物浓度呈上升趋势，空气质量可能出现超标。市环保局及时与专家进行会商，在科学诊断和分析预测的基础上，市政府决定立即启动《北京奥运会残奥会期间极端不利气象条件下空气污染控制应急措施》。

8月7日晚9：30，市环保局局长主持召开区县环保局局长电视电话会议，要求全市环保系统连夜采取紧急措施，立即行动，加大对SO_2、NO_x、VOCs排放企业和可能影响空气质量的污染源单位进行执法检查，重点加强对西南、东南地区的检查；立即通知105家排放SO_2、NO_x、VOCs的重点污染源单位生产工序暂停生产，要求北京水泥厂、华能电厂、首钢、燕山石化等单位暂停部分生产装置或继续压减生产负荷，再减排10%，并逐一检查有关企业措施落实情况。电视电话会后，全市环

保系统立即行动，对重点污染源进行了夜查。

同时，环境保护部已连夜通知北京周边地区启动《北京奥运会残奥会期间极端不利气象条件下空气污染控制应急措施》。河北省、天津市对重点地区电力、冶金等污染企业进行全面排查，对不达标的企业实施限产、停产，有效遏制了污染物浓度上升的趋势。环境保护部跟踪督察，确保措施落实到位。经过多方协同努力，8 月 8 日开幕式当天和后续两天的空气质量全部为良。

奥运会举办期间，北京市实施了奥运空气质量保障措施，包括：北京市 30 万辆黄标车禁止上路行驶、机动车单双号行驶、部分公务车停驶以及外地货运车辆禁入等多项临时交通管理措施；施工工地停止土石方、混凝土浇筑等重污染作业，重点区域周边道路 24 小时全天候开展保洁作业；东方化工厂，首钢，燕山石化，27 家水泥生产企业，18 家冶金、建材重点污染企业，近 140 个混凝土搅拌站等重点污染企业停产限产；高井、京能、国华、华能四大燃煤热电厂“减发减排”。环保部门会同交管、建委、城管等有关部门和各区县政府统一行动，切实加大执法监察力度，对大气污染源单位奥运空气质量保障措施落实情况进行全面检查，最大限度减轻污染。先后对冶金、建材（水泥、采石企业等）、燃煤锅炉使用单位、有机化工、汽车维修、家具制造、印刷、干洗、餐饮、施工工地等 5 000 多家大气污染源单位进行了检查，99%企业均能按要求落实保障措施；采取进京路口检查、遥感检查、路查和夜查的方式，对 20 多万辆机动车进行了执法检查，96%机动车均按要求达标上路行驶。

上述措施的实施大幅削减了大气污染物排放总量，使空气中污染物累积速度明显减缓、污染指数保持较低水平。评估结果显示，在临时交通管理措施最为严格的 7 月 20 日—8 月 27 日之间，北京市机动车大气污染物排放量在第十四阶段措施基础上的削减比例为：NO_x 削减 45.7%，PM_{10} 削减 51.6%，CO 削减 56.8%，VOCs 削减 55.5%。

8 月 8—24 日和 9 月 6—17 日，奥运会、残奥会期间共 29 天，北京市实现空气质量天天达标，其中 12 天为优、17 天为良。大气中主要污染物浓度比上年同期下降 50%左右，其中，SO_2、CO 和 NO_2 日均浓度达到世界发达城市水平；PM_{10} 浓度达到国家标准二级限值和世界卫生组织空气质量第三阶段指导值，远优于奥运会申办承诺的空气质量目标，为十年来同期最高水平（图 10-1、图 10-2）。

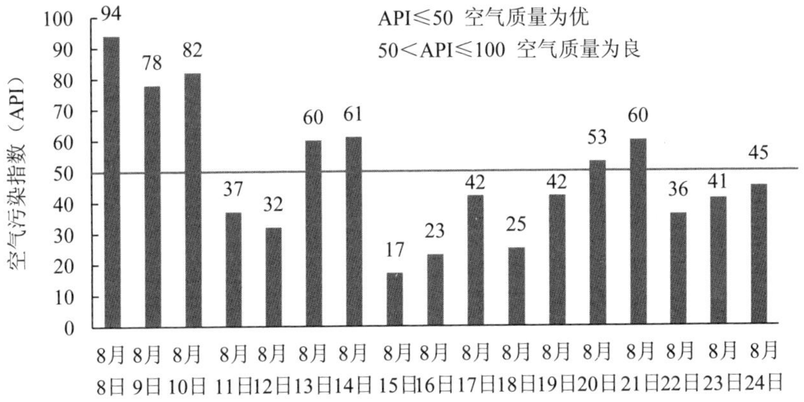

图 10-1　奥运会期间（8 月 8—24 日）北京空气质量状况

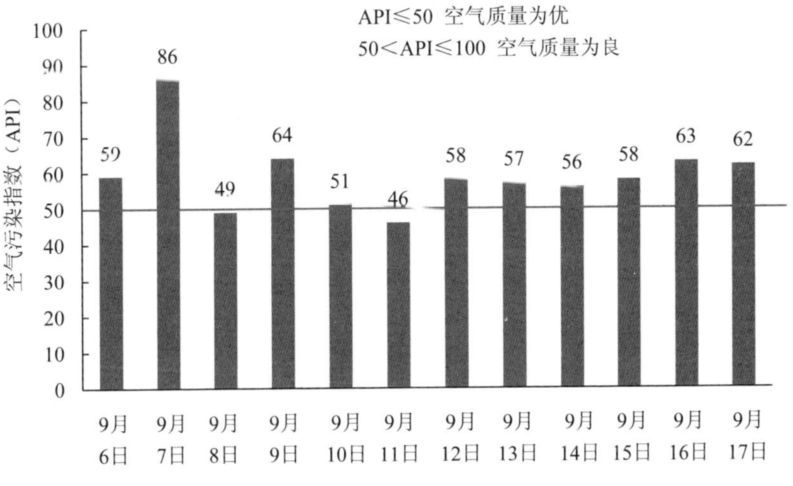

图 10-2　残奥会期间（9 月 6—17 日）北京空气质量状况

第二节　京津冀及周边地区清洁空气率先突破

一、区域合作继续探索

2008年第29届北京奥运会后，为继续保持绿色奥运成果，发挥奥运空气质量保障的成功经验作用，进一步持续改善北京及周边地区空气质量，在环保部的统一指导下，北京市和周边省市加强合作，在区域大气污染防治方面开展了进一步的探索。

2008年12月，北京市人民政府与河北省人民政府联合签署了《北京市人民政府河北省人民政府关于进一步深化经济社会发展合作的会谈纪要》，明确提出开展区域空气质量管理合作，建立京冀双方空气质量管理交流合作机制，共同制定区域大气污染防治对策，开展大气污染物排放标准研究，实现大气环境资源信息共享，促进污染减排。

2009年年底，北京市环保局和河北省环保厅共同草拟了《京冀大气污染联防联治区域合作备忘录》，拟在区域大气污染防治规划、联合监测预警、减排经济补偿政策等方面，深入探索区域大气污染防治机制。

（一）国家部署区域污染联合防治

2010年5月，国务院办公厅转发环境保护部等部门《关于推进大气污染联防联控工作改善区域空气质量指导意见》（国办发〔2010〕33号）（以下简称《意见》），标志着我国从国家层面上正式将大气污染治理从城市尺度扩大到跨行政区的区域尺度，并采取联合防治方法。《意见》提出了“五统一”的工作机制：以改善空气质量为目的，以增强区域环境保护合力为主线，以全面削减大气污染物排放为手段，建立统一规划、统一监测、统一监管、统一评估、统一协调的区域大气污染联防联控工作机制，扎实做好大气污染防治工作。《意见》强调，坚持环境保护与经济发展相结合，促进区域环境与经济协调发展；坚持属地管理与区域联动相结合，提升区域大气污染防治整体水平；坚持先行先试与整体推进相结合，率先在重点区域取得突破。工作目标是到 2015 年，建立大气污染联防联控机制，形成区域大气环境管理的法规、标准和政策体系，主要大气污染物排放总量显著下降，重点企业全面达标排放，重点区域内所有城市空气质量达到或好于国家二级标准，酸雨、灰霾和光化学烟雾污染明显减少，区域空气质量大幅改善。确保 2010 年上海世博会和广州亚运会空气质量良好。重点区域是京津冀、长三角和珠三角地区，辽宁中部、山东半岛、武汉及其周边、长株潭、成渝、台湾海峡西岸等区域。大气污染联防联控的重点污染物是 SO_2、NO_x、颗粒物、VOCs 等，重点行业是火电、钢铁、有色、石化、水泥、化工等，重点企业是对区域空气质量影响较大的企业，需解决的重点问题是酸雨、灰霾和光化学烟雾污染等。《意见》指出，地方人民政府是区域大气污染防治的责任主体，要求制定本地区大气污染联防联控工作方案，并将各项工作任务分解到责任单位和企业，强化监督考核。

北京市将《意见》转发给各区县政府、各有关部门贯彻执行。由主管副市长牵头，市有关部门和各区县政府参加，建立了落实大气污染联防联控指导意见和规划编制的工作机制。2011 年 4 月，北京市人民政府印发《北京市清洁空气行动计划（2011—2015 年大气污染控制措施）》，提出工作目标：在建立京津冀大气污染联防联控机制、实现区域生态环境质量整体改善基础上，到 2015 年，全市空气中 SO_2、NO_2、CO、苯并[a]芘、氟化物和铅等 6 项污染物稳定达标；TSP 和 PM_{10} 年均浓度比 2010 年下降 10%左右；O_3 污染趋势逐步减缓；全市空气质量二级和好于二级天数比例达到 80%。提出了坚持总量控制、推动经济发展方式转变的源头治理战略，以及六大环境治理工程措施，对推进区域大气污染联防联控提出要求：按照环境保护部统一部署，积极推动京津冀区域合作，推进区域大气污染联防联控。加强区域大气监测网络、重点行业污染物排放标准、产业发展和布局、机动车污染控制和秸秆禁烧等领域的交流与协调，促进产业结构调整和技术升级，减少污染转移，提升区域整体环境质量。

环保部在各有关省区市大气污染防治规划的基础上，编制完成了《重点区域大气污染防治“十二五”规划》，2012 年 10 月经国务院批准实施。

（二）京津冀区域科学研究深入开展

2008 年北京奥运会后，北京市充分整合科研优势资源，于 2009—2012 年，又开展了新一轮区域环境科研项目——“北京及近周边区域大气复合污染形成机制及防控措施研究示范”，设立了立体监测、O_3 及前体物控制、污染源清单、模式模拟与预测、联合防控策略研究等 5 个子课题，通过完善北京及近周边地区大气污染研究型监测网，测算北京与近周边区域大气污染的相互输送量；确定区域污染源排放强度的时空格局；阐明区域大气光化学过程同时产生高浓度 O_3 和 $PM_{2.5}$ 污染的机理；实现区域大气污染模型业务化预测、预报和预警；研究跨行政区域大气污染协同防控及相关政策。同时，完成了基于 25 个地面观测站的区域大气环境观测网络的建立，开展了地面实时监测、干湿沉降被动监测等工作；在对监测点位充分论证的基础上，建立了 40 个 VOCs 监测站点开展监测，开发了 CO/CH_4 的分析技术，并对监测数据进行了系统分析；对模型起沙机制、干湿沉降模块和气溶胶模块等方面进行了升级与改进，开发应用了资料同化和污染源反演等核心技术，完善了集合预报系统，对区域污染源进行了初步模拟和分析；初步评估了京津冀地区经济发展、污染贡献和区域合作现状。为进一步探索京津冀区域大气污染形成机理和联防联控工作奠定了基础。

（三）北京市将 $PM_{2.5}$ 作为治理重点

为防治以 $PM_{2.5}$ 为特征的灰霾污染，2012 年 2 月 29 日，经国务院审议，环境保护部发布新的《环境空气质量标准》（GB 3095—2012），标准增加了 $PM_{2.5}$ 指标。根据国务院总理温家宝关于北京市贯彻落实国家新标准的指示，北京市编制了《北京市 2012—2020 年大气污染治理措施》，报请国务院第九十四次常务会议审议。

2012 年 3 月 21 日，北京市人民政府以通知形式（京政发〔2012〕10 号）印发《北京市 2012—2020 年大气污染治理措施》，北京市将 $PM_{2.5}$ 作为大气环境治理指标。通知的印发实际上停止了 2011 年 4 月印发的《北京市清洁空气行动计划(2011—2015 年大气污染控制措施)》的执行。通知提出：到 2015 年，空气中 $PM_{2.5}$、PM_{10}、TSP、SO_2、NO_2 等主要污染物的年均浓度均比 2010 年下降 15%。其中 SO_2 稳定达标，TSP 基本达标，PM_{10} 达到 100 μg/m^3 左右，$PM_{2.5}$ 达到 60 μg/m^3 左右，NO_2 达到 50 μg/m^3 左右。到 2020 年，空气中 $PM_{2.5}$、PM_{10}、TSP、SO_2、NO_2 等主要污染物的年均浓度均比 2010 年下降 30%。其中 SO_2 达到 20 μg/m^3 以下，TSP 稳定达标，NO_2 基本达标（达到 40 μg/m^3 左右），PM_{10} 达到 80 μg/m^3 左右，$PM_{2.5}$ 达到 50 μg/m^3 左右。O_3 超标小时数比 2010 年减少 30%，全年控制在 200 小时左右。2020 年后，通过持续不断努力，使本市空气质量继续改善，力争早日达到国家空气质量新标准。

到 2012 年年底，北京市建成了 35 个覆盖各区县的 $PM_{2.5}$ 自动监测子站。

二、京津冀及周边地区大气污染防治协作小组

党的十八大以后，推动京津冀协同发展成为党中央、国务院在新时期提出的重大国家战略。2014 年 2 月 26 日，习近平总书记在北京市调研时召开京津冀区域协同发展座谈会并发表重要讲话。他强调：推进京

津冀协同发展，要按照优势互补、互利共赢、区域一体原则，以大气污染联防联控作为优先领域，以产业结构优化升级和实现创新驱动发展作为合作重点，把合作发展的工夫主要下在联动上，努力实现优势互补、良性互动、共赢发展。京津冀及周边地区大气污染防治工作进入新的历史阶段，加快了区域空气质量的改善。

2013 年 10 月，根据国家《大气污染防治行动计划》（以下简称“大气十条”）、《京津冀及周边地区落实大气污染防治行动计划实施细则》（以下简称《实施细则》），经党中央、国务院同意，2013 年 10 月，由北京市牵头，成立了京津冀及周边地区大气污染防治协作小组，建立区域大气污染联防联控工作机制，共同开展大气污染联防联控，协调解决治理难题，有效地改善了区域空气质量，保障了国家重大活动期间的空气质量。2013 年 10 月 23 日，中共中央政治局委员、北京市委书记郭金龙在京主持召开京津冀及周边地区大气污染防治协作小组第一次会议。党的十九大决定机构改革，成立国家层面的重点区域大气污染防治领导机构，2018 年 2 月，京津冀及周边地区大气污染防治协作小组召开第十一次会议即最后一次全体会议，北京市不再牵头组织区域大气污染治理工作。

（一）工作原则与组织机构

协作小组确定的工作原则是“责任共担、信息共享、协商统筹、联防联控”，在做好各自行政区域内大气污染防治工作的基础上，开展联动协作，形成治污合力。

协作小组由北京市、天津市、河北省、山西省、内蒙古自治区、山东省、河南省等 7 省（区、市），以及环境保护部、国家发展改革委、工业和信息化部、财政部、交通部、住房和城乡建设部、中国气象局、国家能源局等部门组成，负责指导、协调和督促京津冀及周边地区大气污染防治工作。各地方人民政府是大气污染防治责任主体，依据“大气十条”和《实施细则》要求，落实属地大气污染防治和空气质量改善任务；其他成员单位根据职责分工，负责落实行业主管任务。

协作小组设组长 1 名，由中共中央政治局委员、北京市委书记担任；副组长 4 名，分别由环境保护部部长、北京市市长、天津市市长、河北省省长担任；成员 13 名，分别由国务院主管副秘书长和有关部委、省（区、市）主管领导担任。

协作小组下设办公室，作为常设办事机构，负责决策落实、联络沟通、保障服务等日常工作。办公室设在北京市，办公地点在北京市环境保护局。办公室主任由北京市副市长和环境保护部副部长兼任。办公室常务副主任由北京市环境保护局局长和环境保护部污染防治司司长担任；办公室副主任由京津冀及周边地区 6 省（区、市）分管环保的环境保护厅（局）长担任；设专职副主任一名，由北京市环保局副局长、巡视员担任。协作小组办公室在各省（区、市）和有关部委内设立联络员，负责联系各成员单位大气污染防治工作。各省（区、市）环保厅（局）和各部委相关司局的负责同志担任联络员，联络员为协作小组办公室成员。

为做好协作小组办公室相关职能工作，北京市编办批准市环保局增设大气污染综合治理协调处，承担协作小组办公室日常工作职能，负责京津冀及周边地区大气污染防治协作小组办公室文电、会务、信息等日常运转工作；受京津冀及周边地区大气污染防治协作小组办公室的委托，承担京津冀及周边地区大气污染防治协作、联防联控的具体联络协调工作。

（二）小组职能

协作小组负责组织落实党中央、国务院关于京津冀及周边地区大气污染防治的方针、政策和重要部署；研究推进京津冀及周边地区大气污染联防联控工作，协调解决区域内突出重大环境问题；协调指导区域内地方政府落实“大气十条”、《实施细则》等大气污染防治工作任务，通报交流区域内大气环境质量状况；协调有关部委，制定实施有利于区域大气环境质量改善的能源、产业、交通、建设及资金保障等领域的政策，积极参与须报环境保护部组织审查的重大规划环评会商工作；督促指导地方及相关部门做好区域大气环境监测预报与预警应急响应工作；督导和协调区域大气污染联合执法检查工作；完成党中央、国务院交办的其他事项。

（三）工作制度

1．信息共享制度

依托国家现有的监测和信息网络，逐步建立区域空气质量监测、污染源监管等专项信息平台，推动区域内信息共享，为区域重大环境问题研究提供支撑。

2．空气污染预报预警制度

依托国家环境监测与预报网络，建立健全区域空气重污染监测预警体系，做好空气重污染预报和过程趋势分析，及时发布监测预警信息。

3．联动应急响应制度

督导各省（区、市）完善空气重污染应急预案，实施区域重污染应急联动，共同应对空气重污染。

4．环评会商制度

按照有关法律法规和《实施细则》要求，开展规划环评工作，积极参与区域内重大项目的环评会商，逐步建立专家参与的工作机制。

5．联合执法机制

协调成员单位在6省（区、市）辖区内开展专项执法，不定期组织联合执法。

6．会议制度

实行协作小组全体会议和小组办公室会议制度。协作小组全体会议由组长召集和主持，协作小组全体成员参加，原则上每年召开两次，遇重大事项可随时召开。会议通报交流区域大气污染防治工作总体进展情况，研究大气污染防治及联防联控政策、行动和重要资源支撑等重点工作。会议有关情况及时向国务院报告。

协作小组办公室会议由办公室主任召集和主持，办公室成员及相关人员参加，原则上每季度召开一次，遇重要事项可随时召开。会议落实协作小组的重大决策，协调解决实施过程中的重大问题，通报交流区域大气污染防治工作进展情况。

7. 信息报送制度

协作小组各成员单位每季度书面报告工作进展情况，每年书面报告区域大气污染防治年度任务完成情况总结和下年度工作计划。协作小组定期向各成员单位通报大气污染防治工作的进展情况，并适时向国务院报告。

三、协同治理成效显著

2013 年 10 月，京津冀及周边地区大气污染防治协作小组召开第一次会议，到 2018 年 2 月，共召开 11 次全体会议，中央政治局常委、国务院副总理张高丽 8 次出席会议并讲话，协调重大事项，有力地推动了 7 省（区、市）联防联控工作。

经过共同努力，2017 年，京津冀三地 $PM_{2.5}$ 年均浓度为 64 μg/m^3，较 2013 年下降 39.6%，全面完成《大气污染防治行动计划》工作目标；北京市、天津市、河北省 $PM_{2.5}$ 年均浓度分别为 58 μg/m^3、62 μg/m^3 和 65 μg/m^3，较 2013 年分别下降 35.6%、35.4%和 40%，区域重污染天数由 2013 年的平均 75 天下降至 28 天。其中，北京市 $PM_{2.5}$ 年均浓度为 58 μg/m^3，同比下降 20.5%；较 2013 年下降 32 μg/m^3，降幅达到 35.6%；2017 年 SO_2 年均浓度为 8 μg/m^3，首次降至个位数。

2017 年，京津冀及周边地区 7 省（区、市）70 个城市 $PM_{2.5}$ 年均浓度为 55 μg/m^3，较 2013 年下降 37.2%（按照 2013 年开展监测的 41 个城市计算）。区域 7 省（区、市）PM_{10}、SO_2 和 NO_2 的年均浓度分别为 102 μg/m^3、28 μg/m^3 和 39 μg/m^3，较 2013 年分别下降 25.0%、51.1%和 4.0%。区域内 70 个城市平均空气重污染天数明显下降，区域空气质量继续呈现整体改善趋势，广大人民群众在空气质量改善中的获得感、幸福感显著增强。

区域 7 省（区、市）主要完成了以下几个方面的工作。

（一）建立了区域大气污染防治协作机制

1．区域大气污染防治专家委员会

组织成立由中国工程院院士领衔的区域大气污染防治专家委员会。专家委员会为制定国家重大活动空气质量保障措施、确定中长期规划框架内容、启动重污染预警与应急减排措施等工作提供了强有力的科技支撑，进一步提高了区域大气污染治理的科学性和针对性。

2．完成了区域大气治理中长期规划研究

2015 年，北京市安排专项资金，委托中国环境科学研究院等开展“京津冀及周边地区深化大气污染控制中长期规划研究”。该研究以区域资源环境承载力为约束，提出区域空气质量分阶段改善目标，以及相应的产业结构调整、能源结构优化、环境综合治理的路线图、任务书、时间表，统筹规划区域协同治污工作。2017 年年底，项目研究基本完成，形成研究总报告和各专题研究报告、规划文本建议稿，并根据反馈意见形成规划文本建议稿修改稿。该研究分析了京津冀及周边地区大气污染源排放特征和管控现状，识别出大气污染的主要问题及其成因，根据重点污染源污染物减排潜力制定了空气质量改善目标、减排目标和减排方案，提出了大气污染控制措施，论证了规划目标的可达性，研究成果可为改善区域大气环境质量提供重要决策依据。

3．区域空气重污染预报会商和应急联动机制

协作小组牵头搭建区域空气质量预报预警会商平台，实现实时视频会商。在 APEC 会议和抗战胜利 70 周年大阅兵等重大活动期间，7 省（区、市）每日会商，对可能发生的空气重污染提前预警，为保障重大活动空气质量提供了技术支撑。建立空气重污染应急联动机制，联合应对区域性、大范围空气重污染，特别是针对 2015 年 12 月华北地区两次重污染过程，京、津、冀、晋、鲁、豫联动，47 个地级以上城市启动实施应急预案，其中 12 个城市实施了最高级的应急减排措施，取得较好效果。

4．区域大气污染防治信息共享机制

依托国家环境信息网和传输交换平台，组成覆盖 7 省（区、市）环保厅（局）的信息共享专用网络，建立内部信息共享门户，建设区域地理信息系统，开发业务协同辅助办公软件系统，基本实现大气污染防治工作和管理研究成果等信息共享，提供公文协同办理、会议活动通知、通讯录查询管理、内部邮件收发、网络传真管理等功能，初步实现区域数字地图、空气质量监测和污染源监管数据共享应用，为 7 省（区、市）环保厅（局）协同开展区域大气污染防治日常工作提供统一的基础平台。

5．区域联动执法机制

协作小组牵头建立京津冀环境执法联动工作机制，制定了定期会商、联动执法、联合检查、联合督查、信息共享等工作制度。针对 2015 年 12 月的区域空气重污染，京津冀三地环保执法部门及时启动了环境执法联动机制，重点对区域内电力、钢铁、冶金、焦化、水泥等行业高架源，冬季供暖燃煤锅炉和重点行业 VOCs 排放源，以及三地空气重污染应急预案规定实施停限产、停工、停驶、停烧（秸秆）等应急减排措施的排污单位，开展执法检查和督查。

6．区域机动车排放控制协调机制

为深化京津冀及周边地区大气污染防治协作机制，共同提高区域机

动车排放监管水平，成立京津冀及周边地区机动车排放控制工作协作小组。2015 年 3 月，京津冀及周边地区大气污染防治协作小组办公室印发《京津冀及周边地区机动车排放污染控制协同工作实施方案（试行）》，建立了全国首个跨区域机动车排放污染监管协调机制，标志着京津冀及周边地区大气污染防治工作在机动车排放污染控制方面进入了协同推进阶段。实施方案提出成立协同工作机构，建立会商、人员交流、工作简报等制度，确定近期任务为开展超标车异地代收罚款、区域市场新车一致性及在用车符合性抽查、业务交流活动等，中远期任务为搭建区域机动车排放污染防治监管电子系统、建立区域法规标准、开展联合执法、开展非道路机械管理等工作。

7．船舶港口大气污染联防联控工作机制

协作小组印发了《京津冀及周边地区船舶与港口大气污染物排放协同治理工作方案》，初步建立区域船舶大气污染联防联控工作机制，从划定港口船舶污染排放控制区、推广使用清洁燃油、船舶靠港使用岸电装置减少污染排放、港口内作业机械使用电或其他清洁燃料等方面减少船舶港口污染排放。

（二）推动完成的区域大气污染共同治理工程

1．燃煤污染治理

2014—2015 年，区域共压减燃煤约 3 600 万 t，淘汰小型燃煤锅炉总容量约 9 万 t/h，治理大型燃煤锅炉总容量 7.5 万 t/h；完成优质煤替代劣质散煤约 900 万 t。

2．机动车污染控制

完成老旧车、黄标车淘汰 460 万辆，京津冀已基本淘汰黄标车，全面实行新车国Ⅴ排放标准；山西、内蒙古、山东、河南按计划完成 2005 年年底前注册运营的黄标车淘汰任务；北京、天津、河北、山东基本实现符合国Ⅴ标准的汽柴油的全面供应；推广应用新能源车 7.2 万辆。

3．工业污染控制

完成燃煤发电机组超低排放升级改造装机容量 8 800 万 kW，淘汰钢铁产能 6 300 万 t、焦炭 390 万 t、水泥产能 8 400 万 t、平板玻璃 4 600 万重量箱，开展炼油石化行业 VOCs 污染治理。

4．秸秆禁烧

7 省（区、市）按照“疏堵结合、以疏为主”的原则，结合各地实际，统筹推进秸秆综合利用和禁烧工作，2015 年秸秆焚烧火点数量较上年同期减少 262 个，北京、天津、河北三地秸秆综合利用率分别达到 100%、95.7%、95%，其他省（区、市）均达到 80%以上。

（三）制定了一批区域大气污染联防联控政策

国家有关部委陆续出台了保障京津冀区域天然气稳定供应、成品油质量升级、机动车污染防治、电力钢铁水泥等重点行业限期治理、散煤转清洁能源采暖、秸秆综合利用和禁烧、新能源车推广等文件，为区域大气污染治理提供了政策保障。

1．燃煤及能源领域

先后制定了《关于建立保障天然气稳定供应长效机制的若干意见》《能源行业加强大气污染防治工作方案》《大气污染防治成品油质量升级行动计划》《商品煤质量管理暂行办法》《煤炭清洁高效利用行动计划（2015—2020 年）》《加强大气污染治理重点城市煤炭消费总量控制工作方案》《京津冀地区散煤清洁化治理工作方案》。

2．机动车船领域

先后制定了《京津冀公交等公共服务领域新能源汽车推广工作方案》《关于全面推进黄标车淘汰工作的通知》《新能源公交车推广应用考核办法》《船舶与港口污染防治专项行动实施方案（2015—2020）》《加快成品油质量升级工作方案》。

3．工业生产领域

先后制定了《京津冀及周边地区重点行业大气污染限期治理方案》《关于重点产业布局调整和产业转移的指导意见》《关于在北方采暖区全面试行冬季水泥错峰生产的通知》《京津冀及周边地区工业资源综合利用产业协同发展行动计划（2015—2017 年）》《关于联合组织实施工业领域煤炭清洁高效利用行动计划的通知》。

（四）开展了“2+4”城市群大气污染防治结对合作

1．结对合作协议

2015 年 4 月 16 日，协作小组办公室（扩大）会议提出建议：加快推进京津冀核心区域大气污染治理工作，建立重点地区大气污染防治帮扶工作机制。5 月 19 日，协作小组第四次会议正式提出“建立重点地区大气污染防治结对合作工作机制”，将北京市、天津市以及河北省唐山市、廊坊市、保定市、沧州市等地作为京津冀大气污染防治协作区，开展“2+4”城市群大气污染防治结对合作，即北京市与河北省廊坊市、保定市，天津市与河北省唐山市、沧州市分别对接，北京、天津两市在大气污染治理资金、技术等方面对河北省 4 个市予以支持帮助，落实帮扶重点工程项目，加快重点区域大气污染治理步伐。

2．共同治理领域

北京市环保局、市财政局与两市协商，就加强大气污染联防联控合作进行多次沟通，确定治理工程项目、资金使用范围、拨付方式等。2015 年以来，北京市分别支持廊坊市、保定市开展燃煤污染治理。一是针对容量 10 t/h 及以下小型燃煤锅炉，鼓励通过拆除、并网、改气、改电等清洁能源方式淘汰使用，彻底解决燃煤污染。二是针对大型燃煤锅炉，按照国家新发布的《锅炉大气污染物排放标准》，实施脱硫、脱硝、除尘等提标改造工程。

3．合作共治进展

2015年和2016年连续两年，北京市将中央财政转移支付北京市的大气污染治理资金8亿元，加上北京市从自有资金中安排的1.62亿元，安排给廊坊市、保定市实施工程治污，两年分别为4.6亿元和5.02亿元。两年中，河北廊坊、保定两市共完成燃煤锅炉淘汰和清洁能源改造4 100余台、总容量8 400多t/h，削减煤炭约150万t，完成燃煤锅炉脱硫脱硝除尘治理163台、总容量5 800多t/h。2016年，京津冀核心区$PM_{2.5}$和SO_2浓度分别比2015年下降了10.8%和19.2%，分别比2013年下降了31.5%和54%。

2015年和2016年连续两年，天津市将中央财政转移支付天津市的大气污染治理资金8亿元，全部安排给唐山市、沧州市实施工程治污。

（五）成功开展国家重大活动空气质量保障

1．2014年APEC领导人非正式会议空气质量保障工作

2014年年初，京津冀及周边地区大气污染防治协作小组协调环保部和7省（区、市）政府，按照“以北京地区为主、周边积极联动、会前会期共保、方案启动时间统一”的原则，研究制定了2014年APEC领导人非正式会议空气质量保障方案，建立了区域空气质量预报预警会商、应急联动机制。

2014年11月3日，统一启动实施了会期空气质量保障方案，落实部分工业企业停产限产、施工工地停工、机动车限行、加强对进京机动车的环保管控、强化执法检查等措施。

为准确研究判断会议期间的空气质量变化趋势，北京市会同环保部、周边5省（区、市）成立了空气质量预测预警工作小组。组织5位国内知名专家，共同开展北京市未来七日、周边地区未来两日的空气质量预报会商，每日将预测结果及时报送协作小组、各省（区、市）空气质量保障工作领导小组，为有针对性地升级空气质量保障措施提供科学

依据。预测表明，11 月 4—5 日、8—11 日会出现不利的气象条件。根据专家建议，协作小组紧急研究、统筹调度，及时果断地启动了应急减排措施。北京市所有工地停止施工，新增 229 家停产、限产的工业企业，燃煤电厂减少 70%的污染排放。4 日起，西南方向的廊坊、保定、石家庄、邢台、邯郸等 5 个城市，6 日起，东南方向的天津、唐山、沧州、衡水，以及济南等山东省北部的 6 个城市，先后启动了最高一级应急预案，进一步增加停工、限产的工地和企业，实施机动车单双号限行。特别是 8 日起，河北省再次升级减排措施，新增燃煤发电企业限产减排 50%，钢铁、焦化、水泥、玻璃等重点污染企业（高架点源）全部停产（焖炉），工业生产的 VOCs 排放工序全部停产等。山西省的太原等 5 个城市实施了最高一级应急减排措施，内蒙古自治区也主动新增停限产企业 900 多家。

实施应急减排措施后，7 省（区、市）实施机动车单双号限行的城市达 17 个，停限产的工业企业增加到 1 万多家，停工工地增加到 2 万余个。这些措施的实施有效地抑制了西南、东南方向污染传输对北京市的影响，保证了北京 APEC 会议期间空气质量整体良好，明显降低了京津冀区域污染物的累积速度，使京津冀区域的空气质量得到改善。

2014 年 11 月 1—11 日，北京市空气质量优良，主要污染物 $PM_{2.5}$ 质量浓度平均为 46.3 $\mu g/m^3$，同比下降 52.5%；特别是 APEC 会议期间（11 月 5—11 日），空气质量天天优良。天津、河北、山西、内蒙古和山东 $PM_{2.5}$ 浓度同比分别下降 23.5%、31.0%、26.5%、49.4%（以呼和浩特和包头计）和 21.3%，区域平均下降 34.0%，APEC 会议空气质量保障工作取得明显成效，区域整体空气质量同步改善。

专栏一　习近平主席在 APEC 欢迎宴会上的致辞（节选）

（2014 年 11 月 11 日　来源：央视新闻）

这几天我每天早晨起来以后的第一件事，就是看看北京空气质量如何，希望雾霾小一些，以便让各位远方的客人到北京时感觉舒适一点。好在是人努力天帮忙啊，这几天北京空气质量总体好多了，不过我也担心我这个话说早了，但愿明天的天气也还好。这几天北京空气质量好，是我们有关地方和部门共同努力的结果，来之不易。我要感谢各位，也感谢这次会议，让我们下了更大的决心，来保护生态环境，有利于我们今后把生态环境保护工作做得更好。也有人说，现在北京的蓝天是 APEC 蓝，美好而短暂，过了这一阵就没了，我希望并相信通过不懈的努力，APEC 蓝能够保持下去。

（掌声）谢谢，我们正在全力进行污染治理，力度之大，前所未有，我希望北京乃至全中国都能够蓝天常在，青山常在，绿水常在，让孩子们都生活在良好的生态环境之中，这也是中国梦中很重要的内容。

专栏二　人民网新闻报道

[人民网北京 11 月 26 日电] 今日，由人民日报社主办的“京津冀协同发展论坛”在京举行。出席论坛的北京市环境保护局有关负责人在接受人民网强国论坛记者采访时表示，APEC 会议期间的好空气说明靠人们的主观努力是可以改变空气质量的，“APEC 蓝”应该成为常态，变成常驻首都的“北京蓝”。

此前有网友认为，APEC 会议期间通过一系列减排措施，空气质量得到了明显的改善，证明人为努力是可以有效治理大气污染的。对此，周扬胜表示赞同，他说，空气质量是污染物排放和气象条件共同作用的结果，APEC 会议期间采用了特殊控制措施，的确有效降低了污染物的排放量，工业污染、机动车排放、燃煤、工地扬尘等都有不同程度的下降，下降程度最大的是工地扬尘，达到 70%~80%，周边省市也配合采取了相应措施，收效显著。

谈到首都大气污染的防治措施时，负责人表示，机动车尾气污染怎么减少，不能简单地依赖单双号限行，而应该考虑如何提供更多的公共交通资源，让人们少开车，怎么用更多的电动汽车替代燃油汽车等。另外，工地搞建设的强度是否可以降低，相应的管理技术怎么提高，车辆运输如何确保不遗撒，电力怎样更多地替代燃煤，产业结构如何趋于完善等，这些都是努力的方向，也是现在正在做的“十三五”规划中的重要内容。

（谢婷　张庆成）

2．抗战胜利 70 周年大阅兵空气质量保障

按照京津冀及周边地区大气污染防治协作小组第四次会议部署，协作小组办公室会同环保部和 7 省（区、市）政府，针对夏季污染排放特征和区域污染传输规律，共同研究制定了抗战纪念活动空气质量保障方案，并根据专家意见，对措施力度、实施范围、控制重点进一步予以强化。各省（区、市）要求燃煤污染治理、工业污染治理和结构调整、老旧机动车淘汰等重点治理工程提前到 8 月底前完成。北京市结合世界田径锦标赛空气质量保障工作，自 8 月 20 日全面启动机动车单双号、企业停限产、工地停工等措施；天津市，河北保定、廊坊、定州、辛集、沧州等部分市及直管县，山西太原，山东济南、青岛、淄博、泰安、济宁、聊城，内蒙古包头等地区，自 20 日起陆续提前实施保障措施，河北省还主动实施了机动车单双号的污染减排措施。8 月 28 日，7 省（区、市）全面启动临时减排措施，共停限产企业 2.3 万家，停工工地 1.2 万个，停车约 550 万辆；措施力度较原保障方案加严一倍。当天预测到 9 月 3 日气象条件不利于污染物扩散，协作小组及时发布应急减排通知，要求 9 月 1—3 日，京津和冀鲁豫重点城市实施最高一级应急减排措施，最大限度减少污染排放。7 省（区、市）迅速升级污染减排措施，停限

产的工业企业增加到 3.2 万多家，停工工地增加到 1.9 万余个，最大限度减少了污染排放。各省（区、市）均成立了督查检查组，每天由省（区、市）领导带队开展综合督查，环保、工业、住建等行业主管部门开展全天候专项督查。环保部 22 个督查组深入各地检查措施的落实情况。

2015 年 9 月 3 日，抗战胜利 70 周年大阅兵当天，北京市 $PM_{2.5}$ 浓度为 8 μg/m^3、为一级优，圆满完成了阅兵活动的空气质量保障任务，实现了“阅兵蓝”。8 月 20 日—9 月 3 日，北京市 $PM_{2.5}$ 平均浓度为 17.8 μg/m^3，同比下降 73.2%，连续 15 天为一级优；7 省（区、市）$PM_{2.5}$ 浓度同比平均下降 30%左右，周边地区空气质量同步改善。

（六）开展区域大气联防联控科学研究

2013—2017 年，为进一步科学开展区域大气污染联防联控工作，提升区域环保系统管理和技术水平，利用多渠道科研资金，组织开展了“京津冀及周边地区空气质量管理研究”“京津冀区域大气污染控制研究”“京津冀区域大气氨排放特征与控制对策研究”“京津冀区域清洁能源改造典型案例分析及政策建议研究”，获得一批科研成果。一是通过掌握区域经济社会及产业发展现状、区域大气环境质量现状、区域大气污染传输状况、区域大气污染排放标准和大气环境管理制度对比、区域合作现状，探明区域协作存在的问题，提出下一步完善区域大气污染防治工作机制及保障机制的有关建议。针对“2+4”城市（北京、天津、保定、廊坊、沧州、唐山），梳理排放现状，分析大气污染的主要成因，提出不同时期的大气污染物减排要求，制定重点城市大气污染治理的实施路线图。二是基于空间信息技术，研究京津冀区域农业、畜牧业的活动水平，测算区域氨排放因子，分析区域大气氨的排放特征，提出区域氨排放控制对策建议。三是全面掌握“煤改气”“煤改电”等多种典型技术类型的污染排放、建设运行成本、可操作性等关键技术特性，科学分析区域清洁能源改造技术的环境效益和经济效益，评估、对比清洁能源改造技术的各项指标，为筛选区域燃煤清洁能源改造的最佳技术、科学制定京津冀区域清洁能源改造政策措施提供技术支持。

第三节　煤炭集港“公转铁”引发运输结构调整

2017年，京津冀及周边地区大气污染联合防治工作与往年不同的是实施了煤炭集港运输“公转铁”，显著减少了北京市延庆区过境以及天津港煤炭集港公路运输沿途的大货车排放污染。国家进一步提升“公转铁”的地位和作用，将运输结构调整与能源结构调整、产业结构调整并列，形成了治理大气污染的三大结构治污策略，不断扩大治污成果，为治理柴油车污染、打赢蓝天保卫战发挥了新作用。

北京市延庆区是天津港“煤炭下水”的最主要公路运输通道，大货车对延庆乃至沿线造成严重污染。为此，北京市环保局在延庆区环保局调研的基础上，于2016年年底开展专项调研，提出了《关于停止天津港等港口煤炭公路集港业务削减京西北过境大货车排放污染的建议》，为环保部采纳和中央领导同意，纳入京津冀区域大气污染防治年度计划。

一、煤炭集港运输“公转铁”建议提出

《北京环保信息》2017年第1期编者按：2017年2月22日，环境保护部副部长赵英民在大气污染防治媒体见面会上通报，计划今年9月底前天津港不再接收公路运输煤炭，从而从源头上减少重型柴油车污染排放。这一措施主要来自北京市环保局调研成果《关于停止天津港等港口煤炭公路集港业务削减京西北过境大货车排放污染的建议》。调研报告主要内容节选如下。

（一）基本情况

1．“延庆区—天津港”是公路运输煤炭下海的主要通道

为保证我国东南沿海和南方地区能源供应，国家组织实施了“北煤南运”战略。根据天津港反映和京西北延庆综合检查站调查，天津港的下海煤炭中 51.4%为公路集港，延庆—天津港是主要运输通道。秦皇岛下海煤炭通过大秦铁路集港，唐山港的下海煤炭中 95%以上也为铁路集港。

延庆区综合检查站 2016 年（截至 2016 年 12 月 21 日）交通量统计表明，单向进京大货车为 281 万辆次（平均 7 810 辆/d），其中 10%左右给北京运送肉、菜、蛋奶等城市生活必需品，90%为过境车辆（共约 250 万辆次，往返加倍）。过境车辆中 85%为运送煤炭（6 000 辆/d），5%左右运送机械设备、矿物等其他货物。运煤大货车主要是从内蒙古西部地区沿 110 国道经延庆区进京，穿行京藏高速/京新高速、北六环、东六环后，沿京津高速、滨海公路到天津港，是“煤炭下海”主要公路通道，在北京境内单向行驶约 170 km。

2．过境大货车大气污染物排放量大

按照大货车出厂达到国III排放标准、所用柴油符合要求估算过境大货车大气污染物排放量，并与 2015 年北京市在册机动车排放进行比较。经计算，从总量来看，延庆区综合检查站过境大货车（约 250 万辆/a，往返加倍）每年排放 NO_x 7 636.81 t（其中运煤大货车的贡献占过境大货车排放的比例为 94.4%），额外多排了相当于北京市机动车 NO_x 年排放量的 11.43%、货运车 NO_x 年排放量的 24.32%。按照北京市小汽车 NO_x 排放因子平均国IV标准（0.023 g/km）、日行 41 km 计算，延庆方向过境运煤大货车在北京市域的 NO_x 排放量相当于 600 万辆国IV小汽车日常的排放量。因此，减少运煤大货车过境污染日益成为北京市机动车排放污染控制的重要因素。

3. 现行过境大货车管理措施需要进一步完善

目前，为防控外埠过境大货车污染，市、区环保部门会同有关部门，采取了加强日常检测、抽查等监管措施，取得了积极成效。但由于车流量过大，难以实现 100%检测；对于检测发现的部分不合格外埠大货车，还存在劝而不返的现象。同时，以交通管制的手段促使大货车绕行北京，固然可以缓解北京的直接污染，但从京津冀整体来说，绕行将会增加里程、消耗更多柴油、排放更多污染物，不利于改善京津冀整体大气环境质量。

4. 港口接卸能力和铁路运力充足

运煤大货车的主要目的地是京津冀沿海港口。从调查情况看，秦皇岛港煤炭下海基本已达设计能力，且以铁路集港为主。天津港 2016 年煤炭下海能力达到 1.1 亿 t 左右，其中，公路集港达 5 654 万 t；铁路运力主要保障神华集团煤炭下海。唐山港（包括京唐港区、曹妃甸港区）港口能力可达 3 亿 t，但 2016 年煤炭下海仅 1.5 亿 t 左右，95%为铁路集港。从到唐山港的铁路运力来看，2015 年年底贯通的张唐铁路设计运力达 1.6 亿 t/a，2016 年运量仅 1 200 万 t；经大秦铁路煤炭下海量由之前的年均 8 070 万 t，下降了 5 600 万 t 左右，但可以在 2 个月内恢复运力；曹妃甸港区完成复线升级扩能，有更大的铁路接卸能力。

通过张唐、大秦铁路及呼和浩特铁路局，唐山港可以在目前的基础上增加煤炭下海量 7 400 万 t/a，完全可以弥补因停止天津港公路集港业务而减少的 5 650 万 t 煤炭下海量，不会影响南方煤炭供给和能源安全。而且，据呼和浩特铁路局测算，从鄂尔多斯至唐山港，铁路运费为 270 元/t，比公路运输正常报价（300 元/t）低 10%左右，经济上是合理的。

此外，由内蒙古鄂尔多斯地区至江西的铁路煤运通道计划于 2017 年开通，也会大大降低天津港煤炭公路集港量，从自身发展来说，定位于“北方国际航运中心”的天津港可提前筹划，尽快启动结构转型，谋求更多的高端业务。

（二）对策建议

一是树立需求侧治理的思路，突破“就车论车”惯性思维，与其对运煤大货车劝返、绕行的“扬汤止沸”，不如从港口“釜底抽薪”。港口不收公路运煤是解决首都西北延庆过境运煤大货车大气污染和交通拥堵的“总开关”。

二是停止天津港“煤炭下海”中公路集港业务，只保留铁路集港及对应下海业务，并同步停止其他三港的煤炭公路长途集港业务，公告社会周知。

三是提高铁路煤炭下海运力，调度保障呼和浩特铁路局及太原铁路局，提高煤炭铁路集港运输能力，保障唐山港煤炭下海量需求。同时，唐山港做好相应铁路煤炭接卸业务。

四是将加注、运输、经营车用柴油行为一并治理，对 110 国道（内蒙古鄂尔多斯—天津港）沿途加油站、货车使用的柴油质量进行检查，对辽宁地区炼油企业柴油质量和流向进行检查，取缔非法加油点，严厉打击违法加油和逃税行为，杜绝不合格油品流入京津冀地区，禁止使用不合格柴油的货车进入京津冀地区。

五是除煤炭公路集港外，矿石上岸、钢铁下海、大量集装箱集港疏港基本上是通过公路实现的，京津冀本地煤炭消费大部分也通过公路运输实现。因此，构建包括进港网络在内的铁路网并有效运行，合理调度以提高京津冀地区铁路运煤比重是降低公路运输污染的关键，应当作为一项区域大气污染治理的综合措施。

（三）成本-环境效益和风险分析

停止天津港煤炭公路集港业务、关闭大货车堆煤场，测算天津市将损失 GDP 6.7 亿元，但可以每年为北京市、天津市分别减排 NO_x 7 209 t、3 916 t。对比北京市每年通过财政补贴近 10 亿元左右推动淘汰老旧车

（可减排 NO_x3 000 t 左右），停止天津港公路集港业务将有显著的污染减排效果。

有序引导运煤大货车由长途运输（1 500 km 以上）转向从事坑口到火车装车站的短途驳运（30～40 km），特别是当铁路运力提高后，需要更多的货车从事短途驳运，不至于对大货车“生计”造成大的冲击。

二、煤炭集港运输“公转铁”初见成效

2017 年 1 月 9 日，京津冀及周边地区大气污染防治协作小组第八次（扩大）会议在北京召开。除小组成员单位外，特邀中国铁路总公司领导列席会议。中央政治局常委、国务院副总理张高丽出席会议并讲话，专门对天津港煤炭集港运输“公转铁”进行了研究和部署，天津市领导表示坚决贯彻落实中央决策，做好“公转铁”和天津港按期停止接收公路运输煤炭工作。会议全面部署了 2017 年京津冀及周边地区大气污染防治重点工作，审议并原则通过了《京津冀及周边地区 2017 年大气污染防治工作方案》，将传输通道范围扩大至京津冀及周边地区“2+26”城市，明确了区域冬季清洁取暖、重点行业治理、散乱污企业整治、企业错峰生产、交通行业治理和重污染天气应对等方面的具体目标和任务完成时限。

2017 年 2 月 17 日，环境保护部等印发《京津冀及周边地区 2017 年大气污染防治工作方案》（以下简称《方案》），《方案》第 12 条提出：“大幅提升区域内铁路货运比例，加快推进港铁联运煤炭。充分利用张唐等铁路运力，大幅降低柴油车辆长途运输煤炭造成的大气污染。7 月底前，天津港不再接收柴油货车运输的集港煤炭。9 月底前，天津、河北及环渤海所有集疏港煤炭主要由铁路运输，禁止环渤海港口接收柴油货车运输的集疏港煤炭。”

为减少环渤海港口集港煤炭公路运输污染，环渤海各省市按照《京津冀及周边地区 2017 年大气污染防治工作方案》相关要求，9 月底全面

实现煤炭集港“公转铁”。2017 年 10 月起，京西北延庆过境 6 轴及以上大货车已经由政策实施前的日均 6 000 多辆减少至日均 3 000 多辆，流量下降 50%以上。我国首次集疏港煤炭“公转铁”实践取得成功，对减少污染物排放、改善区域大气环境质量、缓解交通拥堵发挥了明显作用。同时，京津冀区域交通运输质量得到提升，扭转了铁路货运量及占比多年连续下降的局面，港口煤炭吞吐量同比上升 10%，达到 22 亿 t。天津市、河北省、山东省积极落实国家“公转铁”工作部署，成效显著。

2017 年 4 月 13 日，天津市人民政府印发《天津市 2017 年大气污染防治工作方案》，提出“4 月底前天津港不再接收柴油货车运输的集港煤炭”的明确要求。4 月 30 日 24 时起，天津港码头全面停止接收公路散运煤炭、焦炭，提前 3 个月完成了任务。5 月 1 日，天津市领导组织现场实地检查，未发现汽车运输煤炭进出天津港的情况。据测算，进出天津港运煤货车每天减少 6 000 余辆次，全年预计减少 200 多万辆次，减少汽车运输煤炭超 6 000 万 t，既可大幅减少煤炭运输车辆尾气排放污染，又能有效解决煤炭运输扬尘污染，有利于改善生态环境，天津港环境面貌发生了明显变化。

2017 年 4 月 1 日，河北省人民政府印发了《河北省强化交通运输领域污染防治专项实施方案》，随后河北省交通运输厅港航管理局印发了《河北省港口大气污染防治专项实施方案》，并组织召开了河北省港口大气污染防治推进会，与秦皇岛市、唐山市、沧州市港航局签订了《禁止汽运煤集疏港责任书》。

但是，2017 年煤炭集港“公转铁”也并非一帆风顺。5 月 1 日天津港停止煤炭公路集港后，北京市环保局通过调研了解到，大量货车转而将煤炭运往唐山港，似有“按下葫芦起了瓢”。北京市环保局向市政府报告后，2017 年 7 月 26 日，代市长陈吉宁批示市环保局抓紧与环保部、交通部沟通，争取将此问题列入京津冀及周边地区大气污染防治协作小组第十次会议议程。7 月 31 日，第十次会议指出，京津冀及周边地区公路运输比例过高，是大气污染严重的原因之一。会议要求：各地加快运输结构调整，不折不扣地执行年初确定的货运调整措施，9 月起，河北省、山东省和环渤海港口严禁公路运煤，一律改为铁路运输。

2017 年 8 月初，河北省秦皇岛港股份有限公司制定了《大气污染防治实施方案》，明确提出“要落实国家禁止环渤海港口接收柴油货车运输煤炭的要求，9 月底前集疏港煤炭一律由铁路运输，禁止接收柴油货车运输的集疏港煤炭”。8 月 9 日，唐山市人民政府印发了《关于停止唐山港煤炭汽运集疏港的通知》，要求唐山港于 8 月 15 日起全面停止接收煤炭汽车集港运输。9 月 15 日，河北省秦皇岛港、曹妃甸港区、黄骅港全面停止接收柴油货车运输的集疏港煤炭。

2017 年 7 月底，山东省潍坊港停止使用柴油货车运输集疏港煤炭。8 月 31 日，山东省烟台港全面停止使用柴油货车运输集疏港煤炭。

三、运输结构调整成为结构治污新方法

（一）国家决策运输结构调整

2017 年 12 月 18—20 日，中央经济工作会议在北京举行。中共中央总书记、国家主席、中央军委主席习近平发表重要讲话。会议指出，“打好污染防治攻坚战，要使主要污染物排放总量大幅减少，生态环境质量总体改善，重点是打赢蓝天保卫战，调整产业结构，淘汰落后产能，调整能源结构，加大节能力度和考核，调整运输结构”。

2018 年 4 月 2 日下午，中共中央总书记、国家主席、中央军委主席、中央财经委员会主任习近平主持召开中央财经委员会第一次会议，研究打好三大攻坚战的思路和举措，研究审定《中央财经委员会工作规则》。习近平在会上发表重要讲话时强调，防范化解金融风险，事关国家安全、发展全局、人民财产安全，是实现高质量发展必须跨越的重大关口。精准脱贫攻坚战已取得阶段性进展，只能打赢打好。环境问题是全社会关

注的焦点，也是全面建成小康社会能否得到人民认可的一个关键，要坚决打好打胜这场攻坚战。会议指出，打好污染防治攻坚战，要明确目标任务，到 2020 年使主要污染物排放总量大幅减少，生态环境质量总体改善。要打几场标志性的重大战役，打赢蓝天保卫战，打好柴油货车污染治理、城市黑臭水体治理、渤海综合治理、长江保护修复、水源地保护、农业农村污染治理攻坚战，确保 3 年时间明显见效。要细化打好污染防治攻坚战的重大举措，尊重规律，坚持底线思维。各级党委、各部门党组（党委）要把污染防治放在各项工作的重要位置，层层抓落实，动员社会各方力量，群防群治。要坚持源头防治，调整“四个结构”，做到“四减四增”。一是要调整产业结构，减少过剩和落后产业，增加新的增长动能。二是要调整能源结构，减少煤炭消费，增加清洁能源使用。三是要调整运输结构，减少公路运输量，增加铁路运输量。四是要调整农业投入结构，减少化肥农药使用量，增加有机肥使用量。要坚持统筹兼顾、系统谋划，体现差别化，体现奖优罚劣，避免影响群众生活。

2018 年 5 月 18 日，全国生态环境保护大会在北京召开，会议强调实施“公转铁”的战略部署。习近平总书记在讲话中指出：“要调整运输结构，减少公路运输量，增加铁路运输量。要抓紧治理柴油货车污染，推动货车经营整合升级、提质增效，加快规模化发展、连锁化经营。”

以“公转铁”促进大气污染治理成为国家政治决策，交通运输结构优化调整成为与能源、产业结构调整并重的结构治污“新药方”。

2018 年 6 月 16 日，中共中央、国务院印发《关于全面加强生态环境保护坚决打好污染防治攻坚战的意见》（以下简称《意见》），提出“打好柴油货车污染治理攻坚战”。《意见》要求：“以开展柴油货车超标排放专项整治为抓手，统筹开展油、路、车治理和机动车船污染防治。严厉打击生产销售不达标车辆、排放检验机构检测弄虚作假等违法行为。加快淘汰老旧车，鼓励清洁能源车辆、船舶的推广使用。建设‘天地车人’一体化的机动车排放监控系统，完善机动车遥感监测网络。推进钢铁、电力、电解铝、焦化等重点工业企业和工业园区货物由公路运输转向铁路运输。显著提高重点区域大宗货物铁路水路货运比例，提高沿海港口集装箱铁路集疏港比例。重点区域提前实施机动车国六排放标准，严格实施船舶和非道路移动机械大气排放标准。鼓励淘汰老旧船舶、工程机械和农业机械。落实珠三角、长三角、环渤海、京津冀水域船舶排放控制区管理政策，全国主要港口和排放控制区内港口靠港船舶率先使用岸电。到 2020 年，长江干线、西江航运干线、京杭运河水上服务区和待闸锚地基本具备船舶岸电供应能力。2019 年 1 月 1 日起，全国供应符合国六标准的车用汽油和车用柴油，力争重点区域提前供应。尽快实现车用柴油、普通柴油和部分船舶用油标准并轨。内河和江海直达船舶必须使用硫含量不大于 10 mg/kg 的柴油。严厉打击生产、销售和使用非标车（船）用燃料行为，彻底清除黑加油站点。”

2018 年 6 月 27 日，国务院印发《打赢蓝天保卫战三年行动计划》（国发〔2018〕22 号），在第四部分全面提出“积极调整运输结构，发展绿色交通体系”任务：

“（十四）优化调整货物运输结构。大幅提升铁路货运比例。到 2020 年，全国铁路货运量比 2017 年增长 30%，京津冀及周边地区增长 40%、长三角地区增长 10%、汾渭平原增长 25%。大力推进海铁联运，全国重点港口集装箱铁水联运量年均增长 10%以上。制定实施运输结构调整行动计划。（发展改革委、交通运输部、铁路局、中国铁路总公司牵头，财政部、生态环境部参与）”

“推动铁路货运重点项目建设。加大货运铁路建设投入，加快完成蒙华、唐曹、水曹等货运铁路建设。大力提升张唐、瓦日等铁路线煤炭运输量。在环渤海地区、山东省、长三角地区，2018 年年底前，沿海主要港口和唐山港、黄骅港的煤炭集港改由铁路或水路运输；2020 年采暖季前，沿海主要港口和唐山港、黄骅港的矿石、焦炭等大宗货物原则上主要改由铁路或水路运输。钢铁、电解铝、电力、焦化等重点企业要加快铁路专用线建设，充分利用已有铁路专用线能力，大幅提高铁路运输比例，2020 年重点区域达到 50%以上。（发展改革委、交通运输部、铁路局、中国铁路总公司牵头，财政部、生态环境部参与）”

“大力发展多式联运。依托铁路物流基地、公路港、沿海和内河港口等，推进多式联运型和干支衔接型货运枢纽（物流园区）建设，加快推广集装箱多式联运。建设城市绿色物流体系，支持利用城市现有铁路货场物流货场转型升级为城市配送中心。鼓励发展江海联运、江海直达、滚装运输、甩挂运输等运输组织方式。降低货物运输空载率。（发展改革委、交通运输部牵头，财政部、生态环境部、铁路局、中国铁路总公司参与）”

“（十五）加快车船结构升级。推广使用新能源汽车。2020 年新能源汽车产销量达到 200 万辆左右。加快推进城市建成区新增和更新的公交、环卫、邮政、出租、通勤、轻型物流配送车辆使用新能源或清洁能源汽车，重点区域使用比例达到 80%；重点区域港口、机场、铁路货场等新增或更换作业车辆主要使用新能源或清洁能源汽车。2020 年年底前，重点区域的直辖市、省会城市、计划单列市建成区公交车全部更换为新能源汽车。在物流园、产业园、工业园、大型商业购物中心、农贸批发市场等物流集散地建设集中式充电桩和快速充电桩。为承担物流配送的新能源车辆在城市通行提供便利。（工业和信息化部、交通运输部牵头，财政部、住房城乡建设部、生态环境部、能源局、铁路局、民航局、中国铁路总公司等参与）”

“大力淘汰老旧车辆。重点区域采取经济补偿、限制使用、严格超标排放监管等方式，大力推进国三及以下排放标准营运柴油货车提前淘汰更新，加快淘汰采用稀薄燃烧技术和‘油改气’的老旧燃气车辆。各地制定营运柴油货车和燃气车辆提前淘汰更新目标及实施计划。2020 年年底前，京津冀及周边地区、汾渭平原淘汰国三及以下排放标准营运中型和重型柴油货车 100 万辆以上。2019 年 7 月 1 日起，重点区域、珠三角地区、成渝地区提前实施国六排放标准。推广使用达到国六排放标准的燃气车辆。（交通运输部、生态环境部牵头，工业和信息化部、公安部、财政部、商务部等参与）”

“推进船舶更新升级。2018 年 7 月 1 日起，全面实施新生产船舶发动机第一阶段排放标准。推广使用电、天然气等新能源或清洁能源船舶。长三角地区等重点区域内河应采取禁限行等措施，限制高排放船舶使用，鼓励淘汰使用 20 年以上的内河航运船舶。（交通运输部牵头，生态环境部、工业和信息化部参与）”

“（十六）加快油品质量升级。2019 年 1 月 1 日起，全国全面供应符合国六标准的车用汽柴油，停止销售低于国六标准的汽柴油，实现车用柴油、普通柴油、部分船舶用油‘三油并轨’，取消普通柴油标准，重点区域、珠三角地区、成渝地区等提前实施。研究销售前在车用汽柴油中加入符合环保要求的燃油清净增效剂。（能源局、财政部牵头，市场监管总局、商务部、生态环境部等参与）”

“（十七）强化移动源污染防治。严厉打击新生产销售机动车环保不达标等违法行为。严格新车环保装置检验，在新车销售、检验、登记等场所开展环保装置抽查，保证新车环保装置生产一致性。取消地方环保达标公告和目录审批。构建全国机动车超标排放信息数据库，追溯超标排放机动车生产和进口企业、注册登记地、排放检验机构、维修单位、运输企业等，实现全链条监管。推进老旧柴油车深度治理，具备条件的安装污染控制装置、配备实时排放监控终端，并与生态环境等有关部门联网，协同控制颗粒物和 NO_x 排放，稳定达标的可免于上线排放检验。有条件的城市定期更换出租车三元催化装置。（生态环境部、交通运输部牵头，公安部、工业和信息化部、市场监管总局等参与）”

“加强非道路移动机械和船舶污染防治。开展非道路移动机械摸底调查，划定非道路移动机械低排放控制区，严格管控高排放非道路移动机械，重点区域 2019 年年底前完成。推进排放不达标工程机械、港作机械清洁化改造和淘汰，重点区域港口、机场新增和更换的作业机械主要采用清洁能源或新能源。2019 年年底前，调整扩大船舶排放控制区范围，覆盖沿海重点港口。推动内河船舶改造，加强颗粒物排放控制，开展减少 NO_x 排放试点工作。（生态环境部、交通运输部、农业农村部负责）”

“推动靠港船舶和飞机使用岸电。加快港口码头和机场岸电设施建设，提高港口码头和机场岸电设施使用率。2020 年底前，沿海主要港口 50%以上专业化泊位（危险货物泊位除外）具备向船舶供应岸电的能力。新建码头同步规划、设计、建设岸电设施。重点区域沿海港口新增、更换拖船优先使用清洁能源。推广地面电源替代飞机辅助动力装置，重点区域民航机场在飞机停靠期间主要使用岸电。（交通运输部、民航局牵头，发展改革委、财政部、生态环境部、能源局等参与）”

2018 年 9 月 17 日，国务院办公厅印发《推进运输结构调整三年行动计划（2018—2020 年）》（国办发〔2018〕91 号，以下简称《行动计划》），对运输结构调整、治理污染工作进行了全面系统部署。计划提出了指导思想：以深化交通运输供给侧结构性改革为主线，以京津冀及周边地区、长三角地区、汾渭平原等区域（以下称“重点区域”）为主战场，以推进大宗货物运输“公转铁、公转水”为主攻方向，不断完善综合运输网络，切实提高运输组织水平，减少公路运输量，增加铁路运输量，加快建设现代综合交通运输体系，有力支撑打赢蓝天保卫战、打好污染防治攻坚战，更好服务建设交通强国和决胜全面建成小康社会。

三年工作目标是：到 2020 年，全国货物运输结构明显优化，铁路、水路承担的大宗货物运输量显著提高，港口铁路集疏运量和集装箱多式联运量大幅增长，重点区域运输结构调整取得突破性进展，将京津冀及周边地区打造成为全国运输结构调整示范区。与 2017 年相比，全国铁路货运量增加 11 亿 t、增长 30%，其中京津冀及周边地区增长 40%、长三角地区增长 10%、汾渭平原增长 25%；全国水路货运量增加 5 亿 t、增长 7.5%；沿海港口大宗货物公路运输量减少 4.4 亿 t。全国多式联运货运量年均增长20%，重点港口集装箱铁水联运量年均增长10%以上。

重点区域范围：京津冀及周边地区包括北京、天津、河北、河南、山东、山西、辽宁、内蒙古8省（区、市），长三角地区包括上海、江苏、浙江、安徽4省（市），汾渭平原包括山西、河南、陕西3省。

《行动计划》部署了9个方面的措施：铁路运能提升行动、水运系统升级行动、公路货运治理行动、多式联运提速行动、城市绿色配送行动、信息资源整合行动、加大政策保障力度、加大督导考核力度、营造良好发展环境。

（二）北京市落实情况

2018年10月26日，交通运输部、国家发展改革委、工业和信息化部、公安部、财政部、自然资源部、生态环境部、国家铁路局、中国铁路总公司等九部门联合印发《交通运输部等九部门贯彻落实国务院办公厅〈推进运输结构调整三年行动计划（2018—2020年）〉的通知》，随文印发4个附件：①2018—2020年全国及重点区域铁路货运增量任务分解表；②京津冀及周边地区运输结构调整示范区建设实施方案（2018—2020年）；③运输结构调整工作监测分析表；④京津冀及周边地区铁路专用线建设项目进展情况表。

2018年12月26日，北京市人民政府办公厅印发《北京市推进运输结构调整三年行动计划（2018—2020年）》（京政办字〔2018〕44号），将商品汽车、钢铁产品、全部生产性煤炭、砂石骨料、农副产品、快递电商、高端制造业产品等作为大宗生产、生活物资“公转铁”主攻方向，以具备铁路接入条件的物流设施、工矿企业和铁路货场为主要区域，打造现代化综合交通运输体系，为打好污染防治攻坚战、打赢蓝天保卫战提供坚实保障。

中国铁路北京局集团公司在北京市推进“公转铁”工作中充分发挥了主力军作用。充分发挥自身低碳环保优势，积极构建“智能天网+绿色地网”的绿色物流体系，为服务首都运输结构调整、打赢蓝天保卫战、打好污染防治攻坚战贡献力量。2018 年 8 月，“天网”京铁云智慧物流平台已实现平稳运行，“地网”公铁联运物流网络已构建完成。2018 年，北京市各类生产、生活物资铁路供应达到 1 356.6 万 t，较上年同比增加 119.1 万 t。2019 年 1—8 月，北京市各类生产、生活物资铁路供应达到 912.4 万 t，同比增加 81.6 万 t。其中，钢材、石油、焦炭等大宗生产物资达到 754.5 万 t，砂石料建材物资达到 98.8 万 t，粮食及其他生活物资达到 59.1 万 t。主要做法如下。

1．搭建“天网”京铁云平台，打造智慧物流新生态

围绕构建城市绿色物流体系，在北京市政府相关部门的大力支持下，北京局集团公司引入百度智能云技术，依托云计算、大数据、人工智能等手段，开发京铁云信息系统，搭建智慧物流云平台，实现跨运输方式、跨区域组织的高效融合和无缝衔接，推进“商流、物流、信息流、资金流”四流融合。2019 年上半年，京铁云平台信息系统已正式上线，运行 2 个月以来，平台累计注册会员 1 407 户，运力池注册车辆资源 1 240 辆，发布货源 23 536 条，成交 23 478 单，智慧物流生态初步构建。该平台运营以来，先后有交通部、国家发展改革委及北京市交通委等多个部门领导参观指导，对平台已开通功能给予较高评价，对未来发展方向寄予厚望。

2．构建“地网”绿色物流网络，创新“外集内配”城市保障运输模式

围绕首都城市所需生产、生活物资保障，依托既有铁路货场及专用线资源，构建“2+9”物流配送网络，以平谷马坊和大兴京南昌达作为一级物流基地，承担来自东北、华南、华中、河北等外部省（区、市）物资的集结、中转、仓储等功能。市区内的大红门、顺义、三家店、黄村、百子湾、双桥、沙河、庙城、牛栏山等 9 个铁路货场作为二级物流枢纽，完成物资在城市内的仓储中转和绿色配送。针对生活物资批量小、

品类多、频次大的运输需求特点，改变铁路原有整列编组集结方式，按照“外集、内配”思路，在原产地或一级物流节点集结，通过铁路运至二级配送中心，再使用新能源汽车完成“最后一公里”运输。大红门、顺义、三家店等首批试点项目已于2019年上半年启动。

3．围绕首都物资运输需求，提升“公转铁”产品供给能力

针对首都生产及生活物资的运输需求特点，通过加大基础设施改造、采用敞顶箱以及铁路运费优惠等方式，提高企业“公转铁”积极性。一是推进短平快项目改造，2018年投入资金5 799万元，对南口、顺义、密云北等场站设备设施进行改造。2019年安排投入资金2.39亿元，对北京市及周边区域15项基础设施进行改造，提高“公转铁”运输基础设施条件。二是广泛采用铁路敞顶箱方式运输，针对大部分砂石料建材两端装卸场地无铁路专用线的特点，北京局集团公司自购3 100个敞顶箱，组织企业购置7 800个敞顶箱，通过汽运至铁路场站，实现了全过程的封闭运输。三是实施铁路运费优惠措施，北京局集团公司在认真落实国家减税降费基础上，重点针对服务首都“公转铁”的运输项目，给予一定程度的运费下浮。2019年，针对8个运输项目给予30%～70%的运价下浮，总计优惠铁路运费2 368万元。

4．积极深化各方合作，共同推动“公转铁”项目落地

围绕运输结构调整工作大局，积极与政府相关部门及上下游企业合作，互利共赢，共同推动“公转铁”项目落地、落实。一是与北京市住建委、交通委等部门合作，围绕供应首都的砂石料建材等物资，共同对唐山、承德、张家口、保定等产区的车站、矿区以及北京市内的数十家接卸站点逐一走访，确定了北京市砂石料绿色运输年计划309.96万t的工作目标，共同协调解决砂石料“公转铁”运输过程中的各类问题，为砂石料“公转铁”创造有利环境。2019年1—8月，进京砂石料新增“公转铁”运量98.8万t。二是与生产制造企业合作，推进进京生产物资的“公转铁”。先后与河钢集团、首钢集团等企业签订战略合作协议，并提

出《引领绿色物流建设，共卫首都碧水蓝天》的倡议，供应北京市的钢材产品全部转为铁路运输。2019 年 1—8 月，完成进京钢材运量 253 万 t，同比增加 6 万 t。与北汽、长城等汽车企业合作，扩大商品车“公转铁”增量，1—8 月，完成商品车运输 8.1 万台，同比增加 1.6 万台，增幅为 22.5%。三是与生活物资供应商合作，推进进京生活保障物资的“公转铁”。先后与北京锦绣大地、五得利面粉、农夫山泉等企业合作，2019 年 1—8 月，已累计到达饮用水、大米、饮料等生活必需品 1 260 车、71 443 t。

后 记

《北京大气污染防治》是《北京环境保护丛书》（以下简称《丛书》）大气污染防治分册，记述了 1972—2017 年北京市的大气污染防治历程，包括大气污染防治背景和阶段、空气质量变化四十年、大气污染防治法规标准、燃煤污染防治、工业污染防治、机动车污染防治、扬尘污染控制、挥发性有机物污染防治、空气重污染应急、区域大气污染联防联控共 10 个方面的内容。涉及大气污染防治的综合管理、规划、监测与科技、奥运环境质量保障的内容分别归入《北京环境管理》《北京环境规划》《北京环境监测与科技》《北京奥运环境保护》等分册。

《丛书》采用史料性记叙文体，采取横分门类、纵写史实、详近略远的编写方法。资料主要来源于北京市生态环境局工作中形成的各种档案资料，包括文件、大事记、工作总结，参考的书籍和报告主要有：历年编写或出版的《北京市环境状况公报》《北京市环境质量报告书》《北京能源发展报告》《中国环境年鉴》《北京统计年鉴》《北京年鉴》，以及《北京志·环境保护志（1991—2010）》《北京志·市政管理志（1991—2010）》《北京志·发展改革志（1991—2010）》《北京志·市政卷·环境保护志》《当代北京大事记》《北京工业大事记》等史志、年鉴。

《丛书》总编对本书的重点、难点问题提出了决策意见；本书主编、特邀副主编负责全书策划、章节结构设计和全书统稿；各副主编负责本单位稿件的修改和审核；执行编辑协助主编进行统稿工作。

全书撰稿人如下：

第一章“大气污染防治背景和阶段”第一节李翔、谢金开，周扬胜、顾家橙补充和修改，第二节周扬胜、燕潇、顾家橙、肖灵，第三节李金香、杨妍妍，顾家橙补充和修改，第四节顾家橙、周扬胜、梁静；

第二章“空气质量变化四十年”第一节周扬胜，第二节至第六节、第九节赵越、李云婷、董欣、王欣、孙瑞雯、李彬，周扬胜、顾家橙补充和修改；第七节周扬胜、顾家橙、梁静，第八节周扬胜，顾家橙、赵越补充和修改；

第三章“法规标准体系逐渐建成”第一节周扬胜、梁静、郭秋霖，第二节周扬胜、高喜超、李铁军、高杰；

第四章“燃煤污染防治历经半个世纪”第一节、第二节刘炜、曾景海，第三节、第四节周扬胜、顾家橙，第五节刘炜、曾景海，顾家橙补充和修改，第六节周扬胜、徐向超，第七节顾家橙；

第五章“工业污染防治调迁关停治”第一节郑再洪、徐少辉、李翔，第二节顾家橙，第三节宋英伟，第四节赵伟，顾家橙、程英、梁静、周扬胜补充和修改；

第六章“机动车污染防治车油并举”第一节至第五节王晔、冯雪、沈淑梅、曹宏林、吴迪、李京炜、闫岩、刘浏、宋英伟、肖宇，第六节顾家橙，周扬胜、高杰、梁静补充和修改，第七节顾家橙摘编；

第七章“扬尘控制清洁城市”黄玉虎、樊守斌，顾家橙、周扬胜补充和修改；

第八章“控制挥发性有机物污染新课题”聂磊、张伟、王晔、郑再红、刘新平、马洪刚，周扬胜补充和修改；

第九章“空气重污染应急”刘龑，周扬胜、梁静、顾家橙补充和修改；

第十章“区域大气污染联防联控”第一节、第二节刘欣、于敏、王飞，周扬胜、梁静补充和修改，第三节周扬胜、于敏、王飞。

根据责任编辑对书稿的审读意见，周扬胜、顾家橙、梁静对出版阶段书稿的章、节、目结构进行了优化调整，重新组织编写或负责编写了第一章、第二章、第四章和第九章的内容。王大卫对书稿进行了审读，提出了诸多建设性的修改意见。

本书在编写过程中，得到了原北京市环保局多位退休干部的热情支持和大力协助，余小萱、向百琴、庄树春、赵越为本书的编写提供、口述了有关资料。此外，张鹏、江明、王鸿岑、王雅心、黄玲玲、杨泳辰等参与了本书前期资料的收集和整理工作，在此一并表示感谢。

《北京大气污染防治》主编　庄志东　周扬胜

2020 年 8 月